华 章 数 学 译 丛

82

Analysis for Computer Scientists

Foundations, Methods, and Algorithms

数学分析原理

面向计算机专业

（原书第2版）

[奥] 迈克尔·奥伯古根贝格（Michael Oberguggenberger） 亚历山大·奥斯特曼（Alexander Ostermann） 著

张文博 郭永江 钟裕民 译

机械工业出版社
China Machine Press

图书在版编目（CIP）数据

数学分析原理：面向计算机专业：原书第 2 版 /（奥）迈克尔 · 奥伯古根贝格，（奥）亚历山大 · 奥斯特曼著；张文博，郭永江，钟裕民译．— 北京：机械工业出版社，2022.10
（华章数学译丛）
书 名 原 文：Analysis for Computer Scientists: Foundations, Methods, and Algorithms, Second Edition
ISBN 978-7-111-71242-8

I. ①数… II. ①迈… ②亚… ③张… ④郭… ⑤钟… III. ①数学分析 IV. ① O17

中国版本图书馆 CIP 数据核字（2022）第 126108 号

北京市版权局著作权合同登记　图字：01-2020-4436 号。

Translation from the English language edition:
Analysis for Computer Scientists: Foundations, Methods, and Algorithms, Second Edition
by Michael Oberguggenberger, Alexander Ostermann.

这本易于理解的教科书 / 参考书从算法的角度简要介绍了数学分析，特别着重于分析的应用和数学建模的各个方面，不仅描述了数学理论以及数值分析的基本概念和方法，还包含大量使用 MATLAB、Python、maple 和 Java 小程序的计算机实验．本版进行了大量更新和扩展，提供更多的编程练习．

本书兼顾了数学知识体系的完整性和计算及专业学习的特点，对教学内容进行了重新整理，这是极为可贵的．本书特别关注计算机算法学习，全书内容主要是围绕计算机算法设计这一内容展开的．

出版发行：机械工业出版社（北京市西城区百万庄大街 22 号　邮政编码：100037）
责任编辑：王春华　　责任校对：梁 静 王明欣
印　　刷：北京铭成印刷有限公司　　版　　次：2023 年 1 月第 1 版第 1 次印刷
开　　本：186mm × 240mm　1/16　　印　　张：20
书　　号：ISBN 978-7-111-71242-8　　定　　价：109.00 元

客服电话：（010）88361066　68326294

译 者 序

正如原书作者所说，基本的数学知识和重要的数学模型对计算机科学来说至关重要. 无论计算机设计本身还是理解并设计计算机算法，人们都必须对数学知识有深刻的认识. 也许一些基本的数学知识看起来并不怎么引人入胜，但它们却是构成计算机科学大厦的基石. 传统的数学分析中，恰恰包含了这些最基本的概念. 正确地理解和运用这些概念，是保证计算机科学研究不断前进的基础.

作为一本帮助计算机专业学生学习数学分析的教材，本书作者兼顾了数学知识体系的完整性和计算机专业学习的特点，对教学内容进行了重新整理，这是极为可贵的. 本书作者特别关注计算机算法的学习，全书内容的组织主要是围绕计算机算法设计这一核心展开的. 除基本的理论知识外，本书同时给出了很多算法实现的具体代码，这些代码能够为学生提供直接的算法实践机会. 这些工作不仅仅对计算机专业的学生极有帮助，对从事计算机科学研究的研究人员同样有益. 从这个角度上说，本书是一本不错的教材.

正是注意到本书的这一特点，三位译者才主动承担了这本书的中文翻译工作. 三位译者平等地享有本译著的一切权益，并对译著中的内容负有同样的责任. 由于译者水平有限，本译著中仍有可能存在问题，还请读者将这些问题反馈给出版社或张文博（zhangwb@bupt.edu.cn），以帮助译者提高翻译水平.

非常感谢机械工业出版社的王春华编辑，正是由于她的努力工作，才使得本译著能够顺利出版. 同时，也感谢我的家人和同事，他们也为本书的顺利出版做出了重要的贡献.

张文博

于北京

2021 年 2 月 3 日

第 2 版前言

很高兴 Springer 出版社能够出版 *Analysis for Computer Scientists* 的第 2 版. 我们仍然确信，在第 1 版中开发的算法是呈现分析主题的恰当方法. 因此，此处并没有做较大的改变.

但本次修订添加和更新了部分材料，特别是增加了双曲函数并给出了一些空间曲线和曲面的细节. 增加了两节新内容：一节是有关二阶微分方程的，另一节是有关摆方程的. 此外，练习部分也做了相当大的扩展，统计数据也进行了适当更新.

由于 MATLAB 程序对本书概念非常重要，所以我们决定额外用 Python 实现这些程序以方便读者阅读.

感谢 Springer 出版社的编辑，特别是 Simon Rees 和 Wayne Wheeler，感谢他们在第 2 版准备过程中的支持.

Michael Oberguggenberger
Alexander Ostermann
于奥地利因斯布鲁克
2018 年 3 月

第 1 版前言

数学和数学模型在计算机科学中至关重要. 因此，必须要重新考虑计算机科学专业讲授的数学概念，并且适当地选择相关材料，调整学习动机. 这尤其适用于数学分析，分析的重要性在离散结构占主导的环境中尤其突出. 一方面，计算机科学专业的数学分析课程必须涵盖必要的基础知识；另一方面，它必须传达数学分析在应用，特别是计算机科学家在其专业生涯中将会遇到的应用中的重要性.

我们认为有必要更新计算机科学中数学教学的原则，并根据当代的要求对教学进行重组. 这本基于以下概念编写的教材就试图对这一问题给出答案：

1. 算法方法；
2. 简洁的陈述；
3. 将数学软件作为一个重要组成部分融入书中；
4. 强调建模和分析的应用.

本书涉及数学、计算机科学和应用. 在这一领域中，算法思维非常重要. 本书选择的算法围绕以下几方面：

a. 从算法的角度建立分析学中的概念；

b. 使用 MATLAB、maple 及 Java 程序进行演示和解释；

c. 通过计算机实验和编程练习激发读者主动了解相关主题；

d. 与基本概念和数值分析方法结合的数学理论.

简洁的陈述意味着本书主要介绍各主题的基本思想. 例如，本书不讨论一般幂级数的收敛性理论，但会给出泰勒展开式余项的估计. （本书之所以介绍泰勒展开式，是因为它是建模和数值分析过程中不可或缺的方法. ）考虑到易读性，只有能够引入基本思想并对理解概念有贡献的证明才会在正文中给出细节. 继续上面的例子，泰勒展开式余项的积分表示利用分部积分方法进行了推导. 与此相反，需要用到积分中值定理的拉格朗日型的余项则被忽略了. 尽管如此，本书努力保持内容的自洽性. 本书特别强调几何直观性，这可以通过书中大量的图示看出.

本书涵盖了从数学分析基础知识到有趣应用的所有内容（同样是站在计算机科学的角度进行选择的），例如分形、L 系统、曲线和曲面、线性回归、微分方程和动力系统. 这些主题为数学模型提供了坚实的基础.

本书英文版是在 2005 年（第 2 版在 2009 年）出版的德文原版的一个译本. 本书保持了德文原版的结构，但对部分内容的表述做了一些改进.

本书的内容如下：第 1~8 章、第 10~12 章和第 14~17 章介绍分析学的基本概念，第 9 章、第 13 章和第 18~21 章介绍重要的应用和很多高级的主题. 附录 A 和 B 汇总了一些向量和矩阵代数中的工具，附录 C 给出了正文内容中有意忽略的一些细节. 书中所用的软件是本书概念的组成部分，在附录 D 中对它们进行了汇总. 每一章开始都有一个简要的介绍. 计算机实验进一步丰富了书中的内容，激发读者主动学习相关的主题. 最后，每一章都给出了练习，其中的一半都需要借助计算机程序来完成.

感谢 Elisabeth Bradley 对本书翻译提供的帮助. 感谢 Springer 出版社的编辑，特别是 Simon Rees 和 Wayne Wheeler，感谢他们在准备本书的英文文档时提供的支持和建议.

Michael Oberguggenberger
Alexander Ostermann
于奥地利因斯布鲁克
2011 年 1 月

目　录

第 1 章　数

对有理数（分数）的认识是不足以作为数学分析的严格基础的. 从历史发展来看，在考虑分析学时，有理数必须被扩展到实数. 为方便理解，我们可以将实数看作有无穷多位小数的数. 我们通过一些例子阐释如何自然地将计算和序关系从有理数推广到实数.

专门有一节讨论浮点数，在多数程序设计语言中，浮点数是用来近似实数的数. 特别地，本书将讨论最优的舍入以及与之相关的相对机器精度.

1.1　实数

本书中，假设如下的数集是已知的：

$$\mathbb{N} = \{1, 2, 3, 4, \cdots\} \qquad \text{自然数集}$$

$$\mathbb{N}_0 = \mathbb{N} \cup \{0\} \qquad \text{包含零的自然数集}$$

$$\mathbb{Z} = \{\cdots, -3, -2, -1, 0, 1, 2, 3, \cdots\} \qquad \text{整数集}$$

$$\mathbb{Q} = \left\{\frac{k}{n}; k \in \mathbb{Z}\text{且}n \in \mathbb{N}\right\} \qquad \text{有理数集}$$

两个有理数 $\frac{k}{n}$ 和 $\frac{l}{m}$ 相等的充要条件是 $km = ln$. 此外，一个整数 $k \in \mathbb{Z}$ 可表示为分数 $\frac{k}{1} \in \mathbb{Q}$. 因此，包含关系 $\mathbb{N} \subset \mathbb{Z} \subset \mathbb{Q}$ 是成立的.

1

令 M 和 N 为任意集合. 一个从 M 到 N 的**映射**是将 M 中任一元素只与 N 中的一个元素关联的规则[一]. 如果对任一元素 $n \in N$，在 M 中**只有一个**元素与 n 对应，则称该映射为**双射**.

定义 1.1　如果两个集合 M 和 N 之间存在一个双射，则称这两个集合有**相同的势**（same cardinality）. 如果一个集合 M 与 $\mathbb{N}$ 有相同的势，则称它为**可数的**（countably）.

集合 $\mathbb{N}$，$\mathbb{Z}$ 和 $\mathbb{Q}$ 有相同的势，因此它们是**大小相同的**（equally large）. 这三个集合都有无穷多个元素，它们可被枚举出来. 每一个枚举表示一个到 $\mathbb{N}$ 的双射. $\mathbb{Z}$ 的可数性可通过 $\mathbb{Z} = \{0, 1, -1, 2, -2, 3, -3, \cdots\}$ 的表示看出. 为证明 $\mathbb{Q}$ 的可数性，可以使用康托尔[二]（Cantor）对角化方法：

[一] 很少使用映射这种广义的术语. 对本书非常重要的一种特殊情形为**实值函数**，我们将在第 2 章中详细讨论它.

[二] 康托尔，1845—1918.

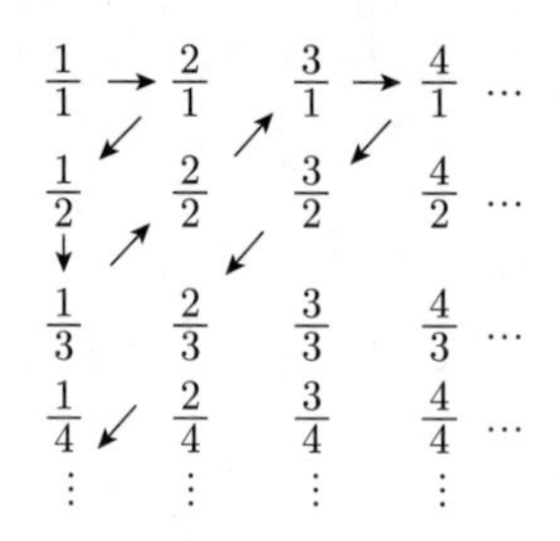

枚举就可以按照箭头给出的方向实现，每一个有理数只有在第一次出现时才被计数. 使用这样的方法，所有正有理数（及所有有理数）的可数性就被证明了.

为可视化有理数，通常使用一条直线，它可被看成一把无限长的尺，将其上任一点标记为**零**. 整数等间隔地从零开始进行标记. 同样，每一个有理数根据其大小也会在实线上给分配一个位置，参见图 1.1.

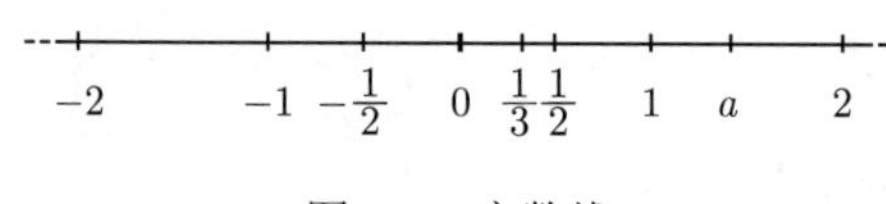

图 1.1 实数线

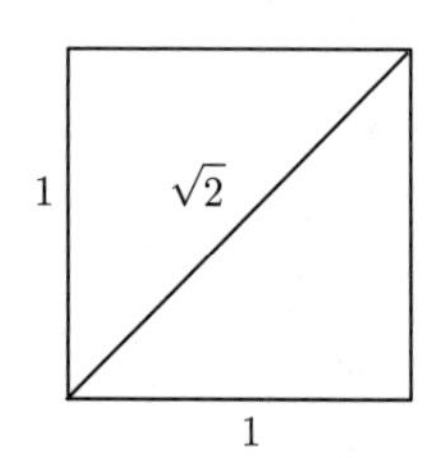

图 1.2 单位正方形的对角线

但是，实数线还包含了不能对应于有理数的点.（称 $\mathbb{Q}$ 为**不完备的**.）例如，单位正方形中的对角线 d（参见图 1.2）可以使用一把尺进行度量. 毕达哥拉斯（Pythagoreans）已经知道，$d^2 = 2$，但 $d = \sqrt{2}$ 不是一个有理数.

2

命题 1.2 $\sqrt{2} \notin \mathbb{Q}$.

证明 这一结论可使用间接法证明. 假设 $\sqrt{2}$ 是有理数. 则 $\sqrt{2}$ 可表示为一个既约分数 $\sqrt{2} = \dfrac{k}{n} \in \mathbb{Q}$. 将这一方程两边平方可得 $k^2 = 2n^2$，故 k^2 应当为一个偶数. 这只能在 k 是一个偶数时成立，因此 $k = 2l$. 若将这一结论代入前面的方程，即可得到 $4l^2 = 2n^2$，它意味着 $2l^2 = n^2$. 因此，n 也应为偶数，这与分数 $\dfrac{k}{n}$ 为既约的假设矛盾. □

正如通常人们知道的，$\sqrt{2}$ 为多项式 $x^2 - 2$ 唯一的正根. 但所有非有理数都是整数系数的多项式的根的假设被证明是错误的. 有些非有理数（称为超越数）不能使用这种方式进行表示. 例如，圆的周长与其直径之比

$$\pi = 3.141592653589793 \cdots \notin \mathbb{Q}$$

就是超越的，但它可在实数线上表示为半径为 1 的圆周长的一半（例如，将其展平）.

下面将使用程序设计的观点并将缺少的数字构造为小数.

定义 1.3 *一个有 l 个小数位的有限长度小数 x 形如*

$$x = \pm d_0.d_1 d_2 d_3 \cdots d_l$$

其中 $d_0 \in \mathbb{N}_0$，$d_i \in \{0,1,\cdots,9\}$，$1 \leqslant i \leqslant l, d_l \neq 0$.

命题 1.4（有理数的小数表示）　每一个有理数都可以写为一个有限或循环小数.

证明　令 $q \in \mathbb{Q}$，故 $q = \dfrac{k}{n}$，其中 $k \in \mathbb{Z}$ 且 $n \in \mathbb{N}$. 通过带余除法可以将 q 表示为一个小数. 由于余项 $r \in \mathbb{N}$ 满足条件 $0 \leqslant r < n$，故至多经过 n 次迭代后，余项将为零或周期出现. □

例 1.5　以 $q = -\dfrac{5}{7} \in \mathbb{Q}$ 为例. 带余除法表明 $q = -0.71428571428571\cdots$，其余项为 5，1，3，2，6，4，5，1，3，2，6，4，5，1，3，$\cdots$. 这个小数的循环周期为 6.

3

每一个非零的有有穷小数位数的小数都可写为循环小数（其小数位数为无限数）. 为此，可将最后一个非零位数字减 1，然后用数字 9 将其余无穷多位进行替换. 例如，分数 $-\dfrac{17}{50} = -0.34 = -0.3399999\cdots$ 就成为在第三位小数后循环的小数. 采用这样的方法，$\mathbb{Q}$ 可被认为是从某特定小数位开始循环的所有小数的集合.

定义 1.6（实数集）　$\mathbb{R}$ 包含所有形如

$$\pm d_0.d_1d_2d_3\cdots$$

的小数，其中 $d_0 \in \mathbb{N}_0$，数字 $d_i \in \{0,\cdots,9\}$，即有无穷小数位数的小数. 集合 $\mathbb{R}\backslash\mathbb{Q}$ 称为**无理数集**.

显然 $\mathbb{Q} \subset \mathbb{R}$. 根据前面的讨论，数

$$0.1010010001000010\cdots \quad 和 \quad \sqrt{2}$$

是无理数. 正如下面的命题所示，无理数的数量要远比有理数多.

命题 1.7　集合 $\mathbb{R}$ 是不可数的，故它的势比 $\mathbb{Q}$ 的势大.

证明　用间接法证明. 设 0 到 1 之间的实数是可数的，则将它们穷举出来为

$$\begin{array}{ll}
1 & 0.d_{11}d_{12}d_{13}d_{14}\cdots \\
2 & 0.d_{21}d_{22}d_{23}d_{24}\cdots \\
3 & 0.d_{31}d_{32}d_{33}d_{34}\cdots \\
4 & 0.d_{41}d_{42}d_{43}d_{44}\cdots \\
. & \cdots \\
. & \cdots
\end{array}$$

根据这个列表，定义

$$d_i = \begin{cases} 1, & 若\ d_{ii} = 2 \\ 2, & 否则 \end{cases}$$

4

则 $x = 0.d_1d_2d_3d_4\cdots$ 并不包含在上面的列表中，这与初始假设是矛盾的. □

尽管 $\mathbb{R}$ 包含的数字明显比 $\mathbb{Q}$ 多，但每一个实数都可以使用一个有理数以任意精度逼近，例如，精确到 9 位小数的

$$\pi \approx \frac{314159265}{100000000} \in \mathbb{Q}$$

对应用来讲，对实数的一个好的近似就足够了. 对 $\sqrt{2}$，巴比伦人已经知道了这样的近似:

$$\sqrt{2} \approx 1;\ 24,\ 51,\ 10 = 1 + \frac{24}{60} + \frac{51}{60^2} + \frac{10}{60^3} = 1.41421296\cdots$$

出现那些不太熟悉的记号（参见图 1.3）是因为巴比伦人使用基数为 60 的六十进制.

图 1.3　巴比伦楔形文字 YBC 7289（耶鲁巴比伦收藏，经授权使用），根据文献 [1]，它距今约 1900 年，并有一个碑文注解. 它给出了一个边长为 30 的正方形，对角线为 42; 25，35. 比例为 $\sqrt{2} \approx 1;\ 24, 51,\ 10$

1.2　序关系和 $\mathbb{R}$ 上的算术

下面将实数（唯一地）写为有无穷多小数位数的小数，例如，用 $0.2999\cdots$ 来代替 0.3.

定义 1.8（序关系）　令 $a = a_0.a_1a_2\cdots$，$b = b_0.b_1b_2\cdots$ 为小数形式的非负实数，即 a_0，$b_0 \in \mathbb{N}_0$.

(a)　若 $a = b$ 或存在一个下标 $j \in \mathbb{N}_0$，使得 $a_j < b_j$ 且 $a_i = b_i$，$i = 0, \cdots, j-1$，则称 a **小于或等于** b（记为 $a \leqslant b$）.

(b)　此外规定，当 $b \leqslant a$ 时，总有 $-a \leqslant b$ 并令 $-a \leqslant -b$.

这一定义将 $\mathbb{N}$ 和 $\mathbb{Q}$ 上已知的序推广到了 $\mathbb{R}$ 上. 序关系 $\leqslant$ 在实数线上的解释为: 在实数线上，若 a 在 b 的左侧或 $a = b$，则 $a \leqslant b$ 为真.

5

关系 $\leqslant$ 显然有如下的性质，对所有 a，b，$c \in \mathbb{R}$ 成立:

$$a \leqslant a \quad (\text{自反性})$$

$$a \leqslant b \quad \text{且} \quad b \leqslant c \quad \Rightarrow \quad a \leqslant c \quad (\text{传递性})$$

$$a \leqslant b \quad \text{且} \quad b \leqslant a \quad \Rightarrow \quad a = b \quad (\text{反对称性})$$

当 $a \leqslant b$ 且 $a \neq b$ 时，记为 $a < b$，称为 a **小于**b. 进一步，若 $b \leqslant a$，则可定义 $a \geqslant b$（表示 a **大于或等于**b），且若 $b < a$，则可定义 $a > b$（表示 a **大于**b）.

加法和乘法可使用同样的方法从 $\mathbb{Q}$ 推广到 $\mathbb{R}$. 用图形的观点看，每一个实数事实上都可以对应于一个实数线上的线段. 因此实数的加法可以被定义为对应的线段的加法.

一个严格的同时也是从算法的角度定义的加法源于实数可被有理数以任意精度逼近的观察结果. 令 $a = a_0.a_1a_2\cdots$，$b = b_0.b_1b_2\cdots$ 为两个非负实数，将它们在第 k 个小数位处截断，就得到了两个有理数近似 $a^{(k)} = a_0.a_1a_2\cdots a_k \approx a$，$b^{(k)} = b_0.b_1b_2\cdots b_k \approx b$. 因此 $a^{(k)} + b^{(k)}$ 为近似值的一个单调增加序列，于是可用于定义数 $a+b$. 这样的方法使得 $a+b$ 可被定义为这些近似的**上确界**（supremum）. 第 5 章中将严格证明这一方法的合理性. 实数的乘法是使用同样的方法定义的. 可以证明，实数连同加法和乘法 $(\mathbb{R},+,\cdot)$ 构成一个**域**. 因此，通常的计算规则是可以使用的，例如，分配律

$$(a+b)\,c = ac + bc$$

下面的命题概括了关于 $\leqslant$ 的一些重要的运算法则. 利用实数线，这些结论很容易被验证.

命题 1.9　对所有 a, b, $c \in \mathbb{R}$，下列结论成立:

$$a \leqslant b \Rightarrow a + c \leqslant b + c$$

$$a \leqslant b \quad \text{且} \quad c \geqslant 0 \Rightarrow ac \leqslant bc$$

$$a \leqslant b \quad \text{且} \quad c \leqslant 0 \Rightarrow ac \geqslant bc$$

注意，$a < b$ 并不意味着 $a^2 < b^2$. 例如 $-2 < 1$，可 $4 > 1$. 但对 a, $b \geqslant 0$ 则 $a < b \Leftrightarrow a^2 < b^2$ 总成立.

定义 1.10（区间）　下面 $\mathbb{R}$ 的子集被称为**区间**（interval）:

$$[a,\ b] = \{x \in \mathbb{R}\ ;\ a \leqslant x \leqslant b\} \quad \text{闭区间}$$

$$(a,\ b] = \{x \in \mathbb{R}\ ;\ a < x \leqslant b\} \quad \text{左半开区间}$$

$$[a,\ b) = \{x \in \mathbb{R}\ ;\ a \leqslant x < b\} \quad \text{右半开区间}$$

$$(a,\ b) = \{x \in \mathbb{R}\ ;\ a < x < b\} \quad \text{开区间}$$

6

区间可在实数线上进行可视化，如图 1.4 所示.

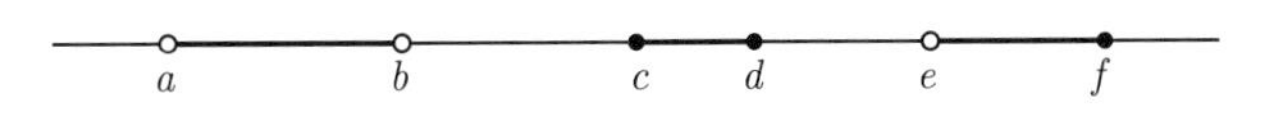

图 1.4　实数线上的区间 $(a,\ b)$、$[c,\ d]$ 和 $(e,\ f]$

可以证明，引入符号 $-\infty$（负无穷）和 ∞（无穷）是非常有用的，它们具有性质

$$\forall a \in \mathbb{R}\ :\ -\infty < a < \infty$$

于是可以定义**反常**（improper）区间

$$[a,\ \infty) = \{x \in \mathbb{R}\ ;\ x \geqslant a\}$$

$$(-\infty,\ b) = \{x \in \mathbb{R}\ ;\ x < b\}$$

进而 $(-\infty,\ \infty) = \mathbb{R}$. 注意, $-\infty$ 和 ∞ 仅为符号而不是实数.

定义 1.11 一个实数 a 的**绝对值**定义为

$$|a| = \begin{cases} a, & \text{当 } a \geqslant 0 \text{ 时} \\ -a, & \text{当 } a < 0 \text{ 时} \end{cases}$$

作为命题 1.9 中给出的序关系性质的应用，求解一些示例不等式.

例 1.12 求满足 $-3x-2 \leqslant 5 < -3x+4$ 的所有 $x \in \mathbb{R}$. 本例中可以得到两个不等式：

$$-3x-2 \leqslant 5 \quad \text{及} \quad 5 < -3x+4$$

第一个不等式可重新整理为

$$-3x \leqslant 7 \quad \Leftrightarrow \quad x \geqslant -\frac{7}{3}$$

这就是关于 x 的第一个约束. 第二个不等式说明

$$3x < -1 \quad \Leftrightarrow \quad x < -\frac{1}{3}$$

这就给出了 x 的第二个约束. 原问题的解必须满足所有约束. 因此解集为

$$S = \left\{x \in \mathbb{R};\ -\frac{7}{3} \leqslant x < -\frac{1}{3}\right\} = \left[-\frac{7}{3}, -\frac{1}{3}\right)$$

7

例 1.13 求满足 $x^2 - 2x \geqslant 3$ 的所有 $x \in \mathbb{R}$. 利用配方法，该不等式可重新写为

$$(x-1)^2 = x^2 - 2x + 1 \geqslant 4$$

两边开平方可得两种可能性

$$x - 1 \geqslant 2 \quad \text{或} \quad x - 1 \leqslant -2$$

组合这些结论可得解集为

$$S = \left\{x \in \mathbb{R}\ ;\ x \geqslant 3 \quad \text{或} \quad x \leqslant -1\right\} = (-\infty,\ -1] \cup [3,\ \infty)$$

1.3 机器数

实数只能够被计算机部分地实现. 在实际的算法中, 例如在 `maple` 中, 实数被当作符号表达式处理, 如 $\sqrt{2} = \texttt{RootOf(\_Z\^{}2} - \texttt{2)}$. 在命令 `evalf` 的帮助下可以进行计算, 可以精确到很多位小数.

在程序设计语言中, 通常使用**浮点数**来代替具有固定相对精度的实数, 例如**双精度**(double precision)数带有 52 位尾数. $\mathbb{R}$ 的算术规则对这些机器数是不适用的, 例如, 在双精度意义下,

$$1 + 10^{-20} = 1$$

浮点数是以电气与电子工程师学会的 IEEE 754—1985 和国际电工技术委员会的 IEC 559: 1989 为标准的. 下面给出这些机器数的简短概要, 更多细节可以在文献 [20] 中看到.

单精度与双精度格式之间的一个区别. **单精度**(single precision)格式需要使用 32 位存储空间

V	e	M
1	8	23

双精度格式需要 64 位存储空间

V	e	M
1	11	52

此处, $V \in \{0,\ 1\}$ 表示符号, $e_{\min} \leqslant e \leqslant e_{\max}$ 为指数(一个带符号整数), M 是长度为 p 的尾数

8

$$M = d_1 2^{-1} + d_2 2^{-2} + \cdots + d_p 2^{-p} \cong d_1 d_2 \cdots d_p, \quad d_j \in \{0,\ 1\}$$

这一表示对应下面的数 x:

$$x = (-1)^V 2^e \sum_{j=1}^{p} d_j 2^{-j}$$

基数为 2 的**归一化**的浮点数总是满足 $d_1 = 1$. 此时, 并不需要存储 d_1 且对尾数有

$$\text{单精度} \qquad p = 24$$

$$\text{双精度} \qquad p = 53$$

为简单起见, 此处只给出浮点数的关键特征. 要了解 IEC/IEEE 标准的更多微妙之处, 可以参考文献 [20].

下面给出的范围是指数取值的范围:

	$e_{\min}$	$e_{\max}$
单精度	-125	128
双精度	-1021	1024

当 $M = M_{\max}$ 且 $e = e_{\max}$ 时，可以得到最大的浮点数

$$x_{\max} = \left(1 - 2^{-p}\right) 2^{e_{\max}}$$

而当 $M = M_{\min}$ 且 $e = e_{\min}$ 时，可以得到最小的（非归一化）浮点数

$$x_{\min} = 2^{e_{\min}-1}$$

浮点数在实数线上的分布并不均匀，但它们的**相对**密度是近似为常数的，参见图 1.5.

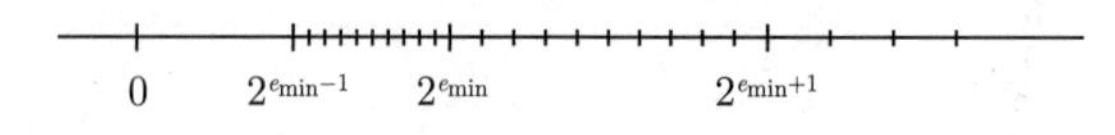

图 1.5　实数线上的浮点数

在 IEEE 标准中使用了下面的近似值:

	$x_{\min}$	$x_{\max}$
单精度	$1.18 \cdot 10^{-38}$	$3.40 \cdot 10^{38}$
双精度	$2.23 \cdot 10^{-308}$	$1.80 \cdot 10^{308}$

此外，特殊**符号**有

±INF	$\cdots$	$\pm\infty$
NaN	$\cdots$	非数, 例如在零被零除的时候

9　一般地，可以使用这些符号连续计算而不终止程序.

1.4　舍入

令 $x = a \cdot 2^e \in \mathbb{R}$，其中 $1/2 \leqslant a < 1$ 且 $x_{\min} \leqslant x \leqslant x_{\max}$. 进一步，令 u，v 为两个相邻的机器数，满足 $u \leqslant x \leqslant v$，则

$$u = \boxed{0}\boxed{e}\boxed{b_1 \cdots b_p}$$

且

$$v = u + \boxed{0}\boxed{e}\boxed{00\cdots01} = u + \boxed{0}\boxed{e-(p-1)}\boxed{10\cdots00}$$

故 $v-u=2^{e-p}$ 且有不等式

$$|\mathrm{rd}\,(x)-x|\leqslant\frac{1}{2}\,(v-u)=2^{e-p-1}$$

对 x 的最优**舍入**$\mathrm{rd}\,(x)$ 成立. 利用这一估计，可以确定舍入的**相对误差**. 因为 $\frac{1}{a}\leqslant 2$，故

$$\frac{|\mathrm{rd}\,(x)-x|}{x}\leqslant\frac{2^{e-p-1}}{a\cdot 2^{e}}\leqslant 2\cdot 2^{-p-1}=2^{-p}$$

相同的结论对负 x 也成立（利用绝对值的关系）.

定义 1.14　数值 $\mathsf{eps}=2^{-p}$ 被称为**相对机器精度**（relative machine accuracy）.

下面的命题在应用这一概念的时候是非常重要的.

命题 1.15　令 $x\in\mathbb{R}$ 且 $x_{\min}\leqslant|x|\leqslant x_{\max}$. 则存在 $\varepsilon\in\mathbb{R}$ 满足

$$\mathrm{rd}\,(x)=x\,(1+\varepsilon)\quad\text{及}\quad|\varepsilon|\leqslant\mathsf{eps}$$

证明　定义

$$\varepsilon=\frac{\mathrm{rd}\,(x)-x}{x}$$

根据前面的计算，$|\varepsilon|\leqslant\mathsf{eps}$. □

实验 1.16（确定 eps 的实验）　令 z 为当 $1+z>1$ 时最小的正机器数.

$$1=\boxed{0}\boxed{1}\boxed{100\cdots00},\quad z=\boxed{0}\boxed{1}\boxed{000\cdots01}=2\cdot 2^{-p}$$

因此 $z=2\mathsf{eps}$. 数 z 可以通过实验的方法确定，故 eps 也可以.（请注意，在 MATLAB 中 z 也被称为 eps.）

10

在 IEC/IEEE 标准中，有如下的结论:

$$\begin{array}{ll}\text{单精度} & \mathsf{eps}=2^{-24}\approx 5.96\cdot 10^{-8}\\ \text{双精度} & \mathsf{eps}=2^{-53}\approx 1.11\cdot 10^{-16}\end{array}$$

在双精度算术中，可以近似得到 16 位精度.

1.5　练习

1. 证明 $\sqrt{3}$ 是无理数.
2. 证明对所有 a, $b\in\mathbb{R}$，有三角不等式

$$|a+b|\leqslant|a|+|b|$$

提示：分情况讨论，a 和 b 为同号或异号.

3. 在实数线上绘制下列子集:

$$A=\{x\ :\ |x|\leqslant 1\},\qquad B=\{x\ :\ |x-1|\leqslant 2\},\qquad C=\{x\ :\ |x|\geqslant 3\}$$

更一般地，绘制集合 $U_r(a)=\{x\ :\ |x-a|<r\}$ 的图（其中 $a\in\mathbb{R}$，$r>0$）. $U_r(a)$ 为所有到点 a 距离小于 r 的点的集合.

4. 用手工及 maple（利用 solve）求解下列不等式. 使用区间表示法给出解集.

(a) $4x^2\leqslant 8x+1$,　(b) $\dfrac{1}{3-x}>3+x$,

(c) $\left|2-x^2\right|\geqslant x^2$,　(d) $\dfrac{1+x}{1-x}>1$,

(e) $x^2<6+x$,　(f) $||x|-x|\geqslant 1$,

(g) $\left|1-x^2\right|\leqslant 2x+2$,　(h) $4x^2-13x+4<1$

5. 求下列不等式的解集

$$8(x-2)\geqslant\frac{20}{x+1}+3(x-7)$$

6. 在 $(x,\ y)$ 平面上绘制给定的区域

(a) $x=y$;　(b) $y<x$;　(c) $y>x$;　(d) $y>|x|$;　(e) $|y|>|x|$

11

提示: 查阅 A.1 节及 A.6 节中有关基本平面几何知识.

7. 用 IEEE 单精度法计算浮点数 $x=0.1$ 的二进制表示.

8. 用实验的方法确定相对机器精度 eps.

12

提示：用你选择的程序设计语言编写程序，计算最小机器数 z 使得 $1+z>1$.

第 2 章 实值函数

函数是将一个或多个自变量与一个或多个因变量建立关联的形式化思想的数学方法. 一般形式的函数及对它们的研究是分析学的核心. 函数帮助模型化变量之间的依赖关系，这些关系平面图形包括简单的空间曲线及曲面、以及微分方程组的解或分形算法. 一方面，本章主要介绍基本概念；另一方面，非正式地讨论一些实值初等函数的重要例子，例如幂函数、指数函数以及它们的反函数. 三角函数将在第 3 章中讨论，复值函数将在第 4 章中讨论.

2.1 基本概念

实值函数的最简单情形是一个两行的数字表，包括**自变量** x 和对应的**因变量** y 的取值.

实验 2.1 在 MATLAB 的帮助下研究映射 $y = x^2$. 首先选择 x 的取值区域 D，例如 $D = \{x \in \mathbb{R} : -1 \leqslant x \leqslant 1\}$. 命令

```
x = -1:0.01:1
```

生成 x 取值的一个列，行向量

$$\begin{aligned} x &= [x_1, x_2, \cdots, x_n] \\ &= [-1.00, -0.99, -0.98, \cdots, 0.99, 1.00] \end{aligned}$$

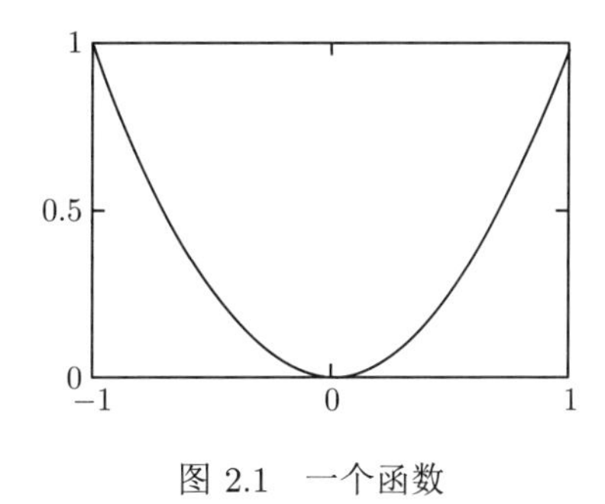

图 2.1 一个函数

使用

```
y = x.^2
```

可生成对应的 y 值行向量. 最后，`plot(x,y)` 将点 (x_1, y_1)，$\cdots$，(x_n, y_n) 绘制在坐标平面上并用线段将它们连接起来. 图 2.1 给出了其结果.

在一般的数学框架中，我们不仅仅希望关联列中有限多个取值. 在很多领域中，数学函数是有必要定义在任意想要的集合上的. 函数的一般集合论观点可以参考文献 [3，第 0.2 章]. 本节主要关注**实值函数**，它们也是分析的核心.

定义 2.2 一个**定义域** (domain) 为 D、**值域** (range) 为 $\mathbb{R}$ 的实值函数 f 为一个将每一个 $x \in D$ 关联一个实数 $y \in \mathbb{R}$ 的规则.

一般地，D 为任意一个集合. 在本节中，它为 $\mathbb{R}$ 的一个子集. 我们有时也用**映射**表示**函数**. 一个函数表示为

$$f\ :\ D \to \mathbb{R}\ :\ x \mapsto y = f(x)$$

函数 f **的图像**为集合

$$\Gamma(f) = \{(x,\ y) \in D \times \mathbb{R};\ y = f(x)\}$$

当 $D \subset \mathbb{R}$ 时，该图像也可以用坐标平面的子集表示. 所有可能取值的集合称为f **的像或真值域**（proper range）：

$$f(D) = \{f(x);\ x \in D\}$$

例 2.3　二次函数 $f\ :\ \mathbb{R} \to \mathbb{R}$，$f(x) = x^2$ 的部分图像在图 2.2 中给出. 如果定义域为 $D = \mathbb{R}$，则其像就是区间 $f(D) = [0,\ \infty)$.

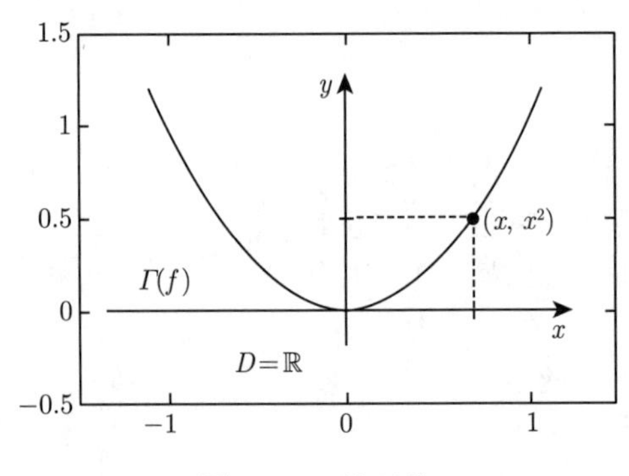

图 2.2　二次函数

无论是解方程组还是求新类型的函数，一个重要的工具是**反函数**（inverse function）. 一个给定的函数是否存在以及在什么定义域上存在反函数依赖于两个主要的性质：单射和满射，我们将对它们进行单独分析.

定义 2.4　(a) 一个函数 $f\ :\ D \to \mathbb{R}$ 称为**单射**（injective）或**一一**（one-to-one）的条件是不同的自变量总是有不同的函数值:

14

$$x_1 \neq x_2 \quad \Rightarrow \quad f(x_1) \neq f(x_2)$$

(b) 一个函数 $f\ :\ D \to B \subset \mathbb{R}$ 称为从 D 到 B 的**满射**（surjective）或**映上**（onto）的条件是每一个 $y \in B$ 都是一个函数值:

$$\forall y \in B \quad \exists x \in D\ :\ y = f(x)$$

(c) 一个函数 $f\ :\ D \to B$ 称为**双射**（bijective）的条件是它既是单射又是满射.

图 2.3 和图 2.4 演示了这些概念.

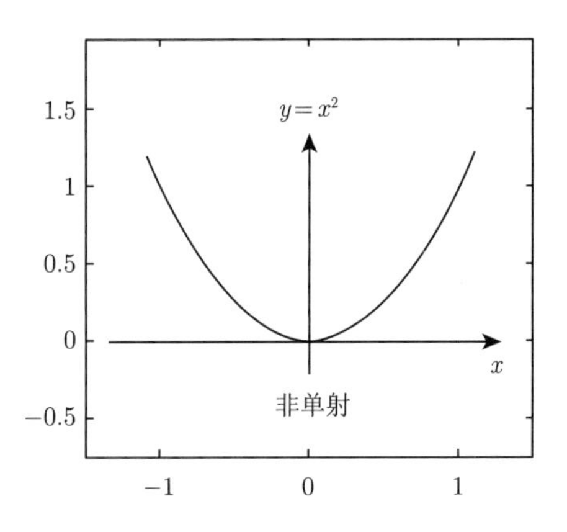

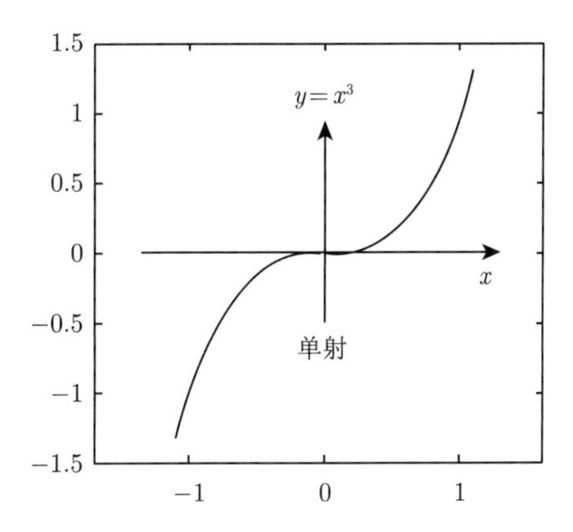

图 2.3 单射

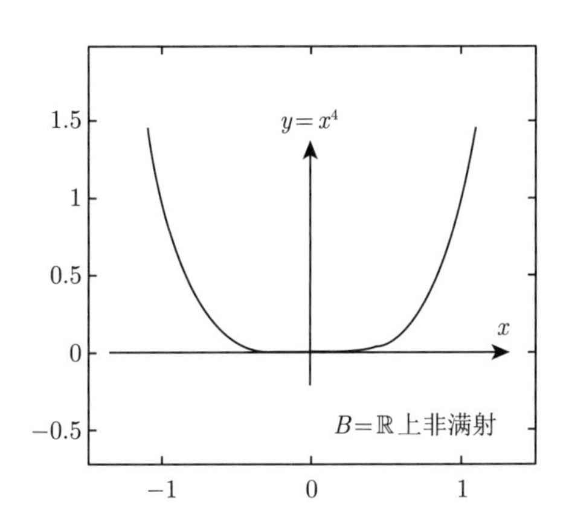

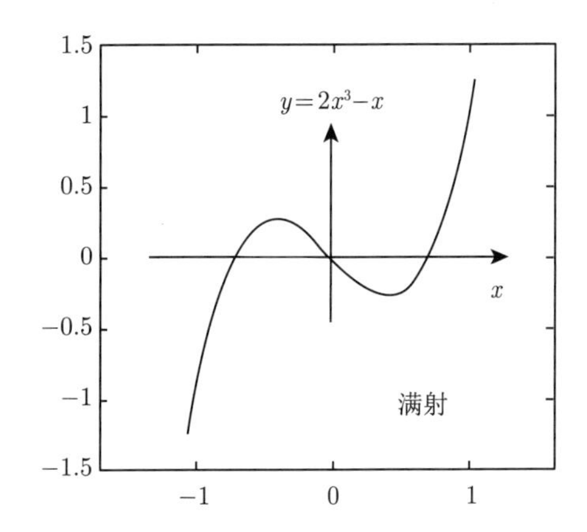

图 2.4 满射

$y = x^3$ 的形状可在图 2.3 右侧的图像中看到，$y = x^4$ 可在图 2.4 左侧的图像中看到. 奇数和偶数次幂函数的形状是类似的.

满射总是可以通过减小值域 B 来强制达到. 例如，$f : D \to f(D)$ 就总是满射. 类似地，可将定义域限制为原定义域的子域来得到单射.

若 $f : D \to B$ 为双射，则对每一个 $y \in B$ 存在恰有一个 $x \in D$ 满足 $y = f(x)$. 于是，映射 $y \mapsto x$ 就被定义为映射 $x \mapsto y$ 的逆.

定义 2.5 若函数

$$f : D \to B : y = f(x)$$

是双射，则定义

$$f^{-1} : B \to D : x = f^{-1}(y)$$

给出了当 $y = f(x)$ 时，将每一个 $y \in B$ 唯一地映射到 $x \in D$ 的映射，称为函数 f 的**反函数**.

例 2.6 二次函数 $f(x)=x^2$ 为从 $D=[0,\infty)$ 到 $B=[0,\infty)$ 的双射. 在区间（$x\geqslant 0$，$y\geqslant 0$）有

$$y=x^2 \quad \Leftrightarrow \quad x=\sqrt{y}$$

此处 $\sqrt{y}$ 表示非负平方根. 因此在上述区间上，二次函数的反函数为 $f^{-1}(y)=\sqrt{y}$，参见图 2.5.

一旦找到了反函数 f^{-1}，通常将其变量写为 $y=f^{-1}(x)$. 这对应于将 $y=f(x)$ 的图像沿对角线 $y=x$ 翻转，参见图 2.6.

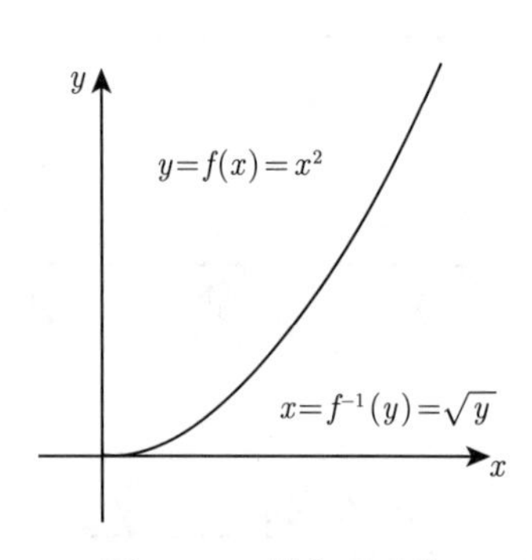

图 2.5 双射和反函数

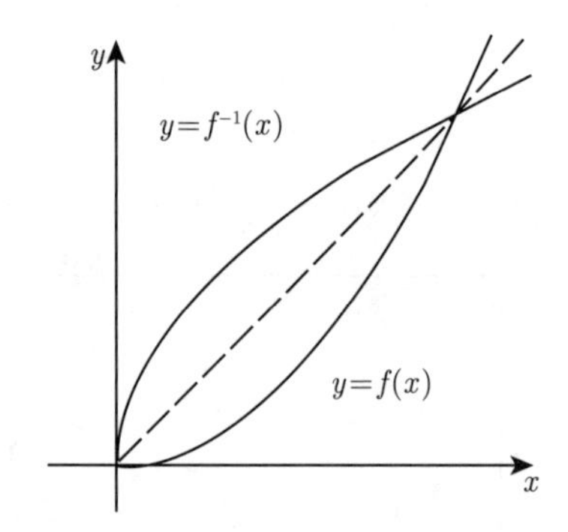

图 2.6 反函数及其沿对角线的翻转

实验 2.7 使用 MATLAB 的绘图命令，可以清楚地展示反函数. 反函数的图像可通过简单地交换变量进行绘制，即对应于翻转列 $y\leftrightarrow x$. 例如，图 2.6 可通过如下命令得到.

16

```
x = 0:0.01:1
y = x.^2
plot(x,y)
hold on
plot(y,x)
```

如何将这个图像按给定的样式绘制? 可以通过 M 文件 mat02_1.m 学习如何确定格式、绘制虚线对角线及加注标签.

2.2 一些初等函数

初等函数为幂函数与开方函数、指数函数与对数函数、三角函数与它们的反函数，以及所有将它们进行组合得到的函数. 下面将讨论被历史证明对应用最为重要的基本类型. 三角函数将在第 3 章中进行讨论.

线性函数（直线）． 一个 $\mathbb{R}\to\mathbb{R}$ 的**线性函数**将每一个 x 值的固定倍数作为 y 的值，即

$$y = kx$$

这里

$$k = \frac{\text{在高度上的增量}}{\text{在长度上的增量}} = \frac{\Delta y}{\Delta x}$$

为图像的**斜率**（slope），它是一条过原点的**直线**. 斜率与直线和 x 轴夹角之间的关系将在 3.1 节讨论. 增加一个截距 $d\in\mathbb{R}$ 使得直线在 y 轴上移动 d 个单位（参见图 2.7）. 故其方程为

17

$$y = kx + d$$

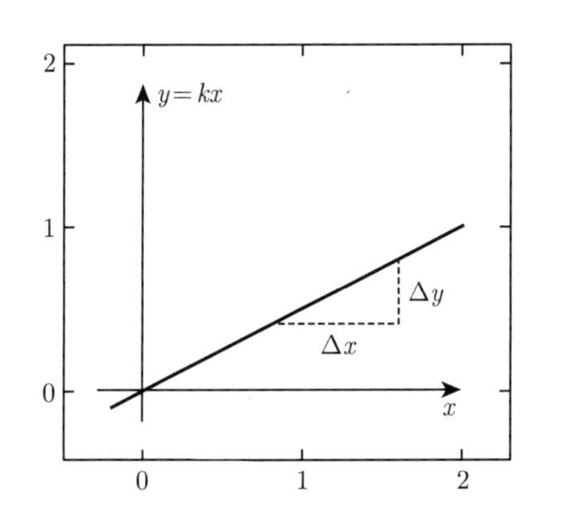

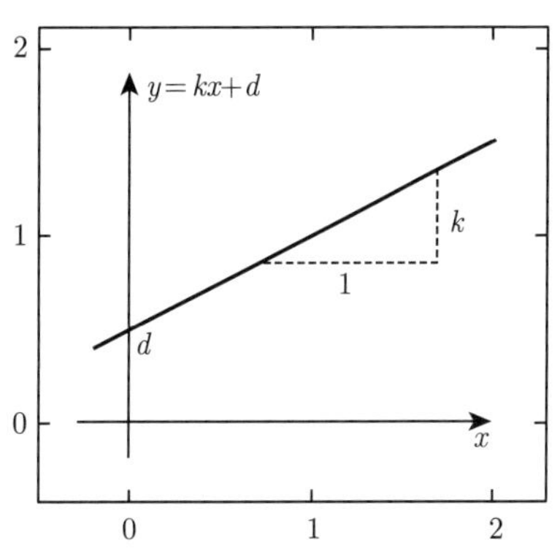

图 2.7 直线的方程

二次抛物线． 定义域为 $D=\mathbb{R}$ 的二次函数的基本形式为

$$y = x^2$$

压缩/拉伸、水平及垂直平移可如下得到：

$$y = \alpha x^2,\quad y = (x-\beta)^2,\quad y = x^2+\gamma$$

这些变换对图像的作用可参见图 2.8.

$\alpha > 1$	$\cdots$	在 x 方向上压缩
$0 < \alpha < 1$	$\cdots$	在 x 方向上拉伸
$\alpha < 0$	$\cdots$	沿 x 轴翻转

$\beta > 0$	$\cdots$	向右平移	$\gamma > 0$	$\cdots$	向上平移
$\beta < 0$	$\cdots$	向左平移	$\gamma < 0$	$\cdots$	向下平移

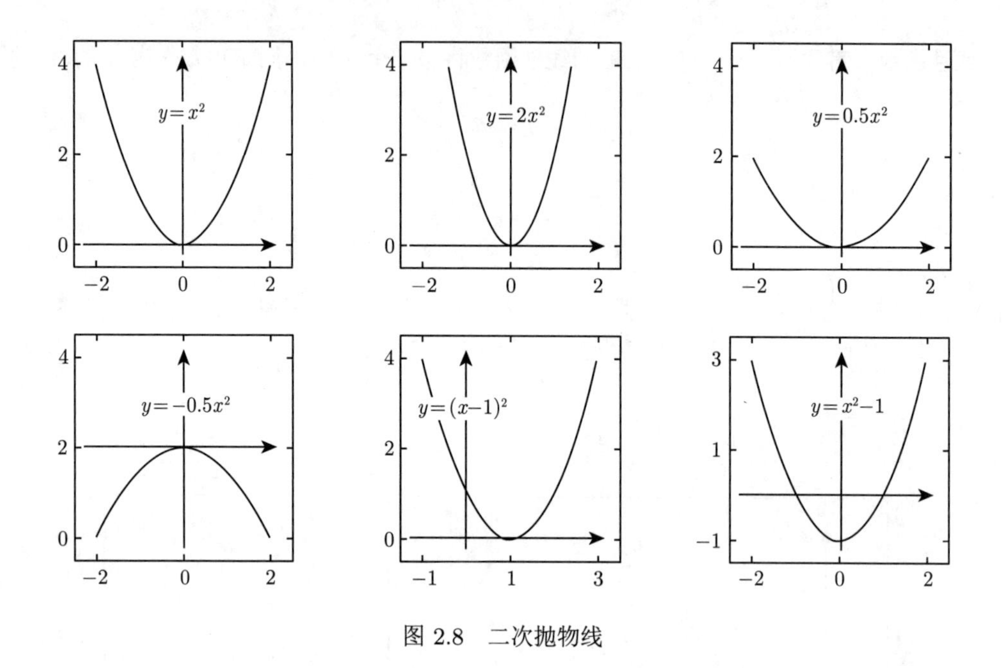

图 2.8　二次抛物线

一般的二次函数可以通过**配方**法进行化简:

$$
\begin{aligned}
y &= ax^2 + bx + c \\
&= a\left(x + \frac{b}{2a}\right)^2 + c - \frac{b^2}{4a} \\
&= \alpha\left(x - \beta\right)^2 + \gamma
\end{aligned}
$$

幂函数. 当指数 $n \in \mathbb{N}$ 时，下列法则成立：

$$x^n = x \cdot x \cdot x \cdot \ \cdots \ \cdot x \quad (n \text{ 个因子}), \qquad x^1 = x$$

$$x^0 = 1, \qquad x^{-n} = \frac{1}{x^n} \quad (x \neq 0)$$

18

作为指数为分数的例子，考虑**开方函数**（root functions）$y = \sqrt[n]{x} = x^{1/n}$，其中 $n \in \mathbb{N}$，定义域为 $D = [0, \infty)$. 此处 $y = \sqrt[n]{x}$ 被定义为 n 次幂函数的反函数，参见图 2.9 左侧. 定义域为 $D = \mathbb{R} \setminus \{0\}$ 的函数 $y = x^{-1}$ 的图像由图 2.9 右侧给出.

绝对值函数、符号函数和指示函数. 绝对值函数

$$y = |x| = \begin{cases} x, & x \geqslant 0, \\ -x, & x < 0 \end{cases}$$

的图像在点 (0, 0) 处有一个扭结，参见图 2.10 左侧.

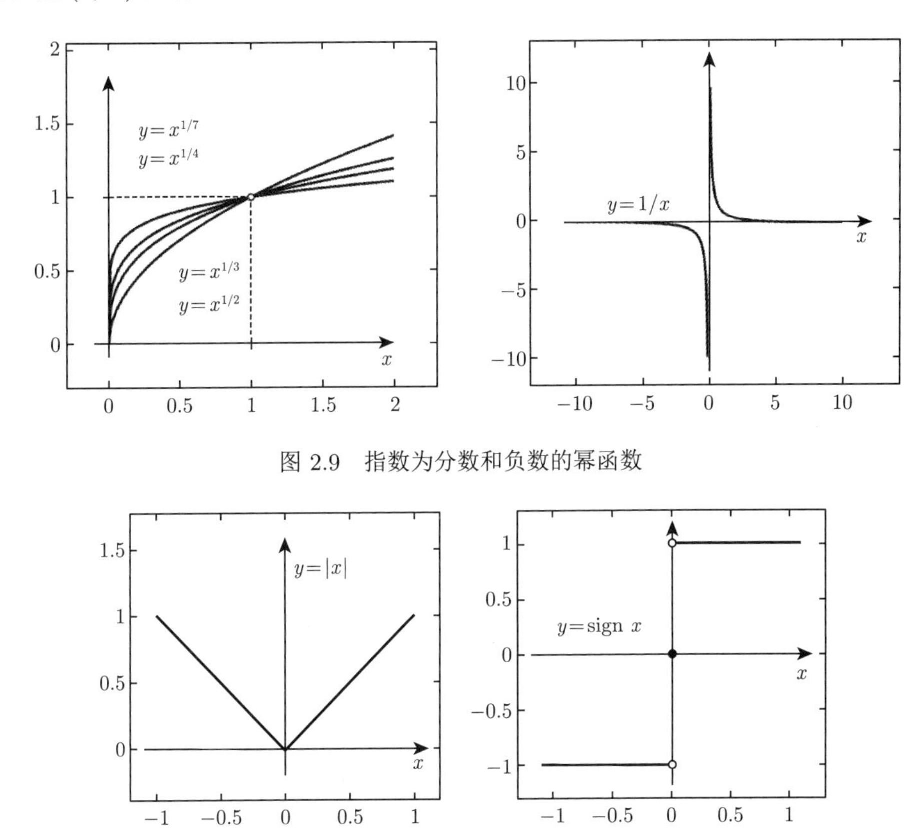

图 2.9　指数为分数和负数的幂函数

图 2.10　绝对值函数和符号函数

符号函数（sign function）或正负号函数（signum function）的图像.

$$y = \operatorname{sign} x = \begin{cases} 1, & x > 0, \\ 0, & x = 0, \\ -1, & x < 0 \end{cases}$$

19

在 $x = 0$ 处有一个跳跃（图 2.10 右侧）. **子集** $A \subset \mathbb{R}$ **的指示函数**定义为

$$\mathbb{1}_A(x) = \begin{cases} 1, & x \in A, \\ 0, & x \notin A \end{cases}$$

指数函数和对数函数.　一个数 $a > 0$ 的**整数幂**前面已经讨论过. 其分数（有理数）幂定义为

$$a^{1/n} = \sqrt[n]{a}, \qquad a^{m/n} = \left(\sqrt[n]{a}\right)^m = \sqrt[n]{a^m}$$

若 r 为一个任意实数，则 a^r 用其近似值 $a^{m/n}$ 给出，其中 $\dfrac{m}{n}$ 为将实数 r 进行小数展开后得到的有理数近似.

例 2.8　2^π 由如下序列定义：

$$2^3,\ 2^{3.1},\ 2^{3.14},\ 2^{3.141},\ 2^{3.1415},\ \cdots$$

其中

$$2^{3.1}=2^{31/10}=\sqrt[10]{2^{31}};\quad 2^{3.14}=2^{314/100}=\sqrt[100]{2^{314}};\quad \cdots$$

对指数函数的这一不太正式的介绍对于理解后面章节中的一些应用及例子应该足够了. 但利用到目前为止介绍的工具，还不能证明这一过程真的得到了一个良好定义的数学对象. 这一过程的成功是基于实数的**完备性**（completeness）的. 这一概念将在第 5 章中讨论.

由前述定义可得对有理指数运算成立的如下计算法则：

$$a^r a^s = a^{r+s}$$

$$(a^r)^s = a^{rs} = (a^s)^r$$

20

$$a^r b^r = (ab)^r$$

其中 $a,b>0$ 且 $r,s\in\mathbb{Q}$. 通过引入极限的讨论，可以证明这些法则在 $r,s\in\mathbb{R}$ 时也是成立的.

以 a 为底的指数函数 $y=a^x$，当 $a>1$ 时是增的，当 $a<1$ 时是减的，参见图 2.11. 其值域为 $B=(0,\infty)$; 指数函数是从 $\mathbb{R}$ 到 $(0,\infty)$ 的**双射**. 其反函数是**底为 a 的对数函数** [定义域为 $(0,\infty)$，值域为 $\mathbb{R}$]:

$$y=a^x \quad\Leftrightarrow\quad x=\log_a y$$

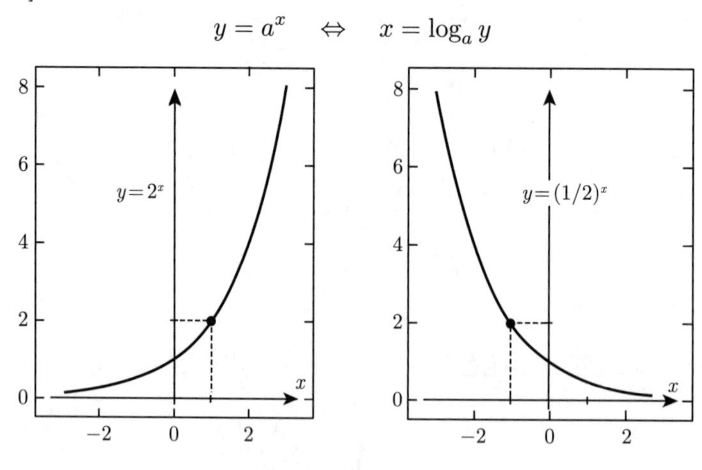

图 2.11　指数函数

例如，$\log_{10}2$ 为将 10 取该幂次后得到 2 的数:

$$2=10^{\log_{10}2}$$

又如，其他的例子:

$$2=\log_{10}\left(10^2\right),\quad \log_{10}10=1,\quad \log_{10}1=0,\quad \log_{10}0.001=-3$$

欧拉数 e 的定义为

$$\begin{aligned}\mathrm{e}&=1+\frac{1}{1}+\frac{1}{2}+\frac{1}{6}+\frac{1}{24}+\cdots\\&=1+\frac{1}{1!}+\frac{1}{2!}+\frac{1}{3!}+\frac{1}{4!}+\cdots=\sum_{j=0}^{\infty}\frac{1}{j!}\\&\approx 2.718281828459045235360287471\cdots\end{aligned}$$

无穷多个数的和将在第 5 章中应用实数的完备性进行严格定义. 底为 e 的对数称为**自然对数**并记为 log:

$$\log x=\log_{\mathrm{e}}x$$

21

在一些书籍中，自然对数也记为 $\ln x$. 本书使用记号 $\log x$，例如，在 MATLAB 中就使用这样的记号. 下列法则可通过直接改写指数函数的运算法则得到:

$$u=\mathrm{e}^{\log u}$$

$$\log(uv)=\log u+\log v$$

$$\log\left(u^z\right)=z\log u$$

其中 $u,\ v>0$，$z\in\mathbb{R}$ 是任意的. 此外，对所有 $u\in\mathbb{R}$ 有

$$u=\log\left(\mathrm{e}^u\right)$$

及 $\log\mathrm{e}=1$. 特别地，由上式可得

$$\log\frac{1}{u}=-\log u,\quad \log\frac{v}{u}=\log v-\log u$$

$y=\log x$ 和 $y=\log_{10}x$ 的图像在图 2.12 中给出.

双曲函数和它们的反函数 双曲函数和它们的反函数将主要用在第 14 章参数表示双曲函数、第 10 章计算积分以及第 19 章显式求解一些微分方程中.

双曲正弦（hyperbolic sine）、**双曲余弦**（hyperbolic cosine）及**双曲正切**（hyperbolic tangent）定义为

$$\sinh x=\frac{1}{2}\left(\mathrm{e}^x-\mathrm{e}^{-x}\right),\quad \cosh x=\frac{1}{2}\left(\mathrm{e}^x+\mathrm{e}^{-x}\right),\quad \tanh x=\frac{\sinh x}{\cosh x}$$

其中 $x\in\mathbb{R}$. 它们的图像在图 2.13 中给出. 一个重要的性质是等式

22

$$\cosh^2x-\sinh^2x=1$$

通过将定义表达式代入，很容易验证.

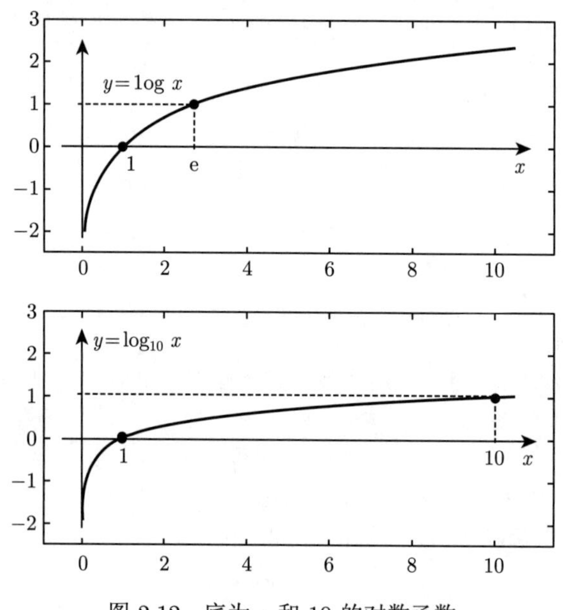

图 2.12　底为 e 和 10 的对数函数

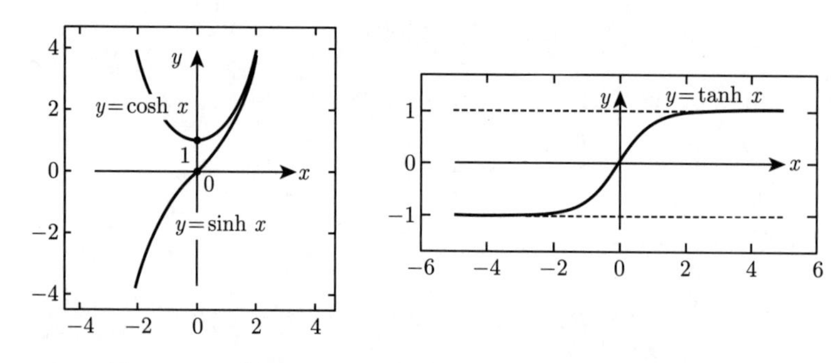

图 2.13　双曲正弦和双曲余弦（左图）及双曲正切（右图）

图 2.13 表明双曲正弦作为一个 $\mathbb{R} \to \mathbb{R}$ 的函数是可逆的，双曲余弦作为一个 $[0,\infty) \to [1,\infty)$ 的函数是可逆的，双曲正切作为一个 $\mathbb{R} \to (-1,1)$ 的函数是可逆的. **反双曲函数**（inverse hyperbolic function）也称为**面积函数**（area function），指的是**反双曲正弦（余弦，正切）**或称**面积双曲正弦（余弦，正切）**. 可以使用对数将它们表示如下（参见练习 15）：

$$\operatorname{arsinh} x = \log\left(x + \sqrt{x^2+1}\right), \qquad \text{其中 } x \in \mathbb{R}$$
$$\operatorname{arcosh} x = \log\left(x + \sqrt{x^2-1}\right), \qquad \text{其中 } x \geqslant 1$$
$$\operatorname{artanh} x = \frac{1}{2} \log \frac{1+x}{1-x}, \qquad \text{其中 } |x| < 1$$

2.3 练习

1. 对一个任意函数 $y=f(x)\ :\ \mathbb{R}\to\mathbb{R}$ 作如下变换:

$$y=f(ax),\quad y=f(x-b),\quad y=cf(x),\quad y=f(x)+d$$

会产生什么变化? 其中 $a,\ b,\ c,\ d\in\mathbb{R}$. a 的情况分为

$$a<-1,\quad -1\leqslant a<0,\quad 0<a\leqslant 1,\quad a>1$$

$b,\ c,\ d$ 的情况分为

$$b,\ c,\ d>0,\qquad b,\ c,\ d<0$$

绘制结果图.

23

2. 令函数 $f\ :\ D\to\mathbb{R}\ :\ x\mapsto 3x^4-2x^3-3x^2+1$ 为给定的. 利用 MATLAB 绘制在

$$D=[-1,1.5],\qquad D=[-0.5,0.5],\qquad D=[0.5,1.5]$$

时函数 f 的图像. 说明 $D=\mathbb{R}$ 时函数的行为并求

$$f([-1,1.5]),\qquad f((-0.5,0.5)),\qquad f((-\infty,1])$$

3. 下列函数中哪些是单射/满射/双射?

$$f\ :\ \mathbb{N}\to\mathbb{N}\ :\quad n\mapsto n^2-6n+10$$
$$g\ :\ \mathbb{R}\to\mathbb{R}\ :\quad x\mapsto |x+1|-3$$
$$h\ :\ \mathbb{R}\to\mathbb{R}\ :\quad x\mapsto x^3$$

提示: 使用 MATLAB 的演示例子可在 M 文件 `mat02_2.m` 中看到.

4. 绘制函数 $y=x^2-4x$ 的图像, 并说明为什么当它是从 $D=(-\infty,\ 2]$ 到 $B=[-4,\ \infty)$ 的一个双射. 求它在给定定义域上的反函数.

5. 验证下列 $D\to B$ 的函数在给定区域上是双射, 并求每种情形下的反函数.

$$y=-2x+3,\qquad D=\mathbb{R},\ B=\mathbb{R}$$
$$y=x^2+1,\qquad D=(-\infty,\ 0],\ B=[1,\ \infty)$$
$$y=x^2-2x-1,\qquad D=[1,\ \infty),\ B=[-2,\ \infty)$$

6. 求过点 $(1,\ 1)$ 和 $(4,\ 3)$ 的直线方程, 以及过点 $(-1,\ 6)$、$(0,\ 5)$ 和 $(2,\ 21)$ 的二次抛物线方程.

7. 若某放射性物质在时刻 $t=0$ 时有 A 克. 根据放射性衰变的定律，在 t 天后，剩余的质量为 $A\cdot q^t$ 克. 由放射性碘 131 的半衰期（8 天）计算 q，并算出经过多少天后剩余的碘 131 为原有质量的 $\frac{1}{100}$.

   提示：半衰期是放射性物质剩余质量为初始质量的一半时所需的时间.

8. 令 I（瓦/平方厘米）为冲击一个探测器表面的声波的强度. 根据 Weber–Fechner 定律，声级 L（方）按下式计算

$$L = 10\log_{10}(I/I_0)$$

   其中 $I_0 = 10^{-16}$瓦/平方厘米. 若一个强度为 I 的扬声器产生的声级为 80 方，则使用两个扬声器产生强度为 $2I$ 的声音的声级是多少?

24

9. 对 $x\in\mathbb{R}$，下取整函数 $\lfloor x\rfloor$ 表示不大于 x 的最大整数，即

$$\lfloor x\rfloor = \max\{n\in\mathbb{N};\ n\leqslant x\}$$

   利用 MATLAB 的命令 `floor` 绘制定义域 $D=[0,\ 10]$ 的下列函数的图像:

$$y=\lfloor x\rfloor,\qquad y=x-\lfloor x\rfloor,\qquad y=(x-\lfloor x\rfloor)^3,\qquad y=(\lfloor x\rfloor)^3$$

   尝试编程绘制正确图像，其中图像中竖直的连线不应当出现.

10. 一个函数 $f\ :\ D=\{1,2,\cdots,N\}\to B=\{1,2,\cdots,N\}$ 由它的函数值 $y=(y_1,\cdots,y_N)$，$y_i=f(i)$ 进行定义. 编写一个 MATLAB 程序判定 f 是否为一个双射. 使用下面的命令随机生成 y 值来验证你的程序：

    (a) `y = unirnd(N,1,N)`,　　(b) `y = randperm(N)`.

    提示：参考两个 M 文件 `mat02_ex12a.m` 和 `mat02_ex12b.m` 或 Python 文件 `python02_ex12`.

11. 对 a 的不同取值，绘制函数 $f\ :\ \mathbb{R}\to\mathbb{R}, y=ax+\operatorname{sign}x$ 的图像. 分三种情况：$a>0$，$a=0$，$a<0$. a 什么样的取值能使函数 f 分别为单射和满射?

12. 令 $a>0,\ b>0$. 验证**指数运算律**

$$a^r a^s = a^{r+s},\quad (a^r)^s = a^{rs},\quad a^r b^r = (ab)^r$$

    其中 $r=k/l,\ s=m/n$.

    提示：从验证整数 r 和 s（$a,\ b>0$ 任意）的运算律开始. 为证明 $r=k/l,\ s=m/n$ 的有理数情况，记

$$\left(a^{k/l}a^{m/n}\right)^{ln} = \left(a^{k/l}\right)^{ln}\left(a^{m/n}\right)^{ln} = a^{kn}a^{lm} = a^{kn+lm}$$

    利用整数指数的第三个定律并进行观察，得出

$$a^{k/l}a^{m/n} = a^{(kn+lm)/ln} = a^{k/l+m/n}$$

13. 利用指数的算术，验证法则 $\log(uv)=\log u+\log v$ 及 $\log u^z = z\log u$，其中 $u,\ v>0$ 及 $z\in\mathbb{R}$.

    提示：令 $x=\log u,\ y=\log v$，则 $uv=\mathrm{e}^x\mathrm{e}^y$. 利用指数的运算法则并取对数即可.

14. 验证等式 $\cosh^2 x - \sinh^2 x = 1$.

15. 证明 $\operatorname{arsinh} x = \log\left(x + \sqrt{x^2+1}\right)$，其中 $x \in \mathbb{R}$.

提示：令 $y = \operatorname{arsinh} x$ 求关于 y 的等式 $x = \sinh y = \dfrac{1}{2}\left(\mathrm{e}^y - \mathrm{e}^{-y}\right)$. 代入 $u = \mathrm{e}^y$ 得到有关 u 的二次方程 $u^2 - 2xu - 1 = 0$. 根据 $u > 0$ 来选择该方程合适的根.

25
~
26

第 3 章　三　角　学

在考虑几何问题及振动模型时，三角函数扮演了主要的角色. 通过直角三角形引入这些函数并利用单位圆将它们周期性地推广到 $\mathbb{R}$ 上. 本章也将讨论三角函数的反函数. 笛卡儿坐标系与极坐标系之间的变换将作为一个应用进行考虑.

3.1　三角形中的三角函数

三角函数的定义基于直角三角形的基本性质. 图 3.1 给出了一个直角三角形. 与直角相邻的两条边称为直角边，对边称为斜边.

直角三角形的一个基本的性质通过毕达哥拉斯[㊀]定理（Pythagoras' theorem）来表示.

命题 3.1（毕达哥拉斯）　一个直角三角形两直角边长度的平方和等于斜边长度的平方. 根据图 3.1 中给出的符号可得 $a^2+b^2=c^2$.

证明　由图 3.2 容易看出

$$(a+b)^2-c^2=\text{阴影三角形的面积}=2ab$$

根据这一结果可得 $(a+b)^2-c^2=0$. □

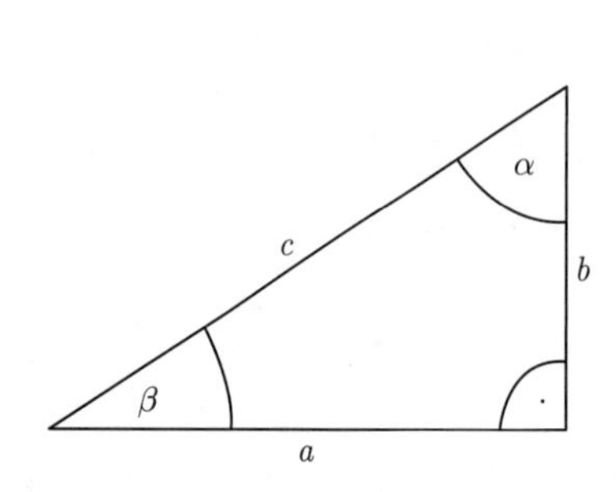

图 3.1　一个直角边为 a, b 且斜边为 c 的直角三角形

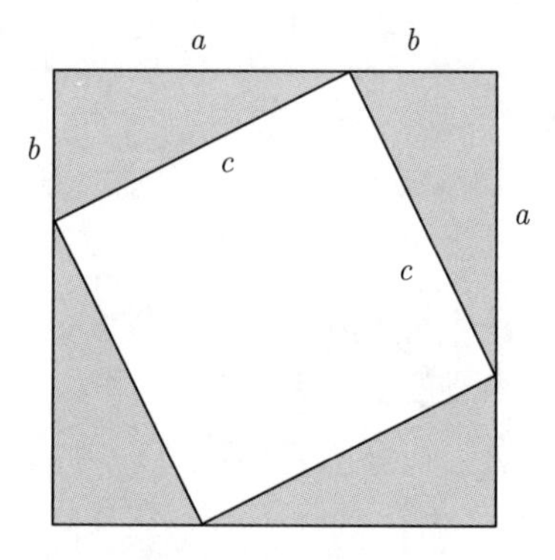

图 3.2　证明毕达哥拉斯定理的基本思路

泰勒斯[㊁]（Thales）截距定理称一个三角形各边之比具有放缩不变性，即它们不依赖于三角形的大小.

㊀ 毕达哥拉斯，约公元前 570 —公元前 501 年.

㊁ 泰勒斯，约公元前 624—公元前 547 年.

在图 3.3 中，泰勒斯定理断言下面的等式比例是成立的:

$$\frac{a}{c}=\frac{a'}{c'},\quad \frac{b}{c}=\frac{b'}{c'},\quad \frac{a}{b}=\frac{a'}{b'}$$

这一结论成立是由于使用了相同的因子放缩（放大或缩小该三角形）了所有的边. 由此也可以得到，各边之比仅依赖于角度 α （及相应的 $\beta=90^\circ-\alpha$）. 这便产生了下面的定义.

定义 3.2（三角函数） 当 $0^\circ\leqslant\alpha\leqslant 90^\circ$ 时定义

$$\sin\alpha=\frac{a}{c}=\frac{\text{相对直角边}}{\text{斜边}}\qquad(\text{正弦})$$

$$\cos\alpha=\frac{b}{c}=\frac{\text{相邻直角边}}{\text{斜边}}\qquad(\text{余弦})$$

$$\tan\alpha=\frac{a}{b}=\frac{\text{相对直角边}}{\text{相邻直角边}}\qquad(\text{正切})$$

$$\cot\alpha=\frac{b}{a}=\frac{\text{相邻直角边}}{\text{相对直角边}}\qquad(\text{余切})$$

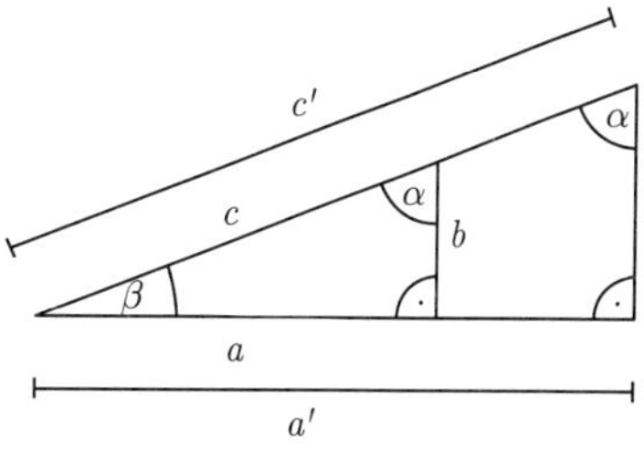

图 3.3 相似三角形

28

请注意，$\tan\alpha$ 在 $\alpha=90^\circ$ 时是无定义的（因为 $b=0$）且 $\cot\alpha$ 在 $\alpha=0^\circ$ 时是无定义的（因为 $a=0$）. 等式

$$\tan\alpha=\frac{\sin\alpha}{\cos\alpha},\quad \cot\alpha=\frac{\cos\alpha}{\sin\alpha},\quad \sin\alpha=\cos\beta=\cos(90^\circ-\alpha)$$

可由定义直接得到，关系式

$$\sin^2\alpha+\cos^2\alpha=1$$

是由毕达哥拉斯定理得到的.

在数学中，三角函数有很多应用. 第一个例子，下面给出一般三角形面积公式的推导，参见图 3.4. 三角形的各边通常使用小写拉丁字母按照逆时针方向进行标记，与每一条边相对的夹角通常使用希腊字母进行标记. 因为 $F=\frac{1}{2}ch$ 及 $h=b\sin\alpha$，三角形的面积公式可以写为

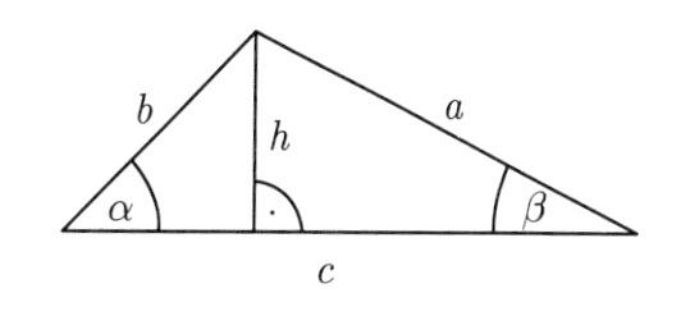

图 3.4 一个一般的三角形

29

$$F=\frac{1}{2}bc\sin\alpha=\frac{1}{2}ac\sin\beta=\frac{1}{2}ab\sin\gamma$$

因此，三角形的面积等于两条边的长度乘积乘以它们之间夹角正弦的一半. 上面公式中的最后一个等式成立的原因是对称性. 其中，γ 为边 c 相对的夹角，换句话说 $\gamma=180^\circ-\alpha-\beta$.

第二个例子是计算一条直线的斜率. 图 3.5 给出了一条直线 $y=kx+d$. 其斜率 k 为 x 变化单位长度时，y 的改变量. 可使用图 3.5 中附加在直线上的三角形来计算，故 $k=\tan\alpha$.

为得到一些较为简单的公式，例如

$$\frac{\mathrm{d}}{\mathrm{d}x}\sin x=\cos x$$

必须使用弧度来度量角度. 度与弧度之间的关系可通过**单位圆**得到，参见图 3.6.

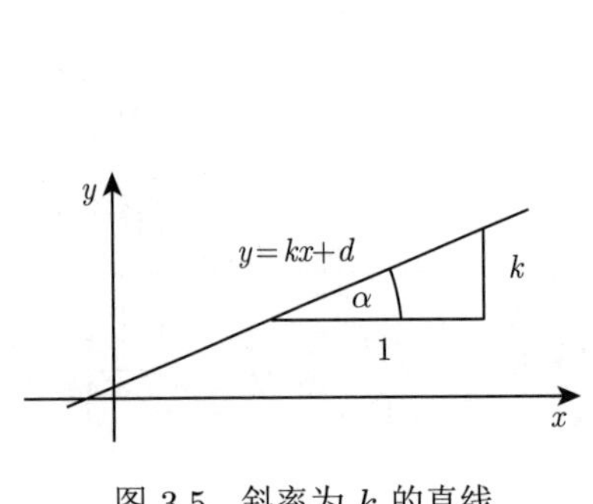

图 3.5　斜率为 k 的直线

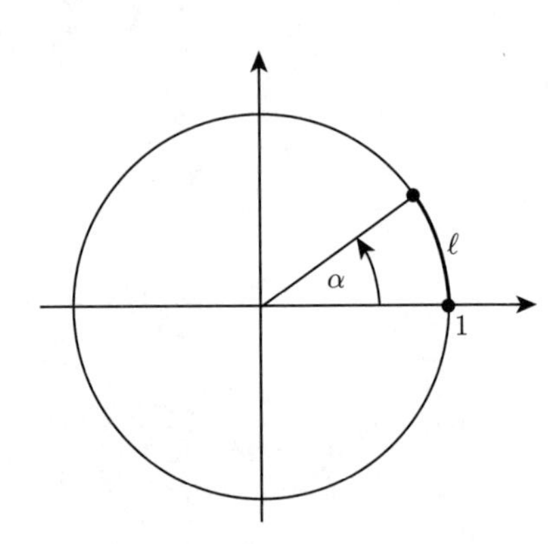

图 3.6　度与弧度之间的关系

角 α（用度来表示）的**弧度**定义为其在单位圆上对应的弧长 ℓ，用 α 表示. 单位圆上的弧长 ℓ 是没有物理单位的. 但是，称其为**弧度**以强调它与度的区别.

正如通常所知，单位圆的周长为 2π，其中常数

$$\pi=3.141592653589793\cdots\approx\frac{22}{7}$$

为在两种度量之间进行转换，用 $360°$ 来对应弧度中的 2π，简写为 $360°\leftrightarrow 2\pi$ (弧度)，故分别有

$$\alpha^\circ\leftrightarrow\frac{\pi}{180}\alpha(\text{弧度})\quad 及\quad \ell(\text{弧度})\leftrightarrow\left(\frac{180}{\pi}\ell\right)^\circ$$

30 例如，$90°\leftrightarrow\frac{\pi}{2}$，及 $-270°\leftrightarrow-\frac{3\pi}{2}$. 此后，角度将使用弧度来度量.

3.2　三角函数推广到 $\mathbb{R}$ 上

当 $0\leqslant\alpha\leqslant\frac{\pi}{2}$ 时，$\sin\alpha$、$\cos\alpha$、$\tan\alpha$ 及 $\cot\alpha$ 的取值在单位圆上都很简单，参见图 3.7. 这一表示是由于单位圆上定义三角形的斜边长度为 1.

下面继续利用单位圆将三角函数的定义推广到 $0\leqslant\alpha\leqslant 2\pi$ 上. 单位圆周上由角 α 定义的点 P 的坐标为

$$P=(\cos\alpha,\sin\alpha)$$

参见图 3.8. 当 $0 \leqslant \alpha \leqslant \dfrac{\pi}{2}$ 时，这与前面给出的定义是相同的. 对更大的角，使用前面的惯例将正弦和余弦函数推广到 $[0,\ 2\pi]$ 上. 例如，由上式可得

$$\sin\alpha = -\sin(\alpha - \pi), \qquad \cos\alpha = -\cos(\alpha - \pi)$$

其中 $\pi \leqslant \alpha \leqslant \dfrac{3\pi}{2}$，参见图 3.8.

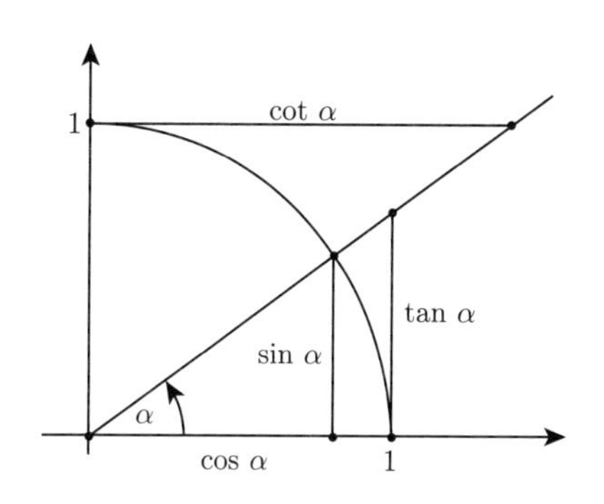

图 3.7　单位圆上三角函数的定义

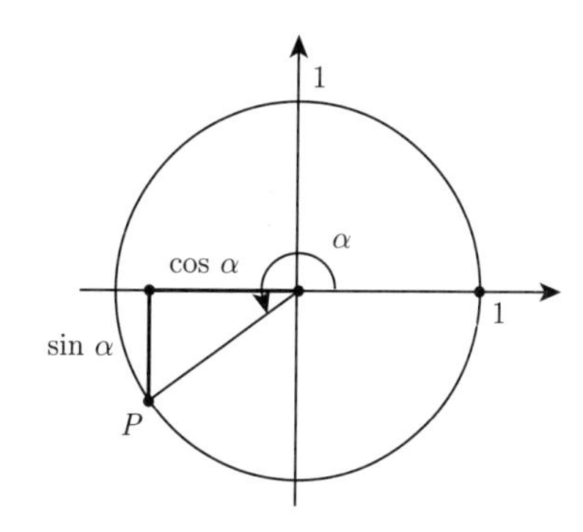

图 3.8　三角函数在单位圆上的推广

对任一取值 $\alpha \in \mathbb{R}$，需要周期性地连续使用周期 2π 来定义 $\sin\alpha$ 和 $\cos\alpha$. 为此，首先记 $\alpha = x + 2k\pi$，其中 $x \in [0,\ 2\pi)$ 及 $k \in \mathbb{Z}$ 是唯一的. 于是令

$$\sin\alpha = \sin(x + 2k\pi) = \sin x, \qquad \cos\alpha = \cos(x + 2k\pi) = \cos x$$

31

利用公式

$$\tan\alpha = \frac{\sin\alpha}{\cos\alpha}, \quad \cot\alpha = \frac{\cos\alpha}{\sin\alpha}$$

正切和余切函数同样可被扩展. 由于正弦函数在 π 的整数倍时取值为零，余切在这些位置的取值是无定义的. 类似地，正切在 $\dfrac{\pi}{2}$ 的奇数倍数时也是无定义的.

函数 $y = \sin x$ 和 $y = \cos x$ 的图像在图 3.9 中给出. 所有函数的定义域均为 $D = \mathbb{R}$.

函数 $y = \tan x$ 及 $y = \cot x$ 的图像在图 3.10 中给出. 正如前面的解释，正切函数的定义域为 $D = \left\{x \in \mathbb{R};\ x \neq \dfrac{\pi}{2} + k\pi,\ k \in \mathbb{Z}\right\}$，余切函数的定义域为 $D = \{x \in \mathbb{R};\ x \neq k\pi, k \in \mathbb{Z}\}$.

三角函数之间有很多关系. 例如，下面的加法定理就是成立的，只需要使用基本的几何观点就可以证明它，参见练习 3. maple 的命令 `expand` 和 `combine` 就使用这些等式对三角函数进行化简.

命题 3.3（加法定理）　*对 $x, y \in \mathbb{R}$，下式成立:*

$$\sin(x + y) = \sin x \cos y + \cos x \sin y$$

32

$$\cos(x+y) = \cos x \cos y - \sin x \sin y$$

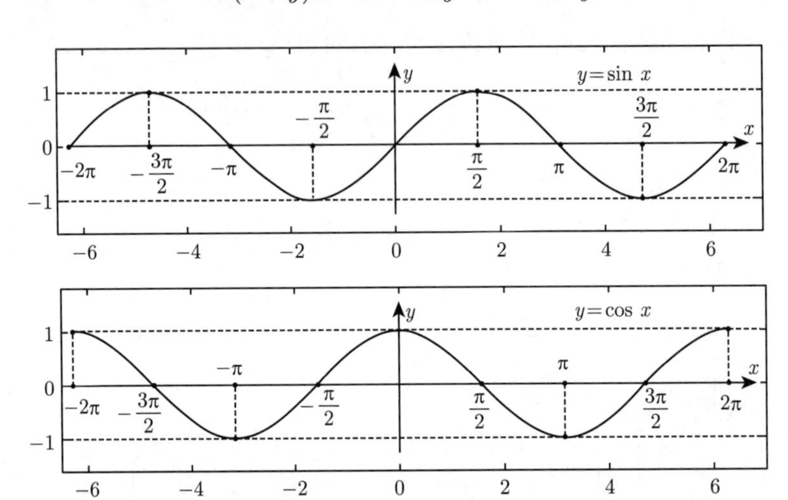

图 3.9　在区间 $[-2\pi,\ 2\pi]$ 内正弦函数与余弦函数的图像

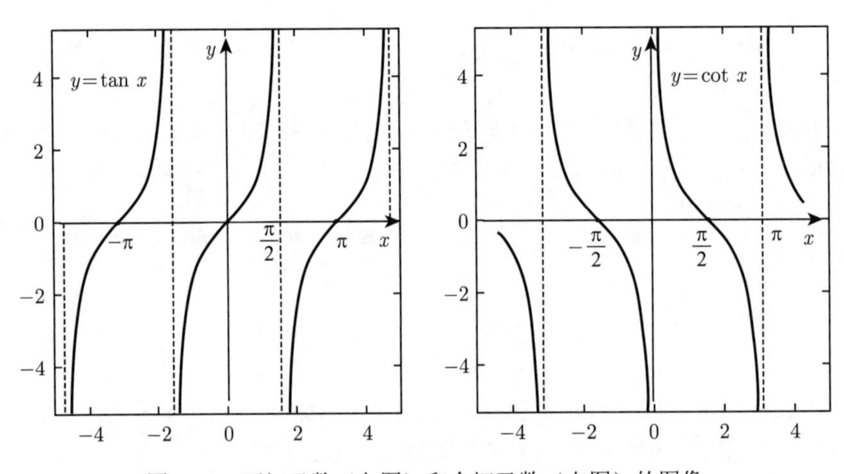

图 3.10　正切函数（左图）和余切函数（右图）的图像

3.3　环形函数

环形函数是在适当的双射区间内三角函数的反函数.

正弦和反正弦. 从区间 $\left[-\frac{\pi}{2},\ \frac{\pi}{2}\right]$ 到 $[-1,1]$ 上，正弦函数为双射，参见图 3.9. 图像中的这一部分称为正弦函数的**主值分支**（principal branch）. 其反函数（参见图 3.11）称为**反正弦**

$$\arcsin\ :\ [-1,1] \to \left[-\frac{\pi}{2},\ \frac{\pi}{2}\right]$$

由反函数的定义可得

$$\sin(\arcsin y) = y, \quad \text{对所有的 } y \in [-1, 1]$$

但相反的公式只在主值分支上成立，即

$$\arcsin(\sin x) = x \qquad \text{只在 } -\frac{\pi}{2} \leqslant x \leqslant \frac{\pi}{2} \text{成立}$$

例如，$\arcsin(\sin 4) = -0.8584073\cdots \neq 4$.

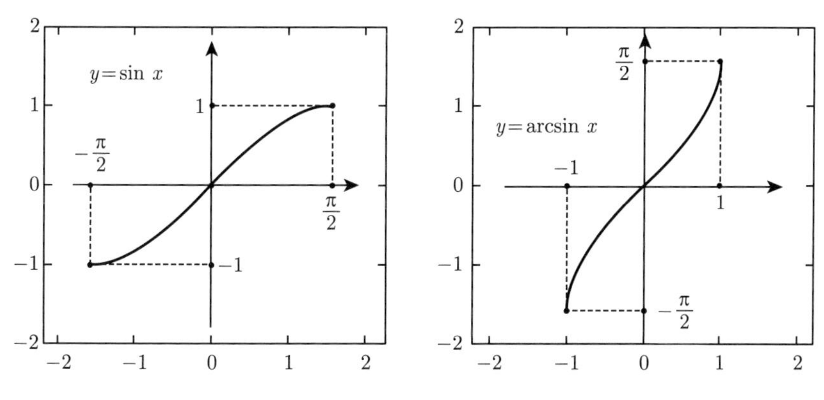

图 3.11 正弦函数的主值分支（左图）和反正弦函数（右图）

余弦和反余弦. 类似地，余弦函数的主值分支是将余弦限制在区间 $[0, \pi]$，值域为 $[-1, 1]$ 的部分. 主值分支是双射，其反函数（参见图 3.12）称为**反余弦**

$$\arccos : [-1, 1] \to [0, \pi]$$

33

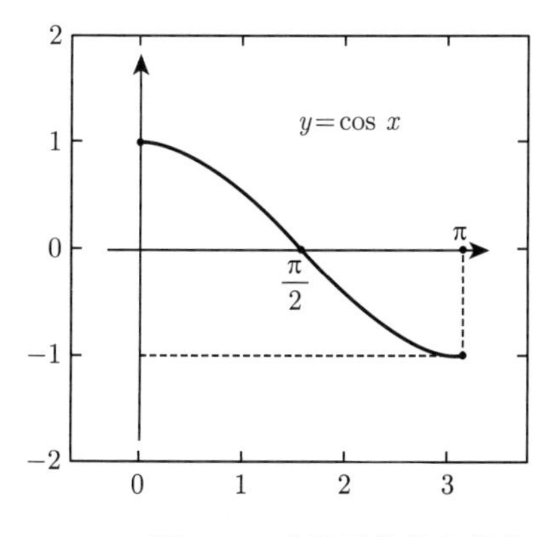

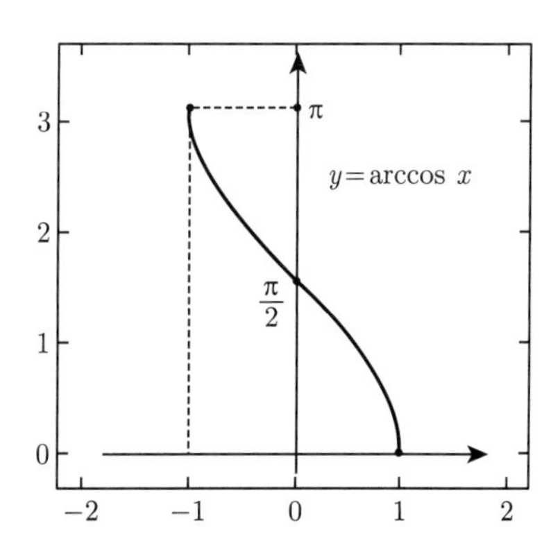

图 3.12 余弦函数的主值分支（左图）和反余弦函数（右图）

正切和反正切. 从图 3.10 中可以看出，将正切函数限制在区间 $\left(-\frac{\pi}{2}, \frac{\pi}{2}\right)$ 就是双射. 其反函数称为**反正切**（arctangent）

$$\arctan\ :\ \mathbb{R} \to \left(-\frac{\pi}{2}, \frac{\pi}{2}\right)$$

为准确起见，它也称为反正切函数的主值分支（参见图 3.13）.

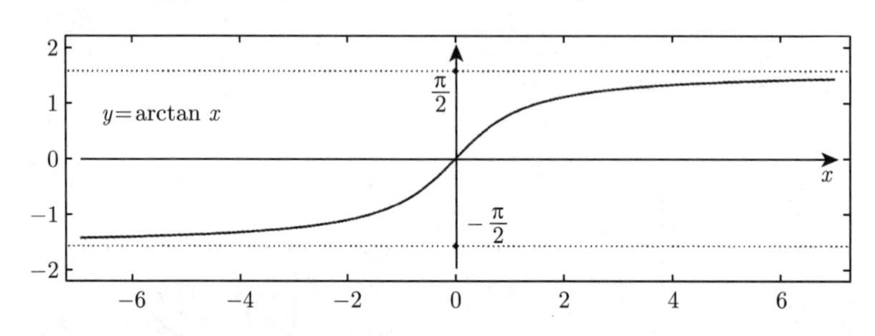

34

图 3.13　反正切函数的主值分支

应用 3.4（平面中的极坐标系）　平面上的点 $P=(x, y)$ 的极坐标 (r, φ) 可通过该点到原点的距离 r 及与 x 轴正向的夹角 φ（以逆时针方向）来得到，参见图 3.14.

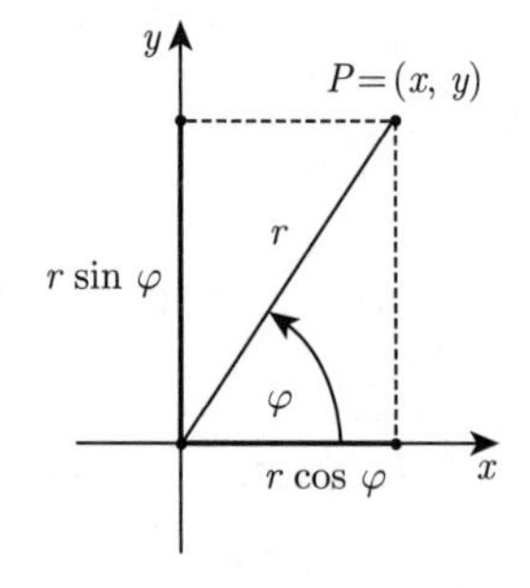

图 3.14　平面极坐标系

因此，笛卡儿坐标系和极坐标系之间的关系可描述为

$$x = r\cos\varphi, \quad y = r\sin\varphi$$

其中 $0 \leqslant \varphi < 2\pi$ 且 $r \geqslant 0$. 值域 $-\pi < \varphi \leqslant \pi$ 也是经常使用的.

反过来，下面的变换公式是成立的：

$$r = \sqrt{x^2+y^2}$$

$$\varphi = \arctan\frac{y}{x} \quad \left(\text{在 } x>0 \text{ 的区域中}, -\frac{\pi}{2} < \varphi < \frac{\pi}{2}\right)$$

$$\varphi = \operatorname{sign} y \cdot \arccos\frac{x}{\sqrt{x^2+y^2}} \quad \left(\text{若 } y \neq 0 \text{ 或 } x>0, -\pi < \varphi < \pi\right)$$

鼓励读者使用 maple 来验证这些公式.

3.4　练习

1. 在适当的直角三角形中，从几何的角度确定 $\alpha=45°$，$\beta=60°$，$\gamma=30°$ 的正弦、余弦和正切的值. 利用单位圆，将角度 $\alpha=45°$ 的相关结果推广到 135°，225°，−45°. 用弧度表示时，各个角度的相关结果是多少?

2. 用 MATLAB 编写一个函数 `degrad.m` 将度转换为弧度. 命令 `degrad(180)` 应当给出 π 作为结果. 进一步，写一个函数 `mysin.m`，利用 `degrad.m` 计算用弧度表示的角的正弦. 35
3. 证明正弦函数的加法定理

$$\sin(x+y) = \sin x\cos y + \cos x\sin y$$

提示：若夹角 x、y 及它们的和 $x+y$ 在 0 到 π/2 之间，可以直接使用图 3.15 进行讨论; 其他情形可归结为这一情形.

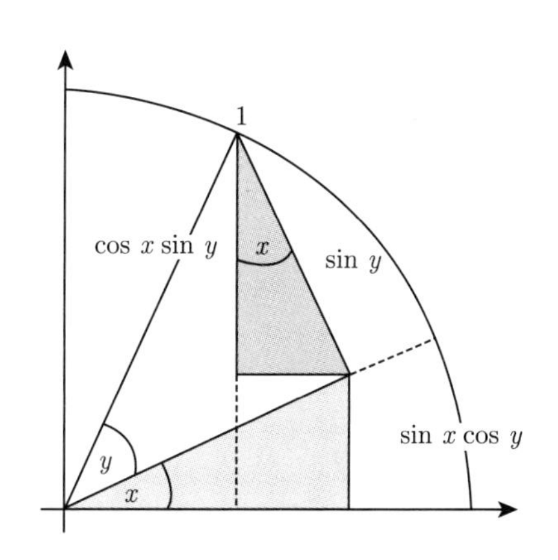

图 3.15　命题 3.3 的证明

4. 对图 3.4 中给出的一般的角，证明**余弦定律**

$$a^2 = b^2 + c^2 - 2bc\cos\alpha$$

提示：边长 c 可以被高 h 分成两个线段 c_1（左边）和 c_2（右边）. 根据毕达哥拉斯定理，如下等式成立：

$$a^2 = h^2 + c_2^2,\quad b^2 = h^2 + c_1^2,\quad c = c_1 + c_2$$

消去 h 就得到 $a^2 = b^2 + c^2 - 2cc_1$.
5. 求边长为 $a = 3$, $b = 4$, $c = 2$ 的三角形的三个夹角 α, β, γ，并用 maple 绘制该三角形.
提示：使用练习 4 中给出的余弦定律.
6. 对图 3.4 中给出的一般的角，证明**正弦定律**

$$\frac{a}{\sin\alpha} = \frac{b}{\sin\beta} = \frac{c}{\sin\gamma}$$

提示：第一个等式可如下求得：

$$\sin\alpha = \frac{h}{b},\quad \sin\beta = \frac{h}{a}$$

36
7. 给定三角形的数据 $b = 5$, $\alpha = 43°$, $\gamma = 62°$，求缺失的其他边和角，并用 MATLAB 画出你的解.
提示：利用练习 6 中的正弦定律.

8. 用 MATLAB 绘制下列函数

$$y=\cos(\arccos x),\quad x\in[-1,\ 1]$$

$$y=\arccos(\cos x),\quad x\in[0,\ \pi]$$

$$y=\arccos(\cos x),\quad x\in[0,\ 4\pi]$$

为什么在最后一种情形中 $\arccos(\cos x)\neq x$?

9. 在区间 $[0,\ 6\pi]$ 内画出函数 $y=\sin x$, $y=|\sin x|$, $y=\sin^2 x$, $y=\sin^3 x$, $y=\frac{1}{2}(|\sin x|-\sin x)$ 及 $y=\arcsin\left(\frac{1}{2}(|\sin x|-\sin x)\right)$ 的图像，并解释结果.

提示：使用 MATLAB 命令 `axis equal`.

10. 对 a 的不同取值，画出函数 $f:\mathbb{R}\to\mathbb{R}:x\mapsto ax+\sin x$ 的图像. a 取何种值，函数 f 是单射或满射.

11. 证明对一个正圆台侧面上的直线 s 和侧面面积 M（参见图 3.16，左图），有如下的公式成立：

$$s=\sqrt{h^2+(R-r)^2},\quad M=\pi(r+R)s$$

提示：通过展开圆台，可以得到一个顶角为 α 的环扇形（参见图 3.16，右图）. 因此，如下的关系式成立: $\alpha t=2\pi r$, $\alpha(s+t)=2\pi R$, $M=\frac{1}{2}\alpha\left((s+t)^2-t^2\right)$.

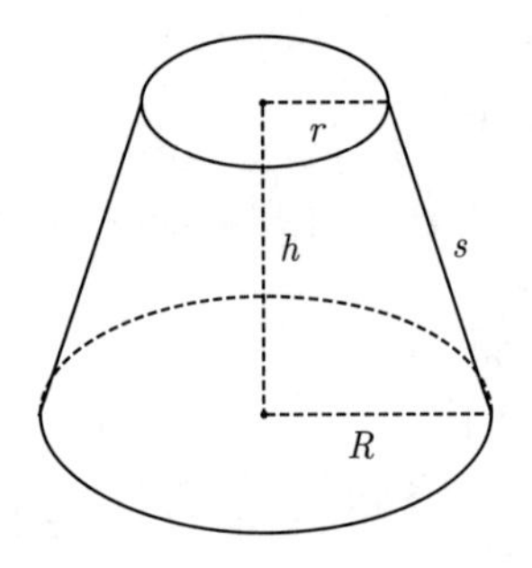

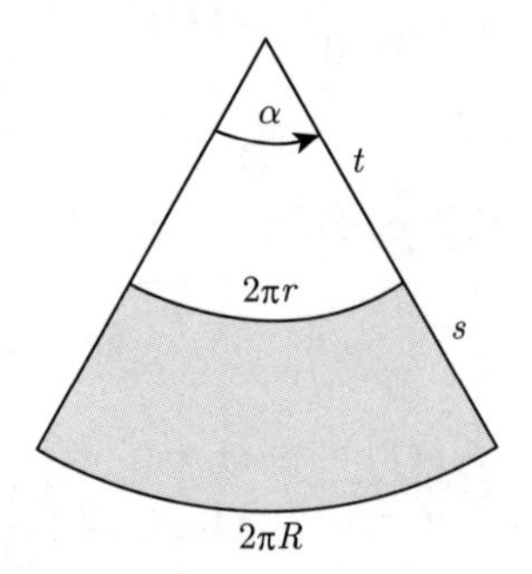

图 3.16　正圆台及其展开的表面

12. **正割**（secant）函数和**余割**（cosecant）函数被分别定义为余弦函数和正弦函数的倒数：

$$\sec\alpha=\frac{1}{\cos\alpha},\quad \csc\alpha=\frac{1}{\sin\alpha}$$

由于余弦函数和正弦函数存在零点，正割函数在 $\frac{\pi}{2}$ 的奇数倍时是无定义的，余割函数在 π 的整数倍时是无定义的.

37～38

（a）证明：等式 $1+\tan^2\alpha=\sec^2\alpha$ 及 $1+\cot^2\alpha=\csc^2\alpha$.

（b）用 MATLAB 画函数 $y=\sec x$ 和 $y=\csc x$ 在 -2π 到 2π 之间的图像.

第 4 章　复　　数

复数不仅在求解多项式方程时扮演着重要的角色，而且在数学分析的很多领域中也非常重要. 利用复函数，可进行平面变换、微分方程求解和矩阵分类. 不仅如此，通过复迭代过程也可以定义分形. 本节引入复数并讨论一些初等复函数，例如复指数函数. 可在第 9 章（分形和 L 系统）、第 20 章（微分方程组）和附录 B（矩阵）中找到应用.

4.1　复数的概念

所有**复数**构成的集合 $\mathbb{C}$ 为实数集合的一个推广，在复数中多项式 z^2+1 存在一个根. 复数可用一对实数 $(a,\ b)$ 来引入，其加法和乘法定义如下:

$$(a,\ b)+(c,\ d)=(a+c,\ b+d)$$

$$(a,\ b)\cdot(c,\ d)=(ac-bd,\ ad+bc)$$

实数是形式如 $(a,\ 0)$，$a\in\mathbb{R}$ 的所有数对构成的子集. 对 $(0,\ 1)$ 平方可得

$$(0,\ 1)\cdot(0,\ 1)=(-1,\ 0)$$

因此 $(0,\ 1)$ 的平方对应实数 -1. 故 $(0,\ 1)$ 给出了多项式 z^2+1 的一个根. 这个根记为 i，换句话说

$$\mathrm{i}^2=-1$$

利用这一记号并将 $(a,\ b)$ 改写为 $a+\mathrm{i}b$ 的形式，就得到了复数集合的表示:

$$\mathbb{C}=\{a+\mathrm{i}b\ ;\ a\in\mathbb{R},b\in\mathbb{R}\}$$

于是关于 $(a,\ b)$ 的计算就简单地等同于使用表达式 $a+\mathrm{i}b$ 计算，并附加规则 $\mathrm{i}^2=-1$:

$$(a+\mathrm{i}b)+(c+\mathrm{i}d)=a+c+\mathrm{i}\,(b+d)$$

$$\begin{aligned}(a+\mathrm{i}b)\,(c+\mathrm{i}d)&=ac+\mathrm{i}bc+\mathrm{i}ad+\mathrm{i}^2bd\\&=ac-bd+\mathrm{i}\,(ad+bc)\end{aligned}$$

例如，

$$(2+3\mathrm{i})\,(-1+\mathrm{i})=-5-\mathrm{i}$$

定义 4.1　对复数 $z = x + \mathrm{i}y$,

$$x = \operatorname{Re} z, \quad y = \operatorname{Im} z$$

分别表示 z 的**实部**（real part）和**虚部**（imaginary part）. 实数

$$|z| = \sqrt{x^2 + y^2}$$

为 z 的**绝对值** [或**模**（modulus）]，且

$$\bar{z} = x - \mathrm{i}y$$

为 z 的**复共轭**（complex conjugate）.

简单的计算表明

$$z\bar{z} = (x + \mathrm{i}y)(x - \mathrm{i}y) = x^2 + y^2 = |z|^2$$

这意味着 $z\bar{z}$ 总是一个实数. 利用这一结果，可以得到分数计算的规则

$$\frac{u + \mathrm{i}v}{x + \mathrm{i}y} = \left(\frac{u + \mathrm{i}v}{x + \mathrm{i}y}\right)\left(\frac{x - \mathrm{i}y}{x - \mathrm{i}y}\right) = \frac{(u + \mathrm{i}v)(x - \mathrm{i}y)}{x^2 + y^2} = \frac{ux + vy}{x^2 + y^2} + \mathrm{i}\frac{vx - uy}{x^2 + y^2}$$

这一结果源于将分母利用其复共轭进行展开. 显然，可除以任何不等于零的复数，且 $\mathbb{C}$ 构成一个**域**.

40

实验 4.2　在 MATLAB 中输入命令: `z = complex(2,3)`（等价于 `z = 2 + 3 * i` 或 `z = 2 + 3 * j`），及 `w = complex(-1,1)`，然后尝试命令 `z * w`，`z / w` 及 `real(z)`，`imag(z)`，`conj(z)`，`abs(z)`.

显然，每一个负实数 x 在 $\mathbb{C}$ 中有两个平方根，$\mathrm{i}\sqrt{|x|}$ 和 $-\mathrm{i}\sqrt{|x|}$. 更进一步，**代数基本定理**表明，$\mathbb{C}$ 是**代数封闭**的. 故每一个系数为 $\alpha_j \in \mathbb{C}$, $\alpha_n \neq 0$ 的多项式方程

$$\alpha_n z^n + \alpha_{n-1} z^{n-1} + \cdots + \alpha_1 z + \alpha_0 = 0$$

有 n 个复数解（考虑它们的重数）.

例 4.3（求复数的平方根）　方程 $z^2 = a + \mathrm{i}b$ 可通过下面的方法求解，设

$$(x + \mathrm{i}y)^2 = a + \mathrm{i}b$$

则

$$x^2 - y^2 = a, \quad 2xy = b$$

如果利用第二个方程将 y 表示为 x 的函数，并将其代入第一个方程，即可得到一个四次方程

$$x^4 - ax^2 - b^2/4 = 0$$

利用变量替换 $t = x^2$ 可以得到两个实根. 当 $b = 0$ 时，x 还是 y 为零依赖于 a 的符号.

复平面. 对复数的一个几何解释是通过将 $z = x + \mathrm{i}y \in \mathbb{C}$ 确定为坐标平面上的点 $(x, y) \in \mathbb{R}^2$ 得到的（参见图 4.1）. 从几何上看，$|z| = \sqrt{x^2 + y^2}$ 就是点 (x, y) 到原点的距离，复共轭 $\bar{z} = x - \mathrm{i}y$ 就是将向量关于 x 轴翻转.

一个复数 $z=x+\mathrm{i}y$ 的**极坐标表示**类似应用 3.4，令

$$r=|z|,\quad \varphi=\arg z$$

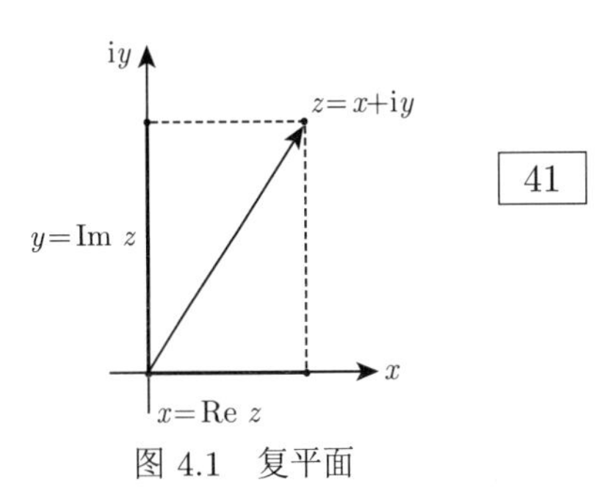

图 4.1 复平面

与 x 轴正向的夹角 φ 称为复数的**辐角**（argument），在 $-\pi<\varphi\leqslant\pi$ 的取值就是辐角的**主值**（principal value）$\operatorname{Arg} z$. 因此

$$z=x+\mathrm{i}y=r\,(\cos\varphi+\mathrm{i}\sin\varphi)$$

两个复数 $z=r\,(\cos\varphi+\mathrm{i}\sin\varphi)$，$w=s\,(\cos\psi+\mathrm{i}\sin\psi)$ 的乘积在极坐标系下就是将两个复数的绝对值相乘并将两个角度相加:

$$zw=rs\,(\cos(\varphi+\psi)+\mathrm{i}\sin(\varphi+\psi))$$

这一公式使用了正弦和余弦的加法公式:

$$\sin(\varphi+\psi)=\sin\varphi\cos\psi+\cos\varphi\sin\psi$$

$$\cos(\varphi+\psi)=\cos\varphi\cos\psi-\sin\varphi\sin\psi$$

参见命题 3.3.

4.2 复指数函数

表示复数和复函数也包括实三角函数的非常重要的工具是**复指数函数**（complex exponential function）. 对 $z=x+\mathrm{i}y$，该函数定义为

$$\mathrm{e}^z=\mathrm{e}^x\,(\cos y+\mathrm{i}\sin y)$$

复指数函数将 $\mathbb{C}$ 映射到 $\mathbb{C}\setminus\{0\}$. 下面将介绍这一映射的行为. 它是实指数函数的一个推广，即，若 $z=x\in\mathbb{R}$，则 $\mathrm{e}^z=\mathrm{e}^x$. 这与先前定义的实指数函数是一致的. 使用符号 $\exp(z)$ 来表示 e^z.

正弦和余弦的加法定理意味着常见的计算公式

$$\mathrm{e}^{z+w}=\mathrm{e}^z\mathrm{e}^w,\quad \mathrm{e}^0=1,\quad (\mathrm{e}^z)^n=\mathrm{e}^{nz}$$

对 z, $w\in\mathbb{C}$ 及 $n\in\mathbb{Z}$ 是成立的. 与 z 为实数的情形不同，最后一个等式（升幂运算）当 n 不是整数时，一般是不成立的.

指数函数与极坐标. 根据指数函数的定义，一个纯虚数 $\mathrm{i}\varphi$ 的指数函数为

$$\mathrm{e}^{\mathrm{i}\varphi}=\cos\varphi+\mathrm{i}\sin\varphi$$

42

$$\left|e^{i\varphi}\right| = \sqrt{\cos^2\varphi + \sin^2\varphi} = 1$$

因此，复数

$$\left\{e^{i\varphi}\ ;\ -\pi < \varphi \leqslant \pi\right\}$$

是落在单位圆上的（参见图 4.2）.

例如，如下的等式成立:

$$e^{i\pi/2} = i, \quad e^{i\pi} = -1, \quad e^{2i\pi} = 1, \quad e^{2ki\pi} = 1\,(k \in \mathbb{Z})$$

利用 $r = |z|$，$\varphi = \operatorname{Arg} z$ 可得极坐标表示的一个简单形式

$$z = re^{i\varphi}$$

因此，求平方根就会很简单.

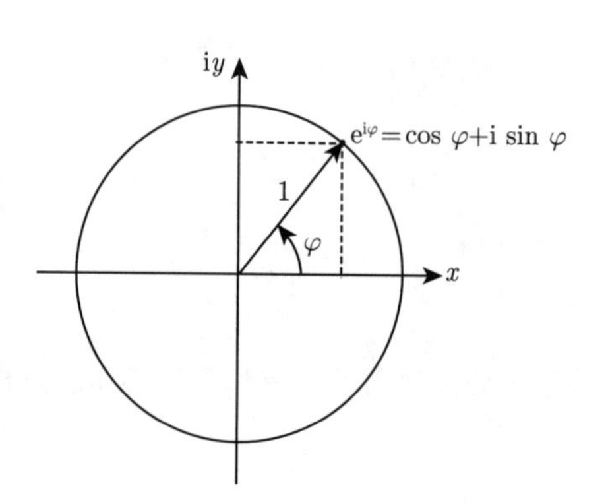

图 4.2　复平面上的单位圆

例 4.4（在复极坐标系中求平方根）　若 $z^2 = re^{i\varphi}$，则可以得到 z 的两个解 $\pm\sqrt{r}e^{i\varphi/2}$. 例如，

$$z^2 = 2i = 2e^{i\pi/2}$$

有两个解

$$z = \sqrt{2}e^{i\pi/4} = 1 + i$$

和

$$z = -\sqrt{2}e^{i\pi/4} = -1 - i$$

欧拉公式　通过

43

$$e^{i\varphi} = \cos\varphi + i\sin\varphi$$

$$e^{-i\varphi} = \cos\varphi - i\sin\varphi$$

的相加和相减，可得欧拉公式

$$\cos\varphi = \frac{1}{2}\left(e^{i\varphi} + e^{-i\varphi}\right)$$

$$\sin\varphi = \frac{1}{2i}\left(e^{i\varphi} - e^{-i\varphi}\right)$$

这使得实三角函数可用复指数函数表示.

4.3 复函数的映射性质

本节介绍复函数的映射性质，更准确地，研究如何将它们的作用用几何方法有效表示. 令

$$f\ :\ D\subset\mathbb{C}\to\mathbb{C}\ :\ z\mapsto w=f(z)$$

为一个定义在复平面的一个子集 D 上的复函数. 函数 f 的作用可以通过将两个复平面排列在一起来进行可视化，这两个平面为 z 平面和 w 平面，并借此研究射线和圆在 f 下的像.

例 4.5 复二次函数将 $D=\mathbb{C}$ 映射到 $\mathbb{C}\ :\ w=z^2$. 利用极坐标可得

$$z=x+\mathrm{i}y=r\mathrm{e}^{\mathrm{i}\varphi}\quad\Rightarrow\quad w=u+\mathrm{i}v=r^2\mathrm{e}^{2\mathrm{i}\varphi}$$

通过这一表达式可以看到，复二次函数将 z 平面内半径为 r 的一个圆映射为 w 平面内半径为 r^2 的一个圆. 此外，它将倾角为 ψ 的半射线

$$\left\{z=r\mathrm{e}^{\mathrm{i}\psi}\ :\ r>0\right\}$$

映射为倾角为 2ψ 的半射线（参见图 4.3）.

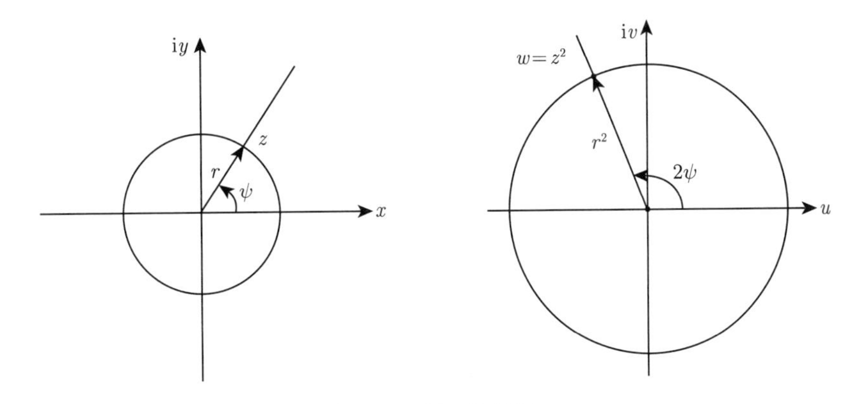

图 4.3　复二次函数

复指数函数 $w=\mathrm{e}^z$ 的映射性质是特别重要的，因为它是复对数函数和开方函数定义的基础. 若 $z=x+\mathrm{i}y$ 则 $\mathrm{e}^z=\mathrm{e}^x(\cos y+\mathrm{i}\sin y)$. 总是有 $\mathrm{e}^x>0$. 此外，$\cos y+\mathrm{i}\sin y$ 定义了一个在复单位圆上的点，其在区间 $-\pi<y\leqslant\pi$ 内是唯一的. 若 x 沿着实直线运动，则点 $\mathrm{e}^x(\cos y+\mathrm{i}\sin y)$ 就形成了一个夹角为 y 的半射线，如图 4.4. 反之，若 x 固定，y 在 $-\pi$ 到 π 之间变化就得到了 w 平面中的一个半径为 e^x 的圆. 例如，虚线圆（参见图 4.4，右图）就是虚直线（参见图 4.4，左图）在指数函数下的像.

44

从以上结果可得，指数函数的双射区域为

$$D=\{z=x+\mathrm{i}y\ ;\ x\in\mathbb{R},-\pi<y\leqslant\pi\}\to B=\mathbb{C}\backslash\{0\}$$

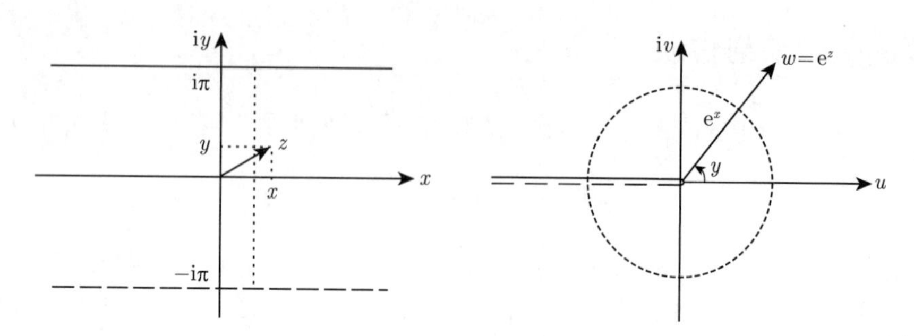

图 4.4 复指数函数

因此它将宽度为 2π 的带状区域映射到不含零的复平面上. 在图 4.4（右图）中，e^z 的辐角在 u 轴的负半轴上发生了一个跳跃. 在定义域 D 内指数函数有一个反函数，就是复对数函数的主值分支. 由 $w = e^z = e^x e^{iy}$ 得到关系式 $x = \log|w|$，$y = \operatorname{Arg} w$. 因此，复数 w 的复对数主值为

$$z = \operatorname{Log} w = \log|w| + \mathrm{i} \operatorname{Arg} w$$

在极坐标系下为

$$\operatorname{Log}\left(r e^{\mathrm{i}\varphi}\right) = \log r + \mathrm{i}\varphi, \quad -\pi < \varphi \leqslant \pi$$

45

利用复对数函数的主值，复 n 次开方函数的主值由 $\sqrt[n]{z} = \exp\left(\frac{1}{n} \operatorname{Log}(z)\right)$ 定义.

实验 4.6 打开应用程序插件 2D visualisation of complex functions，探究幂函数 $w = z^n$, $n \in \mathbb{N}$ 将复平面上的圆和射线进行了什么样的映射. 将模式设定为 polar coordinates 并用不同的扇形（辐角取值范围为 $[\alpha, \beta]$，其中 $0 \leqslant \alpha < \beta \leqslant 2\pi$）进行实验.

实验 4.7 打开应用程序插件 2D visualisation of complex functions，探究指数函数 $w = e^z$ 将复平面上的水平和竖直直线进行了什么样的映射. 将模式设置为 grid，并对不同的带状区域进行实验，例如 $1 \leqslant \operatorname{Re} z \leqslant 2$, $-2 \leqslant \operatorname{Im} z \leqslant 2$.

4.4 练习

1. 对下列复数 z，计算 $\operatorname{Re} z$，$\operatorname{Im} z$，$\bar{z}$ 及 $|z|$:

$$z = 3 + 2\mathrm{i}, \quad z = -\mathrm{i}, \quad z = \frac{1+\mathrm{i}}{2-\mathrm{i}}, \quad z = 3 - \mathrm{i} + \frac{1}{3-\mathrm{i}}, \quad z = \frac{1-2\mathrm{i}}{4-3\mathrm{i}}$$

再用 MATLAB 进行计算.

2. 将下列复数写为 $z = r e^{\mathrm{i}\varphi}$ 的形式并将它们画在复平面内:

$$z = -1 - \mathrm{i}, \quad z = -5, \quad z = 3\mathrm{i}, \quad z = 2 - 2\mathrm{i}, \quad z = 1 - \mathrm{i}\sqrt{3}$$

将它们的 φ 用弧度表示是多少?

3. 求方程

$$z^2 = 2 + 2\mathrm{i}$$

的两个复数解，利用 $z = x + \mathrm{i}y$ 及实部和虚部分别相等. 测试并解释 MATLAB 命令

```
roots([2, 0, -2 -2 * i])
sqrt(2 + 2 * i)
```

4. 使用 $2 + 2\mathrm{i}$ 的极坐标形式 $z = r\mathrm{e}^{\mathrm{i}\varphi}$ 来计算方程

$$z^2 = 2 + 2\mathrm{i}$$

的两个复数解.

5. 用手工及 MATLAB（命令 `roots`）求解四次方程

$$z^4 - 2z^2 + 2 = 0$$

的四个根.

46

6. 令 $z = x + \mathrm{i}y$, $w = u + \mathrm{i}v$. 使用定义及三角函数加法定理验证公式 $\mathrm{e}^{z+w} = \mathrm{e}^z\mathrm{e}^w$.

7. 计算 $z = \log w$，其中 w 为

$$w = 1 + \mathrm{i}, \quad w = -5\mathrm{i}, \quad w = -1$$

在复平面内画出 w 和 z 的图像，利用 $w = \mathrm{e}^z$ 和 MATLAB（命令 `log`）验证结论.

8. 复正弦和余弦函数定义为

$$\sin z = \frac{1}{2\mathrm{i}}\left(\mathrm{e}^{\mathrm{i}z} - \mathrm{e}^{-\mathrm{i}z}\right), \quad \cos z = \frac{1}{2}\left(\mathrm{e}^{\mathrm{i}z} + \mathrm{e}^{-\mathrm{i}z}\right)$$

其中 $z \in \mathbb{C}$.

（a）它们都是周期为 2π 的函数，即 $\sin(z + 2\pi) = \sin z$, $\cos(z + 2\pi) = \cos z$.

（b）当 $z = x + \mathrm{i}y$ 时，验证

$$\sin z = \sin x \cosh y + \mathrm{i}\cos x \sinh y, \quad \cos z = \cos x \cosh y - \mathrm{i}\sin x \sinh y$$

（c）证明： $\sin z = 0$ 的充要条件是 $z = k\pi$, $k \in \mathbb{Z}$， $\cos z = 0$ 的充要条件是 $z = \left(k + \frac{1}{2}\right)\pi$, $k \in \mathbb{Z}$.

47 ~ 48

第 5 章　序列和级数

无穷远处极限过程的概念是数学分析的核心概念之一. 它是所有重要概念的基础，例如连续、可微、函数的级数展开、积分等. 从离散到连续的过渡构成了数学分析的建模能力. 如果在极限过程的基础上使用连续模型对物理、技术或经济过程中的离散模型进行近似，这些模型常常可以通过使用数量足够多的**原子**（atom）—— 离散的小块——变得更好且更容易理解. 从使用离散时间刻画有关生物生长的差分方程到使用连续时间的微分方程的过渡正是这种例子，正如使用连续时间的随机过程来描述股票的价格一样. 物理学中的多数模型都是**场模型**（field model)，即用连续的时空结构表示的模型. 尽管这些模型在数值逼近中再次被离散化，但连续模型作为一个基础仍然是非常有益的，例如用在误差估计的推导中.

下面各节将详细介绍极限过程这一思想. 本章从研究无穷序列和级数开始，给出一些应用并涵盖相应的极限概念. 需要强调实数完备性. 它保证了任意单调增加的有界序列极限的存在性、连续函数零点的存在性、可微函数极大值点和极小值点的存在性、积分的存在性等. 它是数学分析不可或缺的组成部分.

5.1　无穷序列的概念

49

定义 5.1　令 X 为一个集合. 一个在 X 内取值的（无穷）**序列**是一个从 $\mathbb{N}$ 到 X 的映射.

因此，每一个自然数 n（**下标**）被映射到 X 中的一个元素 a_n（**序列的第 n 项**）. 将其使用如下记号表示：

$$(a_n)_{n\geqslant 1} = (a_1,\ a_2,\ a_3,\ \cdots)$$

当 $X=\mathbb{R}$ 时，则为**实值**序列，若 $X=\mathbb{C}$，则为**复值**序列，若 $X=\mathbb{R}^m$，则为**向量值**序列. 本节仅讨论实值序列.

序列可以相加

$$(a_n)_{n\geqslant 1} + (b_n)_{n\geqslant 1} = (a_n+b_n)_{n\geqslant 1}$$

可以乘以一个常数因子

$$\lambda\,(a_n)_{n\geqslant 1} = (\lambda a_n)_{n\geqslant 1}$$

这些运算都是按照元素进行的，它们为所有实值序列的集合赋予了一个向量空间的结构. 一个**序列的图像**（graph of a sequence）可通过在坐标系内画出点 $(n,\ a_n)$，$n=1,\ 2,\ 3,\ \cdots$ 得到，参见图 5.1.

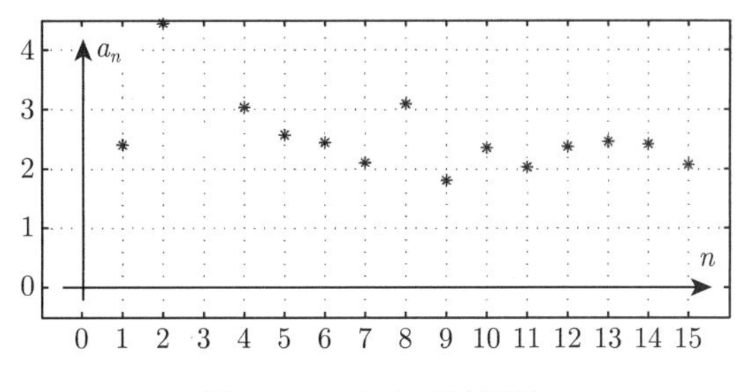

图 5.1　一个序列的图像

实验 5.2　M 文件 `mat05_1a.m` 给出了学习不同序列例子的可能性，这些例子包括增的或减的、有界的或无界的、振荡的，或收敛的. 为更好地进行可视化，序列图像中离散的点之间常用线段连接（仅用于画图）—— 其实现在 M 文件 `mat05_1b.m` 中. 打开应用程序插件 Sequences 并用其演示 M 文件 `mat05_1a.m` 中给出的序列.

序列可以使用公式显式地定义，例如

$$a_n = 2^n$$

或递归地通过给定一个初始值及一个从前一项如何得到后一项的法则给出，

$$a_1 = 1, \quad a_{n+1} = 2a_n$$

每次递归中也可以使用前面的若干项.

50

例 5.3　离散的人口模型可追溯到韦吕勒 ㊀（Verhulst）（有限增长）用递归关系

$$x_{n+1} = x_n + \beta x_n (L - x_n)$$

来描述在时刻 n（使用的时间间隔长度为 1）的人口数量 x_n. 此处 β 为增长因子，L 为人口上限，即从长期来看人口不会超过的数量（短期超过是可能的，但会立刻导致人口减少）. 此外，还需要预先给出人口的初值 $x_1 = A$. 根据这一模型，在一个时间间隔人口的增长量 $x_{n+1} - x_n$ 与已经存在的人口数量 x_n 及已经存在的人口数量与人口上限的差 $L - X_n$ 成正比. M 文件 `mat05_2.m` 包含了一个 MATLAB 函数

```
x = mat05_2(A,beta,N)
```

该函数计算并画出序列 $x = (x_1, \cdots, x_N)$ 的前 N 项. 其初始值为 A，增长率为 β，L 设置为 1. 当 $A = 0.1$, $N = 50$ 时进行实验，取 $\beta = 0.5$, $\beta = 1$, $\beta = 2$, $\beta = 2.5$, $\beta = 3$，分别显示序列的收敛、振荡和混沌行为.

下面介绍一些概念，它们将帮助描述序列的行为.

㊀ 韦吕勒，1804—1849.

定义 5.4 一个序列 $(a_n)_{n\geqslant 1}$ 为**单调增**（monotonically increasing）的条件是

$$n \leqslant m \quad \Rightarrow \quad a_n \leqslant a_m$$

$(a_n)_{n\geqslant 1}$ 为**单调减**（monotonically decreasing）的条件是

$$n \leqslant m \quad \Rightarrow \quad a_n \geqslant a_m$$

$(a_n)_{n\geqslant 1}$ 为**上有界**（bounded from above）的条件是

$$\exists\, T \in \mathbb{R}\ \forall n \in \mathbb{N}\ :\ a_n \leqslant T$$

命题 5.13 将证明有界序列所有上界的集合中存在一个最小元素. 这一最小上界 T_0 为序列的**上确界**并记为

51

$$T_0 = \sup_{n\in\mathbb{N}} a_n$$

上确界具有如下的两条性质:

（a）对所有的 $n \in \mathbb{N}$，$a_n \leqslant T_0$;

（b）若 T 为一个实数，且对所有的 $n \in \mathbb{N}$，有 $a_n \leqslant T$，则 $T \geqslant T_0$.

注意，上确界自身不必是序列中的项. 但是如果是这样，它则为序列的**最大值**（maximum）并被记为

$$T_0 = \max_{n\in\mathbb{N}} a_n$$

一个序列如果满足下面的两个条件，则存在最大值 T_0:

（a）对所有的 $n \in \mathbb{N}$，$a_n \leqslant T_0$;

（b）存在至少一个 $m \in \mathbb{N}$，使得 $a_m = T_0$.

按照相同的方法，一个序列 $(a_n)_{n\geqslant 1}$ 是**下有界**（bounded from below）的条件是

$$\exists\, S \in \mathbb{R}\ \forall n \in \mathbb{N}\ :\ S \leqslant a_n$$

最大的下界为**下确界**（infimum）. 若序列中的某项可以取到这个值，则称其为**最小值**（minimum）.

实验 5.5 用前面的概念来研究 M 文件 `mat05_1a.m` 中生成的序列.

正如在本章中提到的，**收敛性**（convergence）是数学分析中的一个核心概念. 直观地讲，它表明随着下标 n 的增长，序列 $(a_n)_{n\geqslant 1}$ 的项趋向于一个**极限**（limit）a. 例如，如图 5.2 所示，当 $a = 0.8$ 时有

$$\text{从 } n = 6 \text{ 开始 } |a - a_n| < 0.2, \quad \text{从 } n = 21 \text{ 开始 } |a - a_n| < 0.05$$

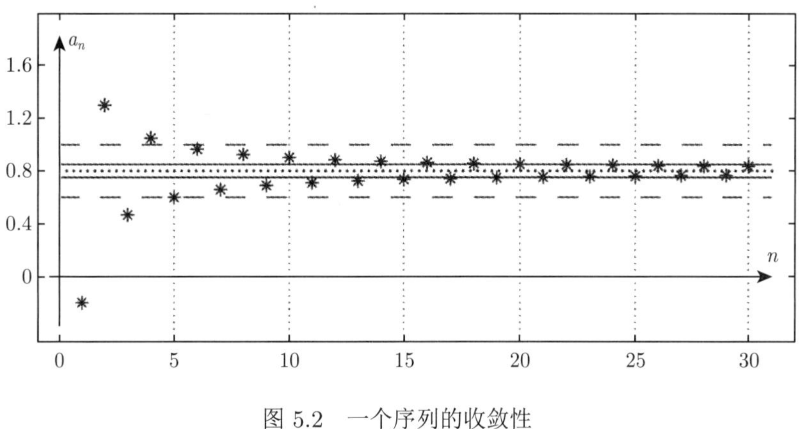

图 5.2　一个序列的收敛性

52

为给出收敛性的精确定义，首先引入一个点 $a \in \mathbb{R}$ 的ε **邻域**（ε-neighbourhood）($\varepsilon > 0$)：

$$U_\varepsilon(a) = \{x \in \mathbb{R} \,;\, |a - x| < \varepsilon\} = (a - \varepsilon,\ a + \varepsilon)$$

若从某特定的下标 $n(\varepsilon)$ 开始，后面的所有项 a_n 都落在 $U_\varepsilon(a)$ 内，则称序列 $(a_n)_{n\geqslant 1}$ **位于** $U_\varepsilon(a)$ 内.

定义 5.6　序列 $(a_n)_{n\geqslant 1}$ **收敛到极限** a 的条件是它位于 a 的 ε 邻域内.

这一事实可以使用定量表示法表示为如下的形式:

$$\forall \varepsilon > 0\ \exists n(\varepsilon) \in \mathbb{N}\ \forall n \geqslant n(\varepsilon)\ :\ |a - a_n| < \varepsilon$$

如果一个序列 $(a_n)_{n\geqslant 1}$ 收敛到一个极限 a，可将其写为

$$a = \lim_{n\to\infty} a_n \quad 或 \quad n \to \infty,\ a_n \to a$$

在图 5.2 中，极限 a 表示为一条虚线，邻域 $U_{0.2}(a)$ 为边界线为虚线的带状区域，邻域 $U_{0.05}(a)$ 为边界线为实线的带状区域.

当序列收敛时，极限可以与加法、乘法及除法（除了除数为零的情形）交换次序.

命题 5.7（极限的运算法则）　如果序列 $(a_n)_{n\geqslant 1}$ 和 $(b_n)_{n\geqslant 1}$ 为收敛的，则下列法则成立:

$$\lim_{n\to\infty}(a_n + b_n) = \lim_{n\to\infty} a_n + \lim_{n\to\infty} b_n$$

$$\lim_{n\to\infty}(\lambda a_n) = \lambda \lim_{n\to\infty} a_n \quad (其中\ \lambda \in \mathbb{R})$$

$$\lim_{n\to\infty}(a_n b_n) = \left(\lim_{n\to\infty} a_n\right)\left(\lim_{n\to\infty} b_n\right)$$

$$\lim_{n\to\infty}(a_n / b_n) = \left(\lim_{n\to\infty} a_n\right) \Big/ \left(\lim_{n\to\infty} b_n\right) \quad \left(\lim_{n\to\infty} b_n \neq 0\right)$$

证明　这些结论的验证是很容易的，作为练习留给读者完成. 其证明也不是太难，但需要正确地选择以验证定义 5.6 中的条件. 为演示一个证明是如何完成的，下面将给出乘法结论的证明. 假设

$$\lim_{n\to\infty} a_n = a \quad \text{且} \quad \lim_{n\to\infty} b_n = b$$

令 $\varepsilon > 0$. 根据定义 5.6，需要找到下标 $n(\varepsilon) \in \mathbb{N}$ 使得

53

$$|ab - a_n b_n| < \varepsilon$$

对所有的 $n \geqslant n(\varepsilon)$ 都成立. 基于序列 $(a_n)_{n\geqslant 1}$ 的收敛性，可以首先找到一个 $n_1(\varepsilon) \in \mathbb{N}$ 使得 $|a - a_n| \leqslant 1$ 对所有 $n \geqslant n_1(\varepsilon)$ 成立. 对这些 n，

$$|a_n| = |a_n - a + a| \leqslant 1 + |a|$$

也成立，进一步，可以求得 $n_2(\varepsilon) \in \mathbb{N}$ 及 $n_3(\varepsilon) \in \mathbb{N}$，当 $n \geqslant n_2(\varepsilon)$ 及 $n \geqslant n_3(\varepsilon)$ 时，分别有

$$|a - a_n| < \frac{\varepsilon}{2\max(|b|, 1)} \quad \text{及} \quad |b - b_n| < \frac{\varepsilon}{2(1 + |a|)}$$

由此可得

$$\begin{aligned} |ab - a_n b_n| &= |(a - a_n)b + a_n(b - b_n)| \leqslant |a - a_n||b| + |a_n||b - b_n| \\ &\leqslant |a - a_n||b| + (|a| + 1)|b - b_n| \leqslant \frac{\varepsilon}{2} + \frac{\varepsilon}{2} \leqslant \varepsilon \end{aligned}$$

对所有的 $n \geqslant n(\varepsilon)$ 成立，其中 $n(\varepsilon) = \max(n_1(\varepsilon), n_2(\varepsilon), n_3(\varepsilon))$. 结论证毕. □

这一证明中的重要思想是: 利用三角不等式拆分两个加数（参见第 1 章练习 2）; 利用收敛性假设，用 $1 + |a|$ 界定 $|a_n|$; 将项 $|a - a_n|$ 和 $|b - b_n|$ 的上界表示为 ε 的分数形式（再次使用收敛性），使得所有加数的和不超过 ε. 数学分析中所有基本的证明过程都是使用相似的方法进行的.

各项随着下标 n 的增加而增加到无穷的实值序列按照前面给定的定义是没有极限的. 但是，给它们指定符号 ∞ 表示**反常极限**（improper limit）是很有实践意义的.

定义 5.8　一个序列 $(a_n)_{n\geqslant 1}$ 的极限为反常极限 ∞ 的条件是它具有无限增的性质

$$\forall T \in \mathbb{R}\ \exists n(T) \in \mathbb{N}\ \forall n \geqslant n(T) \ : \ a_n \geqslant T$$

将这种情形记为

$$\lim_{n\to\infty} a_n = \infty$$

使用相同的方法可以定义

54

$$\text{当} \lim_{n\to\infty}(-b_n) = \infty \text{时} \lim_{n\to\infty} b_n = -\infty$$

例 5.9 对几何序列 $(q^n)_{n\geqslant 1}$，下式显然成立：

$$\begin{aligned}\lim_{n\to\infty} q^n &= 0, \quad &\text{当 } |q|<1\\ \lim_{n\to\infty} q^n &= \infty, \quad &\text{当 } q>1\\ \lim_{n\to\infty} q^n &= 1, \quad &\text{当 } q=1\end{aligned}$$

当 $q\leqslant -1$ 时，该序列没有极限（无论是正常的还是反常的）.

5.2 实数集的完备性

正如在本章介绍部分指出的，实数集的完备性是实分析的支柱之一. 完备的特性可以用两种方式进行表示. 此处将使用一种对多数应用都更为有益的简单公式.

命题 5.10（实数集的完备性） *每一个单调增加且上有界的实数序列都存在一个（$\mathbb{R}$ 中的）极限.*

证明 令 $(a_n)_{n\geqslant 1}$ 为一个单调增有界序列. 首先证明所有项 a_n 为非负时的定理. 将各项写为小数形式

$$a_n = A^{(n)}.\alpha_1^{(n)}\alpha_2^{(n)}\alpha_3^{(n)}\cdots$$

其中 $A^{(n)}\in\mathbb{N}_0$, $\alpha_j^{(n)}\in\{0,\ 1,\ \cdots,\ 9\}$. 根据假设，存在一个界 $T\geqslant 0$，使得对所有 n，$a_n\leqslant T$. 因此，对所有 n，$A^{(n)}\leqslant T$. 由于序列 $\left(A^{(n)}\right)_{n\geqslant 1}$ 是单调增有界的整数序列，故它必然最终达到它最小的上界 A（并停留在那里）. 换句话说，存在一个 $n_0\in\mathbb{N}$，使得

$$A^{(n)} = A, \quad n\geqslant n_0$$

由此就得到了极限 a 的整数部分以构成:

$$a = A.\ \cdots$$

下面令 $\alpha_1\in\{0,\ \cdots,\ 9\}$ 为 $\alpha_1^{(n)}$ 最小的上界. 当序列是单调增加时，再次存在一个 $n_1\in\mathbb{N}$，使得

$$\alpha_1^{(n)} = \alpha_1, \quad n\geqslant n_1$$

因此

$$a = A.\alpha_1\cdots$$

下面令 $\alpha_2\in\{0,\ \cdots,\ 9\}$ 为 $\alpha_2^{(n)}$ 最小的上界. 存在一个 $n_2\in\mathbb{N}$，使得

$$\alpha_2^{(n)} = \alpha_2, \quad n\geqslant n_2$$

因此

$$a = A.\alpha_1\alpha_2\cdots$$

重复这一过程就定义了一个实数

$$a = A.\alpha_1\alpha_2\alpha_3\alpha_4\cdots$$

下面证明 $a = \lim_{n\to\infty} a_n$ 即可. 令 $\varepsilon > 0$. 首先选择 $j \in \mathbb{N}$ 使得 $10^{-j} < \varepsilon$. 当 $n \geqslant n_j$ 时，有

$$a - a_n = 0.000\cdots 0\alpha_{j+1}^{(n)}\alpha_{j+2}^{(n)}\cdots$$

因为 a 的小数点后面前 j 位数字在 $n \geqslant n_j$ 时与 a_n 给出的数字是相同的. 因此，

$$|a - a_n| \leqslant 10^{-j} < \varepsilon, \quad n \geqslant n_j$$

取 $n(\varepsilon) = n_j$，定义 5.6 中的条件就全部满足了.

若序列 $(a_n)_{n\geqslant 1}$ 包含了负项，则可通过给各项加上第一项的绝对值来转换为非负项，这样做就得到了一个序列 $(|a_1| + a_n)_{n\geqslant 1}$. 利用运算法则 $\lim(c + a_n) = c + \lim a_n$ 就可再次使用前半部分中的证明了. □

注 5.11 有理数集合是不完备的. 例如，$\sqrt{2}$ 的小数展开，

$$(1,\ 1.4,\ 1.41,\ 1.414,\ 1.4142, \cdots)$$

是一个单调增有界的有理数序列（其上界可为 $T = 1.5$，因为 $1.5^2 > 2$），但极限 $\sqrt{2}$ 并不属于 $\mathbb{Q}$（因为它是无理数）.

例 5.12（实数的算术运算） 根据命题 5.10，1.2 节引入的实数的算术运算可在此处进行证明. 例如，考虑两个非负实数 $a = A.\alpha_1\alpha_2\cdots$ 及 $b = B.\beta_1\beta_2\cdots$ 的加法，其中 $A,\ B \in \mathbb{N}_0$，$\alpha_j,\ \beta_j \in \{0,\ 1,\ \cdots,\ 9\}$. 将它们在第 n 个小数位进行截断就得到了两个有理数 $a_n = A.\alpha_1\alpha_2\cdots\alpha_n$ 和 $b_n = B.\beta_1\beta_2\cdots\beta_n$ 构成的近似序列，其中

56

$$a = \lim_{n\to\infty} a_n, \quad b = \lim_{n\to\infty} b_n$$

两个近似的和 $a_n + b_n$ 是基本的有理数加法. 序列 $(a_n + b_n)_{n\geqslant 1}$ 显然是单调增加且上有界的，例如，一个上界为 $A + B + 2$. 根据命题 5.10，该序列存在一个极限，且该极限就定义为两个实数的和

$$a + b = \lim_{n\to\infty}(a_n + b_n)$$

采用这样的方法就得到了准确的定义. 采用相同的方法，可以处理乘法. 最后，命题 5.7 可用于证明加法和乘法满足的一般法则.

考虑上界为 T 的序列. 每一个实数 $T_1 > T$ 也是一个上界. 现在可以证明总是存在一个最小的上界. 故如前面给出的论断，一个有界序列必有一个上确界.

命题 5.13 每一个上有界的实数序列 $(a_n)_{n\geqslant 1}$ 都有一个上确界.

证明 令 $T_n = \max\{a_1,\ \cdots,\ a_n\}$ 为序列前 n 项中的最大值. 这些部分最大值定义了一个序列 $(T_n)_{n\geqslant 1}$，它与序列 $(a_n)_{n\geqslant 1}$ 有相同的上界，但它是单调增加的. 根据前述的命题，该

序列存在一个极限 T_0. 下面将证明这一极限是原序列的上确界. 事实上，因为对所有 n，有 $T_n \leqslant T_0$，故对所有 n，也有 $a_n \leqslant T_0$. 设序列 $(a_n)_{n\geqslant 1}$ 有一个稍小的上界 $T < T_0$，即对所有 n，$a_n \leqslant T$. 这反过来又意味着对所有 n，$T_n \leqslant T$，它与 $T_0 = \lim T_n$ 是矛盾的. 因此，T_0 为最小的上界. □

应用 5.14 现在要证明在 2.2 节中非正式地构造的指数函数是恰当的. 令 $a > 0$ 为对 $r \in \mathbb{R}$ 定义的幂函数 a^r 的一个底. 当 $r > 0$ 时的情形是容易处理的（对负的 r，表达式 a^r 使用 $a^{|r|}$ 的倒数来定义）. 将 r 写为单调增的有理数序列 $(r_n)_{n\geqslant 1}$ 的形式，r_n 为小数形式表示的 r 在第 n 个小数位截断后的结果. 有理数指数的运算法则蕴含着不等式 $a^{r_{n+1}} - a^{r_n} = a^{r_n}\left(a^{r_{n+1}-r_n} - 1\right) \geqslant 0$. 这表明序列 $(a^{r_n})_{n\geqslant 1}$ 是单调增加的. 它也是上有界的，例如 a^q，其中 q 为一个大于 r 的有理数. 由命题 5.10，这一序列存在一个极限. 也就定义了 a^r.

57

应用 5.15 令 $a > 0$，则 $\lim_{n\to\infty} \sqrt[n]{a} = 1$.

在证明中可将问题限定在 $0 < a < 1$ 的情形，因为其他情形可使用 $1/a$ 来讨论. 容易看到，序列 $(\sqrt[n]{a})_{n\geqslant 1}$ 是单调增的，它的上界是 1. 因此，它存在一个极限 b. 设 $b < 1$，由 $\sqrt[n]{a} \leqslant b$，可得 $a \leqslant b^n \to 0$, $n \to \infty$，这与假设 $a > 0$ 矛盾. 因此 $b = 1$.

5.3 无穷级数

形如

$$\sum_{k=1}^{\infty} a_k = a_1 + a_2 + a_3 + \cdots$$

的无穷项和可在特定的条件下给出有意义的结果. 这一考虑的起点是实系数 $(a_k)_{k\geqslant 1}$ 构成的序列. 前 n 项**部分和**定义为

$$S_n = \sum_{k=1}^{n} a_k = a_1 + a_2 + \cdots + a_n$$

因此

$$S_1 = a_1,$$

$$S_2 = a_1 + a_2,$$

$$S_3 = a_1 + a_2 + a_3,$$

$$\cdots$$

如果必要，当序列 a_0，a_1，a_2，$\cdots$ 的下标从 $k = 0$ 开始时，记 $S_n = \sum_{k=0}^{n} a_k$ 而不再进一步补充说明.

定义 5.16 部分和构成的序列 $(S_n)_{n\geqslant 1}$ 称为**级数** (series). 若极限 $S = \lim_{n\to\infty} S_n$ 存在，则级数为**收敛的** (convergent)，否则为**发散的** (divergent).

在级数收敛时，记

$$S=\sum_{k=1}^{\infty}a_k=\lim_{n\to\infty}\left(\sum_{k=1}^{n}a_k\right)$$

58 利用这种方法，求和问题就转化为部分和序列收敛性问题.

实验 5.17 对 M 文件 `mat05_3.m`，调用 `mat05_3(N, Z)`，就生成五个级数在延迟时间为 Z（秒）时的前 N 项部分和，即计算 S_n，$1\leqslant n\leqslant N$:

$$\text{级数 1:}\quad S_n=\sum_{k=1}^{n}k^{-0.99}\qquad \text{级数 2:}\quad S_n=\sum_{k=1}^{n}k^{-1}$$

$$\text{级数 3:}\quad S_n=\sum_{k=1}^{n}k^{-1.01}\qquad \text{级数 4:}\quad S_n=\sum_{k=1}^{n}k^{-2}$$

$$\text{级数 5:}\quad S_n=\sum_{k=1}^{n}\frac{1}{k!}$$

用逐渐增大的 N 做实验并尝试观察哪一个级数收敛或是发散.

在实验中级数 5 显然是收敛的，而对其他级数的观察结果则并不是那么确凿. 事实上，级数 1 和级数 2 是发散的，而其他的是收敛的. 这说明分析的工具是非常必要的，利用它们可以确定收敛性的问题. 首先观察几个例子.

例 5.18（几何级数） 本例中考虑级数 $\sum_{k=0}^{\infty}q^k$，其中因子 $q\in\mathbb{R}$. 对部分和

$$S_n=\sum_{k=0}^{n}q^k=\frac{1-q^{n+1}}{1-q}$$

可进行化简，事实上，通过将下列两行

$$S_n=1+q+q^2+\cdots+q^n$$

$$qS_n=q+q^2+q^3+\cdots q^{n+1}$$

相减，就得到公式 $(1-q)\,S_n=1-q^{n+1}$，由此就得到了最终的结果.

$|q|<1$ 的情形: 由于 $q^{n+1}\to 0$，级数收敛到

$$S=\lim_{n\to\infty}\frac{1-q^{n+1}}{1-q}=\frac{1}{1-q}$$

$|q|>1$ 的情形: 当 $q>1$ 时，部分和 $S_n=\left(q^{n+1}-1\right)/\left(q-1\right)\to\infty$ 且级数发散. 当 59 $q<-1$ 时，部分和 $S_n=\left(1-(-1)^{n+1}|q|^{n+1}\right)/\left(1-q\right)$ 为无界且振荡的. 因此，它也是发散的.

$|q|=1$ 的情形: 当 $q=1$ 时，$S_n=1+1+\cdots+1=n+1$ 趋向于无穷大；当 $q=-1$ 时，部分和 S_n 在 0 和 1 之间振荡. 这两种情形的级数都是发散的.

例 5.19　级数 $\sum_{k=1}^{\infty}\frac{1}{k(k+1)}$ 的前 n 项部分和

$$
\begin{aligned}
S_n &= \sum_{k=1}^{n}\frac{1}{k(k+1)} = \sum_{k=1}^{n}\left(\frac{1}{k}-\frac{1}{k+1}\right)\\
&= 1-\frac{1}{2}+\frac{1}{2}-\frac{1}{3}+\frac{1}{3}-\frac{1}{4}+\cdots-\frac{1}{n}+\frac{1}{n}-\frac{1}{n+1} = 1-\frac{1}{n+1}
\end{aligned}
$$

称为**伸缩和**（telescopic sum）. 该级数收敛于

$$
S = \sum_{k=1}^{\infty}\frac{1}{k(k+1)} = \lim_{n\to\infty}\left(1-\frac{1}{n+1}\right) = 1
$$

例 5.20（调和级数）　考虑级数 $\sum_{k=1}^{\infty}\frac{1}{k}$. 将元素按照两项、四项、八项、十六项等等依次组合分块，就得到了下面的结果：

$$
\begin{aligned}
&1+\frac{1}{2}+\left(\frac{1}{3}+\frac{1}{4}\right)+\left(\frac{1}{5}+\frac{1}{6}+\frac{1}{7}+\frac{1}{8}\right)+\left(\frac{1}{9}+\cdots+\frac{1}{16}\right)+\left(\frac{1}{17}+\cdots\right)+\cdots\\
&\geqslant 1+\frac{1}{2}+\left(\frac{1}{4}+\frac{1}{4}\right)+\left(\frac{1}{8}+\frac{1}{8}+\frac{1}{8}+\frac{1}{8}\right)+\left(\frac{1}{16}+\cdots+\frac{1}{16}\right)+\left(\frac{1}{32}+\cdots\right)+\cdots\\
&= 1+\frac{1}{2}+\frac{1}{2}+\frac{1}{2}+\frac{1}{2}+\frac{1}{2}+\cdots\to\infty
\end{aligned}
$$

其部分和趋向于无穷大，因此级数发散.

有很多准则可用于判定一个级数是收敛或是发散的. 此处仅考虑两个简单的比较准则，对本书来讲，这就够用了. 对更进一步的考虑，可以参考其他文献，例如参考文献 [3] 的 9.2 节.

命题 5.21（比较准则）　令 $0\leqslant a_k\leqslant b_k$ 对所有 $k\in\mathbb{N}$ 或对所有大于或等于某一特定的 k_0 的 k 都成立. 则有:

(a) 若 $\sum_{k=1}^{\infty}b_k$ 是收敛的，则级数 $\sum_{k=1}^{\infty}a_k$ 也是收敛的.

(b) 若 $\sum_{k=1}^{\infty}a_k$ 是发散的，则级数 $\sum_{k=1}^{\infty}b_k$ 也是发散的.

证明　(a) 部分和满足 $S_n=\sum\limits_{k=1}^{n}a_k\leqslant\sum\limits_{k=1}^{\infty}b_k=T$ 及 $S_n\leqslant S_{n+1}$，故它是单调增且有界的. 根据命题 5.10，部分和数列的极限存在.

(b) 对部分和有

$$
T_n=\sum_{k=1}^{n}b_k\geqslant\sum_{k=1}^{n}a_k\to\infty
$$

因为后一个级数是正的且发散.　□　60

在命题的条件 $0\leqslant a_k\leqslant b_k$ 下称 $\sum\limits_{k=1}^{\infty}b_k$ 控制了 $\sum\limits_{k=1}^{\infty}a_k$. 因此，一个级数如果被一个收敛的级数控制了，它就收敛；如果它控制了一个发散的级数，它就发散.

例 5.22 级数 $\sum_{k=1}^{\infty}\frac{1}{k^2}$ 是收敛的. 为证明这一结论，使用

$$\sum_{k=1}^{n}\frac{1}{k^2}=1+\sum_{j=1}^{n-1}\frac{1}{(j+1)^2}\quad 及\quad a_j=\frac{1}{(j+1)^2}\leqslant\frac{1}{j(j+1)}=b_j$$

例 5.19 证明了 $\sum_{j=1}^{\infty}b_j$ 是收敛的. 又由命题 5.21 可知原级数是收敛的.

例 5.23 级数 $\sum_{k=1}^{\infty}k^{-0.99}$ 是发散的. 这是因为 $k^{-1}\leqslant k^{-0.99}$，因此，级数 $\sum_{k=1}^{\infty}k^{-0.99}$ 控制了调和级数，而调和级数本身是发散的，参见例 5.20.

例 5.24 第 2 章中的欧拉数

$$\mathrm{e}=\sum_{j=0}^{\infty}\frac{1}{j!}=1+1+\frac{1}{2}+\frac{1}{6}+\frac{1}{24}+\frac{1}{120}+\cdots$$

已经介绍过了. 现在可以证明这一定义是有意义的，即级数收敛. 当 $j\geqslant 4$，显然有

$$j!=1\cdot 2\cdot 3\cdot 4\cdot 5\cdots j\geqslant 2\cdot 2\cdot 2\cdot 2\cdot 2\cdots 2=2^j$$

因此几何级数 $\sum_{j=0}^{\infty}\left(\frac{1}{2}\right)^j$ 是一个收敛的控制级数.

例 5.25 一个正实数的小数表示

$$a=A.\alpha_1\alpha_2\alpha_3\cdots$$

其中 $A\in\mathbb{N}_0$, $\alpha_k\in\{0,\ \cdots,\ 9\}$，可理解为一个级数表示

$$a=A+\sum_{k=1}^{\infty}\alpha_k 10^{-k}$$

61 该级数是收敛的，因为 $A+9\sum_{k=1}^{\infty}10^{-k}$ 为一个收敛的控制级数.

5.4 补充材料：序列的聚点

有时会用到数列本身虽不收敛，但存在收敛子列的情形. 聚点、上极限和下极限的概念就与这一概念相关.

定义 5.26 一个数 b 为一个序列 $(a_n)_{n\geqslant 1}$ 的**聚点**（accumulation point）的条件是 b 的每一个邻域 $U_\varepsilon(b)$ 都含有该序列的无穷多项:

$$\forall\varepsilon>0\ \forall n\in\mathbb{N}\ \exists m=m(n,\ \varepsilon)\geqslant n\ :\ |b-a_m|<\varepsilon$$

图 5.3 给出了序列

$$a_n = \arctan n + \cos(n\pi/2) + \frac{1}{n}\sin(n\pi/2)$$

它有三个聚点，分别为 $b_1 = \pi/2 + 1 \approx 2.57$，$b_2 = \pi/2 \approx 1.57$ 及 $b_3 = \pi/2 - 1 \approx 0.57$.

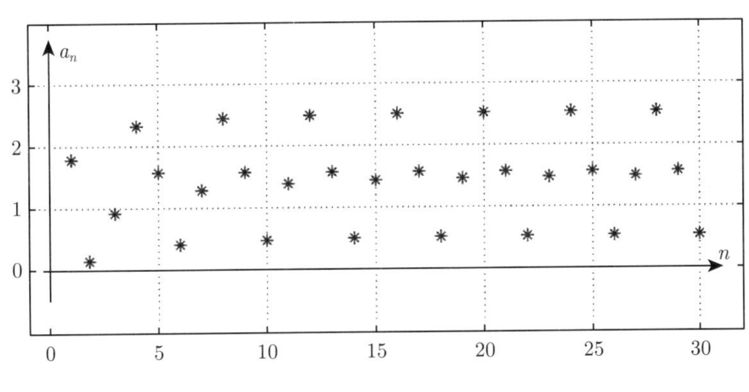

图 5.3 一个序列的聚点

如果一个序列收敛到极限 a，则 a 是唯一的一个聚点. 一个序列的聚点也可以使用子序列的概念进行刻画.

定义 5.27 若 $1 \leqslant n_1 < n_2 < n_3 < \cdots$ 为一个严格单调增加的整数（下标）序列，则

$$\left(a_{n_j}\right)_{j\geqslant 1}$$

称为序列 $(a_n)_{n\geqslant 1}$ 的**子列**（subsequence）.

62

例 5.28 考虑序列 $a_n = \dfrac{1}{n}$. 例如，若令 $n_j = j^2$，则可得序列 $a_{n_j} = \dfrac{1}{j^2}$ 为子列:

$$(a_n)_{n\geqslant 1} = \left(1, \frac{1}{2}, \frac{1}{3}, \frac{1}{4}, \frac{1}{5}, \frac{1}{6}, \frac{1}{7}, \frac{1}{8}, \frac{1}{9}, \frac{1}{10}, \cdots\right)$$

$$\left(a_{n_j}\right)_{j\geqslant 1} = \left(1, \frac{1}{4}, \frac{1}{9}, \cdots\right)$$

命题 5.29 一个数 b 为一个序列 $(a_n)_{n\geqslant 0}$ 的聚点的充要条件是 b 为一个收敛子列 $\left(a_{n_j}\right)_{j\geqslant 1}$ 的极限.

证明 令 b 为序列 $(a_n)_{n\geqslant 0}$ 的一个聚点. 下面将一步一步构造一个单调增加的下标序列 $(n_j)_{j\geqslant 1}$，对所有 $j \in \mathbb{N}$ 满足

$$\left|b - a_{n_j}\right| < \frac{1}{j}$$

由定义 5.26，对 $\varepsilon_1 = 1$ 有

$$\forall n \in \mathbb{N}\ \exists m \geqslant n\ :\ |b - a_m| < \varepsilon_1$$

令 $n = 1$ 并记满足这一条件的最小的 $m \geqslant n$ 为 n_1. 因此

$$|b - a_{n_1}| < \varepsilon_1 = 1$$

对 $\varepsilon_2 = \dfrac{1}{2}$，再次由定义 5.26 可得

$$\forall n \in \mathbb{N}\ \exists m \geqslant n\ :\ |b - a_m| < \varepsilon_2$$

此次令 $n = n_1 + 1$ 并记满足条件的最小的 $m \geqslant n_1 + 1$ 为 n_2. 因此

$$|b - a_{n_2}| < \varepsilon_2 = \frac{1}{2}$$

构造的过程已经清楚了. 一旦构造了 n_j，就可以令 $\varepsilon_{j+1} = 1/(j+1)$ 并利用定义 5.26 得到

$$\forall n \in \mathbb{N}\ \exists m \geqslant n\ :\ |b - a_m| < \varepsilon_{j+1}$$

令 $n = n_j + 1$ 并记满足条件的最小的 $m \geqslant n_j + 1$ 为 n_{j+1}. 因此

63

$$\left|b - a_{n_{j+1}}\right| < \varepsilon_{j+1} = \frac{1}{j+1}$$

这一过程一方面保证了下标序列 $(n_j)_{j\geqslant 1}$ 是单调增加的，另一方面需要的不等式对所有的 $j \in \mathbb{N}$ 都成立. 特别地，$\left(a_{n_j}\right)_{j\geqslant 1}$ 为一个收敛到 b 的子列.

反过来，显然收敛子列的极限是原序列的一个聚点. □

在命题的证明中，使用了序列的**递归定义**（recursive definition），即定义了子序列 $\left(a_{n_j}\right)_{j\geqslant 1}$.

下面将证明每一个有界的序列至少有一个聚点，或等价地说，一个收敛的子列. 这一结果以波尔查诺[㊀]（Bolzano）和魏尔斯特拉斯[㊁]（Weierstrass）的名字来命名，且它是许多分析领域中证明的重要技术工具.

命题 5.30（波尔查诺 – 魏尔斯特拉斯定理） *每一个有界的序列 $(a_n)_{n\geqslant 1}$（至少）有一个聚点.*

证明 根据数列的有界性，存在一个界 $b < c$，使得序列中的项 a_n 都落在 b 和 c 之间. 将区间 $[b,\ c]$ 进行二分. 则两个半区间 $[b,\ (b+c)/2]$ 或 $[(b+c)/2,\ c]$ 中至少有一个包含数列中的无穷多项. 选定这一个半区间并将其记为 $[b_1,\ c_1]$. 将这一区间继续二分；得到的两个区间中至少有一个包含序列的无穷多项. 这一区间记为四分区间 $[b_2,\ c_2]$. 继续这一过程将得到一个长度分别为 $2^{-n}(c-b)$ 的区间序列 $[b_n,\ c_n]$，每一个区间中都包含序列中的无穷多项. 显然 b_n 是

㊀ 波尔查诺，1781—1848.

㊁ 魏尔斯特拉斯，1815—1897.

单调增加且有界的，故它收敛到 b. 由每一个区间 $[b-2^{-n},\ b+2^{-n}]$ 的构造可知，它们包含了序列的无穷多项，b 就必然是序列的一个聚点. □

如果序列 $(a_n)_{n\geqslant 1}$ 是有界的，则其聚点也是有界的，且它们有一个上确界. 这一上确界本身也是序列的一个聚点（这可通过构造一个合适的收敛子列得到），并因此得到了最大的聚点.

定义 5.31 一个有界序列最大的聚点称为**上极限** (limit superior)，并记为 $\overline{\lim}_{n\to\infty}a_n$ 或 $\limsup_{n\to\infty}a_n$. 最小的聚点称为**下极限** (limit inferior)，并记为 $\underline{\lim}_{n\to\infty}a_n$ 或 $\liminf_{n\to\infty}a_n$.

64

很容易从定义证明

$$\limsup_{n\to\infty}a_n=\lim_{n\to\infty}\left(\sup_{m\geqslant n}a_m\right),\quad \liminf_{n\to\infty}a_n=\lim_{n\to\infty}\left(\inf_{n\to\infty}a_m\right)$$

例如，由图 5.3 给出的序列 $(a_n)_{n\geqslant 1}$，可得 $\limsup_{n\to\infty}a_n=\pi/2+1$ 及 $\liminf_{n\to\infty}a_n=\pi/2-1$.

5.5 练习

1. 给出下列序列的通项公式并验证其单调性、有界性和收敛性：

$$-3,\ -2,\ -1,\ 0,\ \frac{1}{4},\ \frac{3}{9},\ \frac{5}{16},\ \frac{7}{25},\ \frac{9}{36},\ \cdots$$

$$0,\ -1,\ \frac{1}{2},\ -2,\ \frac{1}{4},\ -3,\ \frac{1}{8},\ -4,\ \frac{1}{16},\ \cdots$$

2. 验证序列 $a_n=\dfrac{n^2}{1+n^2}$ 收敛到 1.

提示：给定 $\varepsilon>0$，求 $n(\varepsilon)$，使得对所有的 $n\geqslant n(\varepsilon)$，有

$$\left|\frac{n^2}{1+n^2}-1\right|<\varepsilon$$

3. 求几何序列 $a_n=q^n, n\geqslant 0$ 各项的递归公式. 编写一个 MATLAB 程序计算对任意 $q\in\mathbb{R}$，几何序列的前 N 项.

验证 q 取不同值时的收敛性并画出结果. 使用应用程序插件 Sequences 完成同样的工作.

4. 讨论下列序列是否收敛，如果收敛求其极限：

$$a_n=\frac{n}{n+1}-\frac{n+1}{n},\qquad b_n=-n+\frac{1}{n},\qquad c_n=\left(-\frac{1}{n}\right)^n,$$

$$d_n=n-\frac{n^2+3n+1}{n},\qquad e_n=\frac{1}{2}\left(\mathrm{e}^n+\mathrm{e}^{-n}\right),\qquad f_n=\cos(n\pi)$$

5. 讨论下列序列是否存在极限或聚点. 如果存在，求出极限、下极限、上极限、下确界、上确界：

$$a_n=\frac{n+7}{n^3+n+1},\qquad b_n=\frac{1-3n^2}{7n+5},\qquad c_n=\frac{\mathrm{e}^n-\mathrm{e}^{-n}}{\mathrm{e}^n+\mathrm{e}^{-n}},$$

65

$$d_n=1+(-1)^n,\qquad e_n=\frac{1+(-1)^n}{n},\qquad f_n=(1+(-1)^n)(-1)^{n/2}$$

6. 打开应用程序插件 Sequences，将练习 4 和练习 5 中序列进行可视化并根据它们的图像讨论它们的行为.
7. 例 5.3 中给出的韦吕勒人口模型可在适当的单位下使用简单的迭代关系

$$x_{n+1} = rx_n(1 - x_n), \quad n = 0,\ 1,\ 2,\ 3,\ \cdots$$

表示，其中初始值为 x_0 及参数为 r. 对这一序列，假定 $0 \leqslant x_0 \leqslant 1$ 及 $0 \leqslant r \leqslant 4$（因为这样可以使得所有的 x_n 都在区间 $[0,\ 1]$ 内）. 编写一个 MATLAB 程序对给定的 r, x_0, N 计算序列 $(x_n)_{n\geqslant 1}$ 的前 N 项. 利用程序（和一些有关 r, x_0, N 的取值）验证下列命题:
（a）当 $0 \leqslant r \leqslant 1$ 时，序列 x_n 收敛到 0.
（b）当 $1 < r < 2\sqrt{2}$ 时，序列 x_n 趋向于一个正的极限.
（c）当 $3 < r < 1 + \sqrt{6}$ 时，序列 x_n 在两个不同的正数之间振荡.
（d）当 $3.75 < r \leqslant 4$ 时，序列 x_n 呈现混沌状态.
使用应用程序插件 Sequences 演示这些结论.
8. 序列 $(a_n)_{n\geqslant 1}$ 由下面的递归公式给出：

$$a_1 = A, \quad a_{n+1} = \frac{1}{2}a_n^2 - \frac{1}{2}$$

什么样的 $A \in \mathbb{R}$ 为该递归过程的不动点？即满足 $A = a_1 = a_2 = \cdots$ 的点. 讨论对什么样的初始值 $A \in \mathbb{R}$，序列分别是收敛的或发散的. 可以使用应用程序插件 Sequences 来研究. 尝试给出尽可能精确的收敛区域和发散区域.
9. 编写一个 MATLAB 程序，对给定的 $\alpha \in [0,\ 1]$ 及 $N \in \mathbb{N}$，计算如下序列的前 N 项：

$$x_n = n\alpha - \lfloor n\alpha \rfloor, \quad n = 1,\ 2,\ 3,\ \cdots,\ N$$

（$\lfloor n\alpha \rfloor$ 表示小于 $n\alpha$ 的最大整数）. 编写程序，对一个有理数 $\alpha = \dfrac{p}{q}$ 及一个无理数 α（或至少是一个非常接近无理数 α 的有理近似数），通过画出序列的各项及可视化它们的分布直方图来讨论序列的行为. 使用 MATLAB 命令 `floor` 及 `hist`.
10. 给出命题 5.7 中剩余的其他计算法则的证明，即通过修改乘法法则的证明，给出加法和除法的证明.
11. 利用比较准则，检验下列级数的收敛性:

$$\sum_{k=1}^{\infty} \frac{1}{k(k+2)}, \quad \sum_{k=1}^{\infty} \frac{1}{\sqrt{k}}, \quad \sum_{k=1}^{\infty} \frac{1}{k^3}$$

66

12. 检验下列级数的收敛性:

$$\sum_{k=1}^{\infty} \frac{2+k^2}{k^4}, \quad \sum_{k=1}^{\infty} \left(\frac{1}{2}\right)^{2k}, \quad \sum_{k=1}^{\infty} \frac{2}{k!}$$

13. 尝试使用递归来计算练习 11 和练习 12 中级数的部分和 S_n，然后使用应用程序插件 Sequences 来研究它们的行为.
14. 证明级数

$$\sum_{k=0}^{\infty} \frac{2^k}{k!}$$

的收敛性.

提示：当 $j \geqslant 9$ 时，$j! \geqslant 4^j$（为什么?）. 据此可得 $2^j/j! \leqslant 1/2^j$. 接下来使用适当的比较准则.

15. 证明各项为正 $a_k > 0$ 的级数的**比率检验法**（ratio test）: 若存在一个数 q 且 $0 < q < 1$，使得对所有的 $k \in \mathbb{N}_0$，下面的比值成立：

$$\frac{a_{k+1}}{a_k} \leqslant q$$

则级数 $\sum_{k=0}^{\infty} a_k$ 收敛.

提示：根据假设可得 $a_1 \leqslant a_0 q$, $a_2 \leqslant a_1 q \leqslant a_0 q^2$，因此对所有的 k 有 $a_k \leqslant a_0 q^k$. 接着使用比较准则及当 $q < 1$ 时几何级数收敛的结论.

67 ~ 68

第 6 章　函数的极限和连续

本章将序列极限的概念推广到函数的极限中. 此后就有了一个分析函数图像在一个选定点的邻域中的行为的工具. 此外，函数的极限也是数学分析中微分（第 7 章）的核心理论的基础之一. 为导出特定的微分公式，会用到一些基本的极限，例如，三角函数的极限. 函数连续的性质有大量的结果，例如，*介值定理*（intermediate value theorem），基于这个定理可知，一个在区间中改变符号的连续函数在该区间内有一个零点. 这一定理不仅仅可以证明方程的可解性，也给出了一个求近似解的数值过程. 更多的有关连续性的资料可在附录 C 中看到.

6.1　连续的概念

我们从探讨实函数

$$f\ :\ (a,\ b) \to \mathbb{R}$$

在趋向于区间 $(a,\ b)$ 内的点 x 或闭区间 $[a,\ b]$ 的一个端点时图像的行为开始. 为此，需要**零序列**（zero sequence）的概念，即，实数序列 $(h_n)_{n\geqslant 1}$ 满足 $\lim_{n\to\infty}h_n = 0$.

69

定义 6.1（极限和连续）

(a) *函数 f 在点 $x \in (a,\ b)$ 有***极限** *M 的条件是*

$$\lim_{n\to\infty} f\,(x + h_n) = M$$

对所有零序列 $(h_n)_{n\geqslant 1}$，$h_n \neq 0$ 都成立. 此时，可以写为

$$M = \lim_{h\to 0} f\,(x + h) = \lim_{\xi\to x} f\,(\xi)$$

或

$$f\,(x + h) \to M, \quad h \to 0$$

(b) *函数 f 在点 $x \in [a,\ b)$ 有***右极限**（right-hand limit）*R 的条件是*

$$\lim_{n\to\infty} f\,(x + h_n) = R$$

对所有零序列 $(h_n)_{n\geqslant 1}$，$h_n > 0$ 都成立，其对应的记号为

$$R = \lim_{h\to 0+} f\,(x + h) = \lim_{\xi\to x+} f\,(\xi)$$

(c) 函数 f 在点 $x \in (a, b]$ 有**左极限** (left-hand limit) L 的条件是

$$\lim_{n\to\infty} f(x+h_n) = L$$

对所有零序列 $(h_n)_{n\geqslant 1}$，$h_n < 0$ 都成立，其对应的记号为

$$L = \lim_{h\to 0-} f(x+h) = \lim_{\xi\to x-} f(\xi)$$

(d) 若 f 在点 $x \in (a, b)$ 的极限 M 与函数值相等，即 $f(x) = M$，则 f **在点** x **连续**.

(e) 若 f 在每一个 $x \in (a, b)$ 都连续，则 f **在区间** (a, b) **上连续**. 如果 f 还在端点 a 和 b 处存在右极限和左极限，则 f **在闭区间** $[a, b]$ **上连续**.

70

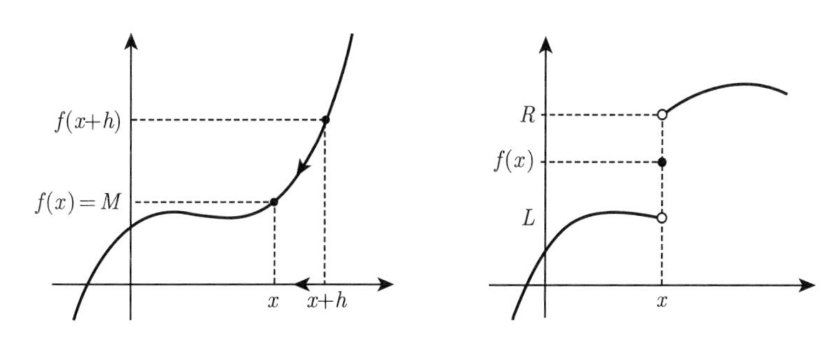

图 6.1 极限和连续，左极限和右极限

图 6.1 给出了当 $h \to 0$ 时趋向一个点的基本思想，同时也说明了函数左、右极限的值可能是不同的.

如果函数 f 在点 x 连续，函数的计算和取极限可以交换顺序:

$$\lim_{\xi\to x} f(\xi) = f(x) = f\left(\lim_{\xi\to x} \xi\right)$$

下面的例子说明了函数在一个点的邻域内行为的更多可能性: 存在左、右极限时的跳跃间断，垂直渐近，振幅不衰减、频率不断增加的振荡.

例 6.2 当 $x \in \mathbb{R}$ 时二次函数 $f(x) = x^2$ 都是连续的，因为

$$f(x+h_n) - f(x) = (x+h_n)^2 - x^2 = 2xh_n + h_n^2 \to 0$$

当 $n \to \infty$ 时对任意零序列 $(h_n)_{n\geqslant 1}$ 都是成立的. 因此

$$\lim_{h\to 0} f(x+h) = f(x)$$

类似地，幂函数 $x \mapsto x^m$，$m \in \mathbb{N}$ 的连续性也可证明.

例 6.3 绝对值函数 $f(x)=|x|$ 和三次根 $g(x)=\sqrt[3]{x}$ 处处连续. 前者在点 $x=0$ 有一个扭结，后者有一个垂直的切线，参见图 6.2.

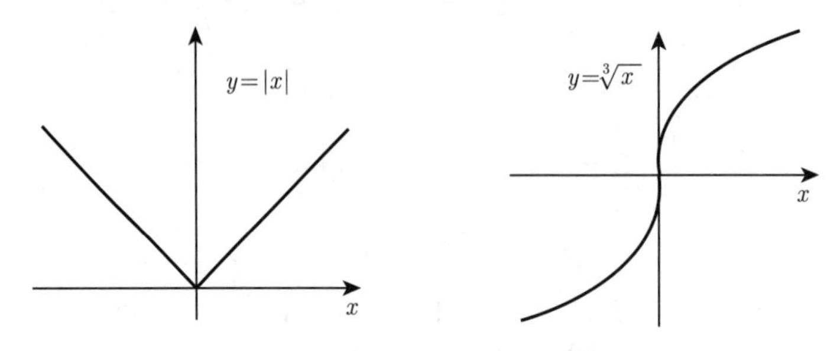

图 6.2 连续有扭结或者垂直切线

例 6.4 符号函数 $f(x)=\operatorname{sign}x$ 在 $x=0$ 的左、右极限 $L=-1$, $R=1$ 不同. 特别地，该点是一个间断点. 函数在其他点 $x\neq 0$ 是连续的，参见图 6.3.

71

例 6.5 符号函数的平方

$$g(x)=(\operatorname{sign}x)^2=\begin{cases}1, & x\neq 0\\ 0, & x=0\end{cases}$$

在 $x=0$ 的左、右极限是相等的. 但是，它们与函数值是不同的（参见图 6.3）：

$$\lim_{\xi\to 0}g(\xi)=1\neq 0=g(0)$$

因此，g 在点 $x=0$ 是间断的.

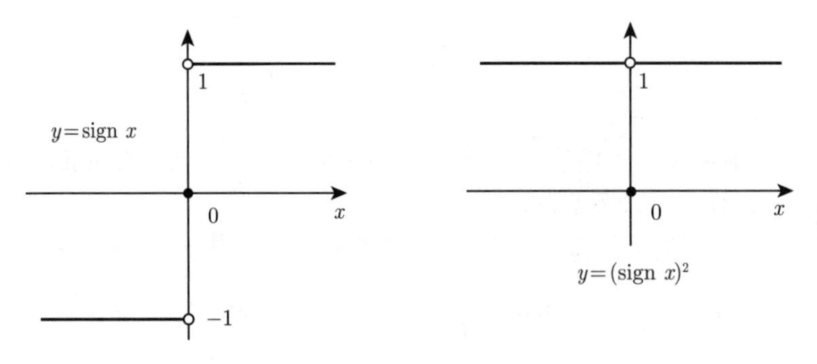

图 6.3 间断: 跳跃间断及可去间断

例 6.6 函数 $f(x)=\dfrac{1}{x}$ 和 $g(x)=\tan x$ 分别在 $x=0$ 和 $x=\dfrac{\pi}{2}+k\pi$, $k\in\mathbb{Z}$ 处有垂直的渐近线，特别地，在这些点处没有左、右极限. 但在其他点，它们是连续的. 参见图 2.9 和图 3.10.

例 6.7 函数 $f(x)=\sin\frac{1}{x}$ 在 $x=0$ 没有左、右极限，但其振幅不衰减（参见图 6.4）. 事实上，对不同的零序列，可以得到不同的极限. 例如，对

$$h_n=\frac{1}{n\pi},\quad k_n=\frac{1}{\pi/2+2n\pi},\quad l_n=\frac{1}{3\pi/2+2n\pi}$$

72

相应的极限为

$$\lim_{n\to\infty}f(h_n)=0,\quad \lim_{n\to\infty}f(k_n)=1,\quad \lim_{n\to\infty}f(l_n)=-1$$

所以，区间 $[-1,\ 1]$ 内其他点的极限也可使用适当的零序列来得到.

例 6.8 函数 $g(x)=x\sin\frac{1}{x}$ 可通过在 $x=0$ 处令 $g(0)=0$ 扩展为连续函数；它是振幅衰减的振荡（参见图 6.5）. 事实上，

$$|g(h_n)-g(0)|=\left|h_n\sin\frac{1}{h_n}-0\right|\leqslant|h_n|\to 0$$

对所有的零序列 $(h_n)_{n\geqslant 1}$ 都成立，因此 $\lim_{h\to 0}h\sin\frac{1}{h}=0$.

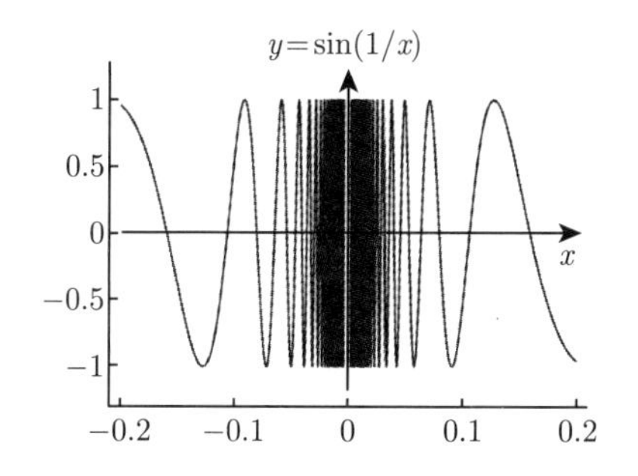

图 6.4 无极限、振幅不衰减的振荡

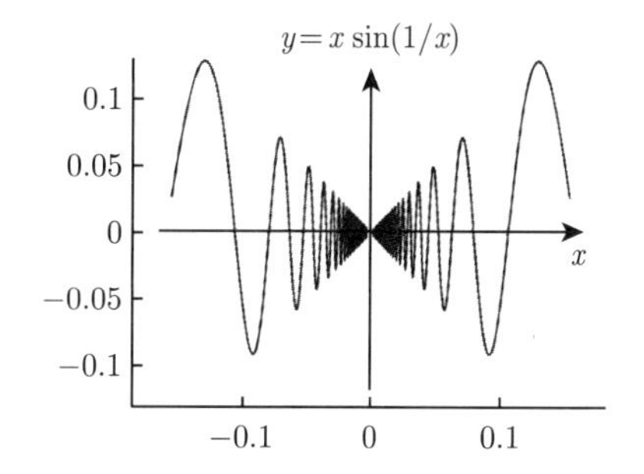

图 6.5 连续、振幅衰减的振荡

实验 6.9 打开 M 文件 `mat06_1.m` 和 `mat06_2.m`，使用图形窗口中的放缩工具研究图 6.4 和图 6.5 中的函数图像. 如何提高在点 $x=0$ 附近可视化的精度?

73

6.2 三角函数的极限

比较图 6.6 中的面积，可以得到边为 $\cos x$ 和 $\sin x$ 的阴影部分三角形面积是小于或等于边为 1 和 $\tan x$ 的大三角形的面积的.

我们知道单位圆中的扇形区域（角度 x 以弧度为单位）面积是 $x/2$. 归纳可得

$$\frac{1}{2}\sin x\cos x\leqslant\frac{x}{2}\leqslant\frac{1}{2}\tan x$$

或在除以 $\sin x$ 后再取倒数的不等式

$$\cos x \leqslant \frac{\sin x}{x} \leqslant \frac{1}{\cos x}$$

对所有 x, $0<|x|<\pi/2$ 都成立.

利用这些不等式，可以求得一些重要的极限. 利用基本的几何思想，可得

$$|\cos x| \geqslant \frac{1}{2}, \quad -\frac{\pi}{3} \leqslant x \leqslant \frac{\pi}{3}$$

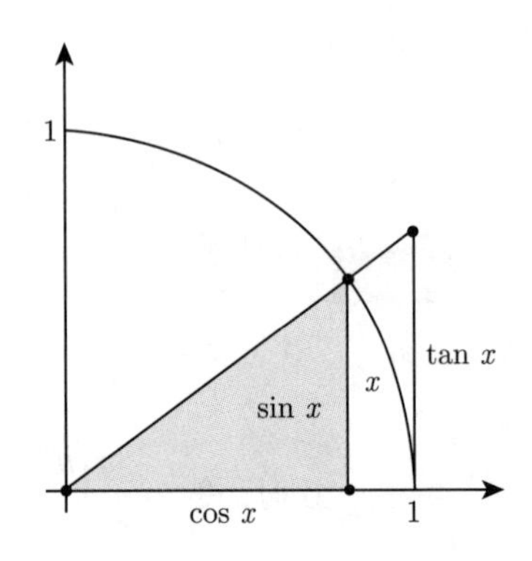

图 6.6　三角不等式示意图

结合前面的不等式有

$$|\sin h_n| \leqslant \frac{|h_n|}{|\cos h_n|} \leqslant 2\,|h_n| \to 0$$

对所有零序列 $(h_n)_{n\geqslant 1}$ 都是成立的. 这意味着

74

$$\lim_{h\to 0} \sin h = 0$$

因此正弦函数在零点是连续的. 利用平方函数和开方函数的连续性，以及 $\cos h$ 在 h 很小时等于 $1-\sin^2 h$ 的正平方根，可得

$$\lim_{h\to 0} \cos h = \lim_{h\to 0} \sqrt{1-\sin^2 h} = 1$$

利用这一公式，正弦函数在任意一点 $x \in \mathbb{R}$ 处的连续性证明如下:

$$\lim_{h\to 0} \sin(x+h) = \lim_{h\to 0} (\sin x \cos h + \cos x \sin h) = \sin x$$

本节开始展示的不等式可以用来导出三角函数极限中的一个非常重要的极限. 这一极限构成了三角函数微分法则的基础.

命题 6.10　$\lim_{x\to 0} \dfrac{\sin x}{x} = 1$.

证明　将上面的结果 $\lim_{x\to 0} \cos x = 1$ 和前面推导的不等式相结合可得

$$1 = \lim_{x\to 0} \cos x \leqslant \lim_{x\to 0} \frac{\sin x}{x} \leqslant \lim_{x\to 0} \frac{1}{\cos x} = 1$$

故 $\lim_{x\to 0} \dfrac{\sin x}{x} = 1$. □

6.3　连续函数的零点

图 6.7 给出了一个连续函数在闭区间 $[a,\ b]$ 上的图像，它在左端点的取值为负，在右端点的取值为正. 从几何上讲，由于连续性，没有跳跃点存在，故函数必然与 x 轴存在至少一个交点. 这意味着 f 在 $(a,\ b)$ 内至少有一个零点. 这一准则保证了方程 $f(x)=0$ 解的存在性. 这一直观结果的第一个证明可追溯到波尔查诺.

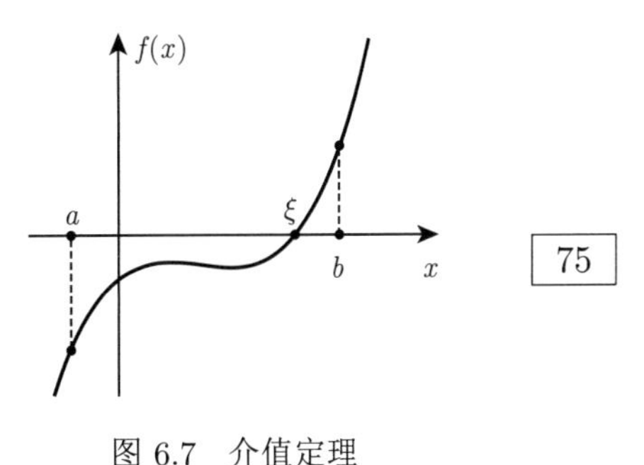

图 6.7　介值定理

75

命题 6.11（介值定理）　*令 $f:[a,\ b]\to\mathbb{R}$ 为连续函数且 $f(a)<0,\ f(b)>0$. 则存在一个点 $\xi\in(a,\ b)$ 满足 $f(\xi)=0$.*

证明　该证明基于对区间连续使用二分法和实数集的完备性. 初始时，取区间 $[a,\ b]$ 并令 $a_1=a,\ b_1=b$.

第 1 步: 计算 $y_1=f\left(\dfrac{a_1+b_1}{2}\right)$.

当 $y_1>0$ 时: 令 $a_2=a_1,\ b_2=\dfrac{a_1+b_1}{2}$.

当 $y_1<0$ 时: 令 $a_2=\dfrac{a_1+b_1}{2},\ b_2=b_1$.

当 $y_1=0$ 时: 终止，$\xi=\dfrac{a_1+b_1}{2}$ 为一个零点.

根据构造，$f(a_2)<0,\ f(b_2)>0$ 且区间的长度减半:

$$b_2-a_2=\frac{1}{2}(b_1-a_1)$$

第 2 步: 计算 $y_2=f\left(\dfrac{a_2+b_2}{2}\right)$.

当 $y_2>0$ 时: 令 $a_3=a_2,\ b_3=\dfrac{a_2+b_2}{2}$.

当 $y_2<0$ 时: 令 $a_3=\dfrac{a_2+b_2}{2},\ b_3=b_2$.

当 $y_2=0$ 时: 终止, $\xi=\dfrac{a_2+b_2}{2}$ 为一个零点.

进一步的迭代可以给出一个单调增加的序列

$$a_1\leqslant a_2\leqslant a_3\leqslant\cdots\leqslant b$$

它是有上界的. 根据命题 5.10，极限 $\xi=\lim\limits_{n\to\infty}a_n$ 存在.

另一方面，$|a_n-b_n|\leqslant|a-b|/2^{n-1}\to 0$，故有 $\lim_{n\to\infty}b_n=\xi$. 若经过了有限多步后，ξ 没有作为 a_k 或 b_k 出现，则对所有 $n\in\mathbb{N}$:

$$f(a_n)<0,\quad f(b_n)>0$$

由函数 f 的连续性可得

$$f(\xi)=\lim_{n\to\infty}f(a_n)\leqslant 0,\quad f(\xi)=\lim_{n\to\infty}f(b_n)\geqslant 0$$

76
这意味着 $f(\xi)=0$，命题得证. □

这一证明同时给出了一个计算函数零点的数值方法，**二分法**（bisection method）. 尽管它收敛得较慢，但它很容易被实现而且适用范围比较广—— 即便对连续、不可微函数也是成立的. 但对可微函数，存在更快的算法. 收敛的阶及该更快过程的讨论将在 8.2 节中介绍.

例 6.12 用二分法计算方程 $f(x)=x^2-2=0$ 在区间 [1, 2] 中的根 $\sqrt{2}$ 对应的小数:

开始:	$f(1)=-1<0,\quad f(2)=2>0;$	$a_1=1,\ b_1=2$
第 1 步:	$f(1.5)=0.25>0;$	$a_2=1,\ b_2=1.5$
第 2 步:	$f(1.25)=-0.4375<0;$	$a_3=1.25,\ b_3=1.5$
第 3 步:	$f(1.375)=-0.109375<0;$	$a_4=1.375,\ b_4=1.5$
第 4 步:	$f(1.4375)=0.066406\cdots>0;$	$a_5=1.375,\ b_5=1.4375$
第 5 步:	$f(1.40625)=-0.022461\cdots<0;$	$a_6=1.40625,\ b_6=1.4375$
等等.		

经过 5 步后，第一个小数位就被确定了:

$$1.40625<\sqrt{2}<1.4375$$

实验 6.13 在区间 [−3, 2] 上绘制函数 $y=x^3+3x^2-2$ 的图像，并尝试首先通过二分法在图形上估计一个根. 执行对区间的应用程序插件 Bisection method. 使用应用程序插件 Animation of the intermediate value theorem 保证介值定理的合理性.

作为介值定理的一个重要应用，下面证明连续函数下区间的图像仍然是一个区间. 对出现在下面命题中的其他类型的区间，可以参考 1.2 节；真值域的概念可参考 2.1 节.

命题 6.14 *令 $I\subset\mathbb{R}$ 为一个区间（开集、半开或半闭集、有界集或反常集）且 $f:I\to\mathbb{R}$ 为一个真值域为 $J=f(I)$ 的连续函数. 则 J 也是一个区间.*

证明 作为实线上的子集，区间具有如下的性质: 任意两个点间的所有点也包含在区间内. 令 $y_1, y_2\in J$, $y_1<y_2$，且 η 为一个中间点，即 $y_1<\eta<y_2$. 由于 $f:I\to J$ 为满射，即对 $x_1, x_2\in I$ 存在 $y_1=f(x_1)$, $y_2=f(x_2)$. 考虑 $x_1<x_2$ 的情形. 由于 $f(x_1)-\eta<0$ 且 $f(x_2)-\eta>0$，则由区间 $[x_1, x_2]$ 内的介值定理可得，存在一个点 $\xi\in(x_1, x_2)$ 满足
77
$f(\xi)-\eta=0$，故 $f(\xi)=\eta$. 因此 η 就是函数能够取得的值，且在 $J=f(I)$ 内. □

命题 6.15 *令 $I=[a, b]$ 为一个闭、有界区间，$f:I\to\mathbb{R}$ 为一个连续函数. 则真值域 $J=f(I)$ 也是闭、有界区间.*

证明 根据命题 6.14，值域 J 是一个区间. 令 d 为最小的上界（$d=\infty$ 是可能的）. 选择一个取值收敛到 d 的序列 $y_n\in J$. y_n 为函数在某些特定的 $x_n\in I=[a, b]$ 的函数值. 序列

$(x_n)_{n\geqslant 1}$ 是有界的，且根据命题 5.30，它存在一个聚点 x_0，$a\leqslant x_0\leqslant b$. 因此存在一个收敛到 x_0 的子序列 $\left(x_{n_j}\right)_{j\geqslant 1}$（参见 5.4 节）. 由函数 f 的连续性可得

$$d=\lim_{j\to\infty} y_{n_j}=\lim_{j\to\infty} f\left(x_{n_j}\right)=f\left(x_0\right).$$

这说明区间 J 的上端点是有界的且可被函数取到. 相同的方法也可以应用于下界 c；因此值域 J 为闭、有界的区间 $[c,\ d]$. □

由命题的证明易见，d 为函数在区间 $[a,\ b]$ 上的最大值，c 为最小值. 因此得到了如下重要的结论.

推论 6.16　闭区间 $I=[a,\ b]$ 上定义的连续函数可取到其最大值和最小值.

6.4　练习

1.（a）利用自变量在 $\left[-2,\ -\dfrac{1}{100}\right)\cup\left(\dfrac{1}{100},\ 2\right]$ 的函数的图像，讨论如下函数在 $x=0$ 的邻域内的行为：

$$\frac{x+x^2}{|x|},\quad \frac{\sqrt{1+x}-1}{x},\quad \frac{x^2+\sin x}{\sqrt{1-\cos^2 x}}$$

（b）通过观察图像确定函数在 $x=0$ 外是否存在左、右极限. 如果存在，它们的值是多少？通过整理（a）中的表达式解释观察结果.

提示：（a）的部分解答可在 M 文件 `mat06_ex1.m` 中找到. 在（b）中，用 $\sqrt{1+x}+1$ 来展开中间项.

78

2. 下列函数在给定的点处是否存在极限？如果存在，其值是什么？

（a）$y=x^3+5x+10$，$x=1$.

（b）$y=\dfrac{x^2-1}{x^2+x}$，$x=0$，$x=1$，$x=-1$.

（c）$y=\dfrac{1-\cos x}{x^2}$，$x=0$.

提示：用 $(1+\cos x)$ 展开.

（d）$y=\operatorname{sign} x\cdot\sin x$，$x=0$.

（e）$y=\operatorname{sign} x\cdot\cos x$，$x=0$.

3. 令 $f_n(x)=\arctan nx$，$g_n(x)=\left(1+x^2\right)^{-n}$. 对任意 $x\in\mathbb{R}$，求极限

$$f(x)=\lim_{n\to\infty} f_n(x),\quad g(x)=\lim_{n\to\infty} g_n(x)$$

并绘制函数 f 和 g 的草图像. 它们是否是连续的？用 MATLAB 绘制函数 f_n 和 g_n 的图像，并研究当 $n\to\infty$ 时图像的行为.

提示：可在 M 文件 `mat06_ex3.m` 中找到一些建议.

4. 利用零序列，完成例 6.3 中给出的绝对值函数和三次方根函数为连续的证明.
5. 利用介值定理讨论函数 $p(x) = x^3 + 5x + 10$ 在区间 $[-2,\ 1]$ 内存在一个零点. 利用应用程序插件 Bisection method 求该零点直到四个小数位的值.
6. 利用应用程序插件 Bisection method，在给定的区间内，求下列函数精度为 10^{-3} 的所有零点.

$$f(x) = x^4 - 2, \qquad I = \mathbb{R}$$

$$g(x) = x - \cos x, \quad I = \mathbb{R}$$

$$h(x) = \sin\frac{1}{x}, \qquad I = \left[\frac{1}{20},\ \frac{1}{10}\right]$$

7. 利用二分法编写一个 MATLAB 程序确定一个任意三次多项式

$$p(x) = x^3 + c_1x^2 + c_2x + c_3$$

的零点. 你的程序应当自动给出初始值 a，b，满足 $p(a) < 0$，$p(b) > 0$. （为什么这样的值总是存在?）通过随机选择系数向量 $(c_1,\ c_2,\ c_3)$ 来检验你的程序，例如使用命令 `c = 1000 * rand(1, 3)`.

79～80

提示：可以参见 M 文件 `mat06_ex7.m`.

第 7 章　函数的导数

从定义一个函数图像的切线开始，本章介绍函数的导数. 图像上的两个点总是可以用一条割线连接，当这两点相互靠近时，它是切线的一个好的模型. 在一个极限过程中，割线（离散模型）被切线（连续模型）替代. 基于这一极限过程的微积分已经成为构建数学模型大厦的重要材料之一.

本章将讨论重要初等函数的导数即一般的微分法则. 正是由于对这些法则一丝不苟的执行，专业的系统，例如 maple，才成为数学分析的有力工具. 此外，我们还将讨论导数作为线性近似和变化率的解释. 这些解释构成了科学和工程应用的基础.

数值导数的概念则相反. 连续型模型离散化，并用差商代替了导数. 此处给出一个详细的误差分析以便找到一个最优的近似. 此外，本章将说明数值过程中对称的相关性.

7.1　动机

例 7.1（伽利略[1]的自由落体）　想象一个物体，在时刻 $t=0$ 被释放，在重力的作用下下落. 我们关心的是该物体在时刻 $t \geqslant 0$ 时的位置 $s(t)$ 和速度 $v(t)$，参见图 7.1. 由于速度定义为物体移动距离的改变量除以时间的改变量，则物体在区间 $[t,\ t+\Delta t]$ 的**平均速度**为

$$v_{\text{平均}} = \frac{s(t+\Delta t)-s(t)}{\Delta t}$$

为得到**瞬时速度** $v=v(t)$，在上面的公式中令 $\Delta t \to 0$ 得到

$$v(t) = \lim_{\Delta t\to 0}\frac{s(t+\Delta t)-s(t)}{\Delta t}$$

伽利略通过实验发现，自由落体中物体移动的距离随着时间是二次增加的，即定律

$$s(t) = \frac{g}{2}t^2$$

成立，其中 $g \approx 9.81\ \mathrm{m/s^2}$. 因此得到瞬时速度的表达式为

$$v(t) = \lim_{\Delta t\to 0}\frac{\frac{g}{2}(t+\Delta t)^2-\frac{g}{2}t^2}{\Delta t} = \frac{g}{2}\lim_{\Delta t\to 0}(2t+\Delta t) = gt$$

[1] 伽利略，1564—1642.

这一速度是与经过的时间成正比的.

例 7.2（切线问题） 考虑一个实函数 f 和函数图像上两个不同的点 $P=(x_0, f(x_0))$ 和 $Q=(x, f(x))$. 由这两个点唯一确定的直线称为函数 f 过点 P 和 Q 的**割线**（secant），参见图 7.2. 割线的斜率可由**差商**（difference quotient）

$$\frac{\Delta y}{\Delta x}=\frac{f(x)-f(x_0)}{x-x_0}$$

给出. 当 x 趋向于 x_0 时，从图像上看出，如果给出的极限存在，则割线就趋向于切线. 基于这一思想，在 x_0 处定义函数 f 的斜率为

$$k=\lim_{x\to x_0}\frac{f(x)-f(x_0)}{x-x_0}=\lim_{h\to 0}\frac{f(x_0+h)-f(x_0)}{h}$$

若该极限存在，称直线

$$y=k\cdot(x-x_0)+f(x_0)$$

82

为函数在点 $(x_0,\ f(x_0))$ 处图像的**切线**（tangent）.

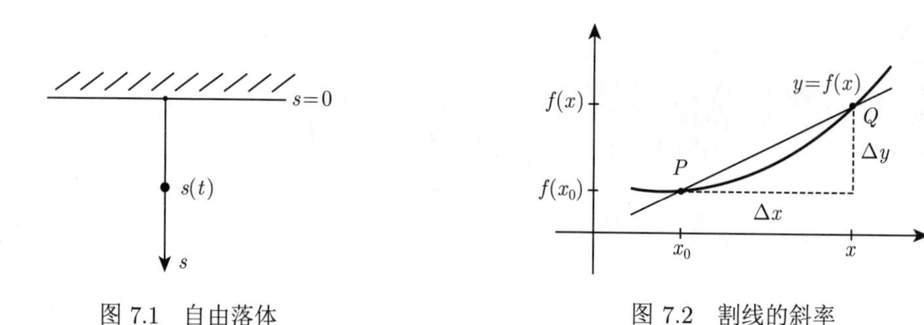

图 7.1 自由落体

图 7.2 割线的斜率

实验 7.3 在 MATLAB 中绘制在区间 [0, 2] 上的函数 $f(x)=x^2$ 的图像. 对不同的 z 值，绘制通过点 (1, 1) 和 (2, z) 的直线. 调整 z 直到在图上找到函数 f 在点 (1, 1) 处的切线并读出其斜率.

7.2 导数

受前述应用的启发，本节将定义一个实值函数的导数.

定义 7.4（导数） 令 $I\subset\mathbb{R}$ 为一个开区间，$f: I\to\mathbb{R}$ 为一个实值函数，$x_0\in I$.

(a) 函数 f 在点 x_0 为**可微**（differentiable）的条件是差商

$$\frac{\Delta y}{\Delta x}=\frac{f(x)-f(x_0)}{x-x_0}$$

在 $x \to x_0$ 时存在一个（有限的）极限. 此时记

$$f'(x_0) = \lim_{x \to x_0} \frac{f(x) - f(x_0)}{x - x_0} = \lim_{h \to 0} \frac{f(x_0 + h) - f(x_0)}{h}$$

并将其称为**函数 f 在点 x_0 处的导数**.

(b) 函数 f 为**可微**（在一个区间 I 内）的条件是 $f'(x)$ 对所有的 $x \in I$ 都成立. 此时，函数

$$f' : I \to \mathbb{R} : x \mapsto f'(x)$$

称为 f **的导数**. 从 f 计算 f' 的过程称为**求微分**（differentiation）.

$f'(x)$ 又常常写为 $\dfrac{\mathrm{d}f}{\mathrm{d}x}(x)$ 或 $\dfrac{\mathrm{d}}{\mathrm{d}x}f(x)$. 下面的例子给出如何使用前面给出的极限过程得到一个函数的导数.

83

例 7.5（常数函数 $f(x) = c$）

$$f'(x) = \lim_{h \to 0} \frac{f(x+h) - f(x)}{h} = \lim_{h \to 0} \frac{c - c}{h} = \lim_{h \to 0} \frac{0}{h} = 0$$

常数函数的导数为零.

例 7.6（仿射函数 $g(x) = ax + b$）

$$g'(x) = \lim_{h \to 0} \frac{g(x+h) - g(x)}{h} = \lim_{h \to 0} \frac{ax + ah + b - ax - b}{h} = \lim_{h \to 0} a = a$$

导数为直线 $y = ax + b$ 的斜率 a.

例 7.7（二次函数 $y = x^2$ 的导数）

$$y' = \lim_{h \to 0} \frac{(x+h)^2 - x^2}{h} = \lim_{h \to 0} \frac{2hx + h^2}{h} = \lim_{h \to 0} (2x + h) = 2x$$

类似地，可以证明幂函数（$n \in \mathbb{N}$）

$$f(x) = x^n \quad \Rightarrow \quad f'(x) = n \cdot x^{n-1}$$

例 7.8（当 $x > 0$ 时，开方函数 $y = \sqrt{x}$ 的导数）

$$y' = \lim_{\xi \to x} \frac{\sqrt{\xi} - \sqrt{x}}{\xi - x} = \lim_{\xi \to x} \frac{\sqrt{\xi} - \sqrt{x}}{\left(\sqrt{\xi} - \sqrt{x}\right)\left(\sqrt{\xi} + \sqrt{x}\right)} = \lim_{\xi \to x} \frac{1}{\sqrt{\xi} + \sqrt{x}} = \frac{1}{2\sqrt{x}}$$

例 7.9（正弦函数和余弦函数的导数）　首先回顾命题 6.10 有

$$\lim_{t \to 0} \frac{\sin t}{t} = 1$$

由于

$$(\cos t-1)(\cos t+1)=-\sin^2 t$$

也有

$$\frac{\cos t-1}{t}=-\underbrace{\sin t}_{\to 0}\cdot\underbrace{\frac{\sin t}{t}}_{\to 1}\cdot\underbrace{\frac{1}{\cos t+1}}_{\to 1/2}\to 0,\quad t\to 0$$

因此

84

$$\lim_{t\to 0}\frac{\cos t-1}{t}=0$$

根据加法定理（命题 3.3），结合前面的准备可得

$$\begin{aligned}\sin' x&=\lim_{h\to 0}\frac{\sin(x+h)-\sin x}{h}=\lim_{h\to 0}\frac{\sin x\cos h+\cos x\sin h-\sin x}{h}\\&=\lim_{h\to 0}\sin x\cdot\frac{\cos h-1}{h}+\lim_{h\to 0}\cos x\cdot\frac{\sin h}{h}\\&=\sin x\cdot\underbrace{\lim_{h\to 0}\frac{\cos h-1}{h}}_{=0}+\cos x\cdot\underbrace{\lim_{h\to 0}\frac{\sin h}{h}}_{=1}\\&=\cos x\end{aligned}$$

这就给出了公式 $\sin' x=\cos x$. 类似地可以证明 $\cos' x=-\sin x$.

例 7.10（底为 e 的指数函数的导数） 将指数函数级数展开式（命题 C.12）中的各项进行整理可得

$$\frac{e^h-1}{h}=\sum_{k=0}^{\infty}\frac{h^k}{(k+1)!}=1+\frac{h}{2}+\frac{h^2}{6}+\frac{h^3}{24}+\cdots$$

利用这一结果得到

$$\left|\frac{e^h-1}{h}-1\right|\leqslant|h|\left(\frac{1}{2}+\frac{|h|}{6}+\frac{|h|^3}{24}+\cdots\right)\leqslant|h|\,e^{|h|}$$

令 $h\to 0$ 就得到了重要的极限

$$\lim_{h\to 0}\frac{e^h-1}{h}=1$$

极限

$$\lim_{h\to 0}\frac{e^{x+h}-e^x}{h}=e^x\cdot\lim_{h\to 0}\frac{e^h-1}{h}=e^x$$

表明指数函数是可微的且 $(e^x)'=e^x$.

例 7.11（欧拉数的新表示）　将 $y = \mathrm{e}^h - 1$，$h = \log(y+1)$ 代入上面的极限中就得到

$$\lim_{y\to 0}\frac{y}{\log(y+1)} = 1$$

并用同样的方法有

$$\lim_{y\to 0}\log(1+\alpha y)^{1/y} = \lim_{y\to 0}\frac{\log(1+\alpha y)}{y} = \alpha\lim_{y\to 0}\frac{\log(1+\alpha y)}{\alpha y} = \alpha$$

85

由于指数函数的连续性，进一步可得

$$\lim_{y\to 0}(1+\alpha y)^{1/y} = \mathrm{e}^{\alpha}$$

特别地，当 $y = 1/n$ 时，就得到了指数函数的一个新的表示

$$\mathrm{e}^{\alpha} = \lim_{n\to\infty}\left(1+\frac{\alpha}{n}\right)^n$$

对 $\alpha = 1$，可得等式

$$\mathrm{e} = \lim_{n\to\infty}\left(1+\frac{1}{n}\right)^n = \sum_{k=0}^{\infty}\frac{1}{k!} = 2.718281828459\cdots$$

例 7.12　并不是所有的连续函数都是可微的. 例如，函数

$$f(x) = |x| = \begin{cases} x, & x \geqslant 0 \\ -x, & x \leqslant 0 \end{cases}$$

在顶点 $x = 0$ 是不可微的，参见图 7.3 左图. 但它在其他点 $x \neq 0$ 是可微的

$$(|x|)' = \begin{cases} 1, & x > 0 \\ -1, & x < 0 \end{cases}$$

函数 $g(x) = \sqrt[3]{x}$ 在点 $x = 0$ 也是不可微的，原因是其切线是垂直的，参见图 7.3 右图.

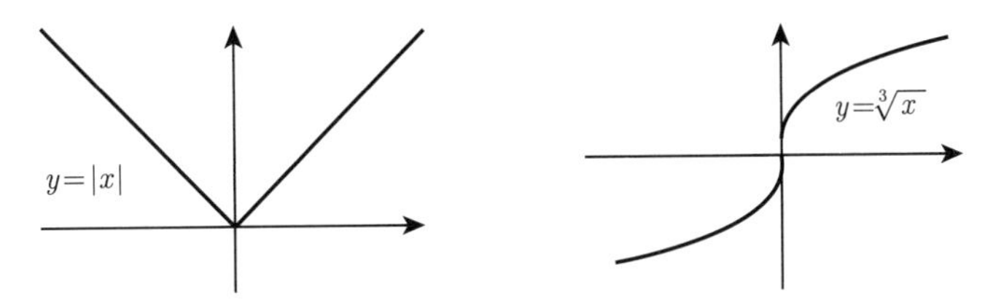

图 7.3　在点 $x = 0$ 不可微的函数

连续函数甚至可以是无处可微的. 这样的函数可以用复杂无穷级数的形式写出. 但一个类似的无处可微（连续）平面曲线的例子是科赫雪花的边界，可使用简单的几何方式构造它，参

86

见例 9.9 和例 14.17.

定义 7.13 若函数 f' 可微，则

$$f''(x)=\frac{\mathrm{d}^2}{\mathrm{d}x^2}f(x)=\frac{\mathrm{d}^2 f}{\mathrm{d}x^2}(x)=\lim_{h\to 0}\frac{f'(x+h)-f'(x)}{h}$$

称为 f 对 x 的**二阶导数**. 类似地，高阶导数可以递归地定义为

$$f'''(x)=(f''(x))' \quad 或 \quad \frac{\mathrm{d}^3}{\mathrm{d}x^3}f(x)=\frac{\mathrm{d}}{\mathrm{d}x}\left(\frac{\mathrm{d}^2}{\mathrm{d}x^2}f(x)\right),\quad 等等$$

用 maple 求微分 使用 maple 可以对表达式进行像函数一样的微分. 若表达式 g 的形式为

```
g :=x^2 - a*x,
```

则相应的函数 f 定义为

```
f := x -> x^2 - a*x,
```

执行生成函数的表达式，例如 `f(t)` 就得到表达式 t^2-at. 反之，可以使用 `unapply`.

```
h := unapply(g, x)
```

将表达式转化为函数；对表达式的求导可用 `diff`，对函数可以使用 `D`. 例子可以在 maple 工作表 `mp07_1.mws` 中找到.

7.3 导数的解释

引入导数时将其在几何上看作切线的斜率，我们看到一个可微函数 f 在点 $(x_0,\ f(x_0))$ 处图像的切线为

$$y=f'(x_0)(x-x_0)+f(x_0)$$

例 7.14 令 $f(x)=x^4+1$，其导数为 $f'(x)=4x^3$.

（i）f 的图像在点 $(0,\ 1)$ 处的切线为

$$y=f'(0)\cdot(x-0)+f(0)=1$$

87

因此，它是水平的.

（ii）f 的图像在点 $(1,\ 2)$ 处的切线为

$$y=f'(1)\cdot(x-1)+2=4(x-1)+2=4x-2$$

导数可以有更多解释.

解释为线性近似. 首先强调任意可微函数 f 都可写为

$$f(x) = f(x_0) + f'(x_0)(x - x_0) + R(x, x_0)$$

其中余项 $R(x, x_0)$ 具有性质

$$\lim_{x \to x_0} \frac{R(x, x_0)}{x - x_0} = 0$$

这一结论是直接从

$$R(x, x_0) = f(x) - f(x_0) - f'(x_0)(x - x_0)$$

的两端除以 $x - x_0$ 得到的，因为

$$\frac{f(x) - f(x_0)}{x - x_0} \to f'(x_0), \quad x \to x_0$$

应用 7.15 正如前面所见，一个可微函数 f 可用如下性质刻画：

$$f(x) = f(x_0) + f'(x_0)(x - x_0) + R(x, x_0)$$

其中余项 $R(x, x_0)$ 比 $x - x_0$ 趋向于零的速度快. 在这一方程中取极限 $x \to x_0$ 就特别证明了任一可微函数都连续.

应用 7.16 令函数 g 为

$$g(x) = k \cdot (x - x_0) + f(x_0)$$

它的图像为通过点 $(x_0, f(x_0))$ 斜率为 k 的直线. 因为

$$\frac{f(x) - g(x)}{x - x_0} = \frac{f(x) - f(x_0) - k \cdot (x - x_0)}{x - x_0} = f'(x_0) - k + \underbrace{\frac{R(x, x_0)}{x - x_0}}_{\to 0}$$

88

当 $x \to x_0$ 时，斜率为 $k = f'(x_0)$ 的切线就是近似图形最好的直线. 因此称

$$g(x) = f(x_0) + f'(x_0) \cdot (x - x_0)$$

为 f 在 x_0 处的**线性近似**（linear approximation）. 当 x 接近 x_0 时，可以将 $g(x)$ 考虑为一个对 $f(x)$ 的好的近似. 在应用问题中（可能较为复杂的）函数 f 常常被替换为其线性近似 g，g 比较容易处理.

例 7.17 令 $f(x) = \sqrt{x} = x^{1/2}$. 因此

$$f'(x) = \frac{1}{2} x^{-\frac{1}{2}} = \frac{1}{2\sqrt{x}}$$

希望求得函数 f 在点 $x=x_0$ 的线性近似. 根据上面的公式，当 x 接近 a 时，

$$\sqrt{x}\approx g(x)=\sqrt{a}+\frac{1}{2\sqrt{a}}(x-a)$$

此外，若用 $h=x-a$，

$$\sqrt{a+h}\approx\sqrt{a}+\frac{1}{2\sqrt{a}}h\quad \text{当 } h \text{ 很小时}$$

若将 $a=1$ 及 $h=0.1$ 代入，就得到了近似

$$\sqrt{1.1}\approx 1+\frac{0.1}{2}=1.05$$

真实值的前几个小数为 $1.0488\cdots$.

物理上解释为变化率. 在物理应用中，导数通常用于表示变化率. 一个日常生活中熟知的例子就是速度，参见 7.1 节. 考虑一个沿直线运动的粒子. 令 $s(t)$ 为时刻 t 粒子的位置. 则平均速度就可以用商给出

$$\frac{s(t)-s(t_0)}{t-t_0}\quad \text{（位移的差除以时间的差）}$$

当取极限 $t\to t_0$ 时，平均速度就变为瞬时速度

$$v(t_0)=\frac{\mathrm{d}s}{\mathrm{d}t}(t_0)=\dot{s}(t_0)=\lim_{t\to t_0}\frac{s(t)-s(t_0)}{t-t_0}$$

当时间 t 作为函数 f 的自变量时，常常用 $\dot{f}(t)$ 来代替 $f'(t)$. 特别地，在物理学中点记号是非常常用的.

89

类似地，对速度微分就得到了加速度

$$a(t)=\dot{v}(t)=\ddot{s}(t)$$

速度也可以用于对其他随时间变化的过程进行建模，例如，对增长或衰减.

7.4　微分法则

本节中 $I\subset\mathbb{R}$ 表示一个开区间. 首先将求微分的过程表示为一个线性过程.

命题 7.18（求导的线性）　令 $f, g: I\to\mathbb{R}$ 为两个函数，它们在 $x\in I$ 都可微，并取 $c\in\mathbb{R}$. 于是函数 $f+g$ 和 $c\cdot f$ 在 x 也都可微且

$$(f(x)+g(x))'=f'(x)+g'(x)$$

$$(cf(x))'=cf'(x)$$

证明 这些结果源于极限的相应法则. 第一个结论成立是因为当 $h \to 0$ 时,

$$\frac{f(x+h)+g(x+h)-(f(x)+g(x))}{h}=\underbrace{\frac{f(x+h)-f(x)}{h}}_{\to f'(x)}+\underbrace{\frac{g(x+h)-g(x)}{h}}_{\to g'(x)}$$

第二个结论是类似的. □

线性性及幂函数的微分法则 $(x^m)'=mx^{m-1}$ 意味着每一个多项式都是可微的. 令

$$p(x)=a_nx^n+a_{n-1}x^{n-1}+\cdots+a_1x+a_0$$

则其导数的形式为

$$p'(x)=na_nx^{n-1}+(n-1)a_{n-1}x^{n-2}+\cdots+a_1$$

例如, $\left(3x^7-4x^2+5x-1\right)'=21x^6-8x+5$.

下面的两个法则允许人们用因子来确定乘积和商的导数.

命题 7.19(乘法法则) 令 $f, g: I \to \mathbb{R}$ 为两个在 $x \in I$ 处可微的函数. 则函数 $f \cdot g$ 在 x 处也是可微的, 且

$$(f(x)\cdot g(x))'=f'(x)\cdot g(x)+f(x)\cdot g'(x)$$

90

证明 利用 $h \to 0$ 时相应的极限法则

$$\begin{aligned}&\frac{f(x+h)\cdot g(x+h)-f(x)\cdot g(x)}{h}\\=&\frac{f(x+h)\cdot g(x+h)-f(x)\cdot g(x+h)}{h}+\frac{f(x)\cdot g(x+h)-f(x)\cdot g(x)}{h}\\=&\underbrace{\frac{f(x+h)-f(x)}{h}}_{\to f'(x)}\cdot\underbrace{g(x+h)}_{\to g(x)}+f(x)\cdot\underbrace{\frac{g(x+h)-g(x)}{h}}_{\to g'(x)}\end{aligned}$$

函数 g 在点 x 的连续性可由应用 7.15 得到. □

命题 7.20(除法法则) 令 $f, g: I \to \mathbb{R}$ 为两个在 $x \in I$ 处可微的函数且 $g(x) \neq 0$. 则在点 x 处, 商 $\frac{f}{g}$ 是可微的且

$$\left(\frac{f(x)}{g(x)}\right)'=\frac{f'(x)\cdot g(x)-f(x)\cdot g'(x)}{g^2(x)}$$

特别地,

$$\left(\frac{1}{g(x)}\right)'=-\frac{g'(x)}{g^2(x)}$$

其证明与乘法法则的证明类似并可在文献 [3] 的 3.1 节中找到.

例 7.21 将除法法则应用于 $\tan x = \dfrac{\sin x}{\cos x}$ 有

$$\tan' x = \frac{\cos^2 x + \sin^2 x}{\cos^2 x} = \frac{1}{\cos^2 x} = 1 + \tan^2 x$$

复杂的函数通常可写为简单函数的复合. 例如，函数

$$h : [2, \infty) \to \mathbb{R} : x \mapsto h(x) = \sqrt{\log(x-1)}$$

可看作 $h(x) = f(g(x))$，其中

$$f : [0, \infty) \to \mathbb{R} : y \mapsto \sqrt{y}, \quad g : [2, \infty) \to [0, \infty) : x \mapsto \log(x-1)$$

91

函数 f 和 g 的复合可记为 $h = f \circ g$. 下面的命题说明了复合函数如何才是可微的.

命题 7.22（链式法则） 两个可微函数 $g : I \to B$ 和 $f : B \to \mathbb{R}$ 的复合也是可微的且

$$\frac{\mathrm{d}}{\mathrm{d}x} f(g(x)) = f'(g(x)) \cdot g'(x)$$

用简单的记号，该法则为

$$(f \circ g)' = (f' \circ g) \cdot g'$$

证明 记

$$\begin{aligned}\frac{1}{h}(f(g(x+h)) - f(g(x))) &= \frac{f(g(x+h)) - f(g(x))}{g(x+h) - g(x)} \cdot \frac{g(x+h) - g(x)}{h} \\ &= \frac{f(g(x)+k) - f(g(x))}{k} \cdot \frac{g(x+h) - g(x)}{h}\end{aligned}$$

其中，由于解释为一个线性近似（参见 7.3 节），表达式

$$k = g(x+h) - g(x)$$

可写为

$$k = g'(x) h + R(x+h, x)$$

且当 $h \to 0$ 时是趋向于零的. 可以得到

$$\begin{aligned}\frac{\mathrm{d}}{\mathrm{d}x} f(g(x)) &= \lim_{h \to 0} \frac{1}{h}(f(g(x+h)) - f(g(x))) \\ &= \lim_{h \to 0} \left(\frac{f(g(x)+k) - f(g(x))}{k} \cdot \frac{g(x+h) - g(x)}{h} \right) \\ &= f'(g(x)) \cdot g'(x)\end{aligned}$$

由此就得到命题中的结论. □

求复合函数 $h(x)=f(g(x))$ 的微分因此可以分为三步完成:

1. 确定外部函数 f 和内部函数 g，满足 $h(x)=f(g(x))$.

2. 将外部函数 f 在点 $g(x)$ 求微分，即计算 $f'(y)$ 后将 $y=g(x)$ 代入. 其结果为 $f'(g(x))$.

3. 对内部函数求导: 对内部函数 g 求导并将其乘以第 2 步的结果. 得到 $h'(x)=f'(g(x))\cdot g'(x)$.

在有三个或更多函数进行复合时，上述法则可以递归地使用.

92

例 7.23 (a) 令 $h(x)=(\sin x)^3$. 确定外部函数为 $f(y)=y^3$，内部函数为 $g(x)=\sin x$. 则

$$h'(x)=3(\sin x)^2\cdot\cos x$$

(b) 令 $h(x)=\mathrm{e}^{-x^2}$. 确定 $f(y)=\mathrm{e}^y$ 及 $g(x)=-x^2$. 则

$$h'(x)=\mathrm{e}^{-x^2}\cdot(-2x)$$

将要讨论的最后一个法则是一个可微函数反函数的微分.

命题 7.24（反函数法则） *令 $f:I\to J$ 为一个双射，可微且对所有 $y\in I$ 有 $f'(y)\neq 0$. 则 $f^{-1}:J\to I$ 也可微且*

$$\frac{\mathrm{d}}{\mathrm{d}x}f^{-1}(x)=\frac{1}{f'(f^{-1}(x))}$$

用简单的记号，该法则为

$$\left(f^{-1}\right)'=\frac{1}{f'\circ f^{-1}}$$

证明 令 $y=f^{-1}(x)$ 及 $\eta=f^{-1}(\xi)$. 由于反函数的连续性（参见命题 C.3）有当 $\xi\to x$ 时，$\eta\to y$. 因此可得

$$\begin{aligned}\frac{\mathrm{d}}{\mathrm{d}x}f^{-1}(x)&=\lim_{\xi\to x}\frac{f^{-1}(\xi)-f^{-1}(x)}{\xi-x}=\lim_{\eta\to y}\frac{\eta-y}{f(\eta)-f(y)}\\&=\lim_{\eta\to y}\left(\frac{f(\eta)-f(y)}{\eta-y}\right)^{-1}=\frac{1}{f'(y)}=\frac{1}{f'(f^{-1}(x))}\end{aligned}$$

由此可得命题结论. □

图 7.4 给出了反函数微分法则的几何背景: 一条直线在 x 方向的斜率是其在 y 方向斜率的倒数.

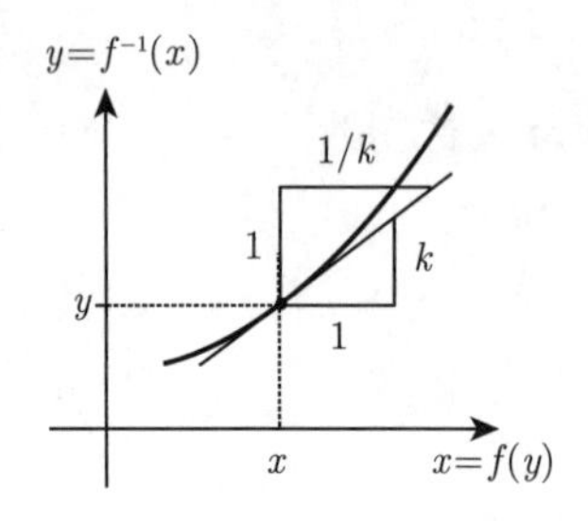

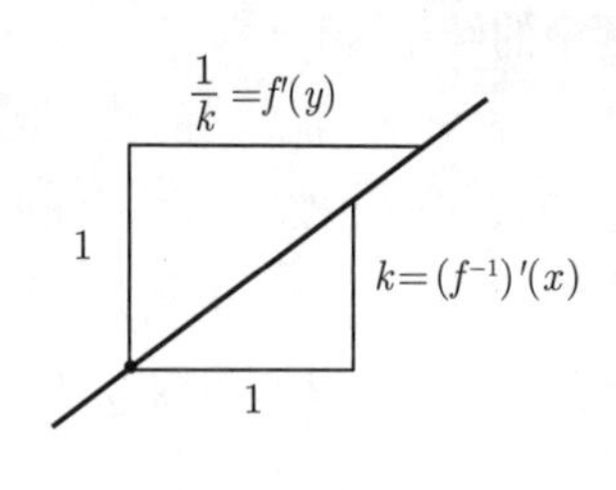

图 7.4 可逆函数的导数及其斜率的细节

如果已经知道可逆函数是可微的，则其导数可用下列方法得到. 将恒等式

$$x=f\left(f^{-1}(x)\right)$$

两边对 x 求微分并利用链式法则. 这就得到

$$1=f'\left(f^{-1}(x)\right)\cdot\left(f^{-1}\right)'(x)$$

93 因此可以通过在两边除以 $f'\left(f^{-1}(x)\right)$ 来得到反函数法则.

例 7.25（对数函数的导数） 由于 $y=\log x$ 为函数 $x=\mathrm{e}^y$ 的反函数，利用反函数法则可得，在 $x>0$ 时，有

$$(\log x)'=\frac{1}{\mathrm{e}^{\log x}}=\frac{1}{x}$$

此外，

$$\log|x|=\begin{cases}\log x, & x>0\\ \log(-x), & x<0\end{cases}$$

因此

$$(\log|x|)'=\begin{cases}(\log x)'=\dfrac{1}{x}, & x>0\\ (\log(-x))'=\dfrac{1}{(-x)}\cdot(-1)=\dfrac{1}{x}, & x<0\end{cases}$$

将它们合并就得到公式

$$(\log|x|)'=\frac{1}{x},\quad x\neq 0$$

对底为 a 的对数函数，可得

$$\log_a x=\frac{\log x}{\log a},\quad 因此\quad (\log_a x)'=\frac{1}{x\log a}$$

例 7.26（一般幂函数的导数） 由 $x^\alpha=\mathrm{e}^{\alpha\log x}$，根据链式法则可得

$$(x^\alpha)'=\mathrm{e}^{\alpha\log x}\cdot\frac{\alpha}{x}=x^\alpha\cdot\frac{\alpha}{x}=\alpha x^{\alpha-1}$$

例 7.27（一般指数函数的导数） 对 $a>0$ 有 $a^x=\mathrm{e}^{x\log a}$. 利用链式法则可得

$$(a^x)'=\left(\mathrm{e}^{x\log a}\right)'=\mathrm{e}^{x\log a}\cdot\log a=a^x\log a$$

94

例 7.28 对 $x>0$ 有 $x^x=\mathrm{e}^{x\log x}$，故

$$(x^x)'=\mathrm{e}^{x\log x}\left(\log x+\frac{x}{x}\right)=x^x\left(\log x+1\right)$$

例 7.29（环形函数的导数） 回顾在三角函数主值分支上的微分法则:

$$\begin{aligned}(\sin x)'&=\cos x=\sqrt{1-\sin^2 x}, && -\frac{\pi}{2}\leqslant x\leqslant\frac{\pi}{2}\\ (\cos x)'&=-\sin x=-\sqrt{1-\cos^2 x}, && 0\leqslant x\leqslant\pi\\ (\tan x)'&=1+\tan^2 x, && -\frac{\pi}{2}< x<\frac{\pi}{2}\end{aligned}$$

故给出反函数法则

$$\begin{aligned}(\arcsin x)'&=\frac{1}{\sqrt{1-\sin^2(\arcsin x)}}=\frac{1}{\sqrt{1-x^2}}, && -1<x<1\\ (\arccos x)'&=\frac{-1}{\sqrt{1-\cos^2(\arccos x)}}=-\frac{1}{\sqrt{1-x^2}}, && -1<x<1\\ (\arctan x)'&=\frac{1}{1+\tan^2(\arctan x)}=\frac{1}{1+x^2}, && -\infty<x<\infty\end{aligned}$$

例 7.30（双曲函数及其反函数的导数） 利用定义公式，可以直接得到双曲正弦的导数:

$$(\sinh x)'=\left(\frac{1}{2}\left(\mathrm{e}^x-\mathrm{e}^{-x}\right)\right)'=\frac{1}{2}\left(\mathrm{e}^x+\mathrm{e}^{-x}\right)=\cosh x$$

双曲余弦的导数公式可以通过相同的方法得到；对双曲正切，可以使用除法法则（参见练习 3）:

$$(\cosh x)'=\sinh x,\quad (\tanh x)'=1-\tanh^2 x$$

反双曲正弦函数的导数可以通过反函数法则计算得到:

$$(\operatorname{arsinh} x)'=\frac{1}{\cosh(\operatorname{arsinh} x)}=\frac{1}{\sqrt{1+\sinh^2(\operatorname{arsinh} x)}}=\frac{1}{\sqrt{1+x^2}}$$

其中 $x\in\mathbb{R}$，其中使用了等式 $\cosh^2 x-\sinh^2 x=1$. 使用类似的方法，其他反双曲函数的导数可在它们对应的区域内求得（练习 3）:

$$\begin{aligned}(\operatorname{arcosh} x)'&=\frac{1}{\sqrt{x^2-1}}, && x>1\\ (\operatorname{artanh} x)'&=\frac{1}{1-x^2}, && -1<x<1\end{aligned}$$

95

很多重要初等函数的导数在表 7.1 中给出. 这些公式在各自的定义域内是成立的.

表 7.1　初等函数的导数（$\alpha \in \mathbb{R}$, $a > 0$）

$f(x)$	$f'(x)$	$f(x)$	$f'(x)$	$f(x)$	$f'(x)$
1	0	$\sin x$	$\cos x$	$\sinh x$	$\cosh x$
x^α	$\alpha x^{\alpha-1}$	$\cos x$	$-\sin x$	$\cosh x$	$\sinh x$
e^x	e^x	$\tan x$	$1+\tan^2 x$	$\tanh x$	$1-\tanh^2 x$
a^x	$a^x \log a$	$\arcsin x$	$\dfrac{1}{\sqrt{1-x^2}}$	$\operatorname{arsinh} x$	$\dfrac{1}{\sqrt{1+x^2}}$
$\log\lvert x\rvert$	$\dfrac{1}{x}$	$\arccos x$	$\dfrac{-1}{\sqrt{1-x^2}}$	$\operatorname{arcosh} x$	$\dfrac{1}{\sqrt{x^2-1}}$
$\log_a x$	$\dfrac{1}{x\log a}$	$\arctan x$	$\dfrac{1}{1+x^2}$	$\operatorname{artanh} x$	$\dfrac{1}{1-x^2}$

7.5　数值微分

在应用中，经常出现一个函数对任意的输入能够得到取值，但无法得知函数的解析表达式. 当因变量是通过某种测量工具得到时，这一情形就会出现. 例如，将一个给定点处的温度表示为一个时间的函数.

将导数定义为差商的极限表明，这种函数的导数可以使用适当的差商来近似

$$f'(a) \approx \frac{f(a+h)-f(a)}{h}$$

问题是，h 应当取多小. 为解决这一问题，首先进行一个数值实验.

实验 7.31　使用上述公式近似 $f(x)=\mathrm{e}^x$ 在 $a=1$ 处的导数 $f'(a)$. 考虑 h 的不同取值，例如令 $h=10^{-j}$，其中 $j=0,\ 1,\ \cdots,\ 16$. 我们期望选择一个接近 $\mathrm{e}=2.71828\cdots$ 的数值作为结果. 这一实验的典型结果在表 7.2 中给出.

可以看到，开始时，误差随 h 的减小而减小，但当 h 很小时，它再次增大. 其原因在于计算机上数的表示方法. 该实验使用的是 `IEEE double precision`（IEEE 双精度）形式，其相应的相对机器精度为 $\mathtt{eps} \approx 10^{-6}$. 实验表明最好的结果在

96

$$h \approx \sqrt{\mathtt{eps}} \approx 10^{-8}$$

时取得. 这一现象可用泰勒展开进行解释. 在第 12 章中将导出公式

$$f(a+h) = f(a) + hf'(a) + \frac{h^2}{2}f''(\xi)$$

其中 ξ 为 a 和 $a+h$ 之间的一个适当的点. （通常 ξ 的值是未知的. ）因此，在重新整理后，可得

$$f'(a) = \frac{f(a+h)-f(a)}{h} - \frac{h}{2}f''(\xi)$$

离散误差，即由于使用差商代替了导数引入的误差，是与 h 成比例的且随着 h 的减小线性减小的. 这一特性可通过观察 h 在 10^{-8} 到 10^{-2} 之间的数值实验看到.

表 7.2　使用单侧差商计算指数函数在 $a=1$ 处的数值微分. 数值结果和误差表示为一个 h 的函数

h	导数值	误差
1.000E-000	4.67077427047160	1.95249244201256E-000
1.000E-001	2.85884195487388	1.40560126414838E-001
1.000E-002	2.73191865578714	1.36368273280976E-002
1.000E-003	2.71964142253338	1.35959407433051E-003
1.000E-004	2.71841774708220	1.35918623152431E-004
1.000E-005	2.71829541994577	1.35914867218645E-005
1.000E-006	2.71828318752147	1.35906242526573E-006
1.000E-007	2.71828196740610	1.38947053418548E-007
1.000E-008	2.71828183998415	1.15251088672608E-008
1.000E-009	2.71828219937549	3.70916445113778E-007
1.000E-010	2.71828349976758	1.67130853068187E-006
1.000E-011	2.71829650802524	1.46795661959409E-005
1.000E-012	2.71866817252997	3.86344070924416E-004
1.000E-013	2.71755491373926	-7.26914719783700E-004
1.000E-014	2.73058485544819	1.23030269891471E-002
1.000E-015	3.16240089670572	4.44119068246674E-001
1.000E-016	1.44632569809566	-1.27195613036338E-000

对非常小的 h，**舍入误差**额外发挥了作用. 如在 1.4 节中看到的，使用计算机计算 $f(a)$ 时有

97

$$\mathrm{rd}(f(a))=f(a)\cdot(1+\varepsilon)=f(a)+\varepsilon f(a)$$

其中 $|\varepsilon|\leqslant \mathsf{eps}$. 由此得到舍入误差与 eps/h 成正比且当 h 很小时，它会变得非常大. 这一现象可通过观察 h 在 10^{-8} 到 10^{-16} 之间的数值实验看到.

使用单侧差商（one-side difference quotient）得到的数值导数为

$$f'(a)\approx\frac{f(a+h)-f(a)}{h}$$

它在离散误差和舍入误差大小大致相同时最为精确，即

$$h\approx\frac{\mathsf{eps}}{h}\quad\text{或者}\quad h\approx\sqrt{\mathsf{eps}}\approx10^{-8}$$

为求导数 $f'(a)$，也可以使用点 $(a,\ f(a))$ 附近对称的割线，即

$$f'(a)=\lim_{h\to0}\frac{f(a+h)-f(a-h)}{2h}$$

这就给出了对称公式

$$f'(a)\approx\frac{f(a+h)-f(a-h)}{2h}$$

这一近似称为**对称差商**（symmetric difference quotient）（参见图 7.5）.

为分析近似的精度，需要使用第 12 章中将要介绍的泰勒级数：

$$f(a+h)=f(a)+hf'(a)+\frac{h^2}{2}f''(a)+\frac{h^3}{6}f'''(a)+\cdots$$

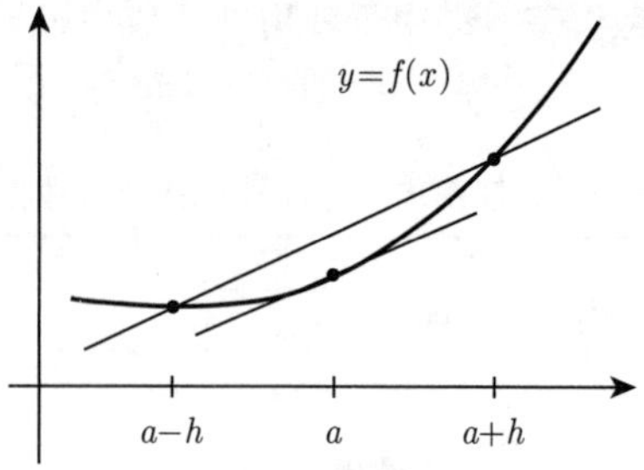

若在公式中用 $-h$ 替换 h，则有

图 7.5　使用对称的割线近似切线

98

$$f(a-h)=f(a)-hf'(a)+\frac{h^2}{2}f''(a)-\frac{h^3}{6}f'''(a)+\cdots$$

将它们做差，得到

$$f(a+h)-f(a-h)=2hf'(a)+2\frac{h^3}{6}f'''(a)+\cdots$$

进而

$$f'(a)=\frac{f(a+h)-f(a-h)}{2h}-\frac{h^2}{6}f'''(a)+\cdots$$

此时，离散误差与 h^2 成正比，而舍入误差仍然与 $\texttt{eps}/h$ 成正比.

因此，对称过程给出了更好的结果，分别有

$$h^2\approx\frac{\texttt{eps}}{h}\quad 或\quad h\approx\sqrt[3]{\texttt{eps}}$$

重复实验 7.31，其中 $f(x)=\mathrm{e}^x$, $a=1$ 且 $h=10^{-j}$, $j=0,\ \cdots,\ 12$. 其结果在表 7.3 中给出.

表 7.3　使用对称差商计算指数函数在 $a=1$ 处的数值微分. 数值结果和误差表示为 h 的函数

h	导数值	误差
1.000E-000	3.19452804946533	4.76246221006280E-001
1.000E-001	2.72281456394742	4.53273548837307E-003
1.000E-002	2.71832713338270	4.53049236583958E-005
1.000E-003	2.71828228150582	4.53046770765297E-007
1.000E-004	2.71828183298958	4.53053283777649E-009
1.000E-005	2.71828182851255	5.35020916458961E-011
1.000E-006	2.71828182834134	-1.17704512803130E-010
1.000E-007	2.71828182903696	5.77919490041268E-010
1.000E-008	2.71828181795317	-1.05058792776447E-008
1.000E-009	2.71828182478364	-3.67540575751946E-009
1.000E-010	2.71828199164235	1.63183308643511E-007
1.000E-011	2.71829103280427	9.20434522511116E-006
1.000E-012	2.71839560410381	1.13775644761560E-004

正如所期待的结果，最好的结果在 $h \approx 10^{-5}$ 时取得. 得到的近似比表 7.2 中的结果更精确. 由于对称过程一般会得到更好的结果，对称就成为数值数学中的一个重要概念.

带噪声函数的数值微分. 在实践中经常会遇到的情形是，受到噪声影响由离散数据构成的函数必须是可微的. 这些噪声可以表示很小的测量误差及统计上类似随机数的行为.

99

例 7.32 将图片的一行通过 $J+1$ 个像素数字化会产生一个函数

$$f : \{0, 1, \cdots, J\} \to \mathbb{R} : j \mapsto f(j) = f_j = \text{第 } j \text{ 个像素的亮度}$$

为求出图片中的边，即局部亮度变化剧烈的位置，这一函数必须可微.

考虑一个具体的例子. 设图片信息由下列函数构成：

$$g : [a, b] \to \mathbb{R} : x \mapsto g(x) = -2x^3 + 4x$$

其中 $a=-2$, $b=2$. 令 Δx 为两个像素点之间的距离且

$$J = \frac{b-a}{\Delta x}$$

表示像素点的总数减 1. 令 $\Delta x = 1/200$，因此得到 $J = 800$. 于是第 j 个像素点的真实亮度应为

$$g_j = g(a + j\Delta x), \quad 0 \leqslant j \leqslant J$$

但是，由于测量设备的测量误差，得到

$$f_j = g_j + \varepsilon_j$$

其中 ε_j 为随机数. 令 ε_j 为期望为 0，方差为 2.5×10^{-5} 的正态分布随机变量，参见图 7.6. 对期望与方差的准确定义可参考相关的文献，例如文献 [18].

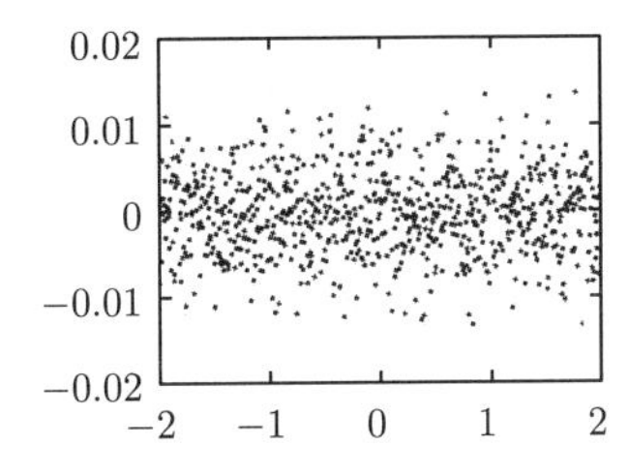

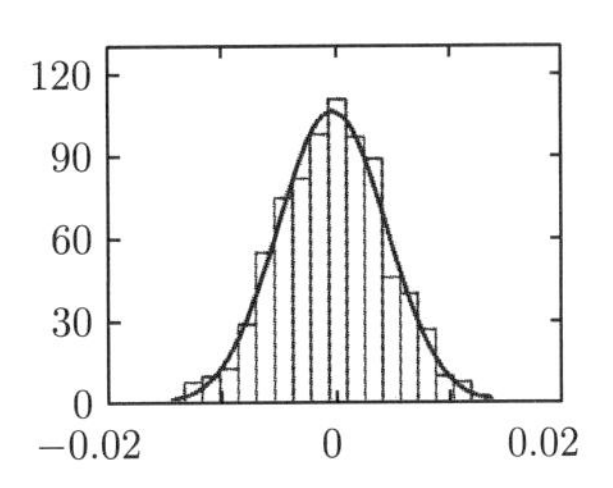

图 7.6　左图给出了遮蔽数据的随机噪声. 该噪声被模型化为 801 个正态分布的随机数. 所选择的随机数的频率可见右侧的直方图. 为进行比较，（放缩后的）正态分布密度函数也在图中给出

这些随机数可以使用 MATLAB 命令

100

```
randn(1,801) * sqrt(2.5e-5)
```

生成.

使用前面的法则求 f 的微分可得

$$f'_j \approx \frac{f_j - f_{j-1}}{\Delta x} = \frac{g_j - g_{j-1}}{\Delta x} + \frac{\varepsilon_j - \varepsilon_{j-1}}{\Delta x}$$

包含 g 的部分就得到了需要的导数，即

$$\frac{g_j - g_{j-1}}{\Delta x} = \frac{g(a + j\Delta x) - g(a + j\Delta x - \Delta x)}{\Delta x} \approx g'(a + j\Delta x)$$

随机数序列会产生一个不可微的图像. 表达式

$$\frac{\varepsilon_j - \varepsilon_{j-1}}{\Delta x}$$

与 $J \cdot \max_{0\leqslant j\leqslant J} |\varepsilon_j|$ 成比例. 当 J 较大时，误差成为了主要部分，参见图 7.7 的左图.

为得到可信的结果，在求微分前需要将数据进行光滑化. 最简单的方法就是使用**高斯滤波器**（Gaussian filter）进行卷积（convolution），它相当于对数据进行加权平均（参见图 7.7 的中图）. 此外，也可以使用样条（spline）进行光滑的，例如用 MATLAB 程序 csaps. 图 7.7 中的右图，就使用了这一方法.

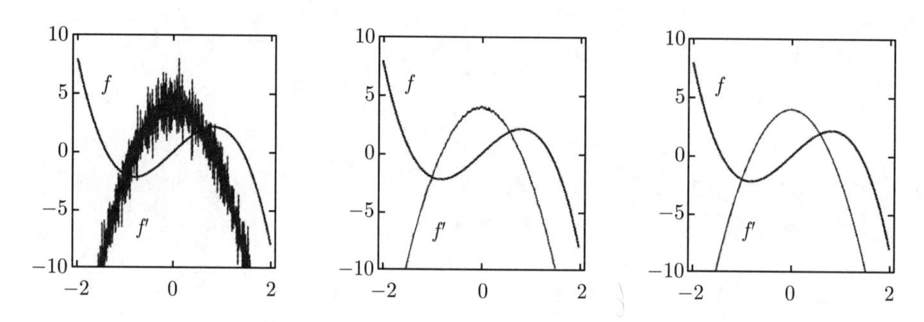

图 7.7　由一个带噪声函数 f 得到的数值导数，包含 801 个数据（左图），使用了高斯滤波器后相同函数得到的导数（中图）；经过样条光滑化后得到的导数（右图）

例 7.33　使用 MATLAB 程序 mat07_1.m 生成图 7.7 并研究随机数的选择和在 csaps 中使用的光滑参数对结果产生的影响.

7.6　练习

1. 利用极限形式的导数定义，求函数的一阶导数

101

$$f(x) = x^3, \quad g(t) = \frac{1}{t^2}, \quad h(x) = \cos x, \quad k(x) = \frac{1}{\sqrt{x}}, \quad \ell(t) = \tan t$$

2. 求函数的一阶导数

$$a\left(x\right)=\frac{x^2-1}{x^2+2x+1},\quad b\left(x\right)=\left(x^3-1\right)\sin^2 x,\quad c\left(t\right)=\sqrt{1+t^2}\arctan t,$$
$$d\left(t\right)=t^2\mathrm{e}^{\cos\left(t^2+1\right)},\qquad e\left(x\right)=x^{2\sin x},\qquad f\left(s\right)=\log\left(s+\sqrt{1+s^2}\right)$$

用 maple 验证结果.

3. 推导例 7.30 中剩余的公式. 首先从计算双曲余弦和双曲正切的导数开始. 使用反函数法则对反双曲余弦和反双曲正切求微分.
4. 利用函数 $f\left(x\right)=\sqrt{x}$ 的线性近似计算 $\sqrt{34}$ 的近似值. 结果的精度如何?
5. 求函数 $y=f\left(x\right)$ 的图像上，过点 $(x_0,\ f\left(x_0\right))$ 的切线方程，其中

$$f\left(x\right)=\frac{x}{2}+\frac{x}{\log x}\quad 及\quad \text{(a)}\ x_0=\mathrm{e};\qquad \text{(b)}\ x_0=\mathrm{e}^2$$

6. 沙子通过传送带到沙堆上的速度为 2 $\mathrm{m}^3/\mathrm{min}$. 沙子形成的圆锥形堆的高为底面半径的 $\frac{4}{3}$. 当沙锥的直径为 6 m 时，底面半径的增长速度是多少?
   提示：将体积 V 表示为半径 r 的函数，将 V 和 r 看作时间 t 的函数并对 t 求微分，求 $\dot{r}$.
7. 使用泰勒级数

$$y\left(x+h\right)=y\left(x\right)+hy'\left(x\right)+\frac{h^2}{2}y''\left(x\right)+\frac{h^3}{6}y'''\left(x\right)+\frac{h^4}{24}y^{(4)}\left(x\right)+\cdots$$

导出公式

$$y''\left(x\right)=\frac{y\left(x+h\right)-2y\left(x\right)+y\left(x-h\right)}{h^2}-\frac{h^2}{12}y^{(4)}\left(x\right)+\cdots$$

并将其作为求二阶导数的数值方法. 其离散误差与 h^2 成正比，舍入误差与 eps/h^2 成正比. 通过令离散误差和舍入误差相等来得到最优步长 h. 用 MATLAB 中的数值实验来验证你的结果，求 $y\left(x\right)=\mathrm{e}^{2x}$ 在点 $x=1$ 处的二阶导数.

8. 编写一个 MATLAB 程序，对一个给定的函数在给定的区间上进行数值求微分，并绘制函数及其一阶导数的图像. 用函数

$$f\left(x\right)=\cos x,\quad 0\leqslant x\leqslant 6\pi$$

和

$$g\left(x\right)=\mathrm{e}^{-\cos(3x)},\quad 0\leqslant x\leqslant 2$$

来验证程序.

102

9. 证明：当 $n\geqslant 1$ 时，幂函数 $y=x^n$ 的 n 阶导数为 $n!$. 验证一个 n 次多项式 $p\left(x\right)=a_nx^n+a_{n-1}x^{n-1}+\cdots+a_1x+a_0$ 的 $n+1$ 阶导数为零.
10. 求函数的二阶导数

103 ~ 104

$$f\left(x\right)=\mathrm{e}^{-x^2},\quad g\left(x\right)=\log\left(x+\sqrt{1+x^2}\right),\quad h\left(x\right)=\log\frac{x+1}{x-1}$$

第 8 章　导数的应用

这一章主要介绍导数的应用，这些应用是数学建模的基本知识. 这一章从讨论图像性质开始. 更确切地说，使用导数来描述图像的几何性质，如最大值、最小值以及单调性. 尽管用 MATLAB 或 maple 绘制函数图像很简单，但是有时候，比如从特定函数类中选择具有给定属性的函数的时候，理解图像与导数的关系就很重要.

在 8.2 节中将讨论牛顿法和收敛阶数的概念. 牛顿法是计算函数零点最重要的工具之一. 它几乎是普遍使用的.

本章的最后一节将介绍来源于数据分析的基本方法. 演示如何计算通过原点的回归直线. 有许多应用邻域涉及线性回归. 这个主题将在第 18 章详细展开讨论.

8.1　曲线绘制

下面先利用导数研究函数图像的一些几何性质：最大值和最小值、单调区间和凸性. 随后进一步讨论中值定理，它是一些证明的重要工具.

定义 8.1　*函数* $f:[a,b]\to\mathbb{R}$ *有*

(a) *如果有* $x_0\in[a,b]$，*使得所有的* $x\in[a,b]$ *有* $f(x)\leqslant f(x_0)$ *成立，则函数* f *在* x_0 *处有*

105

全局最大值 (global maximum);

(b) *如果有* $x_0\in[a,b]$，*且存在邻域* $U_\epsilon(x_0)$，*使得所有的* $x\in U_\epsilon(x_0)\cap[a,b]$ *有* $f(x)\leqslant f(x_0)$ *成立，则函数* f *在* x_0 *处有***局部最大值** (local maximum).

如果（a）和（b）中对于 $x\neq x_0$ 均有严格不等式 $f(x)<f(x_0)$ 成立，那么这个最大值也称为是**严格的** (strict).

通过反转不等式方向，最小值的定义是类似的. 最大值和最小值均称为**极值**（extrema）. 图 8.1 中给出了一些可能的情况. 注意图中函数在所选的区间内并没有全局最小值.

对于开区间 (a,b) 中的点 x_0，有一个简单的必要条件使其成为可微函数的极值.

命题 8.2　*设* $x_0\in(a,b)$ *且* f *在* x_0 *处可微. 若* f *在* x_0 *处取得局部最大值或者局部最小值，则* $f'(x_0)=0$.

证明　由 f 的可微性可得

$$f'(x_0)=\lim_{h\to0+}\frac{f(x_0+h)-f(x_0)}{h}=\lim_{h\to0-}\frac{f(x_0+h)-f(x_0)}{h}$$

在最大值的情况下割线的斜率满足如下不等式:

$$\frac{f(x_0+h)-f(x_0)}{h} \leqslant 0, \text{若} h>0$$

$$\frac{f(x_0+h)-f(x_0)}{h} \geqslant 0, \text{若} h<0$$

因此极限 $f'(x_0)$ 一定既大于等于 0 又小于等于 0，所以必然有 $f'(x_0)=0$. □

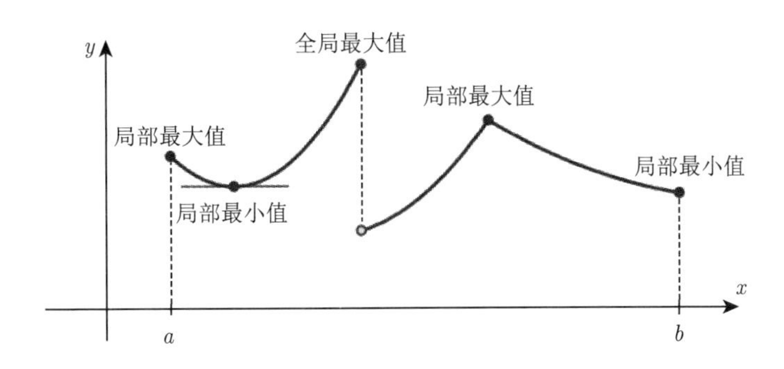

图 8.1 函数的最大值和最小值

函数 $f(x)=x^3$，其导数在 $x=0$ 处为 0，这说明上述命题中的条件不是最大值或者最小值存在的充分条件.

这个命题的几何解释是这样的，在可微的情况下函数的图像在最大值或者最小值处有水平切线. 使得 $f'(x_0)=0$ 的点 $x_0 \in (a,b)$ 称为**驻点** (stationary point). 106

注 8.3 上述命题说明，为了确定函数 $f:[a,b]\to\mathbb{R}$ 的最大值和最小值，需要检查下列点集:

(a) 边界点 $x_0=a$，$x_0=b$;

(b) f 不可微的点 $x_0\in(a,b)$;

(c) f 可微且 $f'(x_0)=0$ 的点 $x_0\in(a,b)$.

下面的命题对一些证明是很有用的技术工具. 它的应用之一在于估计数值方法的误差. 类似于介值定理，其证明基于实数的完备性. 在这里不做介绍而是给出参考文献，例如文献 [3] 的 3.2 节.

命题 8.4（中值定理） 设 f 在 $[a,b]$ 连续并且在 (a,b) 可微. 则存在点 $\xi\in(a,b)$ 使得

$$\frac{f(b)-f(a)}{b-a}=f'(\xi)$$

从几何学上来说，这意味着 ξ 处的切线与通过点 $(a,f(a))$ 和点 $(b,f(b))$ 的割线具有相同的斜率. 图 8.2 说明了这一事实. 下面介绍可微函数斜率的特性.

定义 8.5 函数 $f: I \to \mathbb{R}$ 称为**单调递增的** (monotonically increasing)，如果对所有的 $x_1, x_2 \in I$ 有下式成立：

$$x_1 < x_2 \Rightarrow f(x_1) \leqslant f(x_2)$$

函数 f 称为**严格单调递增的** (strictly monotonically increasing)，如果对所有的 $x_1, x_2 \in I$ 有下式成立：

$$x_1 < x_2 \Rightarrow f(x_1) < f(x_2)$$

如果 $-f$ 是（严格）单调递增的，则函数 f 称为（严格）单调递减的.

下面举一些严格单调递增函数的例子，比如幂函数 $x \mapsto x^n$，其中 n 是奇数. 单调但不是严格单调递增函数的例子，比如符号函数 $x \mapsto \text{sign}x$. 可微函数斜率的特性可以用一阶导数的正负号来描述.

107

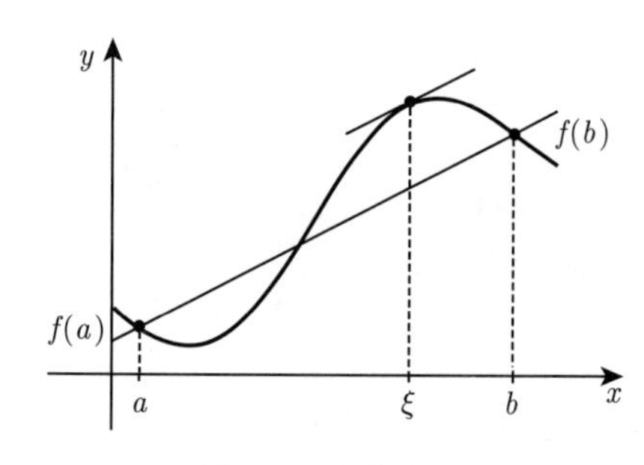

图 8.2 中值定理

命题 8.6 对可微函数 $f:(a,b) \to \mathbb{R}$，下列结论成立：

(a) 在(a,b)上 $f' \geqslant 0 \Leftrightarrow f$ 是单调递增的；在 (a,b) 上$f' > 0 \Rightarrow f$ 是严格单调递增的.

(b) 在(a,b)上$f' \leqslant 0 \Leftrightarrow f$ 是单调递减的；在(a,b) 上$f' < 0 \Rightarrow f$ 是严格单调递减的.

证明 (a) 根据中值定理，对某个 $\xi \in (a,b)$，有 $f(x_2) - f(x_1) = f'(\xi) \cdot (x_2 - x_1)$. 如果 $x_1 < x_2$ 且 $f'(\xi) \geqslant 0$，那么 $f(x_2) - f(x_1) \geqslant 0$. 如果 $f'(\xi) > 0$，那么 $f(x_2) - f(x_1) > 0$. 反过来，如果 f 是单调递增的，则

$$f'(x) = \lim_{h \to 0} \frac{f(x+h) - f(x)}{h} \geqslant 0$$

(b) 的证明是类似的. □

注 8.7 $f(x) = x^3$ 这个例子说明即使在孤立点上有 $f' = 0$，f 也可能是严格单调递增的.

命题 8.8（局部极值准则） 设函数 f 在 (a,b) 上可微，$x_0 \in (a,b)$ 而且 $f'(x_0) = 0$. 则

$$\text{(a)} \quad \left.\begin{array}{l} \text{对} x < x_0, f'(x) > 0 \\ \text{对} x > x_0, f'(x) < 0 \end{array}\right\} \Rightarrow f \text{ 在} x_0 \text{ 处有局部最大值.}$$

$$\text{(b)} \quad \left.\begin{array}{l} \text{对} x < x_0, f'(x) < 0 \\ \text{对} x > x_0, f'(x) > 0 \end{array}\right\} \Rightarrow f \text{在} x_0 \text{处有局部最小值.}$$

证明 由上一个命题可得本命题的证明，这个命题描述了如图 8.3 中显示的函数的单调特性. □

注 8.9（函数图像的凹、凸性） 如果在某个区间上 $f'' > 0$ 成立，则 f' 在该区间上单调递增. 因此，函数图像是**向右弯曲的或者是凹的**. 另一方面，如果在某个区间上 $f'' < 0$ 成立，

则 f' 在该区间上单调递减而且函数图像是**向左弯曲的或者是凸的** (参见图 8.4). 函数图像曲率的定量描述将在 14.2 节中给出.

108

设点 x_0 使得 $f'(x_0)=0$. 如果 f' 在 x_0 处没有改变它的符号，那么 x_0 就是**拐点** (inflection point). 在 x_0 处 f 从正曲率变为负曲率，反之亦然.

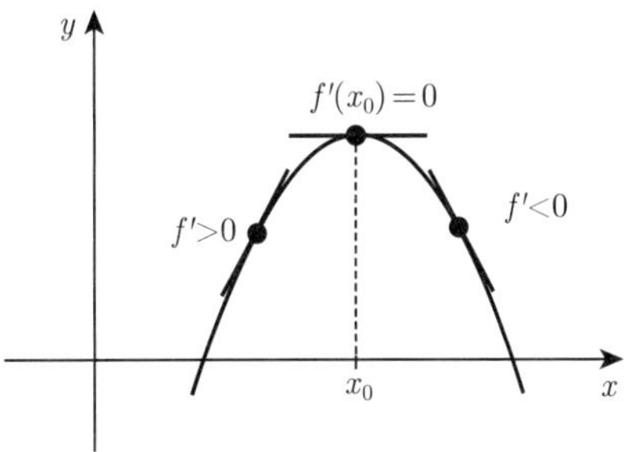

图 8.3 局部最大值

命题 8.10（局部极值的二阶导数准则） 设 f 在 (a,b) 二阶连续可微，$x_0\in(a,b)$ 且 $f'(x_0)=0$.

(a) 若 $f''(x_0)>0$，则 f 在 x_0 处有局部最小值.

(b) 若 $f''(x_0)<0$，则 f 在 x_0 处有局部最大值.

证明 (a) 因为 f'' 是连续的，对 x_0 某个邻域内所有的 x 都有 $f''(x)>0$. 根据命题 8.6，f' 在这个邻域内是严格单调递增的. 因为 $f'(x_0)=0$，所以这意味着 $x<x_0$ 时 $f'(x)<0$ 和 $x>x_0$ 时 $f'(x)>0$；根据局部极值准则，x_0 是最小值. 结论 (b) 可以类似地证明. □

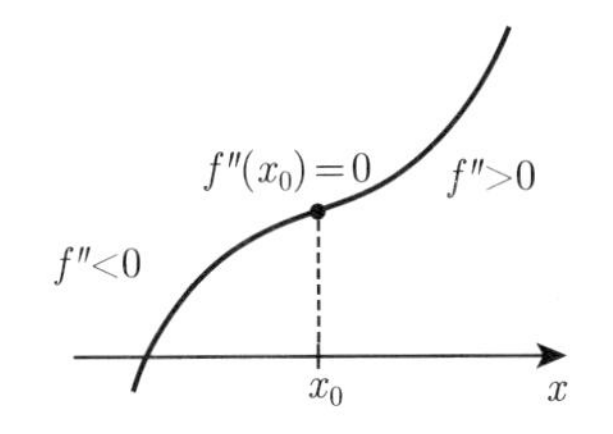

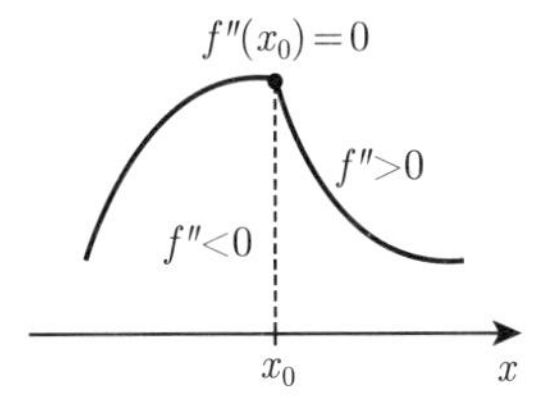

图 8.4 凹、凸性和二阶导数

注 8.11 如果 $f''(x_0)=0$，x_0 处可能是拐点或者是最小值点，也可以是最大值点. 函数 $f(x)=x^n, n=3,4,5,\cdots$ 是一个典型的例子. 实际上，对于偶数 n，函数在 $x=0$ 处有一个全局最小值，对于奇数 n，函数在 $x=0$ 处有一个拐点. 更一般的函数使用泰勒展开很容易估计. 应用 12.14 将讨论基于此展开的极值准则.

上述命题的一个应用是**曲线绘制** (curve sketching)，它是利用微积分对函数图像性质的详细研究. 即使图像可以很容易地在 MATLAB 或 maple 中绘制出来，仍然有必要使用分析方法检查某些点的图形输出.

实验 8.12 给下列函数绘制图像

$$y=x(\operatorname{sign}x-1)(x+1)^3+\big(\operatorname{sign}(x-1)+1\big)\big((x-2)^4-1/2\big)$$

其中 $-2\leqslant x\leqslant 3$，并尝试从图像中观察局部和全局极值、拐点以及单调性. 使用上面讨论过的准则检查观察到的结果.

上述命题的另一个应用是求极值，也就是解一维**优化问题** (optimisation problem). 我们用一个标准的例子来说明这个主题.

109

实验 8.13 给定周长的矩形哪个面积最大？为了回答这个问题，我们用 x 和 y 表示矩形边的长度. 那么周长和面积由下式给出：

$$U = 2x + 2y, F = xy$$

既然 U 是给定的，可得 $y = U/2 - x$，由此可得

$$F = x(U/2 - x)$$

其中 x 的取值范围是 $0 \leqslant x \leqslant U/2$. 求函数 F 在区间 $[0, U/2]$ 上的最大值. 既然 F 是可微的，只需要研究边界点和驻点. 在边界点 $x = 0$ 和 $x = U/2$ 处，有 $F(0) = 0$ 和 $F(U/2) = 0$. 通过令导数为零来得到驻点:

$$F'(x) = U/2 - 2x = 0$$

可得 $x = U/4$，且函数值 $F(U/4) = U^2/16$.

结果表明，最大面积是在 $x = U/4$ 时得到的，也就是在正方形的情况下得到.

8.2 牛顿法

借助微积分有效的数值计算方法可以计算可微函数的零点. 本节将使用牛顿[㊀]（Newton）法讨论实值函数 $f: D \subset \mathbb{R} \to \mathbb{R}$ 求零点的情形.

首先，回顾一下 6.3 节中讨论的**二分法**. 考虑区间 $[a\ b]$ 上的连续实值函数 f

$$f(a) < 0, f(b) > 0 \text{ 或} f(a) > 0, f(b) < 0$$

对区间不断进行二等分，得到 f 的零点 ξ 满足

$$a = a_1 \leqslant a_2 \leqslant a_3 \leqslant \cdots \leqslant \xi \leqslant \cdots b_3 \leqslant b_2 \leqslant b_1 = b$$

其中

110

$$|b_{n+1} - a_{n+1}| = \frac{1}{2}|b_n - a_n| = \frac{1}{4}|b_{n-1} - a_{n-1}| = \cdots = \frac{1}{2^n}|b_1 - a_1|$$

如果在 n 次迭代后停止，并选择 a_n 或 b_n 作为 ξ 的逼近，则得到一个可估计的误差界

$$|\text{error}| \leqslant \varphi(n) = |b_n - a_n|$$

于是

$$\varphi(n+1) = \frac{1}{2}\varphi(n)$$

㊀ 牛顿，1642—1727.

因此，误差随每次迭代衰减（至少）一个常数因子 $\frac{1}{2}$，这个方法也称为**线性收敛** (linearly convergent). 更一般地，如果存在误差界 $(\varphi(n))_{n\geqslant 1}$ 和常数 $C>0$，使得

$$\lim_{n\to\infty}\frac{\varphi(n+1)}{(\varphi(n))^{\alpha}}=C$$

则该迭代为α **阶**收敛. 对于充分大的 n，则近似为

$$\varphi(n+1)\approx C(\varphi(n))^{\alpha}$$

因此线性收敛 $(\alpha=1)$ 是指

$$\varphi(n+1)\approx C\varphi(n)\approx C^2\varphi(n-1)\approx\cdots\approx C^n\varphi(1)$$

$\varphi(n)$ 关于 n 取对数得到一条直线 (半对数表示，如图 8.6 所示)

$$\log\varphi(n+1)\approx n\log C+\log\varphi(1)$$

如果 $C<1$ 那么误差界 $\varphi(n+1)$ 趋于 0 并且正确的小数位数随着每次迭代增加一个常数. 二次收敛意味着每次迭代后正确的小数位数将增加一倍.

牛顿法的推导. 构造的目的是获得一个可以提供二次收敛 $(\alpha=2)$ 的步骤，至少如果一开始充分接近一个简单的可微函数的零点 ξ. 牛顿法背后的几何思想很简单: 一旦选择了一个近似值 x_n，就可以计算 x_{n+1}，其中 x_{n+1} 为函数 f 的图像过 $(x_n,f(x_n))$ 点的切线与 x 轴的交点坐标，如图 8.5 所示. 切线方程为

$$y=f(x_n)+f'(x_n)(x-x_n)$$

与 x 轴的交点 x_{n+1} 满足

$$0=f(x_n)+f'(x_n)(x_{n+1}-x_n)$$

111

因此

$$x_{n+1}=x_n-\frac{f(x_n)}{f'(x_n)},n\geqslant 1$$

显然必须假定 $f'(x_n)\neq 0$，如果 f' 是连续的，$f'(\xi)\neq 0$，且 x_n 足够靠近零点 ξ，则该条件得以满足.

命题 8.14（牛顿法的收敛性） 令 f 是一个实值函数，可以用连续的二阶导数进行两次微分. 此外令 $f(\xi)=0$, $f'(\xi)\neq 0$，那么存在一个邻域 $U_\epsilon(\xi)$，使得牛顿法对每个初始值 $x_1\in U_\epsilon(\xi)$ 二次收敛到 ξ.

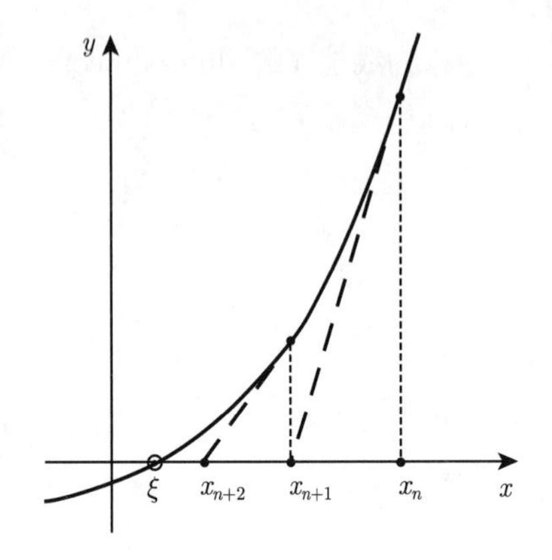

图 8.5　牛顿法的两个步骤

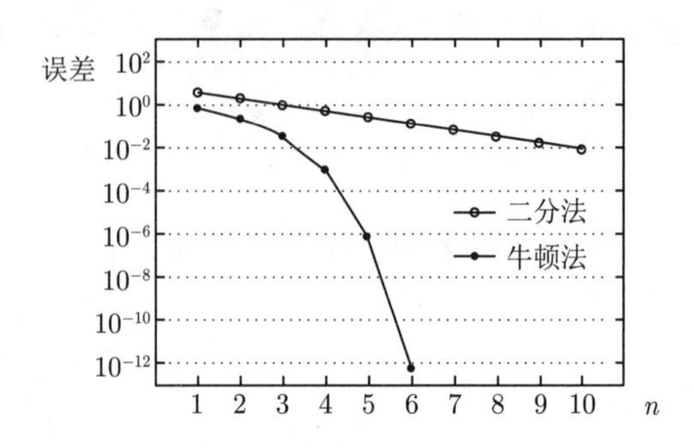

图 8.6　二分法和牛顿法在计算 $\sqrt[3]{2}$ 时的误差

证明　因为 $f'(\xi) \neq 0$ 且 f' 是连续的，存在一个邻域 $U_\delta(\xi)$ 和一个界 $m > 0$ 使得对所有的 $x \in U_\delta(\xi)$ 都有 $|f'(x)| \geqslant m$. 两次应用中值定理可得

$$
\begin{aligned}
|x_{n+1} - \xi| &= |x_n - \xi - \frac{f(x_n) - f(\xi)}{f'(x_n)}| \\
&\leqslant |x_n - \xi||1 - \frac{f'(\eta)}{f'(x_n)}| = |x_n - \xi|\frac{|f'(x_n) - f'(\eta)|}{|f'(x_n)|} \\
&\leqslant |x_n - \xi|^2 \frac{|f''(\zeta)|}{|f'(x_n)|}
\end{aligned}
$$

η 介于 x_n 和 ξ 之间，ζ 介于 x_n 和 η 之间. 记 M 为邻域 $U_\delta(\xi)$ 上 $|f''|$ 的最大值. 在所有迭代 x_n 都位于邻域 $U_\delta(\xi)$ 的假设下，对于误差 $\varphi(n) = |x_n - \xi|$，我们得到二次误差界

$$
\varphi(n+1) = |x_{n+1} - \xi| \leqslant |x_n - \xi|^2 \frac{M}{m} = (\varphi(n))^2 \frac{M}{m}
$$

因此，在邻域 $U_\delta(\xi)$ 命题成立. 否则，我们必须通过选择满足不等式 $\varepsilon \frac{M}{m} \leqslant 1$ 的 $\varepsilon < \delta$ 来减小邻域. 那么

112

$$
|x_n - \xi| \leqslant \varepsilon \Rightarrow |x_{n+1} - \xi| \leqslant \varepsilon^2 \frac{M}{m} \leqslant \varepsilon
$$

这意味着，如果近似值 x_n 位于 $U_\varepsilon(\xi)$ 中，则后一项 x_{n+1} 也是如此. 由于 $U_\varepsilon(\xi) \subset U_\delta(\xi)$，上面的二次误差估计仍然有效. 因此，该命题在较小邻域 $U_\varepsilon(\xi)$ 内成立.

例 8.15　在计算 $x^3 - 2 = 0$ 的根 $\xi = \sqrt[3]{2}$ 时，我们比较了起始区间为 $[-2, 2]$ 的二分法和起始值为 $x_1 = 2$ 的牛顿法. 表 8.1 和表 8.2 分别列出了区间边界 $[a_n, b_n]$ 和迭代项 x_n. 牛顿法得到的值为 $\sqrt[3]{2} = 1.25992104989487$，仅需六次迭代即可精确到小数点后 14 位.

二分法和牛顿法的误差曲线如图 8.6 所示，图中使用半对数表示（MATLAB 命令 `semilogy`）.

表 8.1　二分法计算 $\sqrt[3]{2}$

n	a_n	b_n	误差
1	−2.00000000000000	2.00000000000000	4.00000000000000
2	0.00000000000000	2.00000000000000	2.00000000000000
3	1.00000000000000	2.00000000000000	1.00000000000000
4	1.00000000000000	1.50000000000000	0.50000000000000
5	1.25000000000000	1.50000000000000	0.25000000000000
6	1.25000000000000	1.37500000000000	0.12500000000000
7	1.25000000000000	1.31250000000000	0.06250000000000
8	1.25000000000000	1.28125000000000	0.03125000000000
9	1.25000000000000	1.26562500000000	0.01562500000000
10	1.25781250000000	1.26562500000000	0.00781250000000
11	1.25781250000000	1.26171875000000	0.00390625000000
12	1.25976562500000	1.26171875000000	0.00195312500000
13	1.25976562500000	1.26074218750000	0.00097656250000
14	1.25976562500000	1.26025390525000	0.00048828125000
15	1.25976562500000	1.26000976562500	0.00024414062500
16	1.25988769531250	1.26000976562500	0.00012207031250
17	1.25988769531250	1.25994873046875	0.00006103515625
18	1.25991821289063	1.259948730466875	0.000003051757813

113

表 8.2　牛顿法计算 $\sqrt[3]{2}$

n	x_n	误差
1	2.00000000000000	0.74007895010513
2	1.50000000000000	0.24007895010513
3	1.29629629629630	0.013637524640142
4	1.26093222474175	0.010101117484688
5	1.253921860565593	0.00000000810067105
6	1.25992104989539	0.00000000000052
7	1.25992104989487	0.00000000000000

注 8.16　牛顿法的收敛性取决于命题 8.14 的条件. 如果起始值 x_1 距零点 ξ 太远，则该方法可能会发散、振荡或收敛到另一个零点. 如果 $f'(\xi)=0$，则意味着有多重零点 ξ，那么收敛阶数可能会减小.

实验 8.17　打开牛顿法程序，并使用正弦函数测试选择的起始值如何影响结果（在程序中，右区间边界为初始值）. 用区间 $[-2, x_0]$ 进行实验，$x_0 = 1, 1.1, 1.2, 1.3, 1.5, 1.57, 1.5707, 1.57079$ 并解释观察结果. 还可以借助 M 文件 `mat08_2.m` 以相同的起始值进行计算.

实验 8.18　借助牛顿法，研究多个零点的收敛阶如何下降. 为此，请使用程序中提供的两个多项式函数.

注 8.19　牛顿法的变体可以通过对导数 $f'(x_n)$ 进行数值评估来获得. 例如，近似

$$f'(x_n) \approx \frac{f(x_n) - f(x_{n-1})}{x_n - x_{n-1}}$$

114

提供割线方法

$$x_{n+1}=x_n-\frac{(x_n-x_{n-1})f(x_n)}{f(x_n)-f(x_{n-1})}$$

这可以计算通过点 $(x_n,f(x_n))$ 和点 $(x_{n-1},f(x_{n-1}))$ 的割线在 x 轴的截距 x_{n+1}.

8.3　通过原点的回归线

本节向数据分析的第一个偏离：给定散布在平面中的数据点的集合，找到通过原点的最佳拟合线（回归线）. 我们将讨论这个问题作为微分的应用；也可以使用线性代数的方法来求解. 多元线性回归的一般问题将在第 18 章中讨论.

2002 年，我们收集了因斯布鲁克大学计算机科学系的 70 名学生的身高 x（cm）和体重 y（kg）数据. 这些数据可以从 M 文件 `mat08_3.m` 中获得.

身高和体重的测量值 (x_i,y_i)，$i=1,\cdots,n$ 在平面上形成散点图，如图 8.7 所示. 在身高和体重之间存在形式为 $y=kx$ 的线性关系的假设下，确定 k，使直线 $y=kx$ 尽可能代表散点图（图 8.8）. 我们下面讨论的方法可以追溯到高斯（C.F.Gauss, 1777—1855）并从最小化误差平方和的意义上理解数据拟合.

115

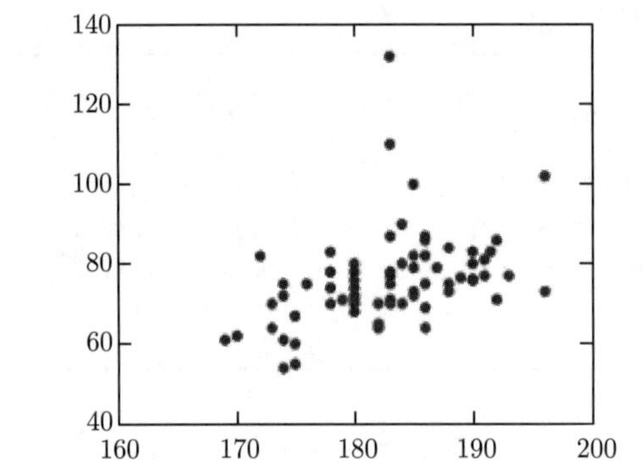

图 8.7　散点图身高/体重

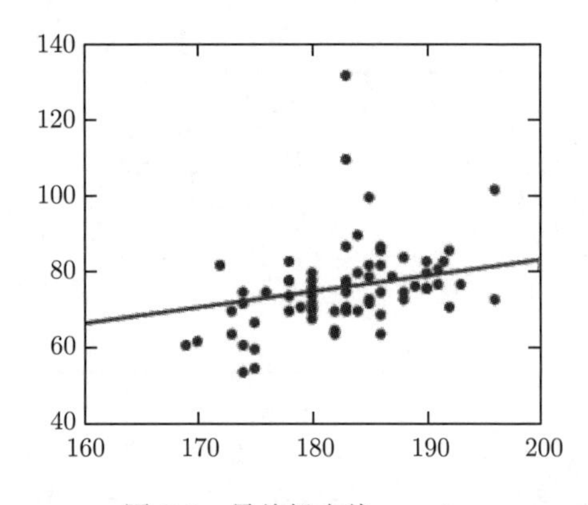

图 8.8　最佳拟合线 $y=kx$

应用 8.20（通过原点的最佳拟合线） 用过原点的直线

$$y=kx$$

拟合散点图 (x_i,y_i)，$i=1,2,\cdots,n$. 如果已知 k，则可以计算出由直线方程式给出的 kx_i 值与测量值 y_i 的偏差的平方为

$$(y_i-kx_i)^2$$

（误差的平方）. 我们正在寻找使误差平方和最小的特定 k，因此

$$F(k)=\sum_{i=1}^{n}(y_i-kx_i)^2\to\min$$

显然，$F(k)$ 是 k 的二次函数，首先我们计算导数

$$F'(k)=\sum_{i=1}^{n}(-2x_i)(y_i-kx_i),\quad F''(x)=\sum_{i=1}^{n}2x_i^2$$

设 $F'(k)=0$，我们可得

$$F'(k)=-2\sum_{i=1}^{n}x_iy_i+2k\sum_{i=1}^{n}x_i^2=0$$

116

由于 $F''>0$，所以它的解

$$k=\frac{\sum x_iy_i}{\sum x_i^2}$$

是全局最小值，并给出最佳拟合线的斜率.

例 8.21 为了说明通过原点的回归线，我们使用了 2010—2016 年奥地利消费者价格指数（数据来自文献 [26]）：

年份	2010	2011	2012	2013	2014	2015	2016
指数	100.0	103.3	105.8	107.9	109.7	110.7	111.7

方便计算，引入新变量 x 和 y 很有用，其中 $x=0$ 对应于 2010 年，$y=0$ 对应于指数 100. 这意味着 $x=$（年份 -2010）和 $y=$（指数 -100）；y 描述了相对于 2010 年的相对价格上涨（百分比）重新缩放后的数据是

x_i	0	1	2	3	4	5	6
y_i	0.0	3.3	5.8	7.9	9.7	10.7	11.7

我们正在寻找通过原点的这些数据的最佳拟合线. 为此，我们必须最小化

$$F(k)=(3.3-k\times 1)^2+(5.8-k\times 2)^2+(7.9-k\times 3)^2+(9.7-k\times 4)^2+\\(10.7-k\times 5)^2+(11.7-k\times 6)^2$$

结果（四舍五入）

$$k=\frac{1\times 3.3+2\times 5.8+3\times 7.9+4\times 9.7+5\times 10.7+6\times 11.7}{1\times 1+2\times 2+3\times 3+4\times 4+5\times 5+6\times 6}=\frac{201.1}{91}=2.21$$

因此，最佳拟合线是

$$y=2.21x$$

或者是

$$指数 = 100 + (年份 - 2010) \times 2.21$$

结果如图 8.9 所示，以年份/指数尺度和转换后的变量表示. 对 2017 年用回归线进行推断

117

$$指数(2017) = 100 + 7 \times 2.21 = 115.5$$

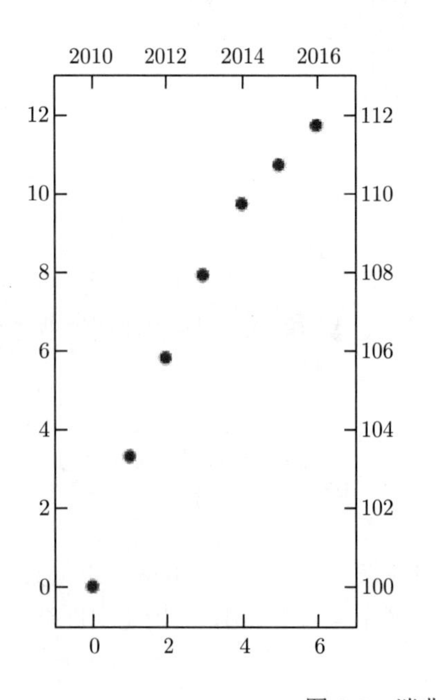

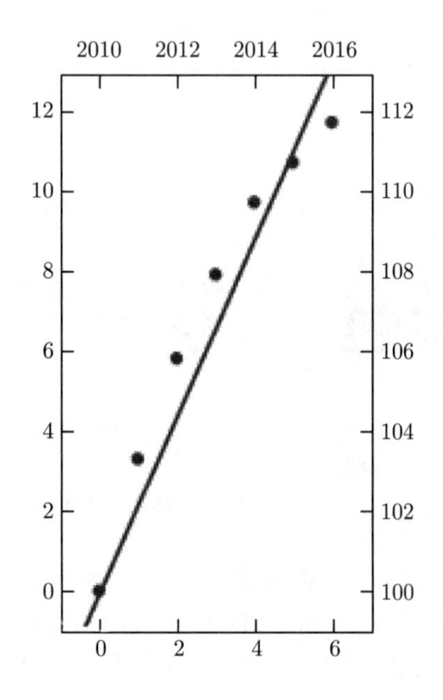

图 8.9　消费者价格指数和回归线

2017 年的实际居民消费者价格指数为 114.0. 由图 8.9 可知，2014 年左右居民消费者价格指数停止线性增长；因此，直线对所考虑时期的数据不是一个好的拟合. 第 18 章将讨论如何选择更好的回归模型.

8.4　练习

1. 以下哪些（连续）函数在 $x = 0$ 处是可微的:

$$y = x|x|; \quad y = |x|^{1/2}; \quad y = |x|^{3/2}; \quad y = x\sin(1/x)$$

2. 找出函数的所有最大值和最小值

$$f(x) = \frac{x}{x^2+1}, \quad g(x) = x^2\mathrm{e}^{-x^2}$$

3. 找出函数的最大值

$$y = \frac{1}{x}\mathrm{e}^{-(\log x)^2/2}, x > 0; \quad y = \mathrm{e}^{-x}\mathrm{e}^{-(\mathrm{e}^{-x})}, x \in \mathbb{R}$$

这些函数分别表示标准对数正态分布和 Gumbel 分布的密度.

4. 找出函数

$$f(x) = \frac{x}{\sqrt{x^4+1}}$$

的所有最大值和最小值，确定它在什么区间递增或递减，分析当 $x \to \pm\infty$ 时函数的性质，并绘制其图.

118

5. 对于给定的体积 V，求出表面积 F 最小的圆柱体.

提示：$F = 2r\pi h + 2r^2\pi \to \min$. 从 $V = r^2\pi h$ 计算高度 h 作为半径 r 的函数，将其代入并最小化 $F(r)$.

6. (固体力学) 具有矩形截面的平衡木对中心轴的惯性矩为 $I = \frac{1}{12}bh^3$(b 是宽度，h 是高度). 找出从横截面半径为 r 的圆木中切出矩形平衡木的比例，以使其惯性矩最大.

提示：将 b 写成 h 的函数，$I(h) \to \max$.

7. (土壤力学) 具有滑动表面且倾斜角度为 θ 的破坏楔的动凝聚力 $c_m(\theta)$ 为

$$c_m(\theta) = \frac{\gamma h \sin(\theta - \varphi_m)\cos\theta}{2\cos\varphi_m}$$

这里 h 是破坏楔的高度，φ_m 是内摩擦角，γ 是土壤的比重（参见图 8.10）. 证明对于给定的 h、φ_m、γ，倾角 $\theta = \varphi_m/2 + 45°$ 时，动凝聚力 c_m 最大.

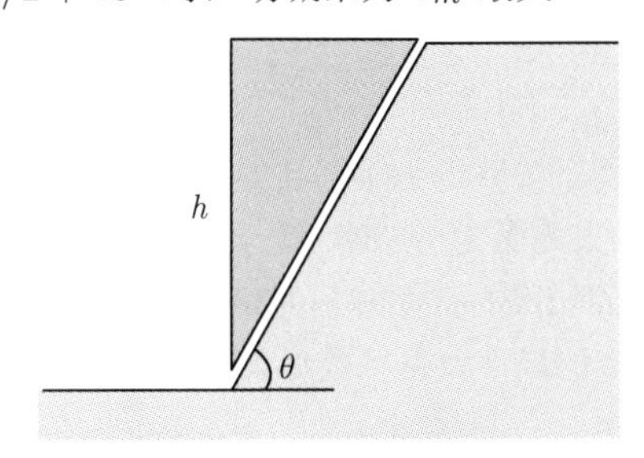

图 8.10 滑动面的破坏楔

8. 本练习旨在区间 $[0,3]$ 研究用牛顿法求解方程在时的收敛性

$$x^3 - 3x^2 + 3x - 1 = 0$$

$$x^3 - 3x^2 + 3x - 2 = 0$$

(a) 打开牛顿法小程序，并对两个方程执行牛顿法，其精度为 0.0001. 解释为什么需要不同数量的迭代.

(b) 借助 M 文件 `mat08-1.m`,生成每种情况下的近似值列表 (起始值 $\mathtt{x}_1 = 1.5$,`tol` $= 100^*$`eps`, `maxk` $= 100$)，并用 `semilogy` 绘制误差 $|x_n - \xi|$ 图. 讨论结果.

119

9. 将 MATLAB 程序 mat08_2.m 应用于由 M 文件 mat08_f1.m 和 mat08_f2.m 定义的函数 (用各自的导数 mat08_df1.m 和 mat08_df2.m). 选择 $x_1 = 2$，maxk = 250. 如何解释该结果？
10. 重写 MATLAB 程序 mat08_2.m，以便在达到给定的迭代次数 maxk 或给定的误差界 tol 时终止（第 n 次迭代时终止，$n >$ maxk 或 $|f(x_n)| <$ tol). 计算 n, x_n 和误差 $|f(x_n)|$. 使用练习 8 中的函数测试程序并解释结果.

   提示：请参阅 M 文件 mat08_ex9.m.
11. 编写一个 MATLAB 程序执行三次多项式的割线方法.
12. (a) 利用最小化误差平方和，通过数据 $(x_1, y_1), \cdots, (x_n, y_n)$ 得出回归抛物线 $y = cx^2$ 的系数 c 的公式.

   (b) 对取决于速度 v(km/h) 的某种类型的汽车的制动距离 s(m)(不考虑感知反应距离) 的一系列测量，值如下：

v_i	10	20	40	50	60	70	80	100	120
s_i	1	3	8	13	18	23	31	47	63

   计算回归抛物线 $s = cv^2$ 的系数 c 并绘制结果图.
13. 证明通过数据点 $(x_i, y_i), i = 1, 2, \cdots, n$ 的最佳水平直线 $y = d$ 由 y 值的算术平均值

$$d = \frac{1}{n}\sum_{i=1}^{n} y_i$$

   给出.

   提示：最小化 $G(d) = \sum_{i=1}^{n}(y_i - d)^2$.
14. (岩土工程) 可以通过直接剪切试验获得土壤样品的内摩擦角，从而使材料承受正应力 σ 并记录破坏时的侧向剪切应力 τ. 如果内聚力可忽略不计，则可通过过原点的形式为 $\tau = k\sigma$ 的回归线来建模 τ 和 σ 之间的关系. 回归线的斜率解释为摩擦角 ϕ 的正切，$k = \tan\phi$. 在一个实验室实验中，已经获得了冰堆物标本的以下数据（数据来自文献 [25]）：

σ_i(kPa)	100	150	200	300	150	250	300	100	150	250	100	150	200	250
τ_i(kPa)	68	127	135	206	127	148	197	76	78	168	123	97	124	157

   计算标本的内摩擦角.
15. (a) 通过应用中值定理证明函数 $f(x) = \cos x$ 为区间 [0,1] 上的一个收缩（参考定义 C.17）并使用命题 C.18 的迭代计算不动点 $x^* = \cos x^*$ 直至小数点后两位.

120

   (b) 编写一个 MATLAB 程序，对给定的初始值 $x_1 \in [0,1]$ 进行 $x^* = \cos x^*$ 计算的 N 次迭代，并在列中显示 $x_1, x_2, \cdots, x_N$.

121 ~ 122

第 9 章　分形和 L 系统

在几何中，对象通常由明确的规则和变换定义，这些规则和变换可以轻松地转换为数学公式. 例如，圆是与中心点 (a,b) 相距固定距离 r 的所有点的集合:

$$K=\left\{(x,y)\in\mathbb{R}^2;(x-a)^2+(y-b)^2=r^2\right\}$$

或者

$$K=\left\{(x,y)\in\mathbb{R}^2;x=a+r\cos\varphi,y=b+r\sin\varphi,0\leqslant\varphi<2\pi\right\}$$

与此相反，分形几何的对象通常由递归给出. 我们通过研究分形集 (分形) 最近发现了许多有趣的应用，例如计算机图形学 (云、植物、树木、景观的建模)、图像压缩和数据分析. 此外，分形在建模生长过程中具有一定的重要性.

分形的典型特性通常是它们的非整数维数以及整体与部分的自相似性. 后者经常会在自然界中被发现，例如地质学. 因此，如果没有给定大小，人们很难从照片上轻易地判断出该物体是沙粒、小卵石还是一大块岩石. 因此，分形几何通常被称为自然几何.

在本章中，我们示例性地研究了 $\mathbb{R}^2$ 和 $\mathbb{C}$ 中的分形. 此外，我们简要介绍了 L 系统，并作为应用讨论了植物生长建模的简单概念. 更深入的介绍，请参阅文献 [21,22] .

9.1　分形

首先，我们将开区间和闭区间的概念推广到 $\mathbb{R}^2$ 的子集. 对于一个固定的向量 $\boldsymbol{a}=(a,b)\in\mathbb{R}^2$ 和 $\varepsilon>0$，集合

$$B(\boldsymbol{a},\varepsilon)=\left\{(x,y)\in\mathbb{R}^2;\sqrt{(x-a)^2+(y-b)^2}<\varepsilon\right\}$$

称为向量 $\boldsymbol{a}$ 的 ε 邻域. 注意，集合 $B(\boldsymbol{a},\varepsilon)$ 是一个圆盘 (中心为 $\boldsymbol{a}$，半径为 ε)，缺少边界.

定义 9.1　令 $A\subseteq\mathbb{R}^2$.

(a) 如果点 $\boldsymbol{a}\in A$ 存在一个 ε 邻域，且包含在 A 中，则该点称为 A 的内点.

(b) 如果 A 的每个点都是内点，则称 A 为开集.

(c) 如果 $\boldsymbol{c}$ 的每个 ε 邻域包含 A 的至少一个点以及 $\mathbb{R}^2\setminus A$ 的一个点，则点 $\boldsymbol{c}\in\mathbb{R}^2$ 称为 A 的边界点.

(d) 如果一个集合包含所有边界点，则称该集合为闭集.

(e) 如果存在一个 $r>0$ 且 $A\subseteq B(\boldsymbol{0},r)$，则 A 称为有界.

例 9.2 正方形

$$Q=\{(x,y)\in\mathbb{R}^2;0<x<1,0<y<1\}$$

是开集，因为 Q 的每个点都有一个包含在 Q 中的 ε 邻域，参见图 9.1 左图. Q 的边界由四个线段组成

$$\{0,1\}\times[0,1]\cup[0,1]\times\{0,1\}$$

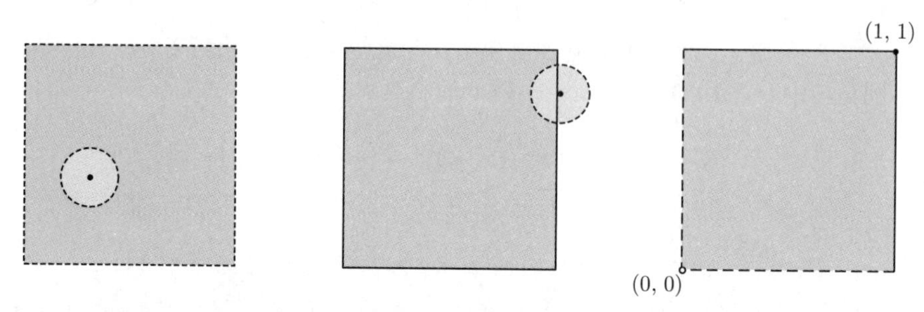

124

图 9.1 开 (左)、闭 (中间)、既不开也不闭 (右) 的边长均为 1 的正方形

边界点的每个 ε 邻域还包含 Q 之外的点，参见图 9.1 的中间图和右图

$$\{(x,y)\in\mathbb{R}^2;0<x\leqslant 1,0<y\leqslant 1\}$$

既不是开集也不是闭集，因为图中 $(x,y)=(0,0)$ 不是集合中的元素，另外集合中包含的点 $(x,y)=(1,1)$ 不是一个内点. 因为这三个集合包含在 $B(\mathbf{0},2)$ 中，所以这三个集合都是有界的.

分形维数（Fractal dimension）. 粗略地说，点的维数为 0，线段的维数为 1，平面区域的维数为 2. 分形维数的概念用于区分更精细的事物. 例如，如果一条曲线密集地填充了一个平面区域，则人们倾向于为其分配比 1 高的维数. 相反，如果线段具有许多间隙，则其维数可能在 0 到 1 之间.

令 $A\subseteq\mathbb{R}^2$ 有界（且不为空），令 $N(A,\varepsilon)$ 为覆盖 A 所需的半径为 ε 的闭集圆的最小数量，参见图 9.2.

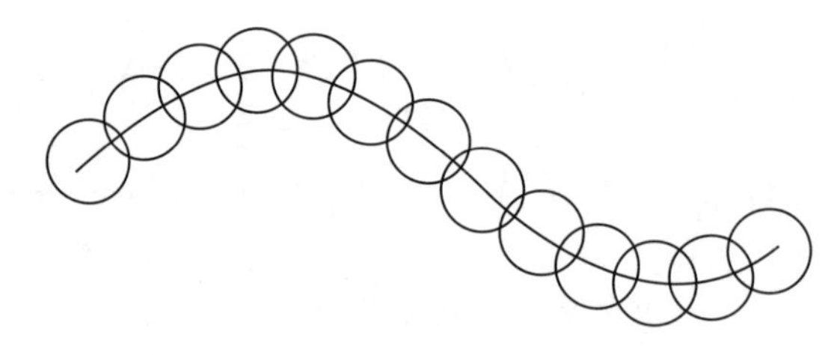

图 9.2 使用圆覆盖曲线

以下直观的想法表示了 A 的 d 维分形的定义：对于曲线段，$N(A,\varepsilon)$ 与 ε 成反比，对于平面区域，$N(A,\varepsilon)$ 与 ε^2 成反比，所以

$$N(A,\varepsilon)\approx C\cdot\varepsilon^{-d}$$

d 代表维数. 取对数得

$$\log N(A,\varepsilon) \approx \log C - d\log\varepsilon$$

于是

$$d \approx \frac{\log N(A,\varepsilon) - \log C}{\log\varepsilon}$$

$\varepsilon > 0$ 越小，此近似值越精确. 因为

$$\lim_{\varepsilon\to 0+} \frac{\log C}{\log\varepsilon} = 0$$

因此得出下面定理.

125

定义 9.3　设 $A \subseteq \mathbb{R}^2$ 不为空、有界且 $N(A,\varepsilon)$ 如上. 如果极限

$$d = d(A) = -\lim_{\varepsilon\to 0+} \frac{\log N(A,\varepsilon)}{\log\varepsilon}$$

存在，则 d 称为 A 的分形维数.

注 9.4　在上述定义中，我们只要选取形式为

$$\varepsilon_n = C\cdot q^n,\quad 0 < q < 1$$

的 0 序列来代替定义中的 ε 即可.

此外，不必须使用圆作为覆盖物，也可以使用正方形，见文献 [5] 的第 5 章. 因此，由定义 9.3 获得的数也称为 A 的盒维数.

实验上，可以通过以下方式确定分形的维数: 对于网格大小为 ε_n 的各种平面栅格，可以计算与分形具有非空交集的盒子的数量，参见图 9.3. 再次将此数字记为 $N(A,\varepsilon_n)$. 如果在双对数图中绘制 $\log N(A,\varepsilon_n)$ 作为 $\log\varepsilon_n$ 的函数图并拟合该图的最佳线（详见 18.1 节），则 $d(A) \approx -$ 直线斜率.

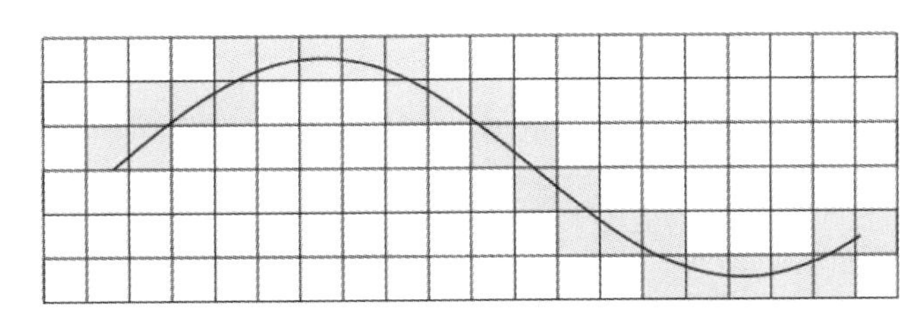

图 9.3　使用边长为 ε 的正方形的平面栅格，与分形具有非空交集的盒子被涂成灰色. 在本图中，有 $N(A,\varepsilon_n) = 27$

例如，使用此程序可以确定英国海岸线的分形维数，见练习 1.

注 9.5 线段 (参见图 9.4)

$$A = \left\{(x,y) \in \mathbb{R}^2; a \leqslant x \leqslant b, y = c\right\}$$

的分形维数 $d = 1$.

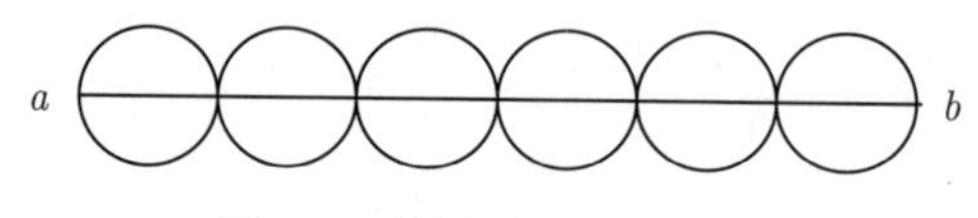

图 9.4 使用圆覆盖直线段

126

我们选择

$$\varepsilon_n = (b-a) \cdot 2^{-n}, q = 1/2$$

因为 $N(A, \varepsilon_n) = 2^{n-1}$，以下成立：

$$-\frac{\log N(A, \varepsilon_n)}{\log \varepsilon_n} = -\frac{(n-1)\log 2}{\log(b-a) - n \log 2} \to 1, n \to \infty$$

同样，很容易看出：每个由有限多个点组成的集合的分形维数为 0. $\mathbb{R}^2$ 中的平面区域的分形维数为 2. 分形维数是维数的直观概念的一般化. 尽管如此，还是建议谨慎，如以下示例所示.

例 9.6 图 9.5 所示的集合 $F = \left\{0, 1, \frac{1}{2}, \frac{1}{3}, \frac{1}{4}, \cdots\right\}$ 具有盒维数 $d = \frac{1}{2}$. 我们通过以下 MATLAB 实验检查此结果.

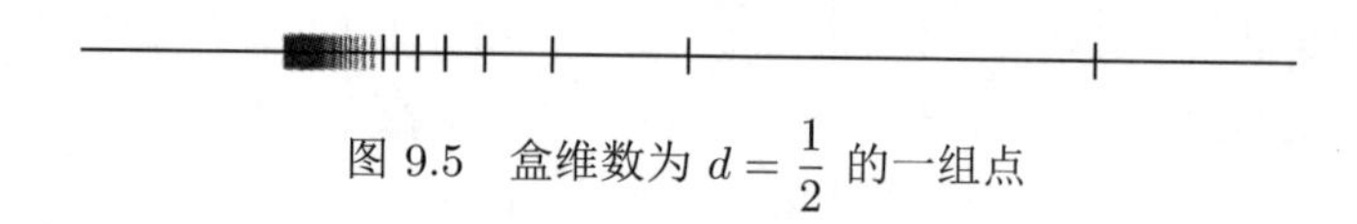

图 9.5 盒维数为 $d = \frac{1}{2}$ 的一组点

实验 9.7 为了在 MATLAB 的帮助下大致确定 F 的维数，我们采取以下步骤. 对于 $j = 1, 2, 3, \cdots$ 我们将区间 [0,1] 分成 4^j 个相等的大子间区间，设 $\varepsilon_j = 4^{-j}$ 并确定与 F 有非空交集的子区间的个数 $N_j = N(F, \varepsilon_j)$. 然后，我们在双对数图中绘制 $\log N_j$ 作为 $\log \varepsilon_j$ 的函数的图像. 割线的斜率

$$d_j = -\frac{\log N_{j+1} - \log N_j}{\log \varepsilon_{j+1} - \log \varepsilon_j}$$

是 d 的近似值，随着 j 的增加稳定改进. 下表给出了使用程序 `mat09_1.m` 获得的值:

4^j	4	16	64	256	1024	4096	16384	65536	262144	1048576
d_j	0.79	0.61	0.55	0.52	0.512	0.5057	0.5028	0.5014	0.5007	0.50035

验证给定的值，并确定定义 9.3 给出的近似值

$$\widetilde{d}_j = -\frac{\log N_j}{\log \varepsilon_j}$$

要差得多，解释这种情况.

127

例 9.8 康托尔集（Cantor set） 我们使用以下方法递归构造此集合：

$$\begin{aligned}
A_0 &= [0,1] \\
A_1 &= \left[0, \frac{1}{3}\right] \cup \left[\frac{2}{3}, 1\right] \\
A_2 &= \left[0, \frac{1}{9}\right] \cup \left[\frac{2}{9}, \frac{1}{3}\right] \cup \left[\frac{2}{3}, \frac{7}{9}\right] \cup \left[\frac{8}{9}, 1\right] \\
&\vdots
\end{aligned}$$

通过删除 A_n 的每个线段中间的三分之一，可以从 A_n 中得到 A_{n+1}，参见图 9.6.

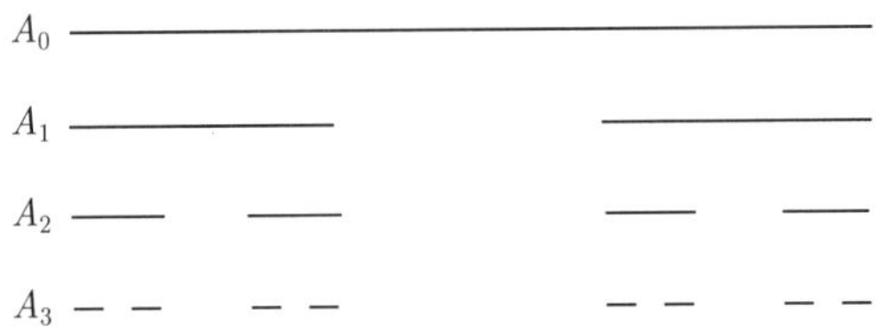

图 9.6 康托尔集的构造

所有这些集合的交集

$$A = \bigcap_{n=0}^{\infty} A_n$$

称为康托尔集. 记 $|A_n|$ 为 A_n 的长度，显然，$|A_0| = 1, |A_1| = 2/3, |A_2| = (2/3)^2, \cdots, |A_n| = (2/3)^n$. 所以

$$|A| = \lim_{n\to\infty} |A_n| = \lim_{n\to\infty} (2/3)^n = 0,$$

即 A 的长度为 0. 但是，A 并非仅由离散点组成. 有关 A 结构的更多信息由其分形维数 d 给出. 为了确定它，我们选择

$$\varepsilon_n = \frac{1}{2} \cdot 3^{-n}, \text{即} q = 1/3$$

并获得（根据图 9.6）$N(A, \varepsilon_n) = 2^n$. 因此

$$d = -\lim_{n\to\infty} \frac{\log 2^n}{\log 3^{-n} - \log 2} = \lim_{n\to\infty} \frac{n \log 2}{n \log 3 + \log 2} = \frac{\log 2}{\log 3} = 0.6309\cdots$$

因此，康托尔集是一个介于点和直线之间的对象. A 的自相似性也值得注意. 放大 A 的某些部

128

分会得到 A 的副本. 这和非整数维都是分形的典型属性.

例 9.9（科赫[⊖]雪花） 这是有限区域的数字，其边界是无限长度的分形. 在图 9.7 中可以看到该分形的前五个构造步骤. 在从 A_n 到 A_{n+1} 的步骤中，我们按以下方式用四个线段替换每个边界线段: 用等边三角形的两边代替中心三分之一，参见图 9.8.

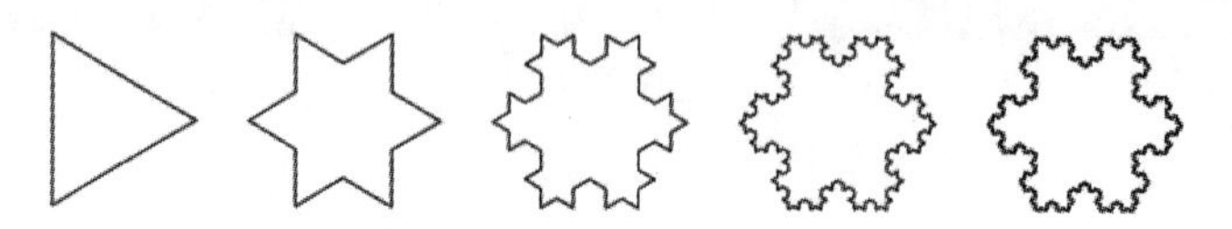

图 9.7 深度为 0, 1, 2, 3 和 4 的雪花

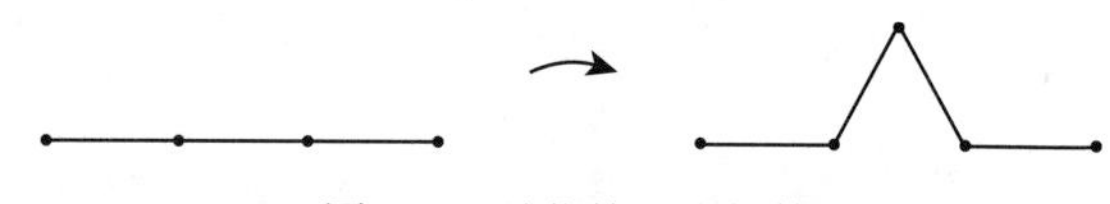

图 9.8 雪花的形成规律

图 A_n 的周长 U_n 为

$$U_n = \frac{4}{3}U_{n-1} = \left(\frac{4}{3}\right)^2 U_{n-2} = \cdots = \left(\frac{4}{3}\right)^n U_0 = 3a\left(\frac{4}{3}\right)^n$$

因此，科赫雪花 A_∞ 的周长 U_∞ 为

$$U_\infty = \lim_{n\to\infty} U_n = \infty$$

接下来，我们计算 ∂A_∞ 的分形维数. 为此，我们设

$$\varepsilon_n = \frac{a}{2}\cdot 3^{-n}, \text{即} q = 1/3$$

由于可以使用半径为 ε_n 的圆覆盖每个直线边界，因此我们得到

$$N(\partial A_\infty, \varepsilon_n) \leqslant 3\cdot 4^n$$

由此

$$d = d(\partial A_\infty) \leqslant \frac{\log 4}{\log 3} \approx 1.262$$

使用边长为 ε_n 的等边三角形进行的覆盖显示 $N(\partial A_\infty, \varepsilon_n)$ 与 4^n 成正比，因此

$$d = \frac{\log 4}{\log 3}$$

129

因此，雪花 ∂A_∞ 的边界是一个介于曲线和平面区域之间的几何对象.

⊖ 科赫，1870—1924.

9.2　曼德布罗特集

一类有趣的分形可以通过迭代

$$z_{n+1} = z_n^2 + c$$

得到. 令 $z = x + iy$ 和 $c = a + ib$，通过分离实部和虚部，可以得到迭代的实形式

$$x_{n+1} = x_n^2 - y_n^2 + a$$

$$y_{n+1} = 2x_n y_n + b$$

当使用不支持复数运算的编程语言时，实部的表示就变得十分重要.

接下来，我们首先来看当取什么样的 $c \in \mathbb{C}$ 时，迭代

$$z_{n+1} = z_n^2 + c, \quad z_0 = 0$$

依然是有界的. 在当前的例子中，它等价于 $|z_n| \nrightarrow \infty$ 对 $n \to \infty$，因为包含 $c = 0$，所以具有此性质的所有 c 组成的集合显然不是空的，此外可以用 MATLAB 轻松地验证当 $|c| > 2$ 时迭代是收敛的.

定义 9.10　集合

$$M = \{c \in \mathbb{C}; \text{当} n \to \infty \text{时}, |z_n| \nrightarrow \infty\}$$

称为 $z_{n+1} = z_n^2 + c, z_0 = 0$ 的曼德布罗特[㊀]集（Mandelbrot set）.

实验 9.11　为了更直观地了解曼德布罗特集 M，我们首先需要选定一个区域的一个栅格，比如

$$-2 < \text{Re } c < 1, -1.15 < \text{Im } c < 1.15$$

然后对这个栅格中的每个点执行大量的迭代（比如 80 次）并决定迭代是否保持有界（例如 $|z_n| \leqslant 2$）. 如果是这种情况，就用黑色来表示这个点. 通过这种方法，你可以依次获得 M 的图像，并使用 MATLAB 程序 mat09_2.m 进行实验，并根据需要进行修改. 这种方法可以生成高分辨率的图 9.9 中的图像.

130

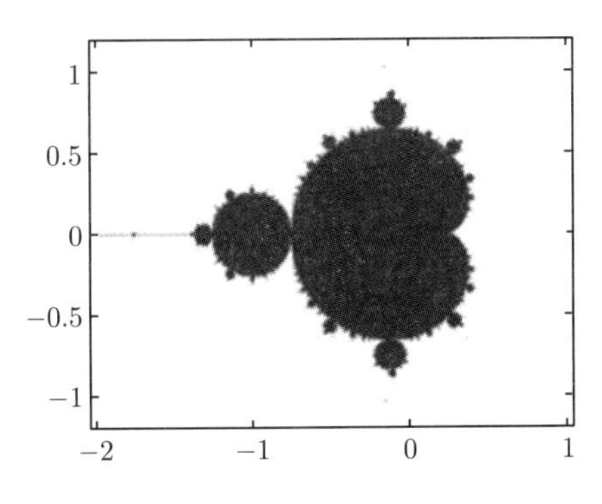

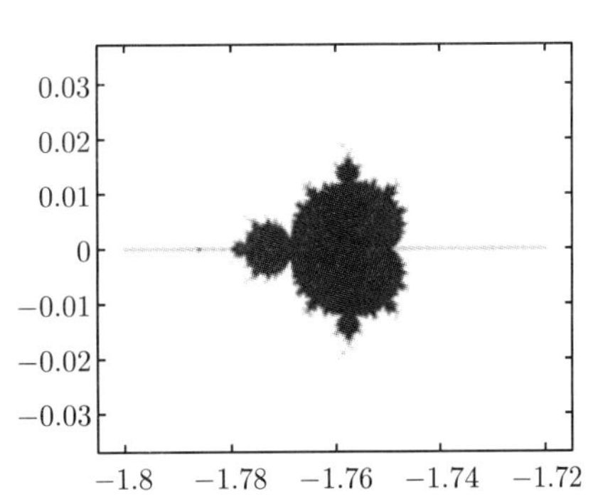

图 9.9　迭代 $z_{n+1} = z_n^2 + c, z_0 = 0$ 的曼德布罗特集和部分放大图

㊀ 曼德布罗特，1924—2010.

图 9.9 显示一个小苹果人上依附着更小的苹果人，最后变成了触须. 我们可以很容易地看到其中的自相似性，如果放大触须特定的某个细节 ($-1.8 \leqslant \text{Re } c \leqslant -1.72, -0.03 \leqslant \text{Im } c \leqslant 0.03$)，我们可以看到几乎完整的小苹果人. 曼德布罗特集是最流行的分形和可视化的最复杂的数学对象之一.

9.3 茹利亚集

接下来我们考虑迭代

$$z_{n+1} = z_n^2 + c$$

这次，我们交换 z_0 和 c 的角色.

定义 9.12 对一个给定的 $c \in \mathbb{C}$，集合

$$J_c = \{z_0 \in \mathbb{C}; \text{当} n \to \infty \text{时}, |z_n| \nrightarrow \infty\}$$

叫作迭代 $z_{n+1} = z_n^2 + c$ 的茹利亚[㊀]集 (Julia set).

参数为 c 的茹利亚集因此包含使得迭代有界的初值. 对于一些 c，J_c 的图像如图 9.10 所示. 茹利亚集有很多有趣的性质，例如

131

$$J_c \text{ 是连通的} \Leftrightarrow c \in M$$

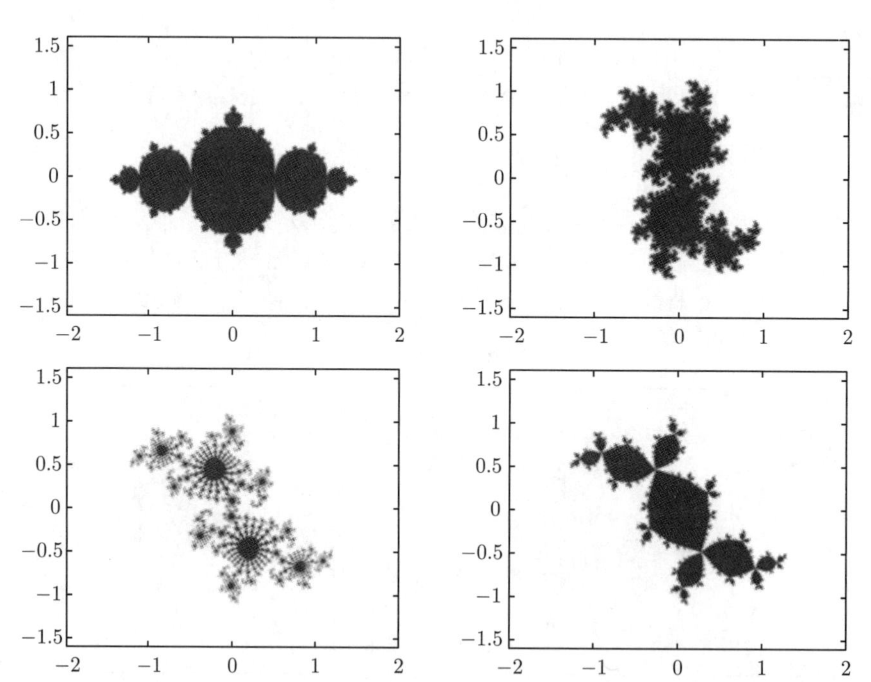

图 9.10 迭代 $z_{n+1} = z_n^2 + c$ 的茹利亚集，c 分别为 -0.75(左上)、$0.35 + 0.35\text{i}$(右上)、$-0.03 + 0.655\text{i}$(左下)、$-0.12 + 0.74\text{i}$(右下)

㊀ 茹利亚，1893—1978.

因此我们可以对应的定义曼德布罗特集

$$M = \{c \in \mathbb{C}; J_c\text{是连通的}\}$$

此外，茹利亚集的边界是自相似的，并且是一个分形.

实验 9.13 使用 MATLAB 程序 `mat09_3.m` 画出图 9.10 中的茹利亚集的高分辨率图. 尝试不同的取值 c.

9.4 ℂ 中的牛顿法

因为 $\mathbb{C}$ 中的运算是 $\mathbb{R}$ 中的扩展，所以实分析中的许多结论可以直接运用在 $\mathbb{C}$ 中，比如函数 $\mathbb{C} \to \mathbb{C} : z \mapsto f(z)$ 称为复可微，如果微商

$$\frac{f(z+\Delta z) - f(z)}{\Delta z}$$

132

在 $\Delta z \to 0$ 时有极限，这个极限表示为

$$f'(z) = \lim_{\Delta z \to 0} \frac{f(z+\Delta z) - f(z)}{\Delta z}$$

并称为 f 在点 z 的复导数. 因为在 $\mathbb{C}$ 中微分的定义和在 $\mathbb{R}$ 中相同，所以相同的微分规则也依然保持. 特别地，多项式

$$f(z) = a_n z^n + \cdots + a_1 z + a_0$$

是复可微的，并且有导数

$$f'(z) = n a_n z^{n-1} + \cdots + a_1$$

类似于实导数（参见 7.3 节），对于 z 趋近于 z_0，复导数可以表达为线性近似

$$f(z) \approx f(z_0) + f'(z_0)(z - z_0)$$

令 $f : \mathbb{C} \to \mathbb{C} : z \mapsto f(z)$ 的复微分并且 $f(\zeta) = 0$ 和 $f'(\zeta) \neq 0$. 为了计算 f 的零点 ζ，我们首先计算初值为 z_0 的线性近似

$$z_1 = z_0 - \frac{f(z_0)}{f'(z_0)}$$

然后把 z_1 当作初值继续整个迭代过程. 用这种方法我们可以得到 $\mathbb{C}$ 中的牛顿法

$$z_{n+1} = z_n - \frac{f(z_n)}{f'(z_n)}$$

对于接近 ζ 的初值 z_0，这个过程平方收敛. 否则，情况将会变得十分复杂.

Eckmann[9]1983 年研究了函数

$$f(z) = z^3 - 1 = (z-1)(z^2 + z + 1)$$

的牛顿法.

这个方程在 $\mathbb{C}$ 中有三个根

$$\zeta_1 = 1, \quad \zeta_{2,3} = -\frac{1}{2} \pm \mathrm{i}\frac{\sqrt{3}}{2}$$

我们可以简单地认为复平面被分为相同大小的三个区域，S_1 中的初值迭代收敛到 ζ_1，S_2 中的收敛到 ζ_2，依此类推，如图 9.11 所示.

133

然而，数值实验却显示实际情况并不是这样. 如果根据收敛性用颜色标识初值，那我们将会得到一个非常复杂的图像. 我们可以证明（尽管不容易想象）在两个颜色交汇的地方，第三种颜色也同时存在. 吸引区域的边界被钳子形的图案占据，而当我们放大这个区域的时候，这个图案会一次又一次出现. 从图 9.12 中可以看到，区域的边界是茹利亚集，所以我们可以又一次发现它是一个分形.

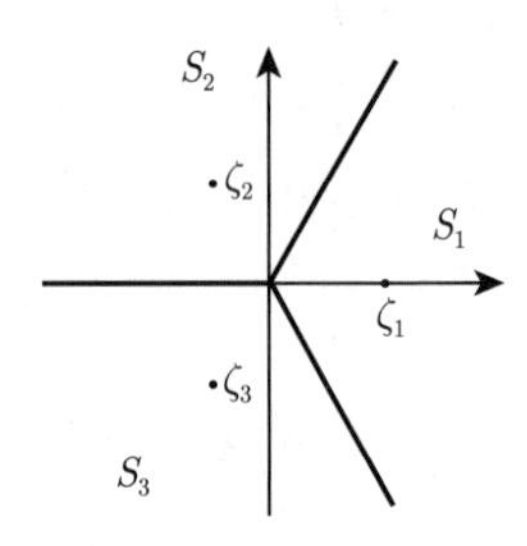

图 9.11　牛顿迭代寻找 $z^3 - 1$ 的根的一个可能区域

实验 9.14　使用 MATLAB 程序 mat09_4 运行一个实验. 通过适当放大吸引区域的边界来确定茹利亚集合的自相似性.

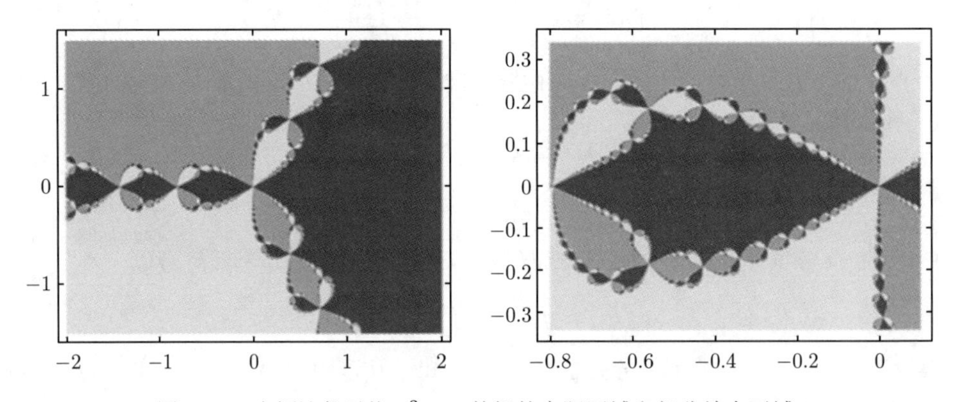

图 9.12　牛顿迭代寻找 $z^3 - 1$ 的根的实际区域和部分放大区域

9.5　*L* 系统

L 系统的形式主义是由 Lindenmayer[㊀]在 1968 年左右发展起来的，目的是建模植物的生长. 结果表明，许多分形都是这样产生的. 在本节中，我们将简要介绍 *L* 系统，并讨论其在 maple 中的实现可能性.

134

定义 9.15　一个 *L* 系统由下面五部分组成：

(a) 一个符号的有限集 B，也就是所谓的字母表. B 的元素称为字母，任何一串字母都称为单词.

㊀ A. Lindenmayer，1925—1989.

(b) 特定的替换规则. 这些规则决定了在每个迭代步骤中如何替换当前单词的字母.

(c) 初始单词 $\omega \in W$. 这个初始单词称为公理或者种子.

(d) 要执行的迭代步数. 在每个步骤中，根据替换规则替换当前单词的每个字母.

(e) 关于单词的图解释.

设 W 是在给定的 L 系统中可以形成的所有单词的集合. 替换规则可以解释为从 B 到 W 的映射:

$$S : B \to W : \mathtt{b} \mapsto S(\mathtt{b})$$

例 9.16 考虑一个字母表 B ={f,p,m}，其包含三个字母 f、p 和 m. 根据字母表的替换规则，令

$$S(\mathtt{f}) = \mathtt{fpfmfmffpfpfmf}, S(\mathtt{p}) = \mathtt{p}, S(\mathtt{m}) = \mathtt{m}$$

考虑公理 w = fpfpfpf. 替换规则的应用表明，在一次替换之后，单词 fpf 变成了新词 fpfmfmffpfpffpffpmffpfpfmf. 如果有人在公理上应用了替换规则，那么他就得到了一个新单词. 应用替换规则，再次给出一个新单词，等等. 每一个单词都可以被解释为一个多边形，具体的字母表示如下含义:

f 代表前进一单位

p 代表旋转 α 弧度

m 代表旋转 $-\alpha$ 弧度

因此，$0 \leqslant \alpha \leqslant \pi$ 是一个给定的角度. 我们以一任意的初始点和初始方向画一个多边形，然后按照上面的规则依次处理要显示的单词的字母.

在 maple 列表和替换命令中，命令 subs 有助于 L 系统的实现. 在上面的例子中，公理因此定义为

a:=[f,p,f,p,f,p,f]

135

因此替换规则是

a− > subs(f=(f,p,f,m,f,m,f,f,p,f,p,f,m,f),a)

字母 p 和 m 在本例中没有变化，它们是结构中的不动点. 为了可视化，你可以在 maple 中使用多边形，由点的列表给出（在平面中）. 可以使用命令 plot 轻松地绘制这些列表.

分形的构造. 利用上面的图解释和 $\alpha = \pi/2$，公理 fpfpfpf 是一个逆时针方向旋转的正方形. 替换规则将直线段转换成之字形. 通过替换规则的迭代应用，公理发展成分形.

实验 9.17 使用 maple 工作表 mp09_1.mws 产生不同的分形. 进一步,详细理解 fractal 的过程.

例 9.18 科赫曲线的替换规则可以表示为

a− > subs(f=(f,p,f,m,m,f,p,f),a)

根据所使用的公理，由此构建分形曲线或雪花，参见 maple 工作表 mp09_1.mws.

植物生长的模拟 它作为一个新的分支（分叉）添加在这里. 数学上可以用两个新符号来描述:

v 代表分叉
e 代表分支的末端

例如，我们看单词

[f,p,f,v,p,p,f,p,f,e,v,m,f,m,f,e,f,p,f,v,p,f,p,f,e,f,m,f]

如果从列表中删除所有以 v 开头、以 e 结尾的分支，那么就可以得到该植物的茎（stem）.

stem:=[f,p,f,f,p,f,f,m,f]

在第 2 个 f 之后，茎中明显出现了双分支，分支开始发芽

branch 1:=[p,p,f,p,f] 及 branch 2:=[m,f,m,f]

136 再往上是茎干的分支 [p,f,p,f].

为了更真实的建模，引入额外的参数. 例如，不对称可以通过在 p 旋转正角度 α 和在 m 旋转负角 $-\beta$ 产生. 利用 mp09_2 的程序实现这一过程，结果如图 9.13 所示.

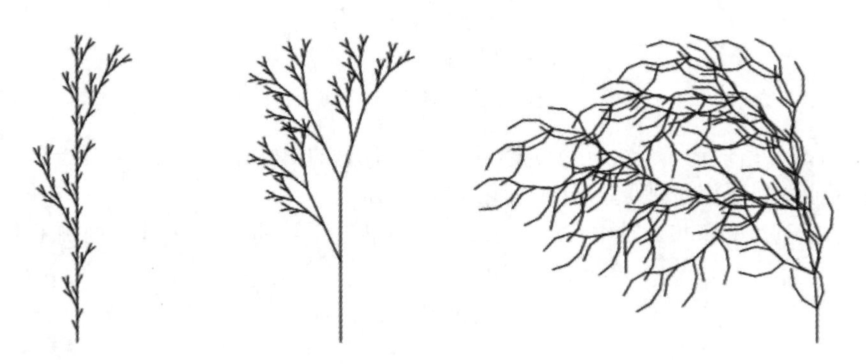

图 9.13 利用 maple 工作表 mp09_2.mws 产生的植物

实验 9.19 利用 maple 工作表 mp09_2.mws 创造不同的分形植物. 然后，尝试详细理解程序 grow.

为了可视化创建植物，可以使用 maple 的多边形列表，即点列表（在平面内）. 为了实现分支，可以方便地使用递归堆栈. 每当遇到用于分支的命令 v 时，都会将当前状态保存为堆栈中的最顶层值. 状态是由三个数（x,y,t）来描述的，其中 x 和 y 表示在（x,y）平面上的位置，而 t 则表示与 x 正坐标轴包围的角度. 相反，如果遇到一个分支的末端并返回到这个状态以继续画图，你就会从堆栈中移除最顶层的状态. 开始时堆栈是空的（结束时也应该是空的）.

扩展 在 L 系统的背景下，许多一般化是可能的，这可以使新的结构更真实. 例如:

（a）当离开植物的根时，用较短的线段表示字母 f. 为此，必须将与根的距离保存为堆栈中的另一个状态参数.

（b）通过对相同的字母使用不同的替换规则引进随机性，每一步随机选择一个字母. 例如，随机种子的替换规则如下:

```
f -> (f,v,p,f,e,f,v,m,f,e,f)  以概率 1/3
f -> (f,v,p,f,e,f)            以概率 1/3
f -> (f,v,m,f,e,f)            以概率 1/3
```

根据随机数，我们可以在每一步选择相应的规则.

137

实验 9.20 使用 maple 工作表 `mp09_3.mws` 创建随机植物. 此外，请尝试详细了解所执行的替代规则.

9.6 练习

1. 实验测定英国海岸线的分形维数. 为了做到这一点，拿一张英国地图 (例如，从地图集上复制一份)，使用不同的网格大小 (例如，1/64，1/32，1/16，1/8 和 1/4 的北–南方向) 对地图进行栅格化. 计算包含部分海岸线的盒子数，并在双对数图中显示这个数作为网格大小的函数. 通过这些点确定最佳直线，并从直线的斜率确定分形维数.
2. 使用程序 `mat09_3.m` 可视化茹利亚集 $z_{n+1}=z_n^2+c$，其中 $c=-1.25$ 和 $c=0.365-0.3\mathrm{i}$，寻找有趣的细节.
3. 令 $f(z)=z^3-1$，其中 $z=x+\mathrm{i}y$. 使用牛顿法解 $f(z)$=0 并分离实部和虚部，即找到函数 g_1 和 g_2 满足
$$x_{n+1}=g_1(x_n,y_n),\quad y_{n+1}=g_2(x_n,y_n)$$
4. 通过它离根的距离有多远使用更短的线段表示字母 `f`. 从而修改程序 `mp09_2.mws` 中的程序 `grow`. 使用更改过的程序画出实验 9.19 中的植物.
5. 通过对现有的替换规则赋予新的概率（或使用新的替换规则）来更改程序 `mp09_3.mws`. 使用修改以后的程序画出相同的植物图.
6. 修改程序 `mat09_3.m`，可视化茹利亚集 $z_{n+1}=z_n^{2k}-c$，其中 $c=-1$ 和 k 为实数. 观察改变 k 怎么影响茹利亚集. 尝试不同的 c 值.
7. 更改程序 `mat09_3.m`，可视化茹利亚集 $z_{n+1}=z_n^3+(c-1)z_n-c$. 当 c 在 0.6 和 0.65 之间变化时，特别注意观察茹利亚集的变化.

138

第 10 章　积　　分

函数 $f = F(x)$ 的导数反映了它在这个点的变化速率，即在 $\Delta x \to 0$ 时，y 的变化量 Δy 相对于 x 的变化量 Δx 的变化，更精确的定义是

$$f(x) = F'(x) = \lim_{\Delta x \to 0} \frac{\Delta y}{\Delta x} = \lim_{\Delta x \to 0} \frac{F(x + \Delta x) - F(x)}{\Delta x}$$

相反地，利用其变化率 f 来构造函数 F 就引出了积分的概念. 它包含了所有以 f 为导数的函数. 本章将介绍相关概念、性质，并给出一些例子和应用.

用变化率 $f(x)$ 乘以长度 Δx 可以得到 F 在这段长度上的近似变化值

$$\Delta y = F(x + \Delta x) - F(x) \approx f(x)\Delta x$$

将一个区间中的变化值累加起来，例如在 $x = a$ 和 $x = b$ 间，步长为 Δx，给出总的变化量 $F(b) - F(a)$. 极限 $\Delta x \to 0$（随着和项数的适当增加）引出了 f 在 $[a, b]$ 上定积分的概念，我们将会在第 11 章讨论这个主题.

10.1　不定积分

139

在 7.2 节中提到，一个常数的导数为零. 下面的命题表明反过来也是正确的.

命题 10.1　*如果 $F(x)$ 在 (a, b) 上可微并且对所有 $x \in (a, b)$ 有 $F'(x) = 0$，那么 F 是一个常数，并对某一 $c \in \mathbb{R}$，所有 $x \in (a, b)$ 满足 $F(x) = c$.*

证明　我们选择任意 $x_0 \in (a, b)$，并令 $c = F(x_0)$，如果 $x \in (a, b)$，根据中值定理（命题 8.4）

$$F(x) - F(x_0) = F'(\xi)(x - x_0)$$

对 x 和 x_0 中的某一点 ξ. 因为 $F'(\xi) = 0$，所以 $F(x) = F(x_0) = c$ 对所有 $x \in (a, b)$ 成立. 因此 $F(x)$ 是一个等于 c 的常数函数.

定义 10.2（积分）　*令 f 为 (a, b) 上的一个实值函数，f 的积分是导数为 $F' = f$ 的可微函数 $F : (a, b) \mapsto (\mathbb{R})$.*

例 10.3　函数 $F(x) = \dfrac{x^3}{3}$ 是 $f(x) = x^2$ 的一个积分，$G(x) = \dfrac{x^3}{3} + 5$ 也是.

命题 10.1 表明积分在相差一个常数的条件下是唯一的.

命题 10.4 如果 G 和 F 是 f 在 (a,b) 上的两个积分，那么对所有的 $x \in (a,b)$ 有 $G(x) = F(x) + c$.

证明 因为 $F'(x) - G'(x) = f(x) - f(x) = 0$，例用命题 10.1 即可得出证明.

定义 10.5（不定积分） 不定积分

$$\int f(x)\mathrm{d}x$$

代表了 $f(x)$ 的所有的积分. 对一个特定的积分 $F(x)$，我们可以相应地写为

$$\int f(x)\mathrm{d}x = F(x) + c$$

例 10.6 例 10.3 中的二次函数的不定积分是 $\int x^2\mathrm{d}x = \frac{x^3}{3} + c$. 140

例 10.7 (a) 不定积分关于垂直上抛微分方程的一个应用：令 $w(t)$ 代表一个物体在 t 时（以秒为单位）离地面的高度（以米为单位），那么

$$w'(t) = v(t)$$

是物体的速度（以向上为正方向），

$$v'(t) = a(t)$$

是物体的加速度. 在坐标系中，重力加速度

$$g = 9.81(\text{米}/\text{秒}^2)$$

方向向下，所以有

$$a(t) = -g$$

速度和距离通过微分的逆运算得到：

$$v(t) = \int a(t)\mathrm{d}t + c_1 = -gt + c_1,$$

$$w(t) = \int v(t)\mathrm{d}t + c_2 = \int (-gt + c_1)\mathrm{d}t + c_2 = -\frac{g}{2}t^2 + c_1 t + c_2$$

其中 c_1, c_2 由初始条件

$$c_1 = v(0), \text{初始速度}$$

$$c_2 = w(0), \text{初始高度}$$

决定。

(b) 一个具体的例子——100 米高的自由落体，这里

$$w(0)=100, v(0)=0$$

因此

$$w(t)=-\frac{1}{2}\times 9.81t^2+100$$

运动距离关于时间的函数（参见图 10.1）是一条抛物线.

时间 t_0 的影响由条件 $w(t_0)=0$ 得到，即

$$0=-\frac{1}{2}\times 9.81t_0^2+100, t_0=\sqrt{200/9.81}\approx 4.5(秒)$$

由此产生的速率

141

$$v(t_0)=-gt_0\approx 44.3(米/秒)\approx 160(千米/小时)$$

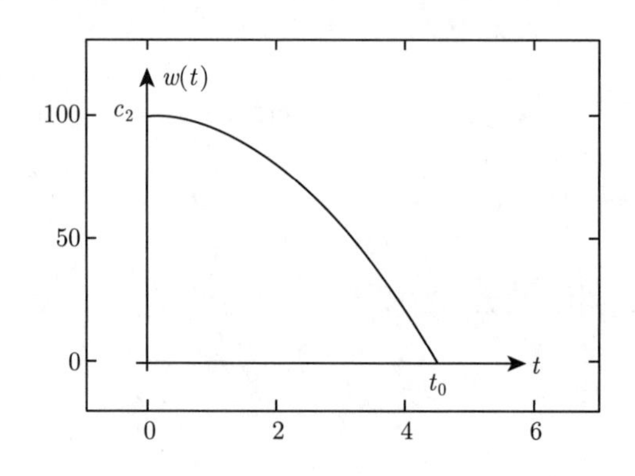

图 10.1　自由落体的距离关于时间的函数

10.2　积分公式

由定义 10.5 可以看到, 积分可以看作微分的逆运算. 然而，最多相差一常数：

$$\left(\int f(x)\mathrm{d}x\right)'=f(x),\quad \int g(x)'\mathrm{d}x=g(x)+c$$

考虑到这一点，利用 7.4 节中的公式，我们很容易得到下表所示的基本积分公式. 这些公式在相应的地方是很有用的.

表 10.1 中的公式是表 7.1 中公式的直接结果.

142

实验 10.8　在 maple 中可以使用 `int` 命令计算不定积分. 在 maple 的 `mp10_1.mws` 中

可以找到解释和进一步的计算积分的命令. 将这些 maple 命令应用到表 10.1 和其他函数的示例中，可以自己试验一下.

表 10.1　一些基本函数的积分

$f(x)$	$x^{\alpha}, \alpha \neq -1$	$\frac{1}{x}$	e^x	a^x
$\int f(x)\mathrm{d}x$	$\frac{x^{\alpha+1}}{\alpha+1}+c$	$\log\lvert x\rvert + c$	e^x+c	$\frac{1}{\log a}a^x+c$
$f(x)$	$\sin x$	$\cos x$	$\frac{1}{\sqrt{1-x^2}}$	$\frac{1}{1+x^2}$
$\int f(x)\mathrm{d}x$	$-\cos x+c$	$\sin x+c$	$\arcsin x+c$	$\arctan x+c$
$f(x)$	$\sinh x$	$\cosh x$	$\frac{1}{\sqrt{1+x^2}}$	$\frac{1}{\sqrt{x^2-1}}$
$\int f(x)\mathrm{d}x$	$\cosh x+c$	$\sinh x+c$	$\mathrm{arsinh}x+c$	$\mathrm{arcosh}x+c$

实验 10.9 用 maple 求下面的积分：

$$x\mathrm{e}^{-x_2}, \mathrm{e}^{-x^2}, \sin(x^2)$$

由幂函数、指数函数和三角函数以及它们的反函数和基本函数组合而成的函数称为初等函数. 初等函数的导数仍然是初等函数，可以使用第 7 章中的规则得到. 与微分不同的是，不定积分的计算没有通用的程序. 积分的计算往往是一项困难的任务，并且有许多初等函数的不定积分也不是初等函数. 刘维尔㊀（Liouville）1835 年左右首次推导出确定函数是否具有初等不定积分的算法. 这是符号积分领域的开端. 详情请参阅文献 [7].

例 10.10（高等超越函数） 不具有基本积分的函数的不定积分常称为高等超越函数. 我们给出以下例子：

$$\frac{2}{\sqrt{\pi}}\int \mathrm{e}^{-x^2}\mathrm{d}x = \mathrm{Erf}(x)+c \cdots \text{高斯误差函数}$$

$$\int \frac{\mathrm{e}^x}{x}\mathrm{d}x = \mathcal{E}i(x)+c \cdots \text{指数积分}$$

$$\int \frac{1}{\log x}\mathrm{d}x = \ell i(x)+c \cdots \text{对数积分}$$

$$\int \frac{\sin x}{x}\mathrm{d}x = \mathcal{S}i(x)+c \cdots \text{正弦积分}$$

$$\int \sin\left(\frac{\pi}{2}x^2\right)\mathrm{d}x = \mathcal{S}(x)+c \cdots \text{菲涅尔㊁（Fresnel）积分}$$

㊀ 刘维尔，1809—1882.

㊁ 菲涅尔，1788—1827.

命题 10.11（不定积分规则） 对于不定积分，下面规则成立

143

（a）求和：$\int (f(x)+g(x))\mathrm{d}x=\int f(x)\mathrm{d}x+\int g(x)\mathrm{d}x$；

（b）常数因子：$\int \lambda f(x)\mathrm{d}x=\lambda\int f(x)\mathrm{d}x(\lambda\in\mathbb{R})$；

（c）分部积分：

$$\int f(x)g'(x)\mathrm{d}x=f(x)g(x)-\int f'(x)g(x)\mathrm{d}x;$$

（d）换元：$\int f(g(x))g'(x)\mathrm{d}x=\int f(y)\mathrm{d}y\Big|_{y=g(x)}$.

证明 （a）与（b）很容易证明，（c）由导数的乘法法则（参见 7.4 节）推出

$$\int f(x)g'(x)\mathrm{d}x+\int f'(x)g(x)\mathrm{d}x=\int \left(f(x)g'(x)+f'(x)g(x)\right)\mathrm{d}x$$

$$=\int (f(x)g(x))'\mathrm{d}x=f(x)g(x)+c$$

上式可以写作

$$\int f(x)g'(x)\mathrm{d}x=f(x)g(x)-\int f'(x)g(x)\mathrm{d}x$$

因为上式两侧都有常数 c，所以我们可以将其省略.（d）可直接由链式法则得到. $f(g(x))g'(x)$ 的积分由 $f(y)$ 在 $y=g(x)$ 积分得到. □

例 10.12 下面的五个例子展示了表 10.1 和命题 10.11 的应用.

（a）$\int \frac{\mathrm{d}x}{\sqrt[3]{x}}=\int x^{-1/3}\mathrm{d}x=\frac{x^{-\frac{1}{3}+1}}{-\frac{1}{3}+1}+c=\frac{3}{2}x^{2/3}+c$；

（b）

$$\int x\cos x\mathrm{d}x=x\sin x-\int \sin x\mathrm{d}x=x\sin x+\cos x+c$$

其中

$$f(x)=x,\quad g'(x)=\cos x$$

$$f'(x)=1,\quad g(x)=\sin x$$

（c）

144

$$\int \log x\mathrm{d}x=\int 1\cdot\log x\mathrm{d}x=x\log x-\int \frac{x}{x}\mathrm{d}x=x\log x-x+c$$

利用分部积分：

$$f(x) = \log x, \quad g'(x) = 1$$

$$f'(x) = \frac{1}{x}, \quad g(x) = x$$

（d）$\displaystyle\int x\sin(x^2)\mathrm{d}x = \int \frac{1}{2}\sin y\mathrm{d}y\bigg|_{y=x^2} = -\frac{1}{2}\cos y\mathrm{d}y\bigg|_{y=x^2} + c = -\frac{1}{2}\cos(x^2) + c$

其中，由换元法则令 $y = g(x) = x^2$，$g'(x) = 2x$，$f(y) = \dfrac{1}{2}\sin y$.

（e）$\displaystyle\int \tan x\mathrm{d}x = \int \frac{\sin x}{\cos x}\mathrm{d}x = -\log|y|\bigg|_{y=\cos x} + c = -\log|\cos x| + c$

其中，由换元法则令 $y = g(x) = \cos x$，$g'(x) = -\sin x$，$f(y) = -\dfrac{1}{y}$.

例 10.13（一个部分分式的简单拓展） 为了求函数 $f(x) = 1/(x^2-1)$ 的不定积分，我们把二次函数分母分解为两个一次因子的乘积，即 $x^2-1 = (x-1)(x+1)$，并且将 $f(x)$ 展开为部分分式的形式：

$$\frac{1}{x^2-1} = \frac{A}{x-1} + \frac{B}{x+1}$$

等式两边同时乘 x^2-1 可以得到方程 $1 = A(x+1) + B(x-1)$. 则有

$$(A+B)x = 0, \quad A - B = 1$$

则有解 $A = 1/2$，$B = -1/2$. 因此

$$\begin{aligned}\int \frac{1}{x^2-1} &= \frac{1}{2}\left(\int \frac{\mathrm{d}x}{x-1} - \int \frac{\mathrm{d}x}{x+1}\right) \\ &= \frac{1}{2}(\log|x-1| - \log|x+1|) + C = \frac{1}{2}\log\left|\frac{x-1}{x+1}\right| + C\end{aligned}$$

回顾例 7.30，$f(x) = 1/(x^2-1)$ 的原函数为 $F(x) = -\operatorname{artanh} x$. 因此，由命题 10.4，

$$\operatorname{artanh} x = -\frac{1}{2}\log\left|\frac{x-1}{x+1}\right| + C = \frac{1}{2}\log\left|\frac{x+1}{x-1}\right| + C$$

将 $x = 0$ 代入等式两边，可以得到 $C = 0$ 以及对数形式的反双曲正切表达式.

145

10.3 练习

1. 一个物体以 10 米/秒的速度从地面垂直向上抛出. 求它的高度 $w(t)$ 关于时间 t 的函数、最大高度以及撞击地面的时间.
   提示：对 $w''(t) = -g \approx 9.81$米/秒^2 进行两次不定积分，并根据初始条件 $w(0) = 0$，$w'(0) = 10$ 确定常数.

2. 用 maple 计算以下不定积分：

$$\text{(a)} \int (x+3x^2+5x^4+7x^6)\mathrm{d}x, \quad \text{(b)} \int \frac{\mathrm{d}x}{\sqrt{x}},$$

$$\text{(c)} \int x\mathrm{e}^{-x^2}\mathrm{d}x(\text{换元法}), \qquad \text{(d)} \int x\mathrm{e}^{x}\mathrm{d}x(\text{分部积分法})$$

3. 计算不定积分

$$\text{(a)} \int \cos^2 x\mathrm{d}x, \quad \text{(b)} \int \sqrt{1-x^2}\mathrm{d}x$$

并通过 maple 进行结果验算.

提示：对（a）可以利用

$$\cos^2 x = \frac{1}{2}(1+\cos 2x)$$

对于（b）使用换元法 $y=g(x)=\arcsin x, f(y)=1-\sin^2 y$.

4. 计算不定积分

$$\text{(a)} \int \frac{\mathrm{d}x}{x^2+2x+5}, \quad \text{(b)} \int \frac{\mathrm{d}x}{x^2+2x-3}$$

并通过 maple 进行结果验算.

提示：将（a）中的分母写成 $(x+1)^2+4$ 的形式并通过适当的换元简化成 y^2+1. 将（b）中的分母进行因式分解，参考例 10.13.

5. 计算不定积分

$$\text{(a)} \int \frac{\mathrm{d}x}{x^2+2x}, \quad \text{(b)} \int \frac{\mathrm{d}x}{x^2+2x+1}$$

并通过 maple 进行结果验算.

6. 计算不定积分

$$\text{(a)} \int x^2\sin x\mathrm{d}x, \quad \text{(b)} \int x^2\mathrm{e}^{-3x}\mathrm{d}x$$

146 ~ 148

提示：重复进行分部积分.

7. 计算不定积分

$$\text{(a)} \int \frac{\mathrm{e}^x}{\mathrm{e}^x+1}\mathrm{d}x, \quad \text{(b)} \int \sqrt{1+x^2}\mathrm{d}x$$

提示：（a）中使用换元 $y=\mathrm{e}^x$，（b）中使用换元 $y=\sinh x$，利用公式 $\cosh^2 y-\sinh^2 y=1$，然后重复进行分部积分或者利用双曲线函数的定义.

8. 证明函数

$$f(x)=\arctan x \text{和} g(x)=\arctan\frac{1+x}{1-x}$$

在区间 $(-\infty,1)$ 上相差一个常数，并求出这一常数. 同样地，对区间 $(1,\infty)$，也求出这一常数.

9. 证明恒等式 $\operatorname{arsinh} x=\log(x+\sqrt{1+x^2})$.

提示：回顾第 7 章，函数 $f(x)=\operatorname{arsinh} x$ 和 $g(x)=\log(x+\sqrt{1+x^2})$ 有相同的导数.（与 2.3 节的练习 15 中的代数推导进行对比.）

第 11 章　定　积　分

在第 10 章的引言中，已经提到了函数 f 在区间 $[a,b]$ 上的定积分的概念. 它是由形式为 $f(x)\Delta x$ 的表达式求和取极限得到的. 这类求和在许多实际应用中都有出现，包括面积、表面积、体积和曲线长度的计算. 本章采用黎曼积分作为定积分的基本概念. 黎曼方法为许多应用提供了一个直观的概念，将在本章末尾的示例中详细说明这些应用.

本章的主要内容是讨论积分的性质，证明微积分的两个基本定理. 第一个定理可以根据积分的知识计算定积分. 第二个基本定理指出，在具有可变上限的区间 $[a,x]$ 上，函数 f 的定积分给定了函数的积分，由于定积分可以用黎曼求和等方法逼近，第二个基本定理给出了求近似积分数值解的可能性. 这对于统计中求分布函数十分重要.

11.1　黎曼积分

例 11.1（从速度到距离）　已知车辆在 $a \leqslant t \leqslant b$ 时刻的速度 $v(t)$，求车辆在 a 到 b 时间段内的行驶距离 w. 如果 $v(t) \equiv v$ 是一个常数，那么易得

$$w = v \cdot (b-a)$$

若速度 $v(t)$ 与时间相关，将时间轴划分成更小的子区间（参见图 11.1）：$a = t_0 < t_1 < t_2 < \cdots < t_n = b$，选择中点 $\tau_j \in [t_{j-1}, t_j]$，可得

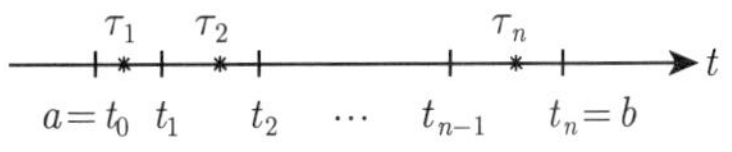

τ_1　τ_2　τ_n　t
$a=t_0$　t_1　t_2　$\cdots$　t_{n-1}　$t_n=b$

图 11.1　时间轴的细分

$$v(t) \approx v(\tau_j) \quad 其中\ t \in [t_{j-1}, t_j]$$

如果 v 是时间的连续函数，选择的区间 $[t_{j-1}, t_j]$ 越短，近似越精确. 在这个时间间隔内移动的距离近似等于

$$w_j \approx v(\tau_j)(t_j - t_{j-1})$$

在时间 a 到 b 内移动的总距离是

$$w = \sum_{j=1}^{n} w_j \approx \sum_{j=1}^{n} v(\tau_j)(t_j - t_{j-1})$$

令子区间 $[t_{j-1}, t_j]$ 的长度趋于零，这个极限就是距离的实际值.

例 11.2（非负函数图像下方的面积） 用类似的方法，我们可以用细化的小矩形来逼近函数 $y = f(x)$ 图像下方的面积（参见图 11.2）. 矩形面积之和

$$F \approx \sum_{j=1}^{n} f(\xi_j)(x_j - x_{j-1})$$

150

这样可以求出图像下方面积的近似值.

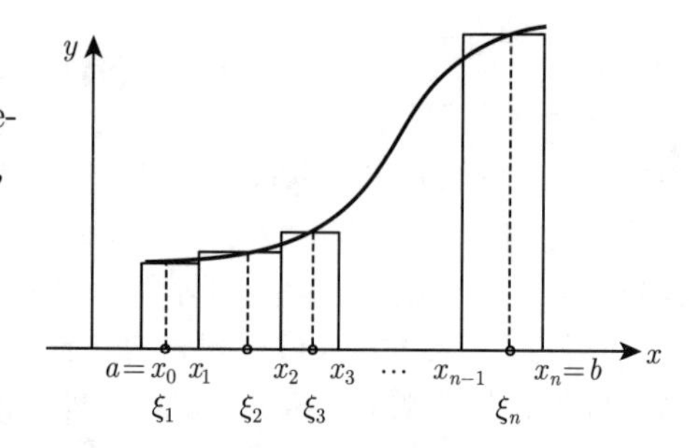

图 11.2　细化的矩形求面积近似值

这两个例子是我们想要介绍的的黎曼[㊀]积分（Riemann integral），它们基于相同的概念. 设区间 $[a, b]$，给定函数 $f = [a, b] \to \mathbb{R}$. 选择划分点

$$a = x_0 < x_1 < x_2 < \cdots < x_{n-1} < x_n = b$$

区间 $[x_0, x_1]$，$[x_1, x_2]$，$\cdots$，$[x_{n-1}, x_n]$ 形成对 $[a, b]$ 的划分 Z. 我们用 $\Phi(Z)$ 表示最大子区间的长度，即

$$\Phi(Z) = \max_{j=1,\cdots,n} |x_j - x_{j-1}|$$

任选一点 $\xi_j \in [x_{j-1}, x_j]$，称表达式

$$S = \sum_{j=1}^{n} f(\xi_j)(x_j - x_{j-1})$$

为黎曼求和. 为了进一步说明上述极限过程的思想，取一个划分序列 $Z_1, Z_2, Z_3, \cdots$，当 $N \to \infty$ 时，$\Phi(Z_N) \to 0$，此时的黎曼求和为 S_N.

定义 11.3　对于函数 f，若任意划分序列 $(Z_N)_{N\geqslant 1}$ 且 $\Phi(Z_N) \to 0$，它们对应的黎曼求和 $(S_N)_{N\geqslant 1}$ 都趋于相同的极限 $I(f)$，与划分点的选择无关，此时称函数 f 黎曼可积. 极限

$$I(f) = \int_a^b f(x)\mathrm{d}x$$

称为 f 在区间 $[a, b]$ 上的定积分.

现在可以精确化例 11.1 和例 11.2 中的直观方法，如果函数 f、v 黎曼可积，那么积分

$$F = \int_a^b f(x)\mathrm{d}x$$

表示函数与 x 轴所围面积，而积分

$$w = \int_a^b v(t)\mathrm{d}t$$

㊀ 黎曼，1826—1866.

则是总距离.

151

实验 11.4 打开 M 文件 `mat11_1.m`，对区间 $[0,1]$ 上的函数 $f(x)=3x^2$ 进行随机黎曼求和，进行实验并给出解释. 如果选取更大的划分点数目 n，结果会有什么变化?

实验 11.5 打开小程序 Riemann sums，研究改变划分对结果的影响. 特别是改变最大子区间长度和中间点选择，函数的正负如何影响实验的结果?

下面的例子说明了黎曼可积的概念.

例 11.6 (a) $f(x)=c=$ 常数，那么函数图像下方的面积就是矩形面积 $c(b-a)$. 另一方面，任何黎曼求和都具有形式

$$\begin{aligned} f(\xi_1)(x_1-x_0)+f(\xi_2)(x_2-x_1)+\cdots+f(\xi_n)(x_n-x_{n-1}) \\ =c(x_1-x_0+x_2-x_1+\cdots+x_n-x_{n-1}) \\ =c(x_n-x_0)=c(b-a) \end{aligned}$$

所有的黎曼求和都是相等的，因此，

$$\int_a^b c\mathrm{d}x=c(b-a)$$

(b) 令 $f(x)=\dfrac{1}{x}$，其中 $x\in(0,1], f_{(0)}=0$. 这个函数在 $[0,1]$ 上不可积. 相应的黎曼求和是这种形式

$$\frac{1}{\xi_1}(x_1-0)+\frac{1}{\xi_2}(x_2-x_1)+\cdots+\frac{1}{\xi_n}(x_n-x_{n-1})$$

通过选择逼近 0 的 ξ_1，每个这样的黎曼求和趋向于无限大. 因此，黎曼求和的极限不存在.

(c) 狄利克雷[㊀]函数 (Dirichlet's function)

$$f(x)=\begin{cases}1, & x\in\mathbb{Q}\\ 0, & x\notin\mathbb{Q}\end{cases}$$

在 $[0,1]$ 上不可积. 黎曼求和形式如下：

$$S_N=f(\xi_1)(x_1-x_0)+\cdots+f(\xi_n)(x_n-x_{n-1})$$

如果所有的 $\xi_j\in\mathbb{Q}$，则 $S_N=1$；如果所有的 $\xi_j\notin\mathbb{Q}$，则 $S_N=0$. 因此极限取决于中间点 ξ_j 的选择.

152

注 11.7 黎曼可积函数 $f:[a,b]\to\mathbb{R}$ 一定有界. 这很容易从例 11.6 (b) 归纳得到.

㊀ 狄利克雷，1805—1859.

下面的命题概括了黎曼可积性的重要准则. 准则的证明十分简单，但需要对划分细化进行技术性的考虑. 详细内容可以参考文献 [4] 的 5.1 节.

命题 11.8　(a) 在区间 $[a,b]$ 上，任意单调递增（单调递减）的有界函数都是黎曼可积的.

(b) 在区间 $[a,b]$ 上，任意分段连续函数都是黎曼可积的. □

若一个函数除了有限可数的点以外都是连续的，那么称其为分段连续函数. 这些点可能是跳跃间断点，但是左、右极限必须都要存在（参见图 11.3）.

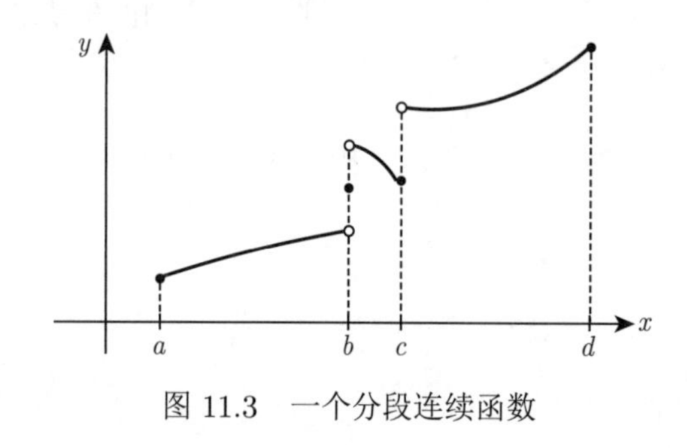

图 11.3　一个分段连续函数

注 11.9　通过取等距划分点 $a = x_0 < x_1 < \cdots < x_{n-1} < x_n = b$ 作为划分，即

$$x_j - x_{j-1} =: \Delta x = \frac{b-a}{n}$$

黎曼求和可以写成

$$S_N = \sum_{j=1}^{n} f(\xi_j)\Delta x$$

随着变化量 $\Delta \to 0$，求和数量也同时增加，记为

$$\int_a^b f(x)\mathrm{d}x$$

最初这个公式是由莱布尼茨[㊀]（Leibniz）引入的，解释为宽度为 $\mathrm{d}x$ 的无限小矩形的无限求和. 153 在多个世纪的争论后，这个解释现在可以在非标准分析的框架下得到严格的证明（见文献 [27]）.

注意，定积分中的**积分变量** x 是一个**有界变量**，可以用其他的字母代替.

$$\int_a^b f(x)\mathrm{d}x = \int_a^b f(t)\mathrm{d}t = \int_a^b f(\xi)\mathrm{d}\xi = \cdots$$

这样做的好处在于可以避免与其他有界变量混淆.

命题 11.10（定积分的性质）　设 $a < b$ 且 f, g 在 $[a,b]$ 上黎曼可积.

㊀ 莱布尼茨，1646—1716.

(a) 正定性:

$$\text{在 } [a,b] \text{ 上，} f \geqslant 0 \Rightarrow \int_a^b f(x)\mathrm{d}x \geqslant 0$$

$$\text{在 } [a,b] \text{ 上，} f \leqslant 0 \Rightarrow \int_a^b f(x)\mathrm{d}x \leqslant 0$$

(b) 单调性:

$$\text{在 } [a,b] \text{ 上，} f \leqslant g \Rightarrow \int_a^b f(x)\mathrm{d}x \leqslant \int_a^b g(x)\mathrm{d}x$$

令

$$m = \inf_{x\in[a,b]} f(x), \quad M = \sup_{x\in[a,b]} f(x)$$

则下列不等式成立

$$m(b-a) \leqslant \int_a^b f(x)\mathrm{d}x \leqslant M(b-a)$$

(c) 求和与常数因子（线性）:

$$\int_a^b (f(x)+g(x))\mathrm{d}x = \int_a^b f(x)\mathrm{d}x + \int_a^b g(x)\mathrm{d}x$$

$$\int_a^b \lambda f(x)\mathrm{d}x = \lambda \int_a^b f(x)\mathrm{d}x \quad (\lambda \in \mathbb{R})$$

154

(d) 积分区域划分: 令 $a<b<c, f$ 在 $[a,b]$ 内可积，则

$$\int_a^b f(x)\mathrm{d}x + \int_b^c f(x)\mathrm{d}x = \int_a^c f(x)\mathrm{d}x$$

若定义

$$\int_a^a f(x)\mathrm{d}x = 0, \quad \int_b^a f(x)\mathrm{d}x = -\int_a^b f(x)\mathrm{d}x$$

若 f 在任意区间可积，那么对于任意 $a,b,c \in \mathbb{R}$，上述求和公式都是有效的.

证明 通过考虑相应的黎曼求和，可以很容易地得到所有的证明. □

命题 11.10（a）表明只有当 $f \geqslant 0$ 时，才能将积分解释为函数图像下方的面积. 另一方面，将速度的积分解释为移动的距离对负速度（方向改变）也有意义.（d）对分段连续函数的积分尤其重要（参见图 11.3）：积分变为多个函数积分之和.

11.2 微积分基本定理

对于黎曼可积函数 f，我们定义一个新函数

$$F(x)=\int_a^x f(t)\mathrm{d}t$$

这是通过将积分上界作为变量获得的.

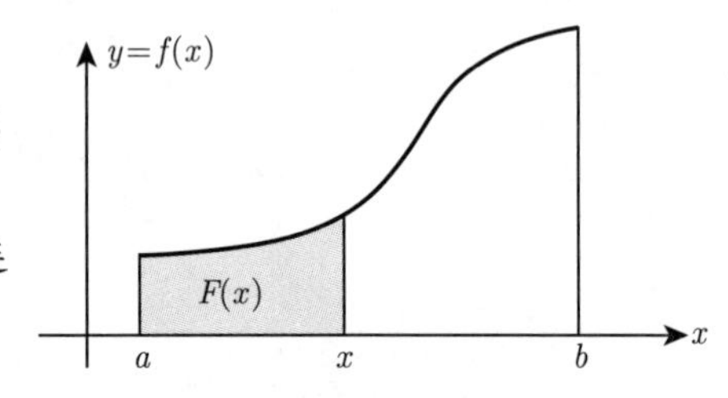

图 11.4　用面积解释 $F(x)$

注 11.11　对于正函数 $f, F(x)$ 的值是在区间 $[a,x]$ 内函数图像下方的面积. 参见图 11.4.

155

命题 11.12（微积分基本定理）　令 f 在 $[a,b]$ 连续，下列命题成立：

(a) 第一基本定理：若 G 是 f 的积分，则有

$$\int_a^b f(x)\mathrm{d}x=G(b)-G(a)$$

(b) 第二基本定理：函数

$$F(x)=\int_a^x f(t)\mathrm{d}t$$

是 f 的积分，即 F 是可微的且 $F'(x)=f(x)$.

证明　第一步先证明第二基本定理. 令 $x\in(a,b), h>0, x+h\in(a,b)$. 根据命题 6.15，函数 f 在区间 $[a,b]$ 有一个最小值和一个最大值：

$$m(h)=\min_{t\in[x,x+h]} f(t),\quad M(h)=\max_{t\in[x,x+h]} f(t)$$

f 的连续性意味着当 $h\to 0$ 时，$m(h)\to f(x), M(h)\to f(x)$. 根据命题 11.10（b），可以得到

$$m(h)\cdot h\leqslant F(x+h)-F(x)=\int_x^{x+h} f(t)\mathrm{d}t\leqslant M(h)\cdot h$$

这表明 F 在 x 处可微，且

$$F'(x)=\lim_{h\to 0}\frac{F(x+h)-F(x)}{h}=f(x)$$

第一基本定理由第二基本定理推出，由于 $F(a)=0$，

$$\int_a^b f(t)\mathrm{d}t=F(b)=F(b)-F(a)$$

如果 G 是另一个积分，根据命题 10.1，$G=F+c$；因此

$$G(b)-G(a)=F(b)+c-(F(a)+c)=F(b)-F(a)$$

此时 $G(b)-G(a)=\int_a^b f(x)\mathrm{d}x$ 依然成立. □ 156

注 11.13 对于正函数 f，微积分第二基本定理有一个直观的解释. $F(x+h)-F(x)$ 的值是在 $[x,x+h]$ 中函数 $f(x)$ 图像下方的面积，而 $hf(x)$ 是高度为 $f(x)$ 的近似矩形面积. 可以得到近似结果

$$\frac{F(x+h)-F(x)}{h}\approx f(x)$$

这说明当 $h\to 0$ 时，$F'(x)=f(x)$. 给出的证明十分严谨.

第一基本定理的应用. 最重要的应用是求定积分 $\int_a^b f(x)\mathrm{d}x$. 可以确定它的积分是 $F(x)$，通过代换得到：

$$\int_a^b f(x)\mathrm{d}x=F(x)\Big|_{x=a}^{x=b}=F(b)-F(a)$$

例 11.14 作为应用，计算下列积分.

(a) $\int_1^3 x^2\mathrm{d}x=\frac{x^3}{3}\Big|_{x=1}^{x=3}=\frac{27}{3}-\frac{1}{3}=\frac{26}{3}$.

(b) $\int_0^{\pi/2}\cos x\mathrm{d}x=\sin x\Big|_{x=0}^{x=\pi/2}=\sin\frac{\pi}{2}-\sin 0=1$.

(c) $\int_0^1 x\sin(x^2)\mathrm{d}x=-\frac{1}{2}\cos(x^2)\Big|_{x=0}^{x=1}=-\frac{1}{2}\cos 1-\left(-\frac{1}{2}\cos 0\right)=-\frac{1}{2}\cos 1+\frac{1}{2}$. （参见例 10.12）

注 11.15 在 maple 中，表达式和函数需要用 `int` 命令执行，需要将函数解析式和定义域作为参数，例如

```
int(x^2,x=1..3)
```

第二基本定理的应用. 通常，这类应用都是理论性的，例如描述经过的距离和速度之间的关系，

$$w(t)=w(0)+\int_0^t v(s)\mathrm{d}s,\quad w'(t)=v(t)$$

157

其中，$w(t)$ 是从 0 到时刻 t 的经过的距离，$v(t)$ 是瞬时速度. 其他的应用出现在数值分析方面，例如

$$\int_0^x \mathrm{e}^{-y^2}\mathrm{d}y \text{ 是 } \mathrm{e}^{-x^2} \text{ 的积分}$$

这种积分的值可以用泰勒多项式（见应用 12.18）或数值积分方法（见 13.1 节）近似计算. 如果积分不是初等函数，就会像例 10.10 中的高斯误差函数一样十分有趣.

11.3　定积分的应用

现在我们讨论定积分的进一步应用，它可以体现黎曼积分的建模能力.

旋转体体积的计算. 首先假设一个三维立体（在选取合适的笛卡儿坐标系之后），对于每一个 $x \in [a,b]$，截面积 $A = A(x)$ 是已知的；参见图 11.5. 厚度为 Δx 的小薄片的体积近似等于 $A(x)\Delta x$. 写出黎曼求和表达式，然后取极限得到立体体积 V

$$V = \int_a^b A(x)\mathrm{d}x$$

旋转体是通过将平面曲线 $y = f(x), a \leqslant x \leqslant b$ 绕 x 轴旋转而成. 此时，我们有 $A(x) = \pi f(x)^2$，得出体积

158

$$V = \pi \int_a^b f(x)^2 \mathrm{d}x$$

例 11.16（圆锥体积） 直线 $y = \frac{r}{h}x$ 绕 x 轴旋转，产生半径为 r，高为 h 的圆锥（参见图 11.6）. 它的体积为

$$V = \pi \frac{r^2}{h^2} \int_0^h x^2 \mathrm{d}x = \pi \frac{r^2}{h^2} \cdot \frac{x^3}{3}\bigg|_{x=0}^{x=h} = \pi r^2 \frac{h}{3}$$

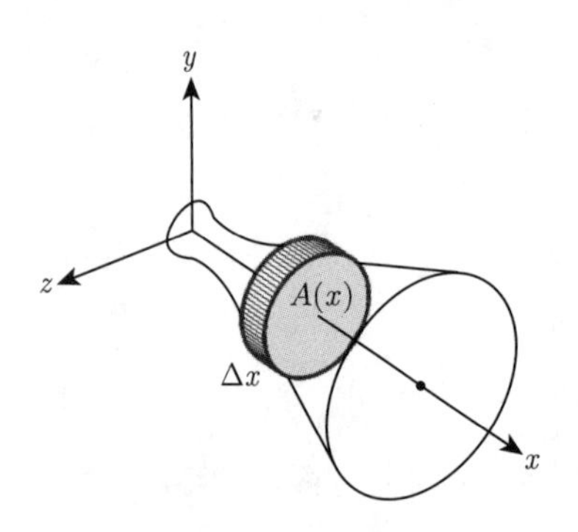

图 11.5　旋转体体积

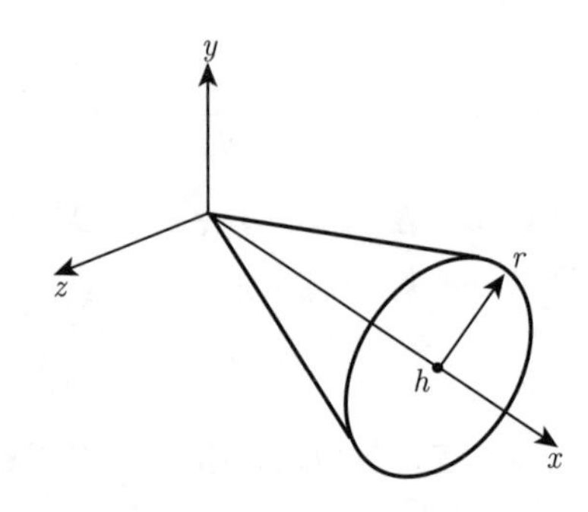

图 11.6　一个圆锥

函数图像的弧长. 为了确定有连续导数的可微函数的图像弧长，首先对区间 $[a,b]$ 进行划分，

$$a = x_0 < x_1 < x_2 < \cdots < x_n = b$$

然后用通过点 $(x_0, f(x_0)), (x_1, f(x_1)), \cdots, (x_n, f(x_n))$ 的线段，代替 $y = f(x)$ 在 $[a,b]$ 上的图像. 得到线段的总长度

$$s_n = \sum_{j=1}^{n} \sqrt{(x_j - x_{j-1})^2 + (f(x_j) - f(x_{j-1}))^2}$$

上式由各个线段长度简单求和得出（参见图 11.7），根据中值定理（命题 8.4），存在点 $\xi_j \in [x_{j-1}, x_j]$，使得

$$\begin{aligned} s_n &= \sum_{j=1}^{n} \sqrt{(x_j - x_{j-1})^2 + f'(\xi_j)^2 (x_j - x_{j-1})^2} \\ &= \sum_{j=1}^{n} \sqrt{1 + f'(\xi_j)^2}(x_j - x_{j-1}) \end{aligned}$$

上式求和很容易看出是黎曼求和，它的极限为

$$s = \int_a^b \sqrt{1 + f'(x)^2} \mathrm{d}x$$

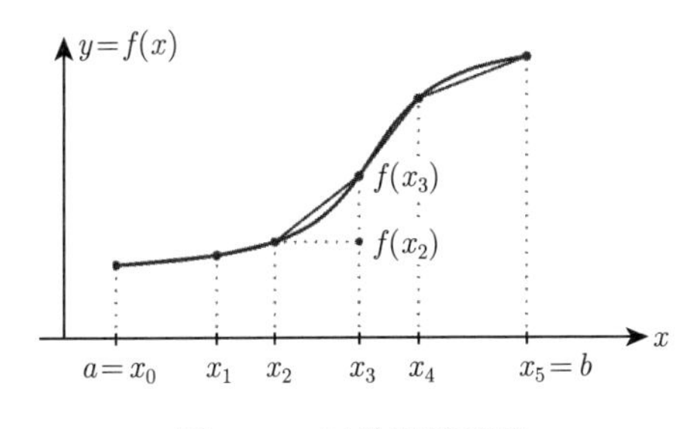

图 11.7　函数图像弧长

159

旋转体的侧面积. 通过绕 x 轴旋转 $y = f(x), a \leqslant x \leqslant b$，得到旋转体的侧面积.

为了确定侧面积，我们将它分割成厚度为 Δx 的小薄片. 每一个小薄片是一个长度为 Δx 的截锥，半径均值为 $f(x)$，参见图 11.8. 根据第 3 章的练习 11，截锥的侧面积为 $2\pi f(x)\Delta s$. 根据上文，$\Delta s \approx \sqrt{1 + f'(x)^2}\Delta x$，因此小薄片的侧面积近似等于

$$2\pi f(x)\sqrt{1 + f'(x)^2}\Delta x$$

写出黎曼求和并取极限

$$M = 2\pi \int_a^b f(x)\sqrt{1 + f'(x)^2} \mathrm{d}x$$

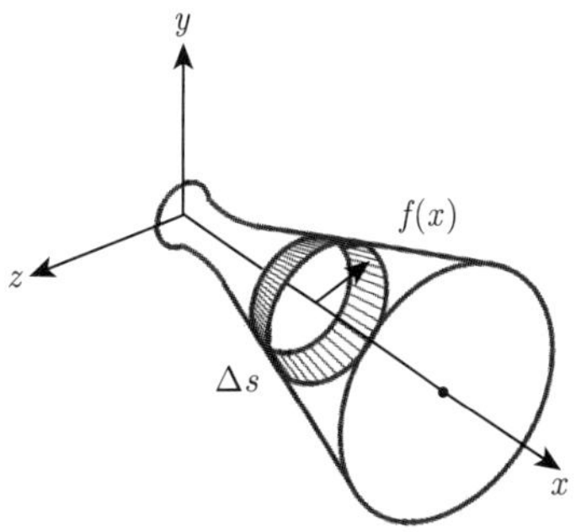

图 11.8　旋转体侧面积

所求即为旋转体侧面积.

例 11.17（球体表面积） 半径为 r 的球体表面是由 $f(x)=\sqrt{r^2-x^2},-r\leqslant x\leqslant r$ 旋转得到的.

160

$$M=2\pi\int_{-r}^{r}\sqrt{r^2-x^2}\frac{r}{\sqrt{r^2-x^2}}\mathrm{d}x=4\pi r^2$$

11.4 练习

1. 修改 MATLAB 程序 `mat11_1.m`，计算 n 项 k 次多项式在任意区间 $[a,b]$ 上的黎曼求和（使用 MATLAB 命令 `polyval`）.
2. 证明区间 $[a,b]$ 上任意一个分段常数函数都是黎曼可积的（运用定义 11.3）.
3. 计算 $y=\sin x,y=\sqrt{x}$ 在区间 $[0,2\pi]$ 上的图像所围成的面积.
4. （工程力学；参见图 11.9）一束长度为 L 的横梁，剪应力为 $Q(x)$，弯矩为 $M(x)$，分布载荷为 $p(x)$，遵循以下规则：$M'(x)=Q(x),Q'(x)=-p(x),0\leqslant x\leqslant L$. 计算 $Q(x)$ 和 $M(x)$ 并画出以下情况的图像：
   （a）具有均匀载荷的简支梁：$p(x)=p_0,Q(0)=p_0L/2,M(0)=0$;
   （b）具有三角载荷的悬臂梁：$p(x)=q_0(1-x/L),Q(L)=0,M(L)=0$.

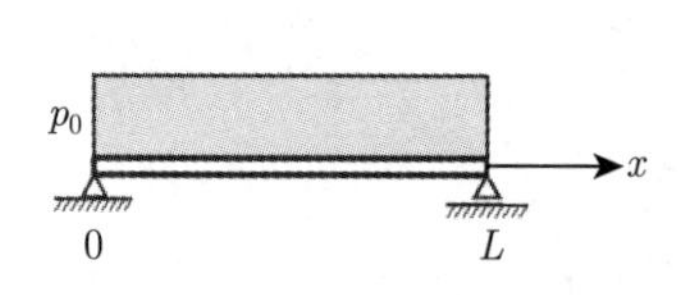

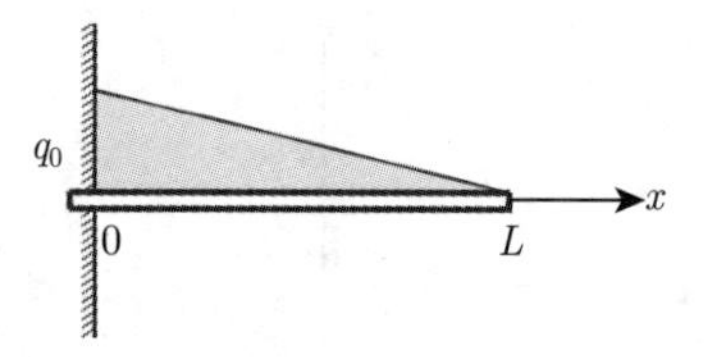

图 11.9　简支梁具有均匀载荷，悬臂梁具有三角载荷

5. 写一个 MATLAB 程序，求出积分
$$\int_0^1 \mathrm{e}^{-x^2}\mathrm{d}x$$
的数值近似. 请使用以下形式的黎曼求和：
$$L=\sum_{j=1}^{n}\mathrm{e}^{-x_j^2}\Delta x,\quad U=\sum_{j=1}^{n}\mathrm{e}^{-x_{j-1}^2}\Delta x$$
其中 $x_j=j\Delta x,\Delta x=1/n$，尝试分别确定 Δx 和 n，使得 $U-L\leqslant 0.01$，即结果误差在两位小数以内. 将结果与 MATLAB 命令 `sqrt(pi)/2*erf(1)` 的均值进行对比.

161

附加题：扩展程序，使其对任意的 $a>0$ 可以计算 $\int_0^a \mathrm{e}^{-x^2}\mathrm{d}x$.

6. 证明练习 5 中用 L、U 逼近的积分误差最多为 $U-L$. 使用小程序 Integration 使结果可视化.
提示：验证不等式
$$L\leqslant\int_0^1 \mathrm{e}^{-x^2}\mathrm{d}x\leqslant U$$

因此，L 和 U 分别是黎曼求和的下界和上界.

7. 抛物线 $y=2\sqrt{x}, 0 \leqslant x \leqslant 1$ 绕 x 轴旋转一周产生抛物面. 绘制图像并求出它的体积和侧面积.
8. 计算下列函数图像的弧长：

   (a) 抛物线 $f(x)=x^2/2, 0 \leqslant x \leqslant 2$；

   (b) 悬链线 $g(x)=\cosh x, -1 \leqslant x \leqslant 3$

   提示：见 10.3 节的练习 7.
9. 一个冷却塔的表面可以看作由双曲线 $y=\sqrt{1+x^2}, -1 \leqslant x \leqslant 2$ 绕 x 轴旋转得到的.

   (a) 计算相应的旋转体体积.

   (b) 证明侧面积由 $M=2\pi\int_{-1}^{2}\sqrt{1+2x^2}\mathrm{d}x$ 给出. 用 maple 直接计算出积分的均值.

   提示：通过换元，将积分简化成 10.3 节的练习 7.
10. 一个透镜状的物体，可以看作由正弦函数 $y=\sin x, 0 \leqslant x \leqslant \pi$ 绕 x 轴旋转得到的.

    (a) 计算相应的旋转体体积.

    (b) 计算侧面积.

    提示：(a) 可以使用 $\sin^2 x=\dfrac{1}{2}(1-\cos 2x)$；(b) 可以使用换元 $g(x)=\cos x$.
11. (概率论) X 是一个随机变量，取值在 $[a,b]$ 内，概率密度为 $f(x)$，即 $f(x) \geqslant 0$ 且 $\int_a^b f(x)\mathrm{d}x=1$. 期望 $\mu=E(X)$，它的二阶矩 $E(X^2)$ 和方差 $V(X)$ 分别定义为

$$E(X)=\int_a^b xf(x)\mathrm{d}x, \quad E(X^2)=\int_a^b x^2 f(x)\mathrm{d}x$$

$$V(X)=\int_a^b (x-\mu)^2 f(x)\mathrm{d}x$$

    证明 $V(X)=E(X^2)-\mu^2$.

162

12. 计算随机变量的期望和方差，随机变量特点如下：

    (a) 在 $[a,b]$ 上服从均匀分布，即 $f(x)=1/(b-a), a \leqslant x \leqslant b$；

    (b) 在 $[a,b]$ 服从（特殊）β 分布，即 $f(x)=6(x-a)(b-x)/(b-a)^3$.
13. 计算随机变量的期望和方差，随机变量在 $[a,b]$ 上具有众数为 m 的三角分布，即

$$f(x)=\begin{cases}\dfrac{2(x-a)}{(b-a)(m-a)}, & a \leqslant x \leqslant m \\ \dfrac{2(b-x)}{(b-a)(b-m)}, & m \leqslant x \leqslant b\end{cases}$$

163 ~ 164

第 12 章 泰勒级数

简单函数对复杂函数的逼近在应用数学中起着至关重要的作用. 从线性逼近的概念开始，本章将讨论泰勒多项式和泰勒级数对函数的逼近. 在应用方面，我们将使用泰勒级数来计算函数的极限并分析各种近似公式.

12.1 泰勒公式

在本节中，我们考虑多项式对充分光滑函数的逼近以及这些逼近的应用. 我们已经在第 7 章中看到了一个近似公式. 设函数 f 在 a 处可导. 对于任意逼近 a 的 x，有

$$f(x) \approx g(x) = f(a) + f'(a) \cdot (x - a)$$

线性逼近函数 g 是 x 的一次函数，它的图像与 f 在 a 处相切. 现在我们要归纳这个近似结果.

165

命题 12.1（泰勒[1]公式，Toylor's formula） 设开区间 $I \subseteq \mathbb{R}$，$f: I \to \mathbb{R}$ 是 $n+1$ 阶连续可导函数 (即 f 的 $n+1$ 阶导数存在且连续). 对于任意的 $x, a \in I$，

$$f(x) = f(a) + f'(a)(x-a) + \frac{f''(a)}{2!}(x-a)^2 + \cdots + \frac{f^{(n)}(a)}{n!}(x-a)^n + R_{n+1}(x, a)$$

有余项（积分形式）

$$R_{n+1}(x, a) = \frac{1}{n!}\int_a^x (x-t)^n f^{(n+1)}(t)\mathrm{d}t$$

余项也可以写成

$$R_{n+1}(x, a) = \frac{f^{(n+1)}(\xi)}{(n+1)!}(x-a)^{n+1}$$

其中 ξ 是 a 与 x 之间的一个点（拉格朗日[2]余项）

证明 由微积分基本定理，得

$$\int_a^x f'(t)\mathrm{d}t = f(x) - f(a)$$

---

[1] 泰勒，1685—1731.

[2] 拉格朗日，1736—1813.

因此

$$f(x)=f(a)+\int_a^x f'(t)\mathrm{d}t$$

运用分部积分公式. 由于

$$\int_a^x u'(t)v(t)\mathrm{d}t=u(t)v(t)\big|_a^x-\int_a^x u(t)v'(t)\mathrm{d}t$$

当 $u(t)=t-x, v(t)=f'(t)$ 时，得

$$\begin{aligned}f(x)&=f(a)+(t-x)f'(t)\big|_a^x-\int_a^x(t-x)f''(t)\mathrm{d}t\\&=f(a)+f'(a)\cdot(x-a)+\int_a^x(x-t)f''(t)\mathrm{d}t\end{aligned}$$

进一步整理，得到

$$\begin{aligned}\int_a^x(x-t)f''(t)\mathrm{d}t&=-\frac{(x-t)^2}{2}f''(t)\big|_a^x+\int_a^x\frac{(x-t)^2}{2}f'''(t)\mathrm{d}t\\&=\frac{f''(a)}{2}(x-a)^2+\frac{1}{2}\int_a^x(x-t)^2f'''(t)\mathrm{d}t\end{aligned}$$

166

通过反复利用分部积分可以得到所需的公式（余项是积分形式）. 余项的另一种表示方法来源于积分中值定理（第 5 章，定理 5.4，参考文献 [4]）. □

例 12.2（特殊情况） 设 $x=a+h$ 并用 x 替换 a，可得

$$f(x+h)=f(x)+hf'(x)+\frac{h^2}{2}f''(x)+\cdots+\frac{h^n}{n!}f^{(n)}(x)+\frac{h^{n+1}}{(n+1)!}f^{(n+1)}(\xi)$$

ξ 在 x 和 $x+h$ 之间. 当 h 充分小时，公式描述了函数 f 在 x 附近的情况.

注 12.3 一个不怎么为人所知的余项表示

$$R_{n+1}(x,a)=\frac{f^{(n+1)}(\xi)}{(n+1)!}(x-a)^{n+1}$$

ξ 通常未知. 令 M 是 $\left|f^{(n+1)}\right|$ 在 a 邻域内的上界. 对于 x，可以得到边界条件

$$|R_{n+1}(x,a)|\leqslant\frac{M}{(n+1)!}(x-a)^{n+1}$$

其中 $h=x-a$，余项被 h^{n+1} 限制，则上式可以改写成

$$R_{n+1}(a+h,a)=\mathcal{O}(h^{n+1})$$

当 $h \to 0$ 时，上式称为 $n+1$ 阶余项. 这种记法也适用于 maple.

定义 12.4　多项式

$$T_n(x,a) = f(a) + f'(a)(x-a) + \cdots + \frac{f^{(n)}(a)}{n!}(x-a)^n$$

称为 f 在点 a 展开的 n 次泰勒多项式.

函数 $y = T_n(x,a)$ 和 $y = f(x)$ 的图像都经过点 $(a, f(a))$. 它们在这点的切线具有相同的斜率 $T_n'(x,a) = f'(a)$，而且有相同的曲率（由于 $T_n''(x,a) = f''(a)$，见第 14 章）. 泰勒多项式对函数的近似程度取决于余项的大小.

167

例 12.5（指数函数的泰勒多项式）　令 $f(x) = \mathrm{e}^x$，$a = 0$. 因为 $(\mathrm{e}^x)' = \mathrm{e}^x$，所以对于任意的 $k \geqslant 0$，都有 $f^{(k)}(0) = \mathrm{e}^0 = 1$，因此

$$\mathrm{e}^x = 1 + x + \frac{x^2}{2} + \cdots + \frac{x^n}{n!} + \frac{\mathrm{e}^\xi}{(n+1)!}x^{n+1}$$

ξ 介于 0 和 x 之间. 在 [0,1] 区间内，我们想使指数函数的泰勒多项式与该函数的逼近程度的精确度控制在 10^{-5} 之内. 为此，我们需要对余项进行如下约束

$$\left|\mathrm{e}^x - 1 - x - \cdots - \frac{x^n}{n!}\right| = \frac{\mathrm{e}^\xi}{(n+1)!}x^{n+1} \leqslant 10^{-5}$$

其中，$x \in [0,1]$，e^ξ 非负. 当 $x = \xi = 1$ 时，上述余项取得最大值. 因此，我们可以根据不等式 $\mathrm{e}/(n+1)! \leqslant 10^{-5}$ 求出 n 值. 由于 $\mathrm{e} \approx 3$，当 $n = 8$ 时即可满足不等式要求；特别地，

$$\mathrm{e} = 1 + 1 + \frac{1}{2} + \cdots + \frac{1}{8!} \pm 10^{-5}$$

若要精确计算出 e 的前 5 位小数的值，必须使 $n \geqslant 8$.

实验 12.6　借助 maple 工作表 `mp12_1.mws` 重新进行上述计算，该表给出了泰勒公式所需的 maple 命令.

例 12.7（正弦函数的泰勒多项式）　令 $f(x) = \sin x$，$a = 0$. 因为 $(\sin x)' = \cos x$，$(\cos x)' = -\sin x$，$\sin 0 = 0$，$\cos 0 = 1$. 因此，

$$\begin{aligned}\sin x &= \sum_{k=0}^{2n+1} \frac{\sin^{(k)}(0)}{k!}x^k + R_{2n+2}(x,0) \\ &= x - \frac{x^3}{3!} + \frac{x^5}{5!} - \frac{x^7}{7!} + \cdots + (-1)^n\frac{x^{2n+1}}{(2n+1)!} + R_{2n+2}(x,0)\end{aligned}$$

注意该泰勒公式仅由 x 的奇次幂组成. 由泰勒公式可知，其余项为

$$R_{2n+2}(x,0) = \frac{\sin^{(2n+2)}(\xi)}{(2n+2)!}x^{2n+2}$$

由于正弦函数的任意阶导数值都以 1 为界，可得

$$|R_{2n+2}(x,0)| \leqslant \frac{x^{2n+2}}{(2n+2)!}$$

168

对于固定的 x，当 $n \to \infty$ 时，上述余项趋于 0，这是由于表达式 $x^{2n+2}/(2n+2)!$ 是指数级数的一个和项，且对于任意的 $x \in \mathbb{R}$，该式收敛. 上述估计的解释如下：对于任意的 $x \in \mathbb{R}$ 和 $\varepsilon > 0$，存在一个整数 $N \in \mathbb{N}$，使得正弦函数与 n 次泰勒多项式的差值很小；更准确地说，对于一切 $n \geqslant N$，$t \in [-x, x]$，都有

$$|\sin t - T_n(t,0)| \leqslant \varepsilon$$

实验 12.8 使用 maple 工作表 `mp12_2.mws` 计算 0 附近 $\sin x$ 的泰勒多项式，并确定该近似值的精度（通过画出其与 $\sin x$ 的差值）. 当 x 很大时，为了使精度达到很高，多项式阶数的选取必须足够高. 但是，由于计算程序的舍入误差，此过程很快达到了极限（除非增加有效位数）.

例 12.9 函数

$$f(x) = \begin{cases} \dfrac{x}{\mathrm{e}^x - 1} & x \neq 0 \\ 1 & x = 0 \end{cases}$$

的 4 阶泰勒多项式 $T_4(x,0)$ 为

$$T_4(x,0) = 1 - \frac{x}{2} + \frac{1}{12}x^2 - \frac{1}{720}x^4$$

实验 12.10 从 maple 工作表 `mp12_3.mws` 可以看到，对于足够大的 n，例 12.9 中的 n 阶泰勒多项式在 $(-2\pi, 2\pi)$ 的区间上能够很好地逼近该函数. 但是，当 $x \geqslant 2\pi$ 时（或 $x \leqslant -2\pi$），泰勒多项式没有达到很好的逼近效果.

12.2 泰勒定理

最后一个例子提出了一个问题，即当 $n \to \infty$ 时，在哪些点泰勒多项式能够收敛到该函数.

定义 12.11 *设 $I \subseteq \mathbb{R}$ 为开区间，$f: I \to \mathbb{R}$ 有任意阶可导. 给定 $a \in I$，级数*

$$T(x,a,f) = \sum_{k=0}^{\infty} \frac{f^{(k)}(a)}{k!}(x-a)^k$$

称为点 a 附近的泰勒级数.

169

命题 12.12（泰勒定理）　设函数 $f: I \to \mathbb{R}$ 任意 n 阶可导，$T(x,a,f)$ 是点 a 附近的泰勒级数. 当且仅当 $n \to \infty$ 时，余项

$$R_n(x,a) = \frac{f^{(n)}(\xi)}{n!}(x-a)^n$$

趋于 0，此时在 $x \in I$ 处，函数 $f(x)$ 与泰勒级数 $T(x,a,f)$ 相等，即

$$f(x) = \sum_{k=0}^{\infty} \frac{f^{(k)}(a)}{k!}(x-a)^k$$

证明　根据泰勒公式（参见命题 12.1），

$$f(x) - T_n(x,a) = R_{n+1}(x,a)$$

从而

$$f(x) = \lim_{n\to\infty} T_n(x,a) = T(x,a,f) \quad \Leftrightarrow \quad \lim_{n\to\infty} R_n(x,a) = 0$$

□

例 12.13　设函数 $f(x) = \sin x$，$a = 0$. 由于 $R_n(x,0) = \frac{\sin^{(n)}(\xi)}{n!}x^n$，对于任意固定的 x，当 $n \to \infty$ 时，我们有

$$|R_n(x,0)| \leqslant \frac{|x|^n}{n!} \to 0$$

因此对于所有的 $x \in \mathbb{R}$，有

$$\sin x = \sum_{k=0}^{\infty} (-1)^k \frac{x^{2k+1}}{(2k+1)!} = x - \frac{x^3}{3!} + \frac{x^5}{5!} - \frac{x^7}{7!} + \frac{x^9}{9!} \mp \cdots$$

12.3　泰勒公式的应用

下面将讨论泰勒公式的一些重要应用.

应用 12.14（极值检验）　设函数 $f: I \to \mathbb{R}$ 在区间 I 上 n 阶连续可微，并假设

170

$$f'(a) = f''(a) = \cdots = f^{(n-1)}(a) = 0\ ,\ f^{(n)}(a) \neq 0$$

则如下结论成立：

（a）当且仅当 n 为偶数时，f 在点 a 处有极值；

（b）如果 n 为偶数，$f^{(n)}(a) > 0$，那么 f 在点 a 处有局部最小值；

如果 n 为偶数，$f^{(n)}(a) < 0$，那么 f 在点 a 处有局部最大值.

证明 由泰勒公式可知，

$$f(x)-f(a)=\frac{f^{(n)}(\xi)}{n!}(x-a)^n,\quad x\in I$$

如果 x 距离点 a 足够近，那么 $f^{(n)}(\xi)$ 与 $f^{(n)}(a)$ 有相同的符号（因为 $f^{(n)}$ 是连续的）. 如果 n 是奇数，由于项 $(x-a)^n$ 在 $x=a$ 的左、右两侧正负号相反，所以右式的正负号在点 a 附近是变化的. 因此只有当 n 是偶数时，f 在点 a 处有极值. 如果 n 是偶数，并且 $f_{(a)}^{(n)}>0$，那么对于所有足够接近于点 a 的 $x(x\neq a)$ 来说，有 $f(x)>f(a)$. 因此 f 在点 a 处有局部最小值. □

例 12.15 多项式 $f(x)=6+4x+6x^2+4x^3+x^4$ 在 $x=-1$ 的各阶导数分别为

$$f'(-1)=f''(-1)=f'''(-1)=0,\quad f^{(4)}(-1)=24$$

因此 f 在 $x=-1$ 处有局部极小值.

应用 12.16（计算函数极限） 例如，我们要研究如下函数在 $x=0$ 邻域内的极限值：

$$g(x)=\frac{x^2\log(1+x)}{(1-\cos x)\sin x}$$

当 $x=0$ 时，我们可以得到一个不定式 $\dfrac{0}{0}$. 为了得到 x 趋于 0 时的极限值，在点 $a=0$ 处，我们对上式中的所有函数都进行泰勒展开. 由前述可知，$\cos x=1-\dfrac{x^2}{2}+\mathcal{O}(x^4)$. $\log(1+x)$ 在点 $a=0$ 处的泰勒展开为

$$\log(1+x)=x+\mathcal{O}(x^2)$$

由于 $\log 1=0$，$\log(1+x)'|_{x=0}=1$. 我们可以得到

$$g(x)=\frac{x^2\left(x+\mathcal{O}(x^2)\right)}{\left(1-1+\dfrac{x^2}{2}+\mathcal{O}(x^4)\right)(x+\mathcal{O}(x^3))}=\frac{x^3+\mathcal{O}(x^4)}{\dfrac{x^3}{2}+\mathcal{O}(x^5)}=\frac{1+\mathcal{O}(x)}{\dfrac{1}{2}+\mathcal{O}(x^2)}$$

从而 $\lim\limits_{x\to 0}g(x)=2$.

应用 12.17（近似公式的精度分析） 在第 7 章中进行差分形式的数值求导时，我们把对称差商

$$f''(x)\approx\frac{f(x+h)-2f(x)+f(x-h)}{h^2}$$

作为二阶导数 $f''(x)$ 的近似值. 现在我们将研究这个公式的精度. 由

$$f(x+h)=f(x)+hf'(x)+\frac{h^2}{2}f''(x)+\frac{h^3}{6}f'''(x)+\mathcal{O}\left(h^4\right)$$
$$f(x-h)=f(x)-hf'(x)+\frac{h^2}{2}f''(x)-\frac{h^3}{6}f'''(x)+\mathcal{O}\left(h^4\right)$$

可以推出

$$f(x+h)+f(x-h)=2f(x)+h^2f''(x)+\mathcal{O}\left(h^4\right)$$

因此

$$\frac{f(x+h)-2f(x)+f(x-h)}{h^2}=f''(x)+\mathcal{O}\left(h^2\right)$$

称此公式为二阶精度（second-order accurate）. 如果将 h 减小系数 λ，那么误差将减小系数 λ^2，舍入误差不起决定性作用.

应用 12.18（非基本初等函数的积分计算） 正如 10.2 节所提到的，有些函数的积分不能用初等函数表示. 比如函数 $f(x)=\mathrm{e}^{-x^2}$ 没有初等函数形式的积分. 为了求出定积分

$$\int_0^1 \mathrm{e}^{-x^2}\mathrm{d}x$$

我们把 e^{-x^2} 的 8 阶泰勒公式

$$\mathrm{e}^{-x^2}\approx 1-x^2+\frac{x^4}{2}-\frac{x^6}{6}+\frac{x^8}{24}$$

作为该函数的近似估计，则积分的近似值为

$$\int_0^1\left(1-x^2+\frac{x^4}{2}-\frac{x^6}{6}+\frac{x^8}{24}\right)\mathrm{d}x=\frac{5651}{7560}$$

此估计值的误差为 6.63×10^{-4}. 若要获得更精确的结果，需要采用更高阶的泰勒公式.

例 12.19 使用 maple 工作表 `mp12_4.mws` 重新对应用 12.18 进行计算. 之后修改程序，并计算 $g(x)=\cos(x^2)$ 的积分.

172

12.4 练习

1. 计算函数 $g(x)=\cos x$ 在 $a=0$ 附近的 0、1、2、3、4 阶泰勒多项式. 当 $x\in\mathbb{R}$ 取何值时，$\cos x$ 的泰勒级数收敛?
2. 计算函数 $\sin x$ 在 $a=9\pi$ 附近的 1、3、5 阶泰勒多项式. 此外，使用 maple 计算该函数的 39 阶泰勒多项式，并画出区间 $[0,18\pi]$ 内该函数及其泰勒多项式的图像. 为了能更好地区分这两个图像，用不同的颜色绘制图像.

3. 计算函数 $f(t)=\sqrt{1+t}$ 在 $a=0$ 附近的 1、2、3 阶泰勒多项式. 另外，使用 maple 计算其 10 阶泰勒多项式.
4. 使用泰勒级数展开计算以下极限：

$$\lim_{x\to 0}\frac{x\sin x-x^2}{2\cos x-2+x^2},\quad \lim_{x\to 0}\frac{\mathrm{e}^{2x}-1-2x}{\sin^2 x}$$
$$\lim_{x\to 0}\frac{\mathrm{e}^{-x^2}-1}{\sin^2(3x)},\quad \lim_{x\to 0}\frac{x^2(\log(1-2x))^2}{1-\cos\left(x^2\right)}$$

使用 maple 验算结果.

5. 计算积分

$$\int_0^1\frac{\sin\left(t^2\right)}{t}\mathrm{d}t$$

的近似值，将被积函数替换为其 9 阶泰勒多项式，并对多项式进行积分. 使用 maple 验证结果.

6. 已知指数函数的泰勒级数为

$$\mathrm{e}^x=\sum_{k=0}^{\infty}\frac{x^k}{k!}$$

将 x 替换为 $\mathrm{i}\varphi$，并证明下式成立：

$$\mathrm{e}^{\mathrm{i}\varphi}=\cos\varphi+\mathrm{i}\sin\varphi$$

注意需要分离实部与虚部.

7. 计算双曲函数 $f(x)=\sinh x$ 和 $g(x)=\cosh x$ 在 $a=0$ 附近的泰勒级数，并验证该级数的收敛性.

提示：计算 $n-1$ 阶泰勒多项式，并证明当 $|x|\leqslant M$ 时，余项 $R_n(x,0)$ 可用 $(\cosh M)M^n/n!$ 进行估算.

173

8. 证明当 $|x|<1$ 时，函数 $f(x)=\log(1+x)$ 在 $a=0$ 附近的泰勒级数为

$$\log(1+x)=\sum_{k=1}^{\infty}(-1)^{k-1}\frac{x^k}{k}=x-\frac{x^2}{2}+\frac{x^3}{3}-\frac{x^4}{4}\pm\cdots$$

提示：通过对几何级数进行泰勒展开，即

$$\frac{1}{1+t}=\frac{1}{1-(-t)}=\sum_{j=0}^{\infty}(-1)^j t^j$$

并从 $t=0$ 到 $t=x$ 做积分，即可得到此结果. 关于收敛性的严格证明，我们必须进行余项估计. 余项估计可通过对几何级数的余项

$$\frac{1}{1+t}-\sum_{j=0}^{n-1}(-1)^j t^j=\frac{1}{1+t}-\frac{1-(-1)^n t^n}{1+t}=\frac{(-1)^n t^n}{1+t}$$

进行积分得到. 可以看到只要 $|t|\leqslant|x|<1$，就一定存在一个正常数 δ，使得 $1+t\geqslant\delta>0$.

174

第 13 章　数值积分

微积分基本定理提出了确定定积分的计算方法：确定被积函数 f 的原函数 F，并根据原函数计算定积分的值

$$\int_a^b f(x)\mathrm{d}x = F(b) - F(a)$$

但是，在实际情况中，我们很难甚至不可能找到由初等函数表达的原函数 F. 除此之外，被积函数的原函数可能特别复杂，比如 $\int x^{100}\sin x\mathrm{d}x$. 在具体的应用中，被积函数通常为一组数据而非具体的公式. 在这些情况下我们将使用数值方法来分析. 这一章将介绍数值积分（求积公式及其阶）的基本概念. 通过一些启发性的例子，分析高斯求积公式可达到的精度及其所需要的计算量.

13.1　求积公式

对于数值积分 $\int_a^b f(x)\mathrm{d}x$ 的计算，我们首先在积分区间 $[a,b]$ 内插入求积结点 $a = x_0 < x_1 < x_2 < \cdots < x_{N-1} < x_N = b$，这些点将原来的积分区间划分为更小的子区间，参见图 13.1. 由积分的可加性（命题 11.10（d）），得到

$$\int_a^b f(x)\mathrm{d}x = \sum_{j=0}^{N-1}\int_{x_j}^{x_{j+1}} f(x)\mathrm{d}x$$

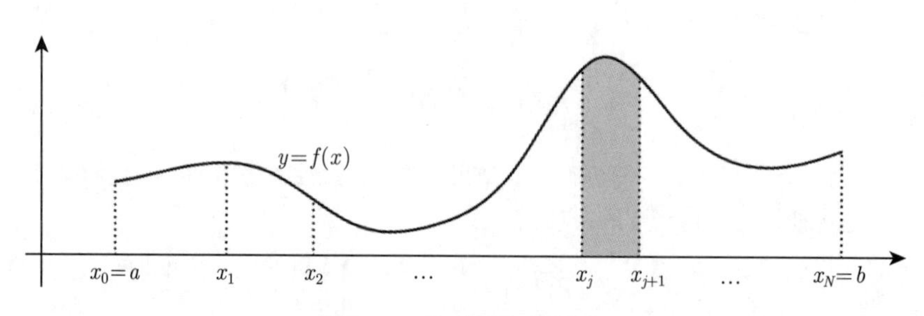

图 13.1　积分区间的划分

因此，在一个长度为 $h_j = x_{j+1} - x_i$ 的子区间内，只需找到一个近似公式即可. 这里给出一个梯形法则，函数下方的面积近似等于其对应的梯形面积（参见图 13.2）.

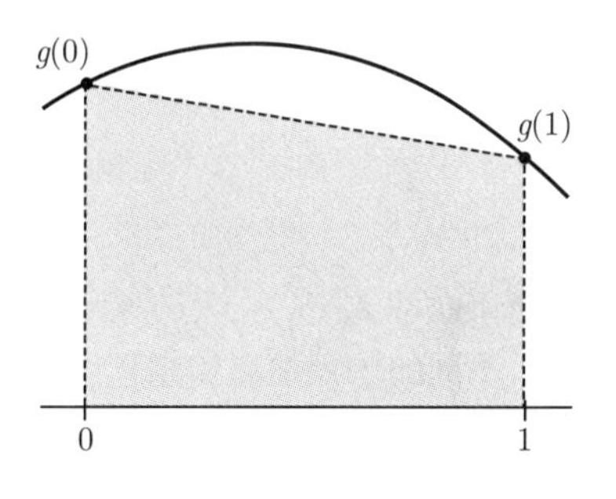

图 13.2 梯形法则

$$\int_{x_j}^{x_{j+1}} f(x)\mathrm{d}x \approx h_j \frac{1}{2}\Big(f(x_j) + f(x_{j+1})\Big)$$

对于此类近似公式的推导分析，我们都可以通过积分变换将其转化到区间 [0,1] 中进行讨论. 设 $x = x_j + \tau h_j$，从而 $\mathrm{d}x = h_j \mathrm{d}\tau$，此时有

$$\int_{x_j}^{x_{j+1}} f(x)\mathrm{d}x = \int_0^1 f(x_j + \tau h_j) h_j \mathrm{d}\tau = h_j \int_0^1 g(\tau)\mathrm{d}\tau$$

其中 $g(\tau) = f(x_j + \tau h_j)$. 因此只需找到 $\int_0^1 g(\tau)\mathrm{d}\tau$ 的近似公式即可. 由梯形法则可知

$$\int_0^1 g(\tau)\mathrm{d}\tau \approx \frac{1}{2}\Big(g(0) + g(1)\Big)$$

若 $g(\tau)$ 是 0 次或 1 次多项式，此估计显然是没有误差的. 176

为了能够得到更精确的估计公式，我们要求对二次多项式也进行精确积分. 此时令 $g(\tau)$ 为一般二次多项式，即

$$g(\tau) = \alpha + \beta\tau + \gamma\tau^2$$

由于 $g(0) = \alpha, g\left(\frac{1}{2}\right) = \alpha + \frac{1}{2}\beta + \frac{1}{4}\gamma$，$g(1) = \alpha + \beta + \gamma$，通过简短的计算可知

$$\int_0^1 \left(\alpha + \beta\tau + \gamma\tau^2\right)\mathrm{d}\tau = \alpha + \frac{1}{2}\beta + \frac{1}{3}\gamma = \frac{1}{6}\left(g(0) + 4g\left(\frac{1}{2}\right) + g(1)\right)$$

此时可令一般式 g 的近似估计公式为

$$\int_0^1 g(\tau)\mathrm{d}\tau \approx \frac{1}{6}\left(g(0) + 4g\left(\frac{1}{2}\right) + g(1)\right)$$

通过构造，对于阶数小于或等于 2 的多项式而言，此估计值显然是没有误差的. 这种构造方法也称为辛普森[1]法则.

我们从梯形法则和辛普森法则中获得了一些重要启示，并引出了如下定义.

---

[1] 辛普森，1710—1761.

定义 13.1　近似公式

$$\int_0^1 g(\tau)\mathrm{d}\tau \approx \sum_{i=1}^{s} b_i g(c_i)$$

称为求积公式. $b_1,\cdots,b_s$ 称为求积系数，$c_1,\cdots,c_s$ 称为求积结点，整数 s 称为结点数.

不同的求积结点和求积系数将确定不同的求积公式. 为简化起见，我们用记号 $\{(b_i,c_i), i=1,\cdots,s\}$ 表示一个求积公式. 不失一般性，这里假设求积系数 b_i 非 0，求积结点互不相同（若 $i \neq k$，则 $c_i \neq c_k$）.

例 13.2　（a）梯形法则的结点数 $s=2$，由下式给出：

177

$$b_1 = b_2 = \frac{1}{2}, \quad c_1 = 0, \quad c_2 = 1$$

（b）辛普森法则的结点数 $s=3$，由下式给出：

$$b_1 = \frac{1}{6}, \quad b_2 = \frac{2}{3}, \quad b_3 = \frac{1}{6}, \quad c_1 = 0, \quad c_2 = \frac{1}{2}, \quad c_3 = 1$$

要通过求积公式计算原积分 $\int_a^b f(x)\mathrm{d}x$，我们必须先通过积分变换将函数 f 换成函数 g. 由 $g(\tau) = f(x_j + \tau h_j)$，有

$$\int_{x_j}^{x_{j+1}} f(x)\mathrm{d}x = h_j \int_0^1 g(\tau)\mathrm{d}t \approx h_j \sum_{i=1}^{s} b_i g(c_i) = h_j \sum_{i=1}^{s} b_i f(x_j + c_i h_j)$$

因此近似公式为

$$\int_a^b f(x)\mathrm{d}x = \sum_{j=0}^{N-1} \int_{x_j}^{x_{j+1}} f(x)\mathrm{d}x \approx \sum_{j=0}^{N-1} h_j \sum_{i=1}^{s} b_i f(x_j + c_i h_j)$$

我们现在求更加精确的求积公式. 由于小区间内的泰勒多项式通常都能很好地逼近被积函数，因此一个好的求积公式应尽可能地由很多多项式组成. 受这一想法的启发，我们产生了如下定义.

定义 13.3（阶）　如果所有不超过 $p-1$ 次的多项式 g 能由求积公式精确表示，则求积公式 $\{(b_i,c_i), i=1,\cdots,s\}$ 的阶（order）为 p，即

$$\int_0^1 g(\tau)\mathrm{d}\tau = \sum_{i=1}^{s} b_i g(c_i)$$

其中，多项式 g 的次数都小于或等于 $p-1$.

例 13.4　(a) 梯形法则的阶为 2.

(b)（通过构造的）辛普森法则的阶至少为 3.

以下命题给出了求积公式的阶的代数表征.

命题 13.5　当且仅当

$$\sum_{i=1}^{s} b_i c_i^{q-1} = \frac{1}{q}, \quad 1 \leqslant q \leqslant p$$

178

求积公式 $\{(b_i, c_i), i = 1, \cdots, s\}$ 的阶为 p.

证明　$p-1$ 次多项式 g 是单项式的线性组合

$$g(\tau) = \alpha_0 + \alpha_1 \tau + \cdots + \alpha_{p-1} \tau^{p-1}$$

又由于求积公式的积分和应用都是线性过程. 因此只需证明单项式

$$g(\tau) = \tau^{q-1}, \quad 1 \leqslant q \leqslant p$$

满足结论即可. 此时命题结论直接可由下式得出

$$\frac{1}{q} = \int_0^1 \tau^{q-1} \mathrm{d}\tau = \sum_{i=1}^{s} b_i g(c_i) = \sum_{i=1}^{s} b_i c_i^{q-1}$$

□

命题条件

$$\begin{aligned}
b_1 + b_2 + \cdots + b_s &= 1 \\
b_1 c_1 + b_2 c_2 + \cdots + b_s c_s &= \frac{1}{2} \\
b_1 c_1^2 + b_2 c_2^2 + \cdots + b_s c_s^2 &= \frac{1}{3} \\
&\vdots \\
b_1 c_1^{p-1} + b_2 c_2^{p-1} + \cdots + b_s c_s^{p-1} &= \frac{1}{p}
\end{aligned}$$

称为 p 阶条件. 如果给出了 s 个结点 $c_1, \cdots, c_i^s$，那么 p 阶条件是求积系数 b_i 的线性方程组，其中 b_i 未知. 如果求积结点互不相同，那么求积系数就可以由方程组唯一确定. 这表明，对于 s 个互不相同的求积结点，一定存在唯一的一个阶数 $p \geqslant s$ 的求积公式.

例 13.6　我们再来判定辛普森法则的阶. 由于

$$b_1 + b_2 + b_3 = \frac{1}{6} + \frac{2}{3} + \frac{1}{6} = 1$$

$$b_1c_1 + b_2c_2 + b_3c_3 = \frac{2}{3} \cdot \frac{1}{2} + \frac{1}{6} = \frac{1}{2}$$

$$b_1c_1^2 + b_2c_2^2 + b_3c_3^2 = \frac{2}{3} \cdot \frac{1}{4} + \frac{1}{6} = \frac{1}{3}$$

它的阶至少是 3（从构造方法就能够看出）. 但是，我们另外还有

$$b_1c_1^3 + b_2c_2^3 + b_3c_3^3 = \frac{4}{6} \cdot \frac{1}{8} + \frac{1}{6} = \frac{3}{12} = \frac{1}{4}$$

179 因此，辛普森法则的阶至少为 4.

最好的求积公式是高斯求积公式（精度高，计算量小）. 在此，我们不予证明而直接给出如下结果，具体证明见文献 [23] 的第 10 章的推论 10.1.

命题 13.7 *结点数为 s，阶数 $p > 2s$ 的求积公式是不存在的. 另一方面，对于任意的 $s \in \mathbb{N}$，存在（唯一）一个阶数 $p = 2s$ 的求积公式. 此公式称为结点数为 s 的高斯求积公式.*

对于 $s \leqslant 3$ 来说，高斯求积公式分别为

$$s = 1: c_1 = \frac{1}{2}, \quad b_1 = 1, \quad 2 \text{ 阶 (中点法则)};$$

$$s = 2: c_1 = \frac{1}{2} - \frac{\sqrt{3}}{6}, \quad c_2 = \frac{1}{2} + \frac{\sqrt{3}}{6}, \quad b_1 = b_2 = \frac{1}{2}, \quad 4 \text{ 阶};$$

$$s = 3: c_1 = \frac{1}{2} - \frac{\sqrt{15}}{10}, \quad c_2 = \frac{1}{2}, \quad c_3 = \frac{1}{2} + \frac{\sqrt{15}}{10},$$

$$b_1 = \frac{5}{18}, \quad b_2 = \frac{8}{18}, \quad b_3 = \frac{5}{18}, \quad 6 \text{ 阶}$$

13.2 精度与计算成本

下面的数值实验将说明求积公式的精度. 借助 2、4、6 阶高斯求积公式，计算如下两个积分

$$\int_0^3 \cos x \mathrm{d}x = \sin 3 \quad \text{和} \quad \int_0^1 x^{5/2} \mathrm{d}x = \frac{2}{7}$$

为此我们选取等距结点

$$x_j = a + jh, \quad j = 0, \cdots, N$$

其中 $h = (b - a)/N$，$N = 1, 2, 4, 8, 16, \cdots, 512$. 最后，我们在双对数图中绘制出计算成本相对于精度的函数图像.

求积公式计算成本的一种度量方法是需要估计的函数数量，简记为 fe. 对于一个有 s 个结点的求积函数来说，计算成本为

$$\text{fe} = s \cdot N$$

精度误差是误差的绝对值. 结果参见图 13.3. 从图中我们可以发现以下几点： 180

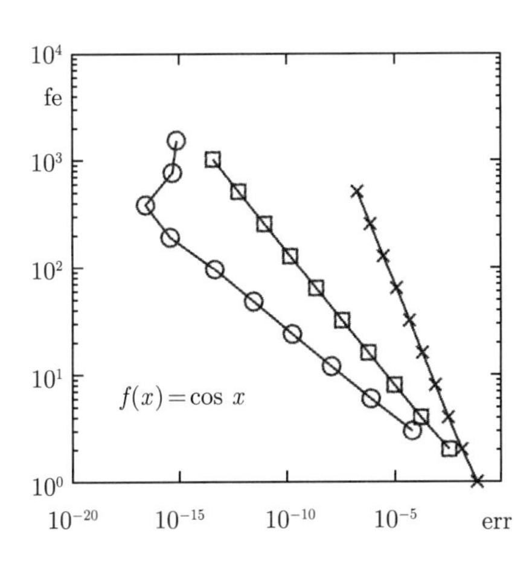

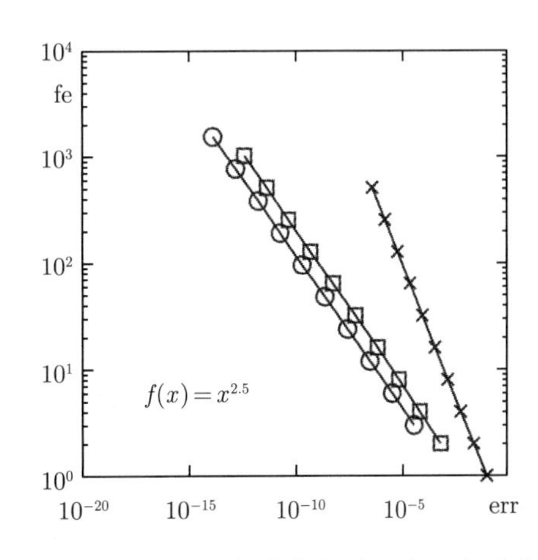

图 13.3 高斯求积公式的精度–成本图. 十字表示阶数为 2，结点数为 1 的高斯方法；方形表示阶数为 4，结点数为 2；圆形表示阶数为 6，结点数为 3

（a）函数图像是直线（只要不进入舍入误差的范围，如左图中结点数为 3 的高斯方法）.

（b）左图中直线的斜率为 $-1/p$，其中 p 是求积公式的阶数. 右图中只有 2 阶高斯方法的斜率为 $-1/p$，其他两种方法的直线斜率为 $-2/7$.

（c）当计算成本给定时，阶数越高，精度越高.

为了能更好地理解这一结果，我们将被积函数进行泰勒展开. 在长度为 h 的子区间 $[\alpha,\alpha+h]$ 中，我们有

$$f(\alpha+\tau h)=\sum_{q=0}^{p-1}\frac{h^q}{q!}f^{(q)}(\alpha)\tau^q+\mathcal{O}\left(h^p\right)$$

由于阶数为 p 的求积公式能够精确积分小于或等于 $p-1$ 次的多项式，因此 $p-1$ 次泰勒多项式能够被精确积分. 子区间内求积公式的误差与区间长度和被积函数的余项的乘积成正比，因此

$$h\cdot\mathcal{O}\left(h^p\right)=\mathcal{O}\left(h^{p+1}\right)$$

我们总共有 N 个子区间，因此，求积公式的总误差为

$$N\cdot\mathcal{O}\left(h^{p+1}\right)=Nh\cdot\mathcal{O}\left(h^p\right)=(b-a)\cdot\mathcal{O}\left(h^p\right)=\mathcal{O}\left(h^p\right)$$

所以，对于较小的 h，误差 err 近似为

$$\mathrm{err}\approx c_1\cdot h^p$$

181

进一步有

$$\mathrm{fe} = sN = s \cdot Nh \cdot h^{-1} = s \cdot (b-a) \cdot h^{-1} = c_2 \cdot h^{-1}$$

成立，从而

$$\log(\mathrm{fe}) = \log c_2 - \log h, \qquad \log(\mathrm{err}) \approx \log c_1 + p \cdot \log h$$

综上

$$\log(\mathrm{fe}) \approx c_3 - \frac{1}{p} \cdot \log(\mathrm{err})$$

这就解释了为什么图 13.3 左图中直线的斜率为 $-1/p$.

在图 13.3 右图中我们要注意的是，被积函数的二阶导数在点 0 处不连续. 因此不能使用上述的泰勒展开方法. 求积公式还可以检测高阶导数的不连续性，我们称之为阶数减小反应（order reduction），即此方法会显示出一个较低的阶数（比如图 13.3 右图中 $p = 7/2$）.

实验 13.8 使用高斯求积公式计算下列积分，并绘制出精度–成本图像：

$$\int_0^3 \sqrt{x}\mathrm{d}x, \qquad \int_1^2 \frac{\mathrm{d}x}{x}$$

通过修改图 13.3 所用到的 `mat13_1.m`、`mat13_2.m`、`mat13_3.m`、`mat13_4.m` 和 `mat13_5.m` 程序来完成练习.

用于计算数值积分的商业程序可以基于自动误差估计自适应地确定求积结点. 通常情况下用户可以指定所需精度. 在 MATLAB 中，你可以使用函数 `quad.m` 和 `quad1.m`.

13.3 练习

1. 计算 $\int_0^1 x^{100} \sin x \mathrm{d}x$. 首先使用 maple 确定被积数 f 的原函数 F. 然后估计 $F(1) - F(0)$ 的值，小数点位数的估计精度分别设为 10，50，100，200 和 400，并解释结果.
2. 求下面求积公式的阶：

182

$$b_1 = b_4 = \frac{1}{8}, \quad b_2 = b_3 = \frac{3}{8}, \quad c_1 = 0, \quad c_2 = \frac{1}{3}, \quad c_3 = \frac{2}{3}, \quad c_4 = 1$$

3. 根据下列求积结点，请给出唯一的 3 阶求积公式.

$$c_1 = \frac{1}{3}, \quad c_2 = \frac{2}{3}, \quad c_3 = 1$$

4. 根据下列求积结点，给出唯一的求积公式.

$$c_1 = \frac{1}{4}, \quad c_2 = \frac{1}{2}, \quad c_3 = \frac{3}{4}$$

它的阶是多少？

5. 使用 MATLAB 中的 quad.m 和 quad1.m 计算定积分，并用程序计算积分

$$\int_0^1 \mathrm{e}^{-x^2}\mathrm{d}x \quad , \qquad \int_0^1 \sqrt[3]{x}\mathrm{d}x$$

6. 证明公式

$$\pi = 4\int_0^1 \frac{\mathrm{d}x}{1+x^2} \quad , \quad \pi = 4\int_0^1 \sqrt{1-x^2}\mathrm{d}x$$

借助上述公式，通过数值积分的方法计算出 π 值. 将区间 $[0,1]$ 进行 N 等分 $(N = 10, 100, \cdots)$，并在这些子区间上使用辛普森法则. 为什么第一个公式得到的结果更准确？

7. 编写 MATLAB 程序，在任意给定的区间 $[a,b]$ 上，使用梯形法则和辛普森法则，估计出任意给定的（连续）函数的积分. 使用以上编写的程序对 11.4 节中的练习 7 ∼ 9 和 12.4 节中的练习 5 做出数值估计.

8. 使用练习 7 的程序生成以下高级函数的积分值查询表（从 $x = 0$ 到 $x = 10$，步长为 0.5)：

(a) 高斯误差函数

$$\mathrm{Erf}(x) = \frac{2}{\sqrt{\pi}}\int_0^x \mathrm{e}^{-y^2}\mathrm{d}y$$

(b) 正弦积分

$$\mathcal{S}i(x) = \int_0^x \frac{\sin y}{y}\mathrm{d}y$$

(c) 菲涅耳积分

$$\mathcal{S}(x) = \int_0^x \sin\left(\frac{\pi}{2}y^2\right)\mathrm{d}y$$

183

9.（计算期望值的实验）定义在区间 $[0,1]$ 的标准 β 分布族的概率密度为

$$f(x;r,s) = \frac{1}{B(r,s)}x^{r-1}(1-x)^{s-1}, \quad 0 \leqslant x \leqslant 1$$

其中 $r,s > 0$. $B(r,s) = \displaystyle\int_0^1 y^{r-1}(1-y)^{s-1}\mathrm{d}y$ 为 β 函数，若 r,s 非整数，β 函数则为超越函数. 对于整数 $r,s \geqslant 1$ 而言，其值为

$$B(r,s) = \frac{(r-1)!(s-1)!}{(r+s-1)!}$$

使用 MATLAB 的 quad.m 函数，给定整数 r 和 s（多实验几个不同的 r 与 s），计算其期望 $\mu(r,s) = \displaystyle\int_0^1 xf(x;r,s)\mathrm{d}x$，并根据实验结果猜测期望值 $\mu(r,s)$ 的一般表达式.

184

第 14 章 曲　　线

函数 $y = f(x)$ 的图像表示平面中的曲线. 但是对于更复杂的曲线，例如回路、自相交、分形维数的曲线，我们都很难用平面中的曲线表示. 本章的目的是介绍参数化曲线的概念，特别地，研究可微曲线的情况. 曲线轨迹的可视化、速度向量、活动标架和曲率这些概念都非常重要. 本章将介绍一些有趣的几何图形示例及其构造原理. 此外，讨论可微弧长的计算，并给出一个长度无限的连续有界曲线的例子. 本章最后给出空间曲线的一个简短的展望. 有关本章中所使用的向量代数，请参阅附录 A.

14.1 平面中的参数化曲线

命题 14.1 参数化平面曲线是区间 $[a,b]$ 到 $\mathbb{R}^2$ 的连续映射

$$t \mapsto \boldsymbol{x}(t) = \begin{bmatrix} x(t) \\ y(t) \end{bmatrix}$$

185 即 $t \mapsto x(t)$ 和 $t \mapsto y(t)$ 都是连续函数.[⊖] 变量 t 称为曲线的参数.

例 14.2 在高度 h 处投掷一个物体，其水平速度为 v_{H}，垂直速度为 v_{V}，其轨迹为

$$\begin{aligned} x(t) &= v_{\mathrm{H}} t, \\ y(t) &= h + v_{\mathrm{V}} t - \frac{g}{2} t^2, \end{aligned} \qquad 0 \leqslant t \leqslant t_0$$

其中 t_0 是方程 $h + v_{\mathrm{V}} t_0 - \frac{g}{2} t_0^2 = 0$ 的正解（冲击时间，参见图 14.1）. 在本例中，我们可以通过消除 t，用函数 $y = f(x)$ 的图像表示其轨迹（弹道曲线）. 由于 $t = x/v_{\mathrm{H}}$，所以

$$y = h + \frac{v_{\mathrm{V}}}{v_{\mathrm{H}}} x - \frac{g}{2 v_{\mathrm{H}}^2} x^2$$

例 14.3 以原点为中心，半径为 R 的圆的参数表示为

$$\begin{aligned} x(t) &= R\cos t, \\ y(t) &= R\sin t, \end{aligned} \qquad 0 \leqslant t \leqslant 2\pi$$

⊖ 关于向量符号，我们注意到这里的 $x(t), y(t)$ 其实代表的是 $\mathbb{R}^2$ 中的一个坐标点. 但是通常的做法是将此点写为位置向量（即列符号）.

在本例中，t 为位置向量与 x 轴正方向的夹角（参见图 14.1）. 分量 $x=x(t)$ 和 $y=y(t)$ 满足二次方程

$$x^2+y^2=R^2$$

然而我们不能将圆完整地表示为形式为 $y=f(x)$ 的函数图像.

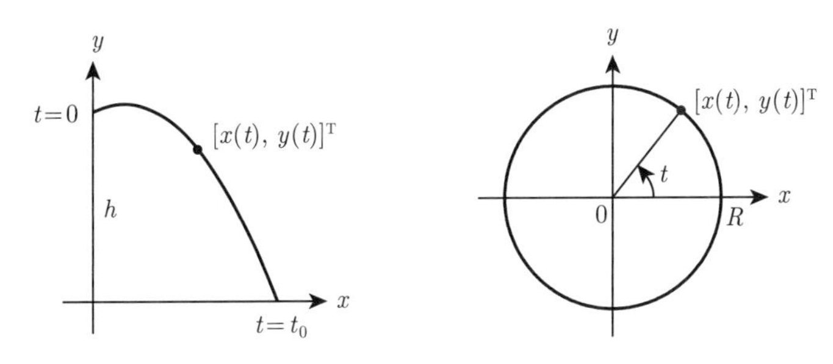

图 14.1 抛物轨迹与圆

实验 14.4 打开文件 mat14_1.m，并讨论里面提到的曲线. 比较文件 mat14_2.m 和 mat14_4.m，它们是相同的曲线吗？

实验 14.4 表明，我们可以将曲线静态地视为平面中的一组点，或者动态地将其视为移动点的轨迹. 这两种视角在应用中都非常重要.

186

运动学角度. 在运动学解释中，将曲线的参数 t 作为时间，曲线作为路径. 将同一几何对象的不同参数视为不同的曲线.

几何角度. 在几何解释中，位置、移动方向和循环次数都视为曲线的定义属性. 但是，这与特定的参数设置无关.

区间 $[\alpha,\beta]$ 到 $[a,b]$ 上的一个严格单调递增的连续映射，

$$\varphi:[\alpha,\beta]\to[a,b]$$

称为参数变化. 曲线

$$\tau\mapsto\boldsymbol{\xi}(\tau),\quad \alpha\leqslant\tau\leqslant\beta$$

称为曲线

$$t\mapsto\boldsymbol{x}(t),\quad a\leqslant t\leqslant b$$

的再参数化. 如果它是通过参数变化 $t=\varphi(\tau)$ 得到，即

$$\boldsymbol{\xi}(\tau)=\boldsymbol{x}(\varphi(\tau))$$

从几何角度确定了参数曲线 $\tau\mapsto\boldsymbol{\xi}(\tau)$ 和 $t\mapsto\boldsymbol{x}(t)$. **平面曲线**（plane curve）$\Gamma$ 是**参数曲线的等价类**（equivalence class of parametrised curves），参数曲线能够通过再参数化相互转换.

例 14.5 分析抛物线的一段，参数形式为

$$\Gamma : \boldsymbol{x}(t) = \begin{bmatrix} t \\ t^2 \end{bmatrix}, \quad -1 \leqslant t \leqslant 1$$

再参数化为

$$\varphi : \left[-\frac{1}{2}, \frac{1}{2}\right] \to [-1, 1], \quad \varphi(\tau) = 2\tau$$
$$\widetilde{\varphi} : [-1, 1] \to [-1, 1], \quad \widetilde{\varphi}(t) = \tau^3$$

结果为

187

$$\boldsymbol{\xi}(\tau) = \begin{bmatrix} 2\tau \\ 4\tau^2 \end{bmatrix}, \quad -\frac{1}{2} \leqslant \tau \leqslant \frac{1}{2}$$

和

$$\boldsymbol{\eta}(\tau) = \begin{bmatrix} \tau^3 \\ \tau^6 \end{bmatrix}, \quad -1 \leqslant \tau \leqslant 1$$

它们在几何上表示相同的曲线. 但是

$$\psi : [-1, 1] \to [-1, 1], \quad \psi(\tau) = -\tau$$
$$\widetilde{\psi} : [0, 1] \to [-1, 1], \quad \widetilde{\psi}(\tau) = -1 + 8\tau(1 - \tau)$$

不是再参数化而是生成其他的曲线，即

$$\boldsymbol{y}(\tau) = \begin{bmatrix} -\tau \\ \tau^2 \end{bmatrix}, \quad -1 \leqslant \tau \leqslant 1,$$
$$\boldsymbol{z}(\tau) = \begin{bmatrix} -1 + 8\tau(1 - \tau) \\ (-1 + 8\tau(1 - \tau))^2 \end{bmatrix}, \quad 0 \leqslant \tau \leqslant 1$$

在第一种情况中，Γ 的移动方向被反转，在第二种情况中，曲线被旋转两次.

实验 14.6 修改实验 14.4 的 M 文件，得出例 14.5 的曲线.

代数曲线. 下面的式子由含有两个变量的多项式的零点集得到. 例如，我们已经知道了抛物线和圆

$$y - x^2 = 0, \quad x^2 + y^2 - R^2 = 0$$

也可以用这种方式生成尖点和环.

例 14.7 尼尔[㊀]（Neil）抛物线

$$y^2 - x^3 = 0$$

在 $x = y = 0$ 处存在一个尖点（参见图 14.2）. 通常，我们从方程

$$y^2 - (x+p)x^2 = 0, \quad p \in \mathbb{R}$$

得到代数曲线. 当 $p > 0$ 时，有一个环. 例如这条曲线的参数表示为：

$$\begin{aligned} x(t) &= t^2 - p, \\ y(t) &= t(t^2 - p), \end{aligned} \qquad -\infty < t < \infty$$

188

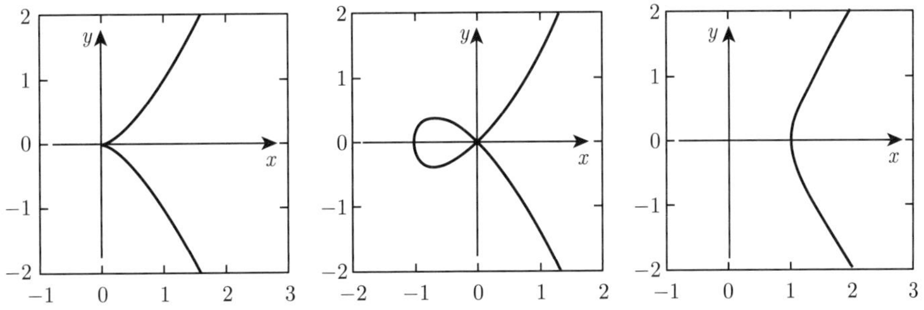

图 14.2 尼尔抛物线（左图）、α 曲线（中图）和椭圆曲线（右图）

接下来，我们将主要讨论由可微参数化给出的曲线.

定义 14.8 假设平面曲线 $\Gamma : t \mapsto \boldsymbol{x}(t)$ 有由 $t \mapsto x(t)$，$t \mapsto y(t)$ 组成的参数化，并且它们是可微的. 那么，Γ 称为**可微曲线**（differentiable curve）. 如果它们是 k 阶可微的，那么 Γ 称为 k 阶可微曲线.

可微曲线不一定是光滑的，可能有尖点和角点，如例 14.7 所示.

例 14.9（直线和半射线） 参数表示

$$t \mapsto \boldsymbol{x}(t) = \begin{bmatrix} x_0 \\ y_0 \end{bmatrix} + t \begin{bmatrix} r_1 \\ r_2 \end{bmatrix}, \quad -\infty < t < \infty$$

描述了在方向 $\boldsymbol{r} = [r_1, r_2]^{\mathrm{T}}$ 上经过点 $\boldsymbol{x}_0 = [x_0, y_0]^{\mathrm{T}}$ 的一条直线. 如果将参数 t 限制为 $0 \leqslant t < \infty$，则得到半射线. 参数

$$\boldsymbol{x}_{\mathrm{H}}(t) = \begin{bmatrix} x_0 \\ y_0 \end{bmatrix} + t^2 \begin{bmatrix} r_1 \\ r_2 \end{bmatrix}, \quad -\infty < t < \infty$$

㊀ 尼尔，1637—1670.

是一个通过半射线的双通道.

例 14.10（椭圆的参数表示） 椭圆的方程

189

$$\frac{x^2}{a^2}+\frac{y^2}{b^2}=1$$

的参数表示为（逆时针方向的单通道）

$$\begin{aligned} x(t) &= a\cos t, \\ y(t) &= b\sin t, \end{aligned} \qquad 0\leqslant t\leqslant 2\pi$$

该表达式代入椭圆的方程是成立的. 参数 t 的意义参见图 14.3.

例 14.11（双曲线的参数表示） 在 2.2 节已经介绍了双曲正弦和双曲余弦. 在那里得到了一个重要的等式

$$\cosh^2 t-\sinh^2 t=1$$

$$\begin{aligned} x(t) &= a\cos t, \\ y(t) &= b\sin t, \end{aligned} \qquad -\infty<t<\infty$$

是双曲线

$$\frac{x^2}{a^2}-\frac{y^2}{b^2}=1$$

右支的参数表示，参见图 14.4.

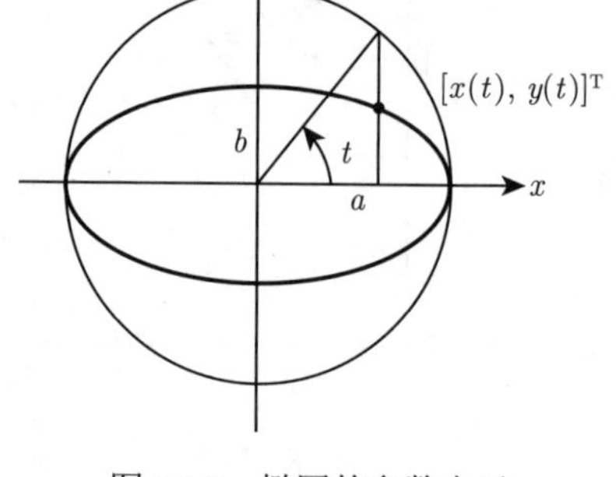

图 14.3　椭圆的参数表示

例 14.12（摆线） 半径为 R 的圆沿 x 轴滚动（无滑动）. 如果圆点 M 的起始位置为 $M=(0,R)$，在其旋转角度 t 后位置将为 $M_t=(Rt,R)$. 因此，起始位置为 $P=(0,R-A)$ 的点 P 移至 $P_t=M_t-(A\sin t,A\cos t)$.

190

P 点的轨迹称为**摆线**（cycloid）. 其参数表示为

$$\begin{aligned} x(t) &= Rt-A\sin t, \\ y(t) &= R-A\cos t, \end{aligned} \qquad -\infty<t<\infty$$

比较图 14.5 的导数和图 14.6 的一些可能的摆线形状.

定义 14.13　令 $\Gamma: t\mapsto \boldsymbol{x}(t)$ 是可微曲线. 关于曲线参数的位置向量的变化率

$$\dot{\boldsymbol{x}}(t)=\lim_{h\to 0}\frac{1}{h}\left(\boldsymbol{x}(t+h)-\boldsymbol{x}(t)\right)=\begin{bmatrix}\dot{x}(t)\\ \dot{y}(t)\end{bmatrix}$$

称为曲线在 $\boldsymbol{x}(t)$ 点的**速度向量**. 假如 $\dot{\boldsymbol{x}}(t)\neq\mathbf{0}$ 的**切线向量**（tangent vector）为

$$\boldsymbol{T}(t)=\frac{\dot{\boldsymbol{x}}(t)}{\|\dot{\boldsymbol{x}}(t)\|}=\frac{1}{\sqrt{\dot{x}^2(t)+\dot{y}^2(t)}}\begin{bmatrix}\dot{x}(t)\\ \dot{y}(t)\end{bmatrix}$$

法向量（normal vector）为

$$\boldsymbol{N}(t)=\frac{1}{\sqrt{\dot{x}^2(t)+\dot{y}^2(t)}}\begin{bmatrix}-\dot{y}(t)\\ \dot{x}(t)\end{bmatrix}$$

191

$(\boldsymbol{T}(t),\boldsymbol{N}(t))$ 称为**活动标架**（moving frame）. 假如曲线 Γ 是二阶可微的，则**加速度向量**（acceleration vector）为

$$\ddot{\boldsymbol{x}}(t)=\begin{bmatrix}\ddot{x}(t)\\ \ddot{y}(t)\end{bmatrix}$$

在运动学中，参数 t 是时间，$\dot{\boldsymbol{x}}(t)$ 是物理意义上的速度向量. 如果它不为零，则指向切线方向（作为割线向量的极限），切线向量是相同方向的单位向量. 将其沿逆时针旋转 90°，我们可以获得曲线的法向量，参见图 14.7.

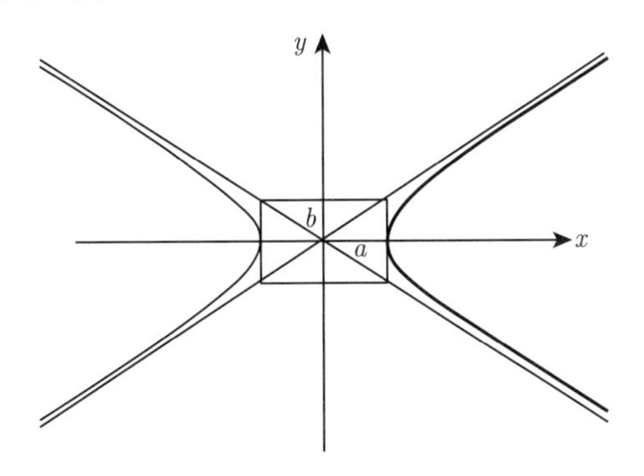

图 14.4 双曲线右支的参数表示

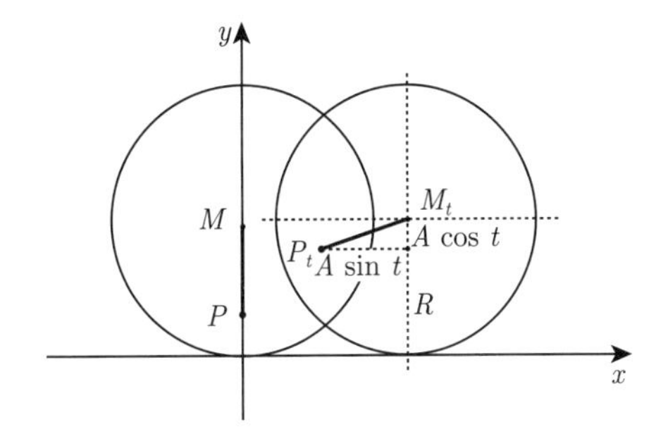

图 14.5 摆线的参数化

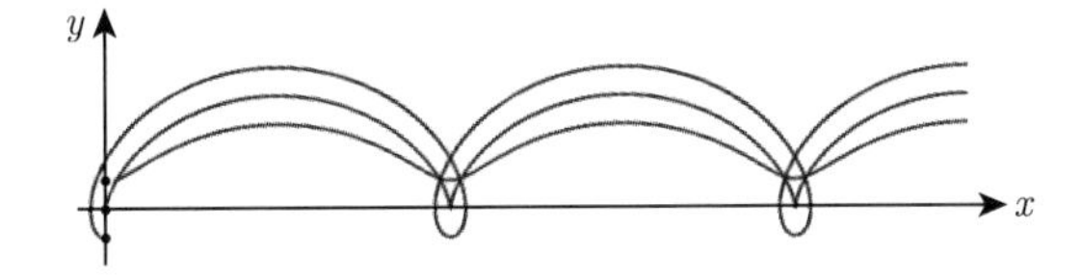

图 14.6 A 分别取 $R/2, R, 3R/2$ 的摆线

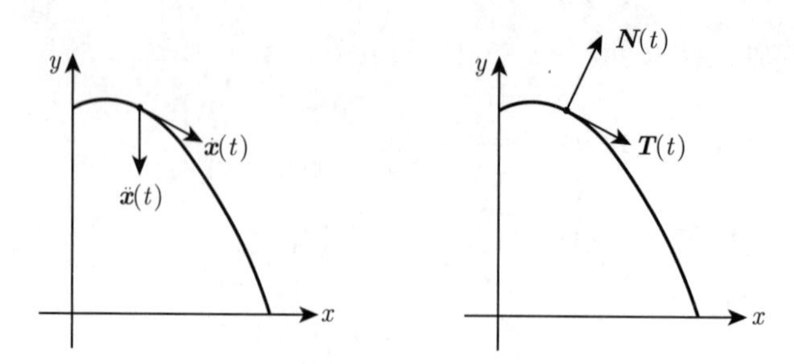

图 14.7 曲线的速度向量、加速度向量、切线向量、法向量

实验 14.14 打开 Java 小程序 Parametric curves in the plane. 绘制例 14.5 中的曲线以及相应的速度和加速度向量. 使用活动标架可视化运动曲线的变化.

例 14.15 从例 14.2 中的抛物线，我们得到

$$\dot{\boldsymbol{x}}(t) = v_{\mathrm{H}}, \qquad \ddot{\boldsymbol{x}}(t) = 0$$

$$\dot{\boldsymbol{y}}(t) = v_{\mathrm{V}} - gt, \quad \ddot{\boldsymbol{y}}(t) = -g$$

$$\boldsymbol{T}(t) = \frac{1}{\sqrt{v_{\mathrm{H}}{}^2 + (v_{\mathrm{V}} - gt)^2}} \begin{bmatrix} v_{\mathrm{H}} \\ v_{\mathrm{V}} - gt \end{bmatrix}$$

192

$$\boldsymbol{N}(t) = \frac{1}{\sqrt{v_{\mathrm{H}}{}^2 + (v_{\mathrm{V}} - gt)^2}} \begin{bmatrix} gt - v_{\mathrm{V}} \\ v_{\mathrm{H}} \end{bmatrix}$$

14.2 弧长和曲率

我们思考一个问题：如何将长度分配给曲线. 给出一条连续曲线

$$\varGamma : t \mapsto \boldsymbol{x}(t) = \begin{bmatrix} x(t) \\ y(t) \end{bmatrix}, \quad a \leqslant t \leqslant b$$

对于划分 Z：参数区间为 $a = t_0 < t_1 < \cdots < t_n = b$，我们考虑通过点

$$\boldsymbol{x}(t_0), \boldsymbol{x}(t_1), \cdots, \boldsymbol{x}(t_n)$$

的（内接）多边形链. $\varPhi(Z)$ 表示最大子区间的长度. 多边形链的长度为

$$L_n = \sum_{i=1}^{n} \sqrt{(x(t_i) - x(t_{i-1}))^2 + (y(t_i) - y(t_{i-1}))^2}$$

定义 14.16（有限长度的曲线） 假如当 $\varPhi(Z_n) \to 0$ 时，所有内接的多边形链 Z_n 的长度 L_n 收敛到一个（相同）极限，那么平面曲线 $\varGamma$ 称为**可求长的或者有限长的**.

例 14.17（科赫雪花） 在 9.1 节介绍了科赫雪花，科赫雪花作为一个有限区域的示例，其边界的分形维数为 $d = \log 4/\log 3$ 且无限长. 这可以通过以下事实证明：边界可以构造为长度趋于无穷大的多边形链的极限. 科赫雪花边界是连续的参数化曲线则有待验证. 可以看出，深度为 0 的雪花是等边三角形，例如顶点为 $\boldsymbol{p}_1, \boldsymbol{p}_2, \boldsymbol{p}_3 \in \mathbb{R}^2$. 使用单位区间 [0,1]，我们可以得到连续参数化形式

$$\boldsymbol{x}_0(t) = \begin{cases} \boldsymbol{p}_1 + 3t(\boldsymbol{p}_2 - \boldsymbol{p}_1), & 0 \leqslant t \leqslant \dfrac{1}{3}, \\ \boldsymbol{p}_2 + (3t-1)(\boldsymbol{p}_3 - \boldsymbol{p}_2), & \dfrac{1}{3} \leqslant t \leqslant \dfrac{2}{3}, \\ \boldsymbol{p}_3 + (3t-2)(\boldsymbol{p}_1 - \boldsymbol{p}_3), & \dfrac{2}{3} \leqslant t \leqslant 1. \end{cases}$$

我们对深度为 1 的雪花进行参数化：将三个区间 $\left[0, \dfrac{1}{3}\right], \left[\dfrac{1}{3}, \dfrac{2}{3}\right], \left[\dfrac{2}{3}, 1\right]$ 分别分为三个部分，并使用中间部分对插入的下一个较小角度进行参数化（参见图 14.8）. 按照这种方式，我们得到了一个参数化的序列

$$t \mapsto \boldsymbol{x}_0(t), t \mapsto \boldsymbol{x}_1(t), \cdots, t \mapsto \boldsymbol{x}_n(t), \cdots$$

193

这是 $[0,1] \to \mathbb{R}^2$ 的一个连续函数序列，由于其构造而一致收敛（请参阅定义 C.5）. 根据命题 C.6，极限函数

$$\boldsymbol{x}(t) = \lim_{n \to \infty} \boldsymbol{x}_n(t), \quad t \in [0,1]$$

是连续的（显然是参数化了科赫雪花边界）.

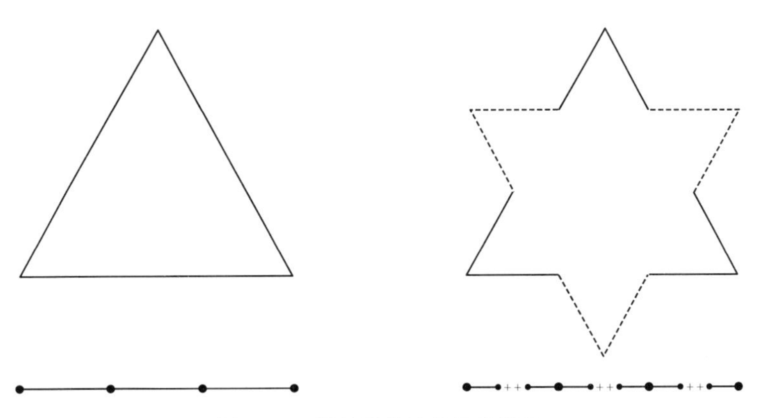

图 14.8 科赫雪花边界的参数化

该例子表明，即使曲线的参数仅在有界区间 $[a,b]$ 中变化，连续曲线也可以无限长. 下一个命题指出可微曲线不会出现这种行为.

命题 14.18（可微曲线的长度）　每个连续可微曲线 $t \mapsto \boldsymbol{x}(t)$, $t \in [a,b]$ 是可求长的. 它的长度为

$$L = \int_a^b \|\dot{\boldsymbol{x}}(t)\| \mathrm{d}t = \int_a^b \sqrt{\dot{x}^2(t) + \dot{y}^2(t)} \mathrm{d}t$$

证明　我们仅给出速度向量 $\boldsymbol{x}(t)$ 的分量为利普希茨（Lipschitz）连续的较为简单情况的证明（见附录 C.4），例如具有利普希茨常数 C. 我们从区间 $[a,b]$ 的划分 Z 开始：$a = t_0 < t_1 < \cdots < t_n = b$ 以及有相应的 $\Phi(Z)$. 定义 L 的积分是黎曼和的极限，则

$$\int_a^b \sqrt{\dot{x}^2(t) + \dot{y}^2(t)} \mathrm{d}t = \lim_{n \to \infty, \Phi(Z) \to 0} \sum_{i=1}^n \sqrt{\dot{x}^2(\tau_i) + \dot{y}^2(\tau_i)} (t_i - t_{i-1})$$

其中 $\tau_i \in [t_{i-1}, t_i]$. 另一方面，根据命题 8.4 中值定理，通过 $\boldsymbol{x}(t_0), \boldsymbol{x}(t_1), \cdots, \boldsymbol{x}(t_n)$ 的内接多边形链的长度等于

194

$$\sum_{i=1}^n \sqrt{(x(t_i) - x(t_{i-1}))^2 + (y(t_i) - y(t_{i-1}))^2} = \sum_{i=1}^n \sqrt{\dot{x}^2(\rho_i) + \dot{y}^2(\sigma_i)} (t_i - t_{i-1})$$

对于确定的 $\rho_i, \sigma_i \in [t_{i-1}, t_i]$. 为了估计黎曼和与内接多边形链的长度的差，我们使用不等式（平面向量中的三角形不等式）

$$|\sqrt{a^2 + b^2} - \sqrt{c^2 + d^2}| \leqslant \sqrt{(a-c)^2 + (b-d)^2}$$

该不等式可以通过平方直接验证. 应用这个不等式得

$$\begin{aligned}
&\left| \sqrt{\dot{x}^2(\tau_i) + \dot{y}^2(\tau_i)} - \sqrt{\dot{x}^2(\rho_i) + \dot{y}^2(\sigma_i)} \right| \\
\leqslant &\sqrt{(\dot{x}(\tau_i) - \dot{x}(\rho_i))^2 + (\dot{y}(\tau_i) - \dot{y}(\sigma_i))^2} \\
\leqslant &\sqrt{C^2(\tau_i - \rho_i)^2 + C^2(\tau_i - \sigma_i)^2} \\
\leqslant &\sqrt{2} C \Phi(Z)
\end{aligned}$$

对黎曼和与多边形链的长度做差，可以得到估计

$$\begin{aligned}
&\left| \sum_{i=1}^n \left(\sqrt{\dot{x}^2(\tau_i) + \dot{y}^2(\tau_i)} - \sqrt{\dot{x}^2(\rho_i) + \dot{y}^2(\sigma_i)} \right) (t_i - t_{i-1}) \right| \\
\leqslant &\sqrt{2} C \Phi(Z) \sum_{i=1}^n (t_i - t_{i-1}) = \sqrt{2} C \Phi(Z) (b-a)
\end{aligned}$$

令 $\Phi(Z) \to 0$，差趋近于零. 因此，黎曼和与内接多边形链的长度具有相同的极限，即 L.

速度向量的分量不是利普希茨连续的证明与一般情况的证明是相似的. 但是，还需要用到：有界封闭区间上的连续函数是一致连续的. 附录 C.4 结尾部分对此进行了简要介绍.

例 14.19（圆弧的长度） 半径为 R 的圆的参数表示及其导数如下：

$$\begin{aligned} x(t) &= R\cos t, \quad \dot{x}(t) = -R\sin t, \\ y(t) &= R\sin t, \quad \dot{y}(t) = R\cos t, \end{aligned} \qquad 0 \leqslant t \leqslant 2\pi$$

因此，圆的周长为

$$L = \int_0^{2\pi} \sqrt{(-R\sin t)^2 + (R\cos t)^2}\mathrm{d}t = \int_0^{2\pi} R\mathrm{d}t = 2R\pi$$

195

实验 14.20 在 MATLAB 程序 mat14_5.m 中，使用内接多边形链来估算单位圆的周长. 调试程序，使其可以估算任意微分曲线的长度.

定义 14.21（弧长） 令 $t \mapsto \boldsymbol{x}(t)$ 为可微曲线. 从初始参数值 a 到当前参数值 t 的曲线段的长度称为**弧长** (arc length)，

$$s = L(t) = \int_a^t \sqrt{\dot{x}^2(\tau) + \dot{y}^2(\tau)}\mathrm{d}\tau$$

弧长 s 是严格单调增的，连续（甚至是连续可微）函数. 因此，适合再参数化 $t = L^{-1}(s)$. 曲线

$$s \mapsto \boldsymbol{\xi}(s) = \boldsymbol{x}(L^{-1}(s))$$

称为**弧长参数化**.

接着，令 $t \mapsto \boldsymbol{x}(t)$ 为可微曲线（平面上），切线向量与 x 轴正向的夹角表示为 $\varphi(t)$，即

$$\tan\varphi(t) = \frac{\dot{y}(t)}{\dot{x}(t)}$$

定义 14.22（平面曲线的曲率） 平面中可微曲线的**曲率** (curvature) 是角度 φ 关于弧长的变化率，

$$\kappa = \frac{\mathrm{d}\varphi}{\mathrm{d}s} = \frac{\mathrm{d}}{\mathrm{d}s}\varphi(L^{-1}(s))$$

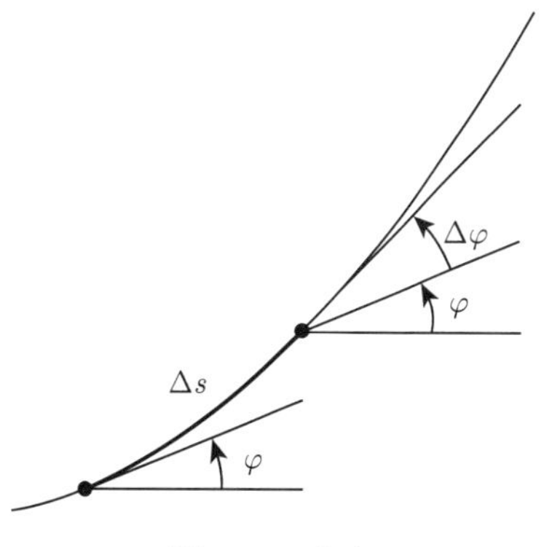

图 14.9 曲率

图 14.9 对该定义进行了演示. 如果 φ 是弧长 s 处的角度，并且 $\varphi + \Delta\varphi$ 是弧长 $s + \Delta s$ 处的角度，那么 $\kappa = \lim_{\Delta s \to 0} \dfrac{\Delta\varphi}{\Delta s}$. 这表明 κ 的值和曲率的直观含义相对应. 请注意，平面曲线的曲率带有符号. 换向移动时，符号会发生变化.

命题 14.23　在曲线上的点 $(x(t), y(t))$ 处，二阶连续可微曲线的曲率是

196

$$\kappa=\frac{\dot{x}(t)\ddot{y}(t)-\dot{y}(t)\ddot{x}(t)}{\left(\dot{x}^2(t)+\dot{y}^2(t)\right)^{3/2}}$$

证明　根据链式法则和反函数法则，得到

$$\kappa=\frac{\mathrm{d}}{\mathrm{d}s}\varphi(L^{-1}(s))=\dot{\varphi}(L^{-1}(s))\cdot\frac{\mathrm{d}}{\mathrm{d}s}L^{-1}(s)=\dot{\varphi}(L^{-1}(s))\cdot\frac{1}{\dot{L}(L^{-1}(s))}$$

对弧长

$$s=L(t)=\int_a^t\sqrt{\dot{x}^2(\tau)+\dot{y}^2(\tau)}\mathrm{d}\tau$$

关于 t 求微分，得

$$\frac{\mathrm{d}s}{\mathrm{d}t}=\dot{L}(t)=\sqrt{\dot{x}^2(t)+\dot{y}^2(t)}$$

对 $\tan\varphi(t)=\dot{y}(t)/\dot{x}(t)$ 求微分，得

$$\dot{\varphi}(t)(1+\tan^2\varphi(t))=\frac{\dot{x}(t)\ddot{y}(t)-\dot{y}(t)\ddot{x}(t)}{\dot{x}^2(t)}$$

将上面的表达式中的 $\tan\varphi(t)$ 替换掉并化简，得

$$\dot{\varphi}(t)=\frac{\dot{x}(t)\ddot{y}(t)-\dot{y}(t)\ddot{x}(t)}{\dot{x}^2(t)+\dot{y}^2(t)}$$

如果考虑 $t=L^{-1}(s)$，那么在证明的开始，将推导出的表达式 $\dot{\varphi}(t)$ 和 $\dot{L}(t)$ 带入 κ 中，得

$$\kappa(t)=\frac{\dot{\varphi}(t)}{\dot{L}(t)}=\frac{\dot{x}(t)\ddot{y}(t)-\dot{y}(t)\ddot{x}(t)}{\left(\dot{x}^2(t)+\dot{y}^2(t)\right)^{3/2}}$$

197　这是所需要的论断. □

注 14.24　作为特殊情况，二阶微分函数 $y=f(x)$ 的曲率为

$$\kappa(x)=\frac{f''(x)}{(1+(f'(x))^2)^{3/2}}$$

通过使用参数化 $x=t, y=f(t)$，可以很容易从上述命题中得出结论.

例 14.25　沿正方向移动的半径为 R 的圆，其曲率是一个常数且等于 $\kappa=\dfrac{1}{R}$.

$$x(t)=R\cos t,\quad \dot{x}(t)=-R\sin t,\quad \ddot{x}(t)=-R\cos t$$

$$y(t) = R\sin t, \quad \dot{y}(t) = R\cos t, \quad \ddot{y}(t) = -R\sin t$$

因此

$$\kappa = \frac{R^2\sin^2 t + R^2\cos^2 t}{(R^2\sin^2 t + R^2\cos^2 t)^{3/2}} = \frac{1}{R}$$

从几何分析中获得了相同的结果. 在点 $(x, y) = (R\cos t, R\sin t)$ 处，切线向量与 x 轴正方向的夹角 φ 等于 $t + \pi/2$，并且弧长为 $s = Rt$. 因此，$\varphi = s/R + \pi/2$ 关于 s 微分得到 $\kappa = 1/R$.

定义 14.26 在可微曲线的某点处的**密切圆**（osculating circle）是与曲线有相同切线和曲率的圆.

根据例 14.25，得出该密切圆的半径为 $\dfrac{1}{|\kappa(t)|}$，圆心 $\boldsymbol{x}_c(t)$ 位于曲线的法线上. 圆心为

$$\boldsymbol{x}_c(t) = \boldsymbol{x}(t) + \frac{1}{|\kappa(t)|}\boldsymbol{N}(t)$$

例 14.27（回旋曲线） **回旋曲线**（clothoid）是曲率与其弧长成比例的曲线. 在应用中，它用作直线（曲率为 0）到圆弧（曲率为 $\dfrac{1}{R}$）的连接，用于铁路工程和道路设计. 它的定义为

$$\kappa(s) = \frac{\mathrm{d}\varphi}{\mathrm{d}s} = c \cdot s$$

对于 $c \in \mathbb{R}$. 如果在 $s = 0$ 处以曲率 0 开始，则角度等于

$$\varphi(s) = \frac{c}{2}s^2$$

198

我们用 s 作为曲线参数.

对如下关系式

$$s = \int_0^s \sqrt{\dot{x}^2(\sigma) + \dot{y}^2(\sigma)}\mathrm{d}\sigma$$

求微分，得

$$1 = \sqrt{\dot{x}^2(s) + \dot{y}^2(s)}$$

因此，由弧长参数化的曲线的速度向量的长度为 1. 这意味着

$$\frac{\mathrm{d}x}{\mathrm{d}s} = \cos\varphi(s), \quad \frac{\mathrm{d}y}{\mathrm{d}s} = \sin\varphi(s)$$

从这里我们可以计算曲线的参数化：

$$x(s)=\int_0^s \frac{\mathrm{d}x}{\mathrm{d}s}(\sigma)\mathrm{d}\sigma=\int_0^s \cos\varphi(\sigma)\mathrm{d}\sigma=\int_0^s \cos\varphi\left(\frac{c}{2}\sigma^2\right)\mathrm{d}\sigma$$

$$y(s)=\int_0^s \frac{\mathrm{d}y}{\mathrm{d}s}(\sigma)\mathrm{d}\sigma=\int_0^s \sin\varphi(\sigma)\mathrm{d}\sigma=\int_0^s \sin\varphi\left(\frac{c}{2}\sigma^2\right)\mathrm{d}\sigma$$

因此，曲线的分量由菲涅尔积分给出. 曲线的形状如图 14.10 所示，其数值计算可以在 MATLAB 程序 mat14_6.m 中看到.

199

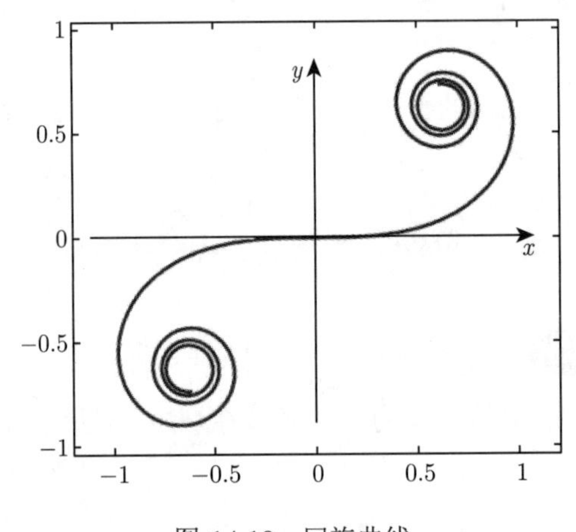

图 14.10　回旋曲线

14.3　极坐标中的平面曲线

极坐标形式的参数表示为

$$x(t)=r(t)\cos t$$

$$y(t)=r(t)\sin t$$

其中，t 是角度，$r(t)$ 是半径. 我们获得了一个可以表示许多曲线的方法，并且在射线的相反方向上以角度 t 绘制负半径.

例 14.28（螺旋）　定义**阿基米德**[㊀]**螺旋**（Archimedean spiral）

$$r(t)=t,\quad 0\leqslant t<\infty$$

对数螺旋（logarithmic spiral）

$$r(t)=\mathrm{e}^t,\quad -\infty<t<\infty$$

㊀ 阿基米德，公元前 287—公元前 212.

双曲螺旋（hyperbolic spiral）

$$r(t)=\frac{1}{t},\quad 0<t<\infty$$

这些螺旋的典型部分参见图 14.11.

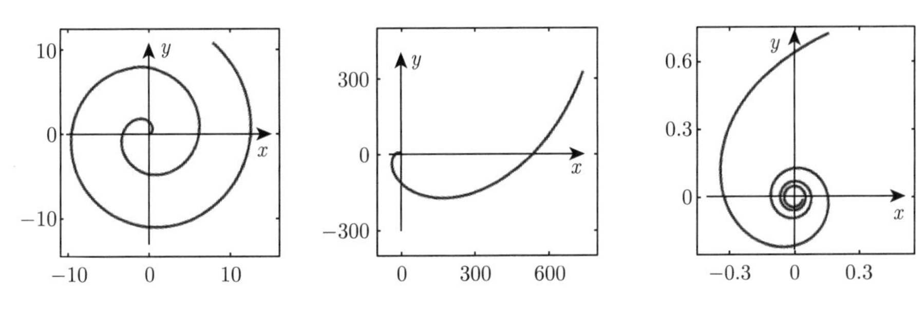

图 14.11 阿基米德螺旋、对数螺旋和双曲螺旋

实验 14.29 利用缩放工具（使用 M 文件 `mat14_7.m`）研究原点附近的对数螺旋的行为.

例 14.30（环） 通过选择 $r(t)=\cos nt$, $n\in\mathbb{N}$ 可获得环. 在笛卡儿坐标系中，参数表示形式为

$$x(t)=\cos(nt)\cos t$$
$$y(t)=\cos(nt)\sin t$$

200

选择 $n=1$，获得半径为 $\frac{1}{2}$，圆心为 $\left(\frac{1}{2},0\right)$ 的圆，奇数 n 获得 n 片叶，偶数 n 获得 $2n$ 片叶，参见图 14.12 和图 14.13.

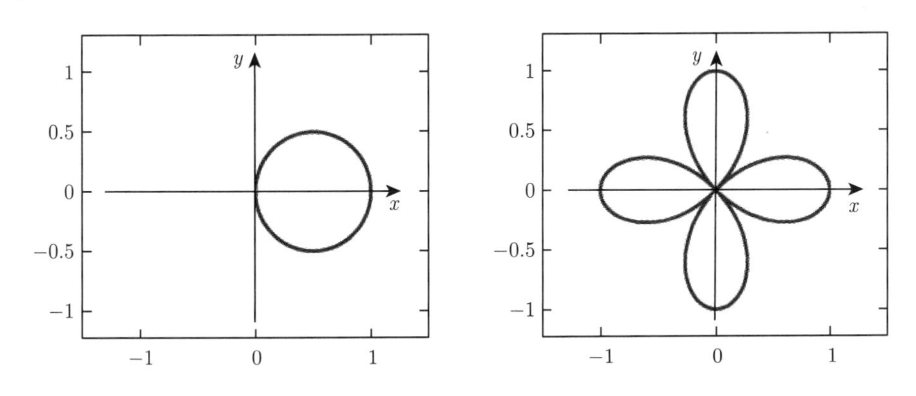

图 14.12 $r=\cos t$ 和 $r=\cos 2t$ 的环

图 14.13 中的“8”字形图是分别通过 $r=\sqrt{\cos 2t}$ 和 $r=-\sqrt{\cos 2t}$ 得到的. 当 $-\frac{\pi}{4}<t<\frac{\pi}{4}$ 时，正根表示右叶，负根表示左叶. 这条曲线称为**双纽线**（lemniscate）.

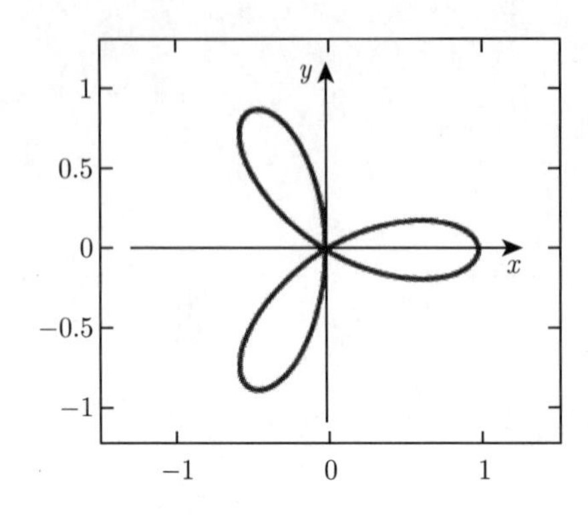

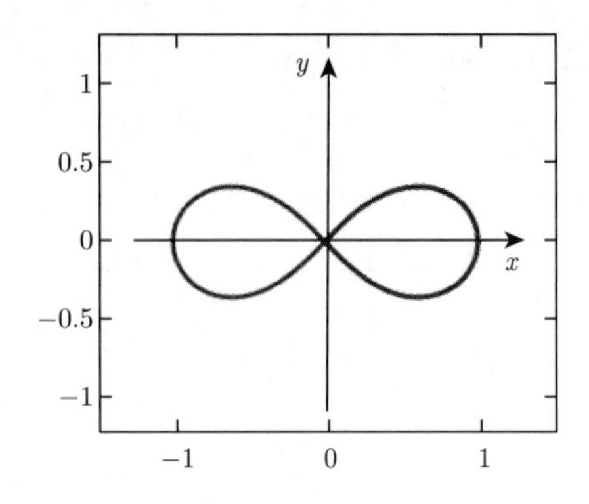

图 14.13　$r = \cos 3t$ 和 $r = \pm\sqrt{\cos 2t}$ 的环

例 14.31（心形线）　**心形线**（cardioid）是特殊的外摆线，其中一个圆围绕另一个半径为 A 的圆滚动. 其参数表示为

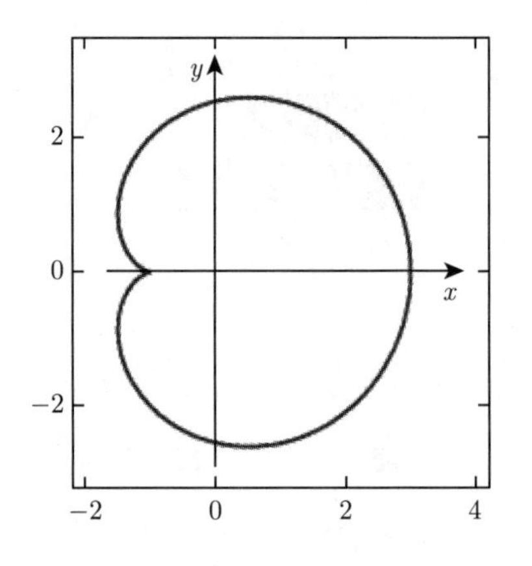

图 14.14　$A = 1$ 的心形线

$$x(t) = 2A\cos t + A\cos 2t$$

$$y(t) = 2A\sin t + A\sin 2t$$

201　其中 $0 \leqslant t \leqslant 2\pi$. 半径 $A = 1$ 的心形线如图 14.14 所示.

14.4　参数化的空间曲线

与平面曲线相同，空间的参数化曲线定义为区间 $[a, b]$ 到 $\mathbb{R}^3$ 的连续映射，

$$t \mapsto \boldsymbol{x}(t) = \begin{bmatrix} x(t) \\ y(t) \\ z(t) \end{bmatrix}, \quad a \leqslant t \leqslant b$$

如果 $t \mapsto \boldsymbol{x}(t)$，$t \mapsto \boldsymbol{y}(t)$，$t \mapsto \boldsymbol{y}(t)$ 都是可微的实值函数，那么曲线称为**可微的**.

在空间中，可微曲线的速度和切线向量定义为

$$\dot{\boldsymbol{x}}(t) = \begin{bmatrix} \dot{x}(t) \\ \dot{y}(t) \\ \dot{z}(t) \end{bmatrix}, \quad \boldsymbol{T}(t) = \frac{\dot{\boldsymbol{x}}(t)}{\|\dot{\boldsymbol{x}}(t)\|} = \frac{1}{\sqrt{\dot{x}^2(t) + \dot{y}^2(t) + \dot{z}^2(t)}} \begin{bmatrix} \dot{x}(t) \\ \dot{y}(t) \\ \dot{z}(t) \end{bmatrix}$$

二阶导数 $\ddot{\boldsymbol{x}}(t)$ 是加速度向量. 在空间情况下，曲线有一个由**法向量**

$$\boldsymbol{N}(t) = \frac{1}{\|\dot{\boldsymbol{T}}(t)\|}\dot{\boldsymbol{T}}(t)$$

张成的**法平面**（normal plane）. 如果 $\dot{\boldsymbol{x}}(t) \neq 0$，$\dot{\boldsymbol{T}}(t) \neq 0$，那么**副法线向量**（binormal vector）

$$\boldsymbol{B}(t) = \boldsymbol{T}(t) \times \boldsymbol{N}(t)$$

公式

$$0 = \frac{\mathrm{d}}{\mathrm{d}t}1 = \frac{\mathrm{d}}{\mathrm{d}t}\|\boldsymbol{T}(t)\|^2 = 2\langle \boldsymbol{T}(t), \dot{\boldsymbol{T}}(t)\rangle$$

（能够通过简单的计算验证）意味着 $\dot{\boldsymbol{T}}(t)$ 垂直于 $\boldsymbol{T}(t)$. 因此，三个向量 $(\boldsymbol{T}(t), \boldsymbol{N}(t), \boldsymbol{B}(t))$ 在 $\mathbb{R}^3$ 中形成正交基，称为曲线的**活动标架**.

空间曲线的**可求长性**（rectifiability）的定义类似于平面曲线的定义 14.16. 空间中可微曲线的**长度**可以通过以下公式计算

$$L = \int_a^b \|\dot{\boldsymbol{x}}(t)\|\mathrm{d}t = \int_a^b \sqrt{\dot{x}^2(t) + \dot{y}^2(t) + \dot{z}^2(t)}\mathrm{d}t$$

同样，与平面情况类似地定义**弧长**（参见定义 14.21）.

202

例 14.32（螺旋）　螺旋的参数表示为

$$\boldsymbol{x}(t) = \begin{bmatrix} \cos t \\ \sin t \\ t \end{bmatrix}, \quad -\infty < t < \infty$$

我们得到

$$\dot{\boldsymbol{x}}(t) = \begin{bmatrix} -\sin t \\ \cos t \\ 1 \end{bmatrix}, \quad \boldsymbol{T}(t) = \frac{1}{\sqrt{2}} \begin{bmatrix} -\sin t \\ \cos t \\ 1 \end{bmatrix},$$

$$\dot{\boldsymbol{T}}(t) = \frac{1}{\sqrt{2}} \begin{bmatrix} -\cos t \\ -\sin t \\ 0 \end{bmatrix}, \quad \boldsymbol{N}(t) = \begin{bmatrix} -\cos t \\ -\sin t \\ 0 \end{bmatrix}$$

与副法线向量

$$\boldsymbol{B}(t) = \frac{1}{\sqrt{2}} \begin{bmatrix} -\sin t \\ \cos t \\ 1 \end{bmatrix} \times \begin{bmatrix} -\cos t \\ -\sin t \\ 0 \end{bmatrix} = \frac{1}{\sqrt{2}} \begin{bmatrix} \sin t \\ -\cos t \\ 1 \end{bmatrix}$$

从原点算起，螺旋线弧长的公式特别简单：

$$L(t) = \int_0^t \|\dot{\boldsymbol{x}}(\tau)\|\mathrm{d}\tau = \int_0^t \sqrt{2}\mathrm{d}\tau = \sqrt{2}t$$

203

使用 MATLAB 命令绘制图 14.15

$$\mathtt{t = 0 : pi/100 : 6*pi;}$$

$$\mathtt{plot3(cos(t), sin(t), t/10).}$$

Java 小程序 Parametric curves in space 为空间中的这些曲线和其他曲线及其活动标架提供了动态可视化的可能性.

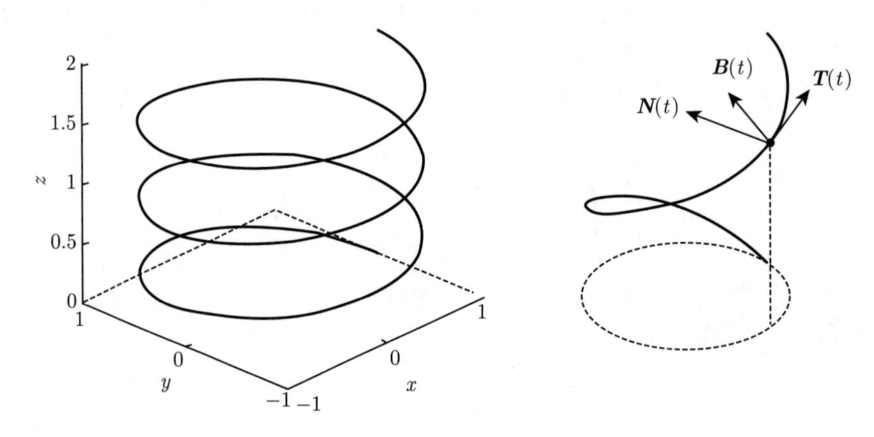

图 14.15　具有切线、法线和副法线向量的螺旋

14.5　练习

1. 找出由多项式 $y^2-x(x^2-1)=0$ 的零集所表示的几何形式. 在 maple 中使用命令 `implicitplot` 可视化曲线. 你能将它参数化为连续曲线吗?
2. 验证代数曲线 $y^2-(x+p)x^2=0,\ p\in\mathbb{R}$（参见例 14.7）能被以下式子参数化:

$$\begin{aligned} x(t) &= t^2-p, \\ y(t) &= t(t^2-p), \end{aligned} \qquad -\infty < t < \infty$$

   在 maple 中使用命令 `implicitplot` 可视化 $p=-1,0,1$ 时的曲线.
3. 利用 MATLAB 或者 maple，研究图 Lissajous[㊀]的形状

$$x(t)=\sin(w_1 t), \quad y(t)=\cos(w_2 t)$$

   和

$$x(t)=\sin(w_1 t), \quad y(t)=\cos\left(w_2 t+\frac{\pi}{2}\right)$$

㊀ J.A. Lissajous，1822—1880.

分别考虑 $w_2 = w_1$，$w_2 = 2w_1$，$w_2 = \frac{3}{2}w_1$ 的情况，并且解释其结果.

以下练习使用 Java 小程序 Parametric curves in plane 和 Parametric curves in space.

4.（a）利用 Java 小程序分析摆线的最大速度 ($\|\dot{\boldsymbol{x}}\| \to \max$)，并手动检查结果.

$$\begin{aligned} x(t) &= t - 2\sin t, \\ y(t) &= 1 - 2\cos t, \end{aligned} \quad -2\pi \leqslant t \leqslant 2\pi$$

204

（b）当 $n = 1, 2, 3, 4, 5$ 时，利用 Java 小程序（绘制活动标架）讨论和解释环的形状

$$\begin{aligned} x(t) &= \cos nt \sin t, \\ y(t) &= \cos nt \sin t, \end{aligned} \quad 0 \leqslant t \leqslant 2\pi$$

5. 使用 Java 小程序研究以下曲线的速度和加速度. 通过计算曲线的水平切线 ($\dot{x}(t) \neq 0, \dot{y}(t) = 0$)，或者垂直切线 ($\dot{x}(t) = 0, \dot{y}(t) \neq 0$)，是奇异的 ($\dot{x}(t) = 0, \dot{y}(t) = 0$) 来验证结果.

（a） 摆线

$$\begin{aligned} x(t) &= t - \sin t, \\ y(t) &= 1 - \cos t, \end{aligned} \quad -2\pi \leqslant t \leqslant 2\pi$$

（b） 心形线

$$\begin{aligned} x(t) &= 2\cos t + \cos 2t, \\ y(t) &= 2\sin t + \sin 2t, \end{aligned} \quad 0 \leqslant t \leqslant 2\pi$$

6. 分析和解释曲线的轨迹：

$$\boldsymbol{x}(t) = \begin{bmatrix} 1 - 2t^2 \\ (1 - 2t^2)^2 \end{bmatrix}, \quad -1 \leqslant t \leqslant 1,$$

$$\boldsymbol{y}(t) = \begin{bmatrix} \cos t \\ \cos^2 t \end{bmatrix}, \quad 0 \leqslant t \leqslant 2\pi,$$

$$\boldsymbol{z}(t) = \begin{bmatrix} t\cos t \\ t^2 \cos^2 t \end{bmatrix}, \quad -2 \leqslant t \leqslant 2$$

这些曲线（在几何上）是否等价？

7.（a）计算双曲线分支的曲率 $\kappa(t)$：

$$\begin{aligned} x(t) &= \cosh t, \\ x(t) &= \sinh t, \end{aligned} \quad -\infty < t < \infty$$

（b）确定其在 $t=0$ 时的密切圆（圆心和半径）.

8. 考虑椭圆

$$\boldsymbol{x}(t)=\begin{bmatrix}2\cos t\\ \sin t\end{bmatrix},\quad -\pi\leqslant t\leqslant\pi$$

（a） 计算其速度向量 $\dot{\boldsymbol{x}}(t)$、加速度向量 $\ddot{\boldsymbol{x}}(t)$ 以及活动标架 $(\boldsymbol{T}(t),\boldsymbol{N}(t))$.

205

（b） 计算其曲率 $\kappa(t)$ 和确定其在 $t=0$ 时的密切圆（圆心和半径）.

9.（a）分析天体的轨迹

$$\boldsymbol{x}(t)=\begin{bmatrix}\cos^3 t\\ \sin^3 t\end{bmatrix},\quad 0\leqslant t\leqslant 2\pi$$

（b）计算位于第一象限中的星形线的长度.

10.（a）计算对数螺旋的速度向量 $\dot{\boldsymbol{x}}(t)$ 以及活动标架 $(\boldsymbol{T}(t),\boldsymbol{N}(t))$.

$$\boldsymbol{x}(t)=\begin{bmatrix}\mathrm{e}^t\cos t\\ \mathrm{e}^t\sin t\end{bmatrix},\quad 0\leqslant t\leqslant \pi/2$$

在区间 $[0,\pi/2]$ 中的哪个点有垂直切线？

（b）计算这段弧的长度. 推导其弧长公式 $s=L(t)$.

（c）通过弧长重新参数化螺旋，即计算 $\boldsymbol{\xi}(s)=\boldsymbol{x}(L^{-1}(s))$ 和验证 $\|\dot{\boldsymbol{\xi}}(s)\|=1$.

11.（割线和割线函数的应用）分析在极坐标中确定的平面曲线

$$r(t)=\sec t,\ -\pi/2<t<\pi/2\quad 和\quad r(t)=\csc t,\ 0<t<\pi$$

12.（a）在 $(x_0,y_0)=(1,1)$ 处确定函数 $y=1/x$ 的图的切线和法线，并计算该点的曲率.

（b）当 $x\geqslant 1$ 时，假设函数 $y=1/x$ 的图像用 x_0 处的圆弧代替. 找到允许平滑过渡（相同切线，相同曲率）的圆的中心和半径.

13.（a）利用小程序分析空间曲线

$$\boldsymbol{x}(t)=\begin{bmatrix}\cos t\\ \sin t\\ 2\sin\dfrac{t}{2}\end{bmatrix},\quad 0\leqslant t\leqslant 4\pi$$

（b）检查曲线是否为圆柱 $x^2+y^2=1$ 和球 $(x+1)^2+y^2+z^2=4$ 的交点.

提示：使用 $\sin^2\dfrac{t}{2}=\dfrac{1}{2}(1-\cos t)$.

14. 利用 MATLAB、maple 以及其他程序，绘制和讨论如下空间曲线：

$$\boldsymbol{x}(t)=\begin{bmatrix} t\cos t \\ t\sin t \\ 2t \end{bmatrix}, \quad 0 \leqslant t < \infty$$

206

和

$$\boldsymbol{x}(t)=\begin{bmatrix} \cos t \\ \sin t \\ 0 \end{bmatrix}, \quad 0 \leqslant t \leqslant 4\pi$$

15. 绘制和讨论如下空间曲线，并计算其速度向量 $\dot{\boldsymbol{x}}(t), \dot{\boldsymbol{y}}(t)$ 及其加速度向量 $\ddot{\boldsymbol{x}}(t), \ddot{\boldsymbol{y}}(t)$.

$$\boldsymbol{x}(t)=\begin{bmatrix} t \\ t \\ t^3 \end{bmatrix}, \quad \boldsymbol{y}(t)=\begin{bmatrix} t \\ t^2 \\ t^3 \end{bmatrix}, \quad 0 \leqslant t < 1$$

16. 绘制空间曲线并计算活动标架 $(\boldsymbol{T}(t), \boldsymbol{N}(t), \boldsymbol{B}(t))$ 及其长度.

$$\boldsymbol{x}(t)=\begin{bmatrix} \sqrt{2}t \\ \cosh t \\ \cosh t \end{bmatrix}, \quad 0 \leqslant t < 1$$

17. 绘制空间曲线并计算其长度.

$$\boldsymbol{x}(t)=\begin{bmatrix} \cos t \\ \sin t \\ t^{3/2} \end{bmatrix}, \quad 0 \leqslant t < 2\pi$$

207 ~ 208

第 15 章　二元标量值函数

本章将介绍二元函数微分学. 特别地，将研究一些几何对象，如切线和切平面、极大值和极小值以及线性逼近和二次逼近. 讨论限制为两个变量是为了记号上的简便，本章及下一章的两个变量都可以很容易地（虽然在记号上需要略多的工作）推广到 n 个变量.

首先，利用竖直截口和水平集研究函数的图像. 作为进一步的工具，介绍偏导数. 偏导数描述了函数在坐标轴方向上的变化率. 最后，引入弗雷歇（Fréchet）[㊀]导数的概念，利用弗雷歇导数可以定义函数图像的切平面. 对一元函数，泰勒公式起核心作用. 本章后面将应用泰勒公式，如求二元函数的极值.

在本章中 D 表示 $\mathbb{R}^2$ 的子集，

$$f \;:\; D \subset \mathbb{R}^2 \to \mathbb{R} \;:\; (x,y) \mapsto z = f(x,y)$$

表示二元**标量值**函数. 本章中所涉及的向量和矩阵的知识详见附录 A 和附录 B.

15.1　图像与部分映射

若二元函数 $f \;:\; D \subset \mathbb{R}^2 \to \mathbb{R}$ 有充分的正则性，则 f 的**图像**

209

$$G = \{(x,y,z) \in D \times \mathbb{R}\;;\; z = f(x,y)\} \subset \mathbb{R}^3$$

是空间中的曲面. 为了描述这一曲面的性质，考虑这个曲面上的一些特殊曲线.

固定两个变量中的一个变量 $y = b$ 或 $x = a$，得到**部分映射**

$$x \mapsto f(x,b), \quad y \mapsto f(a,y)$$

部分映射可用于描述空间曲线

$$x \mapsto \begin{bmatrix} x \\ b \\ f(x,b) \end{bmatrix},\ y \mapsto \begin{bmatrix} a \\ y \\ f(a,y) \end{bmatrix}$$

这些曲线位于函数图像 G 上且称为**坐标曲线**（coordinate curve）. 在几何上，这些曲线是图像 G 与竖直平面 $y = b$ 和 $x = a$ 分别相交得到的. 参见图 15.1 左图.

㊀ 弗雷歇，1878—1973.

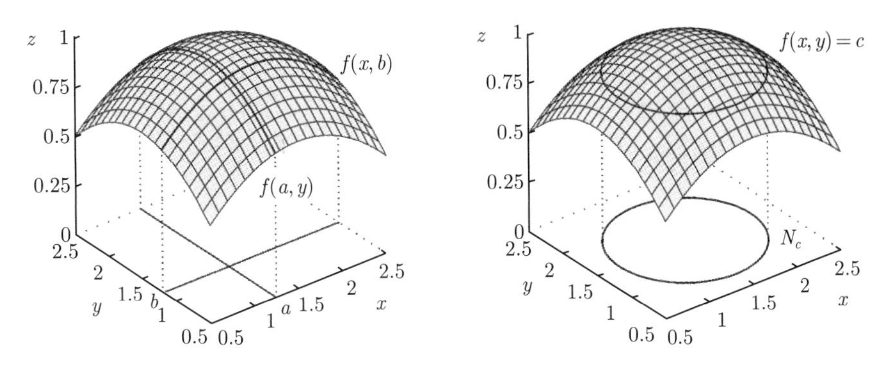

图 15.1　函数的图像作为空间中曲面，有坐标曲线（左）和水平曲线 N_c（右）

水平曲线（level curve）是图像 G 与水平平面 $z=c$ 的交在 (x,y) 平面上的投影

$$N_c=\{(x,y)\in D\ ;\ f(x,y)=c\}$$

参见图 15.1 右图. 集合 N_c 称为在水平 c 的水平曲线.

例 15.1　二次函数

$$f\ :\ \mathbb{R}^2\to\mathbb{R}\ :\ (x,y)\mapsto z=\frac{x^2}{a^2}-\frac{y^2}{b^2}$$

的图像刻画了空间中像马鞍的曲面称为**双曲抛物面**（hyperbolic paraboloid）. 图 15.2 显示了函数 $z=x^2/4-y^2/5$ 的具有坐标曲线（左）和水平曲线（右）的图像.

210

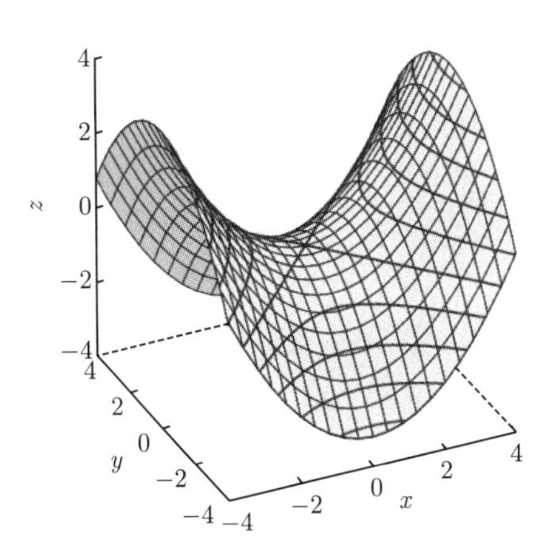

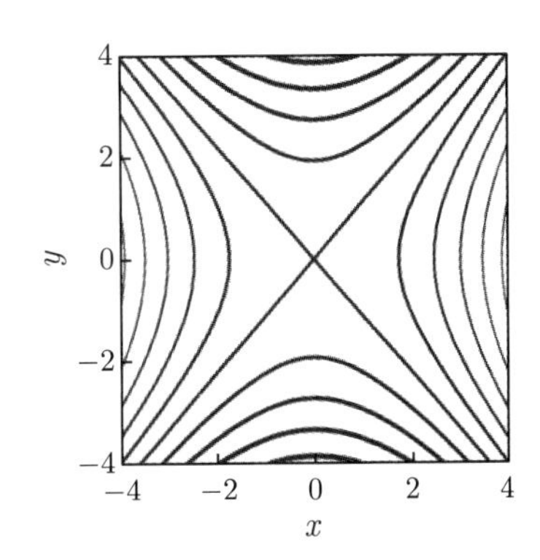

图 15.2　左图显示了函数 $z=x^2/4-y^2/5$ 的具有坐标曲线的图像. 此外还显示了取定 c 后平面 $z=c$ 与函数图像的交点. 右图显示了函数具有相同值 c 的水平曲线（取值较低的对应较粗的线）. 两条相交的直线是在水平 $c=0$ 的水平曲线

实验 15.2　借助 MATLAB 程序 `mat15_1.m` 可视化椭圆抛物面 $z=x^2+2y^2-4x+1$. 选取适当的区域 D 做出图像和一些水平曲线.

15.2　连续性

与一元函数一样（见第 6 章），二元函数的连续性用序列刻画. 因此需要向量值序列收敛的概念.

令 $(\boldsymbol{a}_n)_{n\geqslant 1}=(\boldsymbol{a}_1,\boldsymbol{a}_2,\boldsymbol{a}_3,\cdots)$ 为 D 中的点列，其中

$$\boldsymbol{a}_n=(a_n,b_n)\in D\subset\mathbb{R}^2$$

当且仅当两个分量序列收敛，即

$$\lim_{n\to\infty}a_n=a \text{ 且 } \lim_{n\to\infty}b_n=b$$

时，称当 $n\to\infty$ 时，序列 $(\boldsymbol{a}_n)_{n\geqslant 1}$ **收敛到** $\boldsymbol{a}=(a,b)\in D$，记为

$$(a_n,b_n)=\boldsymbol{a}_n\to\boldsymbol{a}=(a,b) \text{ 当 } n\to\infty \text{ 或 } \lim_{n\to\infty}\boldsymbol{a}_n=\boldsymbol{a}$$

211

否则称序列**发散**.

一个收敛的向量值序列的例子：

$$\lim_{n\to\infty}\left(\frac{1}{n},\frac{2n}{3n+4}\right)=\left(0,\frac{2}{3}\right)$$

定义 15.3　*如果函数* $f:D\to\mathbb{R}$ *对* D *中所有收敛到* $\boldsymbol{a}\in D$ *的序列* $(\boldsymbol{a}_n)$ *满足*

$$\lim_{n\to\infty}f(\boldsymbol{a}_n)=f(\boldsymbol{a})$$

则称 f *在点* $\boldsymbol{a}$ **连续**.

对连续函数而言，极限与函数符号可以交换. 图 15.3 显示了一个函数在一条直线上不连续但在其余地方都连续.

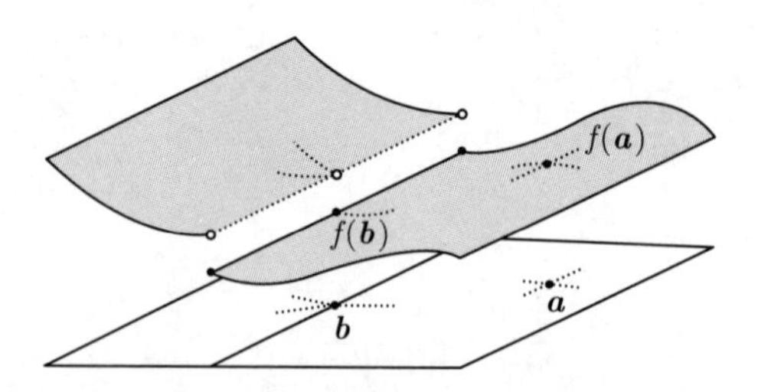

图 15.3　在一条直线上不连续的函数. 对每一个收敛到 $\boldsymbol{a}$ 的序列 $(\boldsymbol{a}_n)$，其像序列 $(f(\boldsymbol{a}_n))$ 收敛到 $f(\boldsymbol{a})$. 但对点 $\boldsymbol{b}$ 上述性质不成立，f 在该点不连续

15.3　偏导数

二元函数的偏导数是部分映射的导数.

定义 15.4　设 $D\subset\mathbb{R}^2$ 为开集，$f:D\to\mathbb{R}$，且 $\boldsymbol{a}=(a,b)\in D$. 如果极限

$$\frac{\partial f}{\partial x}(a,b)=\lim_{x\mapsto a}\frac{f(x,b)-f(a,b)}{x-a}$$

存在，则称函数 f 在点 $\boldsymbol{a}$ 关于 x **是可偏微的**（partially differentiable）. 如果极限

212

$$\frac{\partial f}{\partial y}(a,b)=\lim_{y\mapsto b}\frac{f(a,y)-f(a,b)}{y-b}$$

存在，则称函数 f 在点 $\boldsymbol{a}$ 关于 y **是可偏微的**. 表达式

$$\frac{\partial f}{\partial x}(a,b)\ \text{和}\ \frac{\partial f}{\partial y}(a,b)$$

分别称为 f 关于 x 和 y 在点 (a,b) 的**偏导数**（partial derivative）. 进一步，如果两个偏导数都存在，则称 f 在点 $\boldsymbol{a}$ **可偏微**.

在点 (x,y) 的偏导数的另一个记号是

$$\frac{\partial f}{\partial x}(x,y)=\frac{\partial}{\partial x}f(x,y)=\partial_1 f(x,y)$$

和

$$\frac{\partial f}{\partial y}(x,y)=\frac{\partial}{\partial y}f(x,y)=\partial_2 f(x,y)$$

在几何中，偏导数可以解释为坐标曲线 $x\mapsto[x,b,f(x,b)]^{\mathrm{T}}$ 和 $y\mapsto[a,y,f(a,y)]^{\mathrm{T}}$ 的切线的斜率，参见图 15.4.

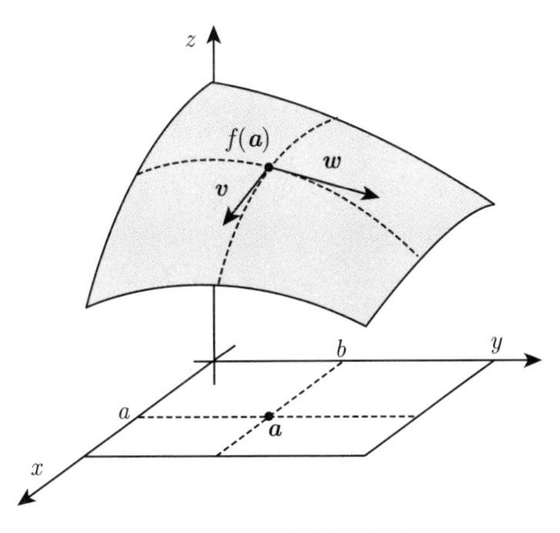

图 15.4　偏导数的几何解释

因此，坐标曲线在点 $(a,b,f(a,b))$ 的两个切向量 $\boldsymbol{v}$ 和 $\boldsymbol{w}$ 可表示为

$$\boldsymbol{v}=\begin{bmatrix}1\\0\\\frac{\partial f}{\partial x}(a,b)\end{bmatrix},\quad \boldsymbol{w}=\begin{bmatrix}0\\1\\\frac{\partial f}{\partial y}(a,b)\end{bmatrix}$$

因为偏导数是关于一个变量（而另一个变量固定）的常微分，一般的求导法则是适用的，如乘积法则

213

$$\frac{\partial}{\partial y}(f(x,y)\cdot g(x,y))=\frac{\partial f}{\partial y}(x,y)\cdot g(x,y)+f(x,y)\cdot\frac{\partial g}{\partial y}(x,y)$$

例 15.5　令 $r:\mathbb{R}^2\to\mathbb{R}:(x,y)\mapsto\sqrt{x^2+y^2}$. 此函数除点 $(x,y)=(0,0)$ 外处处可偏导. 偏导数为

$$\frac{\partial r}{\partial x}(x,y)=\frac{1}{2}\frac{2x}{\sqrt{x^2+y^2}}=\frac{x}{r(x,y)},\quad \frac{\partial r}{\partial y}(x,y)=\frac{1}{2}\frac{2y}{\sqrt{x^2+y^2}}=\frac{y}{r(x,y)}$$

在 maple 中可以用命令 `diff` 和 `Diff` 计算偏导数，如在上例中

```
r:=sqrt(x^2+y^2);
diff(r,x);
```

注 15.6　与一元函数不同（见应用 7.16），可偏微性不蕴含连续性，

$$f\ \text{可偏导}\ \not\Rightarrow\ f\text{连续}$$

函数

$$f(x,y)=\begin{cases}\dfrac{xy}{x^2+y^2}, & (x,y)\neq(0,0),\\ 0, & (x,y)=(0,0)\end{cases}$$

给出了一个例子（参见图 15.5）. 此函数处处可偏导. 特别地，在点 $(x,y)=(0,0)$，我们有

$$\frac{\partial f}{\partial x}(0,0)=\lim_{x\to0}\frac{f(x,0)-f(0,0)}{x}=0=\lim_{y\to0}\frac{f(0,y)-f(0,0)}{y}=\frac{\partial f}{\partial y}(0,0)$$

但是此函数在点 $(0,0)$ 不连续. 为了证明这一点，取两个收敛到 $(0,0)$ 的序列：

214

$$\boldsymbol{a}_n=\left(\frac{1}{n},\frac{1}{n}\right)\ \text{和}\ \boldsymbol{c}_n=\left(\frac{1}{n},-\frac{1}{n}\right)$$

得

$$\lim_{n\to\infty} f(\boldsymbol{a}_n) = \lim_{n\to\infty} \frac{1/n^2}{2/n^2} = \frac{1}{2}$$

但同时

$$\lim_{n\to\infty} f(\boldsymbol{c}_n) = \lim_{n\to\infty} \frac{-1/n^2}{2/n^2} = -\frac{1}{2}$$

这两个极限不相等. 特别地, 极限与 $f(0,0)=0$ 不相等.

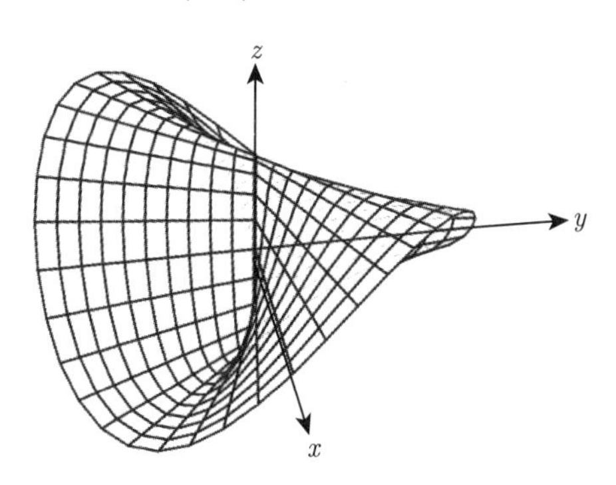

图 15.5　可偏微的不连续函数

实验 15.7　借助 MATLAB 和 maple 可视化注 15.6 中给出的函数. 用命令

```
plot3d(-x*y/(x^2+y^2), x=-1..1, y=-1..1, shading=zhue);
```

则相应的图可以由 maple 得到.

高阶偏导数. 令 $D\subset\mathbb{R}^2$ 为开集, $f:D\to\mathbb{R}$ 可偏微.

$$\frac{\partial f}{\partial x}: D\to\mathbb{R} \text{ 和 } \frac{\partial f}{\partial y}: D\to\mathbb{R}$$

定义了二元标量值函数. 如果这两个函数也是可偏微的, 则 f 称为**二次**可偏微的. 在此情况下记为

$$\frac{\partial^2 f}{\partial x^2} = \frac{\partial}{\partial x}\left(\frac{\partial f}{\partial x}\right),\ \frac{\partial^2 f}{\partial y\partial x} = \frac{\partial}{\partial y}\left(\frac{\partial f}{\partial x}\right),\ \text{等}$$

注意此时有四个二阶偏导数.

定义 15.8　如果 $f:D\to\mathbb{R}$ 是 k 次可偏微且直到 k 阶的偏导数都连续, 则称函数 f 为 **k 次连续（偏）可微**, 记为 $f\in\mathcal{C}^k(D)$.

例 15.9　函数 $f(x,y)=\mathrm{e}^{xy^2}$ 是任意次可偏微的, $f\in\mathcal{C}^\infty(D)$ 且

$$\frac{\partial f}{\partial x}(x,y) = \mathrm{e}^{xy^2}y^2$$

$$\frac{\partial f}{\partial y}(x,y) = \mathrm{e}^{xy^2}2xy$$

215

$$\frac{\partial^2 f}{\partial x^2}(x,y) = \mathrm{e}^{xy^2} y^4$$

$$\frac{\partial^2 f}{\partial y^2}(x,y) = \mathrm{e}^{xy^2}(4x^2y^2 + 2x)$$

$$\frac{\partial^2 f}{\partial y \partial x}(x,y) = \frac{\partial}{\partial y}\left(\frac{\partial f}{\partial x}(x,y)\right) = \mathrm{e}^{xy^2}(2xy^3 + 2y)$$

$$\frac{\partial^2 f}{\partial x \partial y}(x,y) = \frac{\partial}{\partial x}\left(\frac{\partial f}{\partial y}(x,y)\right) = \mathrm{e}^{xy^2}(2xy^3 + 2y)$$

在此例中显然等式

$$\frac{\partial^2 f}{\partial y \partial x}(x,y) = \frac{\partial^2 f}{\partial x \partial y}(x,y)$$

对任意的二次**连续**可微的函数都成立. 这对高阶导数也成立：对 k 次连续（偏）可微函数，k 阶偏导数与偏导的顺序是无关的（施瓦兹[㊀]（Schwarz）定理），见文献 [3] 的第 15 章中的定理 1.1.

15.4 弗雷歇导数

下面将研究两个变量**同时**变化的情形. 这引出了弗雷歇导数的概念. 对于一元函数 $\phi : \mathbb{R} \to \mathbb{R}$，导数定义为极限

$$\phi'(a) = \lim_{x \to a} \frac{\phi(x) - \phi(a)}{x - a}$$

对二元函数而言，因为向量没有除法，上述表达式不再有意义. 因此用导数的等价定义

$$\phi(x) = \phi(a) + A \cdot (x - a) + R(x, a)$$

线性逼近，其中 $A = \phi'(a)$ 且余项 $R(x,a)$ 满足

$$\lim_{x \to a} \frac{R(x,a)}{|x - a|} = 0$$

216

此公式可以推广到二元函数的情况.

定义 15.10 设 $D \subset \mathbb{R}^2$ 为开集，$f : D \to \mathbb{R}$. 如果存在**线性** (linear) 映射 $A : \mathbb{R}^2 \to \mathbb{R}$ 使得

$$f(x,y) = f(a,b) + A(x - a, y - b) + R(x, y; a, b)$$

㊀ 施瓦兹，1843—1921.

且余项 $R(x,y;a,b)$ 满足条件

$$\lim_{(x,y)\to(a,b)} \frac{R(x,y;a,b)}{\sqrt{(x-a)^2+(y-b)^2}} = 0$$

则称 f 在点 $(a,b)\in D$ **弗雷歇可微** (Fréchet differentiable) . 线性映射 A 称为 f 在点 (a,b) 的**导数**. A 也记为 $\mathrm{D}f(a,b)$. 此线性映射的 1×2 矩阵称为 f 的**雅可比矩阵** (Jacobian matrix), 记为 $f'(a,b)$.

在下述命题中回答一个函数的导数是否唯一以及如何计算导数的问题.

命题 15.11　设 $D\subset\mathbb{R}^2$ 为开集, $f:D\to\mathbb{R}$. 如果 f 在 $(x,y)\in D$ 弗雷歇可微. 则 f 在 (x,y) 也可偏微且

$$f'(x,y) = \left[\frac{\partial f}{\partial x}(x,y), \frac{\partial f}{\partial y}(x,y)\right]$$

雅可比矩阵的分量是偏导数. 特别地, 雅可比矩阵与弗雷歇导数是唯一的.

证明　以计算第二个分量

$$(f'(x,y))_2 = \frac{\partial f}{\partial y}(x,y)$$

为例. 因为 f 在 (x,y) 弗雷歇可微, 所以

$$f(x,y+h) = f(x,y) + f'(x,y)\begin{bmatrix}0\\h\end{bmatrix} + R(x,y+h;x,y)$$

成立. 因此

$$\frac{f(x,y+h)-f(x,y)}{h} - (f'(x,y))_2 = \frac{R(x,y+h;x,y)}{h} \to 0 \quad 当\ h\to 0$$

所以 f 关于 y 是可偏微的且雅可比矩阵的第二个分量是 f 关于 y 的偏导数.　217

由等式

$$\begin{aligned}\lim_{(x,y)\to(a,b)} f(x,y) &= \lim_{(x,y)\to(a,b)} \big(f(a,b) + \mathrm{D}f(a,b)(x-a,y-b) + R(x,y;a,b)\big)\\ &= f(a,b)\end{aligned}$$

即刻可得如下命题.

命题 15.12　如果 f 弗雷歇可微则 f 连续.

特别地, 函数

$$f(x,y) = \begin{cases}\dfrac{xy}{x^2+y^2} & (x,y)\neq(0,0)\\[2mm] 0, & (x,y)=(0,0)\end{cases}$$

在点 $(0,0)$ 不是弗雷歇可微的.

在偏微分有某些正则性的条件下，弗雷歇可微性成立. 事实上，可以证明函数的偏微分连续则弗雷歇可微，见文献 [4] 的第 7 章中的定理 7.12.

例 15.13　函数 $f:\mathbb{R}^2\to\mathbb{R}:(x,y)\mapsto x^2\mathrm{e}^{3y}$ 是弗雷歇可微的，其导数为

$$f'(x,y)=[2x\mathrm{e}^{3y},\ 3x^2\mathrm{e}^{3y}]=x\mathrm{e}^{3y}[2,3x]$$

例 15.14　仿射函数 $f:\mathbb{R}^2\to\mathbb{R}$

$$f(x,y)=\alpha x+\beta y+\gamma=[\alpha,\beta]\begin{bmatrix}x\\y\end{bmatrix}+\gamma$$

是弗雷歇可微的且 $f'(x,y)=[\alpha,\beta]$.

例 15.15　二次函数 $f:\mathbb{R}^2\to\mathbb{R}$

$$\begin{aligned}f(x,y)&=\alpha x^2+2\beta xy+\gamma y^2+\delta x+\varepsilon y+\zeta\\&=[x,y]\begin{bmatrix}\alpha&\beta\\\beta&\gamma\end{bmatrix}\begin{bmatrix}x\\y\end{bmatrix}+[\delta,\varepsilon]\begin{bmatrix}x\\y\end{bmatrix}+\zeta\end{aligned}$$

是弗雷歇可微的，其雅可比矩阵为

$$f'(x,y)=[2\alpha x+2\beta y+\delta,2\beta x+2\gamma y+\varepsilon]=2[x,y]\begin{bmatrix}\alpha&\beta\\\beta&\gamma\end{bmatrix}+[\delta,\varepsilon]$$

218

链式法则. 现在可以将链式法则推广到二元函数的情况.

命题 15.16　设 $D\subset\mathbb{R}^2$ 为开集，$f:D\to\mathbb{R}:(x,y)\mapsto f(x,y)$ 弗雷歇可微. 进一步，设 $I\subset\mathbb{R}$ 为开区间且 $\phi,\psi:I\to\mathbb{R}$ 可微. 则复合函数

$$F:I\to\mathbb{R}:t\mapsto F(t)=f(\phi(t),\psi(t))$$

也可微且

$$\frac{\mathrm{d}F}{\mathrm{d}t}(t)=\frac{\partial f}{\partial x}(\phi(t),\psi(t))\frac{\mathrm{d}\phi}{\mathrm{d}t}(t)+\frac{\partial f}{\partial y}(\phi(t),\psi(t))\frac{\mathrm{d}\psi}{\mathrm{d}t}(t)$$

证明　由 f 弗雷歇可微知，

$$\begin{aligned}F(t+h)-F(t)&=f(\phi(t+h),\psi(t+h))-f(\phi(t),\psi(t))\\&=f'(\phi(t),\psi(t))\begin{bmatrix}\phi(t+h)-\phi(t)\\\psi(t+h)-\psi(t)\end{bmatrix}+R(\phi(t+h),\psi(t+h);\phi(t),\psi(t))\end{aligned}$$

上式两边同时除以 h 并取极限 $h \to 0$. 令 $g(t,h) = \big(\phi(t+h)-\phi(t)\big)^2 + \big(\psi(t+h)-\psi(t)\big)^2$. 因为 f、ϕ 和 ψ 可微，

$$\lim_{h\to 0} \frac{R(\phi(t+h),\psi(t+h);\phi(t),\psi(t))}{\sqrt{g(t,h)}} \cdot \frac{\sqrt{g(t,h)}}{h} = 0$$

因此，函数 F 是可微的且命题中所述公式成立.

例 15.17 设 $D \subset \mathbb{R}^2$ 为开集且包含圆周 $x^2+y^2=1$，$f : D \to \mathbb{R}^2$ 为可微函数. 则 f 在此圆周的限制 F

$$F : \mathbb{R} \to \mathbb{R} : t \mapsto f(\cos t, \sin t)$$

作为角 t 的函数是可微的且

$$\frac{\mathrm{d}F}{\mathrm{d}t}(t) = -\frac{\partial f}{\partial x}(\cos t, \sin t)\cdot \sin t + \frac{\partial f}{\partial y}(\cos t, \sin t)\cdot \cos t$$

例如，对函数 $f(x,y) = x^2 - y^2$，F 的导数 $\dfrac{\mathrm{d}F}{\mathrm{d}t}(t) = -4\cos t \sin t$.

弗雷歇导数的解释. 类似一元函数的情况，利用弗雷歇导数可以得到函数图像在 (a,b) 的线性逼近 $g(x,y)$

$$g(x,y) = f(a,b) + f'(a,b)\begin{bmatrix} x-a \\ y-b \end{bmatrix} \approx f(x,y)$$

219

现在从几何上解释平面

$$z = f(a,b) + f'(a,b)\begin{bmatrix} x-a \\ y-b \end{bmatrix}$$

为此利用雅可比矩阵的分量是偏导数，将上面的方程写为

$$z = f(a,b) + \frac{\partial f}{\partial x}(a,b)\cdot(x-a) + \frac{\partial f}{\partial y}(a,b)\cdot(y-b)$$

或等价的参数形式 $(x-a=\lambda,\ y-b=\mu)$

$$\begin{bmatrix} x \\ y \\ z \end{bmatrix} = \begin{bmatrix} a \\ b \\ f(a,b) \end{bmatrix} + \lambda \begin{bmatrix} 1 \\ 0 \\ \dfrac{\partial f}{\partial x}(a,b) \end{bmatrix} + \mu \begin{bmatrix} 0 \\ 1 \\ \dfrac{\partial f}{\partial y}(a,b) \end{bmatrix}$$

这个平面与 f 的图像的交点在 $(a,b,f(a,b))$ 且此平面由坐标曲线的切向量张成. 方程

$$z = f(a,b) + \frac{\partial f}{\partial x}(a,b)\cdot(x-a) + \frac{\partial f}{\partial y}(a,b)\cdot(y-b)$$

描述了 f 的图像在点 (a,b) 的**切平面**.

这个例子展示了在点 (x,y) 弗雷歇可微的函数的图像在该点有切平面. 注意坐标曲线的切线的存在并不意味着切平面的存在，参见注 15.6.

例 15.18 计算北半球（半径为 r）

$$f(x,y) = z = \sqrt{r^2 - x^2 - y^2}$$

一点的切平面. 令 $c = f(a,b) = \sqrt{r^2-a^2-b^2}$. 函数 f 在 (a,b) 的偏导数为

$$\frac{\partial f}{\partial x}(a,b) = -\frac{a}{\sqrt{r^2-a^2-b^2}} = -\frac{a}{c},\ \frac{\partial f}{\partial y}(a,b) = -\frac{b}{\sqrt{r^2-a^2-b^2}} = -\frac{b}{c}$$

因此，切平面的方程为

$$z = c - \frac{a}{c}(x-a) - \frac{b}{c}(y-b)$$

或等价地

$$a(x-a) + b(y-b) + c(z-c) = 0$$

220 实际上，最后这个公式对球面的每一点都成立.

15.5 方向导数与梯度

到目前为止，函数 $f: D\subset\mathbb{R}^2\to\mathbb{R}$ 为定义在 $\mathbb{R}^2$ 上的点空间. 为了引入方向导数，将变元 $(x,y)\in\mathbb{R}^2$ 写为位置向量 $\boldsymbol{x} = [x,y]^{\mathrm{T}}$ 更方便. 以此方式，函数 $f: D\subset\mathbb{R}^2\to\mathbb{R}$ 可以视为列向量的函数. 在此以后将等同这两种函数，不区分 $f(x,y)$ 和 $f(\boldsymbol{x})$.

在 15.3 节中定义了沿坐标轴的偏导数. 现在希望将此概念推广到**任意**方向.

定义 15.19[㊀] *设 $D\subset\mathbb{R}^2$ 为开集，$\boldsymbol{x} = [x,y]^{\mathrm{T}}\in D$ 且 $f: D\to\mathbb{R}$. 进一步，设 $\boldsymbol{v}\in\mathbb{R}^2$ 满足 $\|\boldsymbol{v}\| = 1$. 极限*

$$\begin{aligned}\partial_{\boldsymbol{v}} f(\boldsymbol{x}) = \frac{\partial f}{\partial \boldsymbol{v}}(\boldsymbol{x}) &= \lim_{h\to 0}\frac{f(\boldsymbol{x}+h\boldsymbol{v}) - f(\boldsymbol{x})}{h}\\ &= \lim_{h\to 0}\frac{f(x+hv_1, y+hv_2) - f(x,y)}{h}\end{aligned}$$

㊀ 有的书中定义方向导数采用的是单侧极限而非极限，这会带来一些微小的差异. ——译者注

（存在时）称为 f **在方向 $\boldsymbol{v}$ 上的方向导数**（directional derivative）.

偏导数是特殊情况的方向导数，即坐标轴方向的方向导数.

方向导数 $\partial_v f(\boldsymbol{x})$ 刻画了函数 f 在点 $\boldsymbol{x}$ 处沿方向 $\boldsymbol{v}$ 的变化率. 这一点可以如下看出. 考虑直线 $\{\boldsymbol{x}+t\boldsymbol{v} \mid t \in \mathbb{R}\} \subset \mathbb{R}^2$，函数

$$g(t)=f(\boldsymbol{x}+t\boldsymbol{v}) \quad (f\text{ 限制在此直线})$$

且 $g(0)=f(\boldsymbol{x})$，则

$$g'(0)=\lim_{h\to 0}\frac{g(h)-g(0)}{h}=\lim_{h\to 0}\frac{f(\boldsymbol{x}+h\boldsymbol{v})-f(\boldsymbol{x})}{h}=\partial_{\boldsymbol{v}} f(\boldsymbol{x})$$

下面介绍如何计算方向导数. 为此需要如下定义.

定义 15.20 设 $D \subset \mathbb{R}^2$ 为开集，$f : D \to \mathbb{R}$ 可偏微. 向量

$$\nabla f(x,y)=\begin{bmatrix}\dfrac{\partial f}{\partial x}(x,y)\\ \dfrac{\partial f}{\partial y}(x,y)\end{bmatrix}=f'(x,y)^{\mathrm{T}}$$

称为 f 的**梯度**（gradient）.

221

命题 15.21 设 $D \subset \mathbb{R}^2$ 为开集，$\boldsymbol{v}=[v_1,v_2]^{\mathrm{T}} \in \mathbb{R}^2$，$||\boldsymbol{v}||=1$ 且 $f : D \to \mathbb{R}$ 在 $\boldsymbol{x}=[x,y]^{\mathrm{T}}$ 弗雷歇可微. 则

$$\partial_{\boldsymbol{v}} f(\boldsymbol{x})=\langle\nabla f(\boldsymbol{x}),\boldsymbol{v}\rangle=f'(x,y)\boldsymbol{v}=\frac{\partial f}{\partial x}(x,y)v_1+\frac{\partial f}{\partial y}(x,y)v_2$$

证明 因为 f 在 $\boldsymbol{x}$ 弗雷歇可微，所以

$$f(\boldsymbol{x}+h\boldsymbol{v})=f(\boldsymbol{x})+f'(\boldsymbol{x})\cdot h\boldsymbol{v}+R(x+hv_1,y+hv_2;x,y)$$

成立. 因此

$$\frac{f(\boldsymbol{x}+h\boldsymbol{v})-f(\boldsymbol{x})}{h}=f'(\boldsymbol{x})\cdot\boldsymbol{v}+\frac{R(x+hv_1,y+hv_2;x,y)}{h}$$

令 $h\to 0$ 得证.

命题 15.22（∇ 的几何解释） 设 $D \subset \mathbb{R}^2$ 为开集，$f : D \to \mathbb{R}$ 在 $\boldsymbol{x}=(x,y)$ 连续可微且 $f'(\boldsymbol{x}) \neq [0,0]$. 则 $\nabla f(\boldsymbol{x})$ 垂直于水平曲线 $N_{f(\boldsymbol{x})}=\{\tilde{\boldsymbol{x}} \in \mathbb{R}^2;\ f(\tilde{\boldsymbol{x}})=f(\boldsymbol{x})\}$ 且指向 f 增加最快的方向. 参见图 15.6.

证明 设 $\boldsymbol{v}$ 是水平曲线在点 $\boldsymbol{x}$ 的一个切向量. 由隐函数定理（见文献 [4] 的 14.1 节）知 $N_{f(\boldsymbol{x})}$ 在 $\boldsymbol{x}$ 的一个邻域内可参数化为可微曲线 $\gamma(t)=[x(t),y(t)]^{\mathrm{T}}$ 且

$$\gamma(0)=\boldsymbol{x},\ \text{和}\ \dot{\gamma}(0)=\boldsymbol{v}$$

因此，对所有 $t=0$ 附近的 t 有

$$f(\gamma(t))=f(\boldsymbol{x})=\text{常数}$$

因为 f 和 γ 是可微的，由链式法则（命题 15.16），$\gamma(0)=\boldsymbol{x}$ 和 $\dot{\gamma}(0)=\boldsymbol{v}$ 有

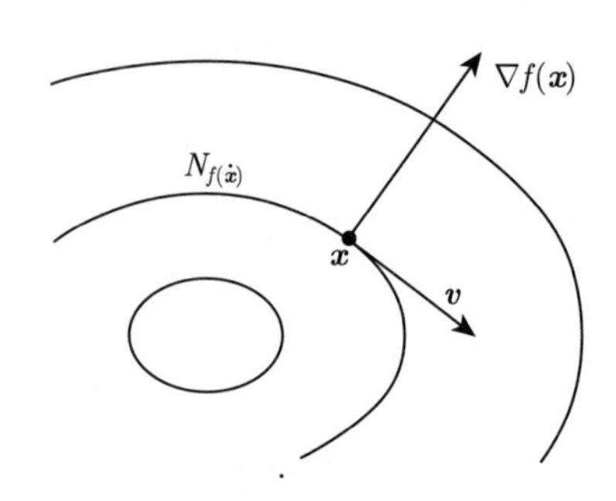

图 15.6　∇f 的几何解释

222

$$0=\frac{\mathrm{d}}{\mathrm{d}t}f(\gamma(t))|_{t=0}=f'(\gamma(0))\dot{\gamma}(0)=\langle\nabla f(\boldsymbol{x}),\boldsymbol{v}\rangle$$

因此，$\nabla f(\boldsymbol{x})$ 垂直于 $\boldsymbol{v}$. 设 $\boldsymbol{w}\in\mathbb{R}^2$ 为另一个单位向量，则

$$\partial_{\boldsymbol{w}}f(\boldsymbol{x})=\frac{\partial f}{\partial \boldsymbol{w}}(\boldsymbol{x})=\langle\nabla f(\boldsymbol{x}),\boldsymbol{w}\rangle=||\nabla f(\boldsymbol{x})||\cdot||\boldsymbol{w}||\cdot\cos\sphericalangle$$

其中 $\sphericalangle$ 表示 $\nabla f(\boldsymbol{x})$ 和 $\boldsymbol{w}$ 的夹角. 由此式可知 $\partial_{\boldsymbol{w}}f(\boldsymbol{x})$ 是极大的当且仅当 $\cos\sphericalangle=1$，即 $\nabla f(\boldsymbol{x})=\lambda\boldsymbol{w}$ 对某个 $\lambda>0$ 成立.

例 15.23　设 $f(x,y)=x^2+y^2$，则 $\nabla f(x,y)=2[x,y]^{\mathrm{T}}$.

15.6　二元函数泰勒公式

设 $f\ :\ D\subset\mathbb{R}^2\to\mathbb{R}$ 为二元函数. 以下的计算中假设 f 至少三次连续可微. 为了将 $f(x+h,y+k)$ 在 (x,y) 的一个邻域内展成泰勒级数，先固定第二个变量，按照第一个变量展开：

$$f(x+h,y+k)=f(x,y+k)+\frac{\partial f}{\partial x}(x,y+k)\cdot h+\frac{1}{2}\frac{\partial^2 f}{\partial x^2}(x,y+k)\cdot h^2+\mathcal{O}(h^3)$$

然后将上式右端的项按照第二个变量展开（固定第一个变量）：

$$f(x,y+k)=f(x,y)+\frac{\partial f}{\partial y}(x,y)\cdot k+\frac{1}{2}\frac{\partial^2 f}{\partial y^2}(x,y)\cdot k^2+\mathcal{O}(k^3)$$

$$\frac{\partial f}{\partial x}(x,y+k)=\frac{\partial f}{\partial x}(x,y)+\frac{\partial^2 f}{\partial y\partial x}(x,y)\cdot k+\mathcal{O}(k^2)$$

$$\frac{\partial^2 f}{\partial x^2}(x,y+k)=\frac{\partial^2 f}{\partial x^2}(x,y)+\mathcal{O}(k)$$

将这些表达式代入上面的等式有

$$\begin{aligned}f(x+h,y+k)=f(x,y)&+\frac{\partial f}{\partial x}(x,y)\cdot h+\frac{\partial f}{\partial x}(x,y)\cdot k\\&+\frac{1}{2}\frac{\partial^2 f}{\partial x^2}(x,y)\cdot h^2+\frac{1}{2}\frac{\partial^2 f}{\partial y^2}(x,y)\cdot k^2+\frac{\partial^2 f}{\partial y\partial x}(x,y)\cdot hk\end{aligned}$$

$$+\mathcal{O}(h^3)+\mathcal{O}(h^2k)+\mathcal{O}(hk^2)+\mathcal{O}(k^3)$$

用矩阵的记号可以将上式写为

$$f(x+h,y+k)=f(x,y)+f'(x,y)\begin{bmatrix}h\\k\end{bmatrix}+\frac{1}{2}[h,k]H_f(x,y)\begin{bmatrix}h\\k\end{bmatrix}+\cdots$$

223

其中

$$H_f(x,y)=\begin{bmatrix}\dfrac{\partial^2 f}{\partial x^2}(x,y) & \dfrac{\partial^2 f}{\partial y\partial x}(x,y)\\ \dfrac{\partial^2 f}{\partial x\partial y}(x,y) & \dfrac{\partial^2 f}{\partial y^2}(x,y)\end{bmatrix}$$

为集合了二阶偏导数的**黑塞**[㊀]**矩阵**（Hessian matrix）. 由上面的假设知这些导数是连续的，因此由施瓦兹定理知黑塞矩阵是对称的.

例 15.24　计算函数 $f\ :\ \mathbb{R}^2\to\mathbb{R}\ :\ (x,y)\mapsto x^2\sin y$ 在点 $(a,b)=(2,0)$ 的二阶逼近. 函数偏导数是

	f	$\dfrac{\partial f}{\partial x}$	$\dfrac{\partial f}{\partial y}$	$\dfrac{\partial^2 f}{\partial x^2}$	$\dfrac{\partial^2 f}{\partial y\partial x}$	$\dfrac{\partial^2 f}{\partial y^2}$
一般的	$x^2\sin y$	$2x\sin y$	$x^2\cos y$	$2\sin y$	$2x\cos y$	$-x^2\sin y$
在 $(2,0)$	0	0	4	0	4	0

因此，二次逼近 $g(x,y)\approx f(x,y)$ 为

$$\begin{aligned}g(x,y)&=f(2,0)+f'(2,0)\begin{bmatrix}x-2\\y\end{bmatrix}+\frac{1}{2}[x-2,y]\cdot H_f(2,0)\begin{bmatrix}x-2\\y\end{bmatrix}\\&=0+[0,4]\begin{bmatrix}x-2\\y\end{bmatrix}+\frac{1}{2}[x-2,y]\begin{bmatrix}0&4\\4&0\end{bmatrix}\begin{bmatrix}x-2\\y\end{bmatrix}\\&=4y+4y(x-2)=4y(x-1)\end{aligned}$$

15.7　局部极大值和极小值

设 $D\subset\mathbb{R}^2$ 为开集，$f\ :\ D\to\mathbb{R}$. 本节讨论函数 f 图像的极大值和极小值.

定义 15.25　若

$$f(x,y)\leqslant f(a,b)\ (\text{相应的}\ f(x,y)\geqslant f(a,b))$$

224

㊀ 黑塞，1811—1874.

对 (a,b) 的邻域中的所有 (x,y) 成立，则称标量值函数 f 在 $(a,b)\in D$ 取到**局部极大值** (local maximum)(相应的**局部极小值** (local minimum)). 若 (a,b) 是该邻域中唯一满足此性质的点，则这个极大值 (极小值) 称为是**孤立的** (isolated).

图 15.7 显示一些典型的例子. 可以发现存在水平的切平面是**可微**函数取到**极值**（即极大值或极小值）的必要条件.

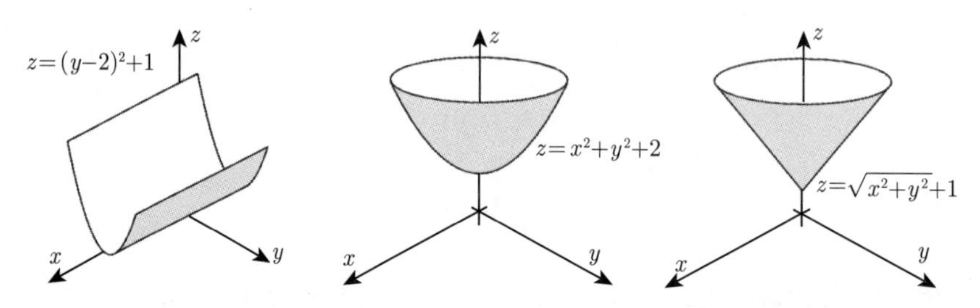

图 15.7　局部的和孤立的局部极小值. 左图的函数沿直线 $y=2$ 取到局部极小值. 此时极小值不是孤立的. 中间图的函数在 $(x,y)=(0,0)$ 取到孤立极小值. 此极小值是全局极小值. 右图的函数在 $(x,y)=(0,0)$ 也是孤立极小值，但此函数在此点不可微

命题 15.26　设 f 可偏微. 若 f 在 $(a,b)\in D$ 取到局部极大值或极小值，则偏导数在 (a,b) 等于零:

$$\frac{\partial f}{\partial x}(a,b)=\frac{\partial f}{\partial y}(a,b)=0$$

进一步，若 f 弗雷歇可微，则 $f'(a,b)=[0,0]$，即 f 在 (a,b) 有水平的切平面.

证明　由假设，函数 $g(h)=f(a+h,b)$ 在 $h=0$ 取到极值. 因此，命题 8.2 意味着

$$g'(0)=\frac{\partial f}{\partial x}(a,b)=0$$

类似地可以证明 $\dfrac{\partial f}{\partial y}(a,b)=0$.

定义 15.27　设 f 弗雷歇可微且 $f'(a,b)=[0,0]$，则 (a,b) 称为 f 的**驻点**.

驻点可能是极值点. 相反地，不是所有的驻点都是极值点，驻点也可能是**鞍点**（saddle point）. 如果函数 f 的图像的一个竖直截口在点 (a,b) 取到局部极大值，而另一个竖直截口在点 (a,b) 取到局部极小值，则称 (a,b) 为 f 的鞍点，参见图 15.2. 为了判断驻点是哪一种情况，类似一元函数，借助泰勒展开式.

225

设 $\boldsymbol{a}=[a,b]^{\mathrm{T}}$ 是 f 的一个驻点，$\boldsymbol{v}\in\mathbb{R}^2$ 为单位向量. 研究 f 在直线 $\boldsymbol{a}+\lambda\boldsymbol{v}$，$\lambda\in\mathbb{R}$ 上的性质. 泰勒展开式表明

$$f(\boldsymbol{a}+\lambda\boldsymbol{v})=f(\boldsymbol{a})+f'(\boldsymbol{a})\cdot\lambda\boldsymbol{v}+\frac{1}{2}\lambda^2\boldsymbol{v}^{\mathrm{T}}H_f(\boldsymbol{a})\boldsymbol{v}+\mathcal{O}(\lambda^3)$$

因为 $\boldsymbol{a}$ 是一个驻点，所以 $f'(\boldsymbol{a})=[0,0]^{\mathrm{T}}$ 且因此

$$\frac{f(\boldsymbol{a}+\lambda\boldsymbol{v})-f(\boldsymbol{a})}{\lambda^2}=\frac{1}{2}\boldsymbol{v}^{\mathrm{T}}H_f(\boldsymbol{a})\boldsymbol{v}+\mathcal{O}(\lambda)$$

因此，当 λ 很小时，上式右侧的符号由 $\boldsymbol{v}^{\mathrm{T}}H_f(\boldsymbol{a})\boldsymbol{v}$ 的符号决定. 如何将这一点表示为 $H_f(\boldsymbol{a})$ 的条件. 记

$$H_f(\boldsymbol{a})=\begin{bmatrix}\alpha & \beta\\ \beta & \gamma\end{bmatrix},\ \boldsymbol{v}=\begin{bmatrix}v\\ w\end{bmatrix}$$

有

$$\boldsymbol{v}^{\mathrm{T}}H_f(\boldsymbol{a})\boldsymbol{v}=\alpha v^2+2\beta vw+\gamma w^2$$

对孤立的局部极小值而言，上述表达式对所有的 $\boldsymbol{v}\neq 0$ 必为正. 若 $w=0$ 且 $v\neq 0$，则 $\alpha v^2>0$ 因此必有

$$\alpha>0$$

若 $w\neq 0$，将 $v=tw(t\in\mathbb{R})$ 代入有

$$\alpha t^2w^2+2\beta tw^2+\gamma w^2>0$$

或等价地（乘以 $\alpha>0$ 并约去 w^2）

$$t^2\alpha^2+2t\alpha\beta+\alpha\gamma>0$$

因此

$$(t\alpha+\beta)^2+\alpha\gamma-\beta^2>0$$

对所有 $t\in\mathbb{R}$ 成立. 上式左端在 $t=-\beta/\alpha$ 时最小. 由此用行列式得第二个条件

$$\det H_f(\boldsymbol{a})=\alpha\gamma-\beta^2>0$$

关于行列式见附录 B.1.

因此，有如下结果. 226

命题 15.28　*设 $\boldsymbol{a}$ 为函数 f 的驻点. 若*

$$\frac{\partial^2 f}{\partial x^2}(\boldsymbol{a})>0 \text{ 且 } \det H_f(\boldsymbol{a})>0$$

成立，则函数 f 在驻点 $\boldsymbol{a}$ 取到孤立的局部极小值.

用 $-f$ 取代 f 则得到相应的关于极大值的结果.

命题 15.29 设 $\boldsymbol{a}$ 为函数 f 的驻点. 若

$$\frac{\partial^2 f}{\partial x^2}(\boldsymbol{a})<0 \text{ 且 } \det H_f(\boldsymbol{a})>0$$

成立，则函数 f 在驻点 $\boldsymbol{a}$ 取到孤立的局部极大值.

用类似的方法可以证明如下命题.

命题 15.30 设 $\boldsymbol{a}$ 为函数 f 的驻点. 若 $\det H_f(\boldsymbol{a})<0$ 则驻点 $\boldsymbol{a}$ 是 f 的鞍点.

如果黑塞矩阵的行列式为零，则函数的性质需要沿不同的竖直截口研究. 练习 12 中给出了一个例子.

例 15.31 确定函数 $f(x,y)=x^6+y^6-3x^2-3y^2$ 的极大值、极小值和鞍点. 由

$$f'(x,y)=[6x^5-6x, 6y^5-6y]=[0,0]$$

得 9 个驻点

$$x_1=0,\ x_{2,3}=\pm 1,\ y_1=0,\ y_{2,3}=\pm 1$$

函数的黑塞矩阵为

$$H_f(x,y)=\begin{bmatrix}30x^4-6 & 0\\ 0 & 30y^4-6\end{bmatrix}$$

应用命题 15.28 ~ 命题 15.30 的准则有如下结果：点 $(0,0)$ 是 f 的孤立的局部极大值，点 $(-1,-1)$, $(-1,1)$, $(1,-1)$ 和 $(1,1)$ 是孤立的局部极小值，点 $(-1,0)$，$(1,0)$，$(0,-1)$ 和 $(0,1)$ 是鞍点. 建议读者用 maple 可视化此函数.

227

15.8 练习

1. 计算下列函数的偏导数：

$$f(x,y)=\arcsin\left(\frac{y}{x}\right),\ g(x,y)=\log\frac{1}{\sqrt{x^2+y^2}}$$

用 maple 验证结果.

2. 证明：对 $t>0$ 和 $x\in\mathbb{R}$，函数

$$v(x,t)=\frac{1}{\sqrt{t}}\exp\left(\frac{-x^2}{4t}\right)$$

满足**热方程**（heat equation）

$$\frac{\partial v}{\partial t}=\frac{\partial^2 v}{\partial x^2}$$

3. 证明：对任意可微函数 g，函数 $w(x,t)=g(x-kt)$ 满足**传输方程**（transport equation）

$$\frac{\partial w}{\partial t}+k\frac{\partial w}{\partial x}=0$$

4. 证明：函数 $g(x,y)=\log(x^2+2y^2)$ 对 $(x,y)\neq(0,0)$ 满足方程

$$\frac{\partial^2 g}{\partial x^2}+\frac{1}{2}\frac{\partial^2 g}{\partial y^2}=0$$

5. 将椭球面 $x^2+2y^2+z^2=1$ 表示为一个函数 $(x,y)\mapsto f(x,y)$ 的图像. 区分正、负 z 坐标. 计算 f 的偏导数并画出 f 的水平曲线. 找出 ∇f 所指的方向.
6. 对双曲面 $x^2+2y^2-z^2=1$ 求解练习 5.
7. 计算函数 $f(x,y)=xy$ 在四个点 $\boldsymbol{a}_1,\cdots,\boldsymbol{a}_4$ 处 $\boldsymbol{v}$ 方向的方向导数，其中

$$\boldsymbol{a}_1=(1,2),\ \boldsymbol{a}_2=(-1,2),\ \boldsymbol{a}_3=(1,-2),\ \boldsymbol{a}_4=(-1,-2),\ \boldsymbol{v}=\frac{1}{\sqrt{5}}\begin{bmatrix}2\\1\end{bmatrix}$$

在给定的点 $\boldsymbol{a}_1,\cdots,\boldsymbol{a}_4$ 处找出方向导数极大值的方向.

228

8. 考虑函数 $f(x,y)=4-x^2-y^2$.

（a）对 $c=4,2,0,-2$ 作水平曲线 $f(x,y)=c$，并对 $a,b=-1,0,1$ 作坐标曲线图像：

$$x\mapsto\begin{bmatrix}x\\b\\f(x,b)\end{bmatrix},\ y\mapsto\begin{bmatrix}a\\y\\f(a,y)\end{bmatrix}$$

（b）计算函数 f 在点 $(1,1)$ 的梯度并确定在点 $(1,1,2)$ 的切平面方程. 验证梯度垂直于过点 $(1,1,2)$ 的水平曲线.

（c）计算函数 f 在点 $(1,1)$ 在方向

$$\boldsymbol{v}_1=\frac{1}{\sqrt{2}}\begin{bmatrix}1\\1\end{bmatrix},\ \boldsymbol{v}_2=\frac{1}{\sqrt{2}}\begin{bmatrix}-1\\1\end{bmatrix},\ \boldsymbol{v}_3=\frac{1}{\sqrt{2}}\begin{bmatrix}-1\\-1\end{bmatrix},\ \boldsymbol{v}_4=\frac{1}{\sqrt{2}}\begin{bmatrix}1\\-1\end{bmatrix}$$

的方向导数. 在 (x,y) 平面画出向量 $\boldsymbol{v}_1,\cdots,\boldsymbol{v}_4$ 并解释这些方向导数.

9. 考虑函数 $f(x,y)=y\mathrm{e}^{2x-y}$，其中 $x=x(t)$，$y=y(t)$ 为可微函数且满足

$$x(0)=2,\ y(0)=4,\ \dot{x}(0)=-1,\ \dot{y}(0)=4$$

由此计算 $z(t)=f\big(x(t),y(t)\big)$ 在点 $t=0$ 的导数.

10. 找出函数

$$f(x,y)=x^3-3xy^2+6y$$

所有的驻点，并判定是否为极大值、极小值或者鞍点.

11. 找出函数

$$f(x,y)=\mathrm{e}^x+y\mathrm{e}^y-x$$

的驻点，并判定是否为极大值、极小值或者鞍点.

12. 研究函数

$$f(x,y)=x^4-3x^2y+y^3$$

的局部极值和鞍点. 可视化此函数的图像.

提示：为了研究函数在 $(0,0)$ 的性质, 考虑部分映射 $f(x,0)$ 和 $f(0,y)$.

13. 确定函数

229

$$f(x,y)=x^2\mathrm{e}^{y/3}(y-3)-\frac{1}{2}y^2$$

（a）梯度和黑塞矩阵；

（b）在 $(0,0)$ 的二阶泰勒逼近；

（c）所有驻点. 判定是否为极大值、极小值或者鞍点.

14. 将多项式 $f(x,y)=x^2+xy+3y^2$ 展开为 $x-1$ 和 $y-2$ 的幂，即如下形式

$$f(x,y)=\alpha(x-1)^2+\beta(x-1)(y-2)+\gamma(y-2)^2+\delta(x-1)+\varepsilon(y-2)+\zeta$$

提示：利用 $(1,2)$ 处的二阶泰勒展开式.

230

15. 利用函数 $f(x,y)=x^y$ 在 $(1,2)$ 的二阶泰勒展开式数值计算 $(0.95)^{2.01}$.

第 16 章　二元向量值函数

本章将简要介绍多元向量值函数. 为了简单，仍限制在二元的情形.

首先，在平面中定义向量场并将**连续**和**可微**的概念拓展到向量值函数. 然后，讨论二元牛顿法. 作为一个应用将计算两个非线性函数的一个公共零点. 最后，作为 15.1 节的推广，本章展示如何借助参数化数学地描述光滑曲面.

所需的向量和矩阵代数的基本知识参见附录 A 和附录 B.

16.1　向量场及雅可比矩阵

本章中 D 表示 $\mathbb{R}^2$ 中的开集且

$$\boldsymbol{F}\;:\;D\subset\mathbb{R}^2\to\mathbb{R}^2\;:\;(x,y)\mapsto\begin{bmatrix}u\\v\end{bmatrix}=\boldsymbol{F}(x,y)=\begin{bmatrix}f(x,y)\\g(x,y)\end{bmatrix}$$

为取值在 $\mathbb{R}^2$ 的二元**向量值**函数. 这样的函数也称为**向量场**，因为它们给平面的每一点指定一个向量. 向量场在物理中有重要应用. 例如，液体流动的速度场或重力场在数学中描述为向量场.

在上一章已经提到一个向量场，即二元标量值函数 $f\;:\;D\to\mathbb{R}\;:\;(x,y)\mapsto f(x,y)$ 的梯度. 对可偏微函数 f，梯度

$$\boldsymbol{F}=\nabla f\;:\;D\to\mathbb{R}^2\;:\;(x,y)\mapsto\begin{bmatrix}\dfrac{\partial f}{\partial x}(x,y)\\[2mm]\dfrac{\partial f}{\partial y}(x,y)\end{bmatrix}$$

显然是一个向量场.

向量场的连续性与可微性按**分量**定义.

定义 16.1　函数

$$\boldsymbol{F}\;:\;D\subset\mathbb{R}^2\to\mathbb{R}^2\;:\;(x,y)\mapsto\boldsymbol{F}(x,y)=\begin{bmatrix}f(x,y)\\g(x,y)\end{bmatrix}$$

称为连续的（或可偏微的，或弗雷歇可微的）当且仅当 $\boldsymbol{F}$ 的两个分量 $f:D\to\mathbb{R}$ 和 $g:D\to\mathbb{R}$ 是连续的（或可偏微的，或弗雷歇可微的）.

如果 f 和 g 均是弗雷歇可微的，当 (x,y) 接近 (a,b) 时，有带余项 R_1 和 R_2 的线性化

$$f(x,y)=f(a,b)+\left[\frac{\partial f}{\partial x}(a,b),\frac{\partial f}{\partial y}(a,b)\right]\begin{bmatrix}x-a\\y-b\end{bmatrix}+R_1(x,y;a,b),$$

$$g(x,y)=g(a,b)+\left[\frac{\partial g}{\partial x}(a,b),\frac{\partial g}{\partial y}(a,b)\right]\begin{bmatrix}x-a\\y-b\end{bmatrix}+R_2(x,y;a,b)$$

如果用矩阵向量的记号合并上面两个等式于一个等式，则有

$$\begin{bmatrix}f(x,y)\\g(x,y)\end{bmatrix}=\begin{bmatrix}f(a,b)\\g(a,b)\end{bmatrix}+\begin{bmatrix}\frac{\partial f}{\partial x}(a,b) & \frac{\partial f}{\partial y}(a,b)\\ \frac{\partial g}{\partial x}(a,b) & \frac{\partial g}{\partial y}(a,b)\end{bmatrix}\begin{bmatrix}x-a\\y-b\end{bmatrix}+\begin{bmatrix}R_1(x,y;a,b)\\R_2(x,y;a,b)\end{bmatrix}$$

或简记为含余项 $\boldsymbol{R}(x,y;a,b)$ 和 2×2 **雅可比矩阵**

$$\boldsymbol{F}'(a,b)=\begin{bmatrix}\frac{\partial f}{\partial x}(a,b) & \frac{\partial f}{\partial y}(a,b)\\ \frac{\partial g}{\partial x}(a,b) & \frac{\partial g}{\partial y}(a,b)\end{bmatrix}$$

的表达式

232

$$\boldsymbol{F}(x,y)=\boldsymbol{F}(a,b)+\boldsymbol{F}'(x,y)\begin{bmatrix}x-a\\y-b\end{bmatrix}+\boldsymbol{R}(x,y;a,b)$$

由雅可比矩阵定义的线性映射称为函数 $\boldsymbol{F}$ 在点 (a,b) 的 **（弗雷歇）导数**. 余项 $\boldsymbol{R}$ 有如下性质

$$\lim_{(x,y)\to(a,b)}\frac{\sqrt{R_1(x,y;a,b)^2+R_2(x,y;a,b)^2}}{\sqrt{(x-a)^2+(y-b)^2}}=0$$

例 16.2（极坐标） 映射

$$\boldsymbol{F}\ :\ \mathbb{R}^2\to\mathbb{R}^2\ :\ (r,\phi)\mapsto\begin{bmatrix}x\\y\end{bmatrix}=\begin{bmatrix}r\cos\phi\\r\sin\phi\end{bmatrix}$$

是（处处）可微的，其导数（雅可比矩阵）为

$$\boldsymbol{F}'(r,\phi)=\begin{bmatrix}\cos\phi & -r\sin\phi\\ \sin\phi & r\cos\phi\end{bmatrix}$$

16.2　二元牛顿法

线性化

$$\boldsymbol{F}(x,y) \approx \boldsymbol{F}(a,b) + \boldsymbol{F}'(a,b)\begin{bmatrix} x-a \\ y-b \end{bmatrix}$$

是求解两个（或多个）未知量非线性方程的关键. 本节将导出确定两个分量的二元函数

$$\boldsymbol{F}(x,y) = \begin{bmatrix} f(x,y) \\ g(x,y) \end{bmatrix}$$

的零点的牛顿法.

例 16.3（圆与双曲线的交点）　考虑圆 $x^2+y^2=4$ 和双曲线 $xy=1$. 二者的交点是向量方程 $\boldsymbol{F}(x,y)=\boldsymbol{0}$ 的零点，其中

$$\boldsymbol{F} : \mathbb{R}^2 \to \mathbb{R}^2 : \boldsymbol{F}(x,y) = \begin{bmatrix} f(x,y) \\ g(x,y) \end{bmatrix} = \begin{bmatrix} x^2+y^2-4 \\ xy-1 \end{bmatrix}$$

水平曲线 $f(x,y)=0$ 和 $g(x,y)=0$，参见图 16.1.

233

牛顿法确定零点是基于下述想法. 对一个充分接近解的初始值 (x_0,y_0)，用函数在 (x_0,y_0) 的线性逼近

$$\boldsymbol{F}(x,y) \approx \boldsymbol{F}(x_0,y_0) + \boldsymbol{F}'(x_0,y_0)\begin{bmatrix} x-x_0 \\ y-y_0 \end{bmatrix}$$

代替函数本身计算一个改进值. 取线性化

$$\boldsymbol{F}(x_0,y_0) + \boldsymbol{F}'(x_0,y_0)\begin{bmatrix} x-x_0 \\ y-y_0 \end{bmatrix} = \begin{bmatrix} 0 \\ 0 \end{bmatrix}$$

的零点作为改进的逼近 (x_1,y_1)，因此

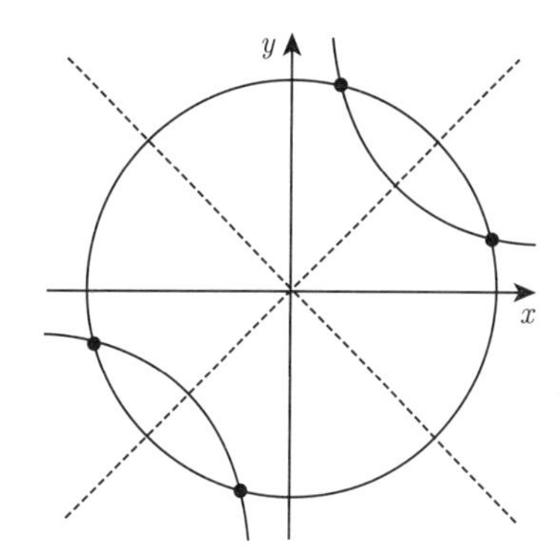

图 16.1　圆与双曲线的交点

$$\boldsymbol{F}'(x_0,y_0)\begin{bmatrix} x_1-x_0 \\ y_1-y_0 \end{bmatrix} = -\boldsymbol{F}(x_0,y_0)$$

且

$$\begin{bmatrix} x_1 \\ y_1 \end{bmatrix} = \begin{bmatrix} x_0 \\ y_0 \end{bmatrix} - \left(\boldsymbol{F}'(x_0,y_0)\right)^{-1}\boldsymbol{F}(x_0,y_0)$$

当雅可比矩阵可逆，即行列式非零时，上述计算可以执行. 在上面的例子中，雅可比矩阵是

$$\boldsymbol{F}'(x,y)=\begin{bmatrix}2x & 2y\\ y & x\end{bmatrix}$$

其行列式为 $\det \boldsymbol{F}'(x,y)=2x^2-2y^2$. 因此，此矩阵在直线 $x=\pm y$ 是奇异的. 这两条线见图 16.1 中的虚线.

迭代上述过程，即用改进值作为初始值重复牛顿法的步骤

$$\begin{bmatrix}x_{k+1}\\ y_{k+1}\end{bmatrix}=\begin{bmatrix}x_k\\ y_k\end{bmatrix}-\begin{bmatrix}\dfrac{\partial f}{\partial x}(x_k,y_k) & \dfrac{\partial f}{\partial y}(x_k,y_k)\\ \dfrac{\partial g}{\partial x}(x_k,y_k) & \dfrac{\partial g}{\partial y}(x_k,y_k)\end{bmatrix}^{-1}\begin{bmatrix}f(x_k,y_k)\\ g(x_k,y_k)\end{bmatrix}$$

234

从 $k=1,2,3,\cdots$ 直到达到希望的精确度. 如下命题所述，此迭代过程一般是快速收敛的. 证明见文献 [23] 的第 7 章中的定理 7.1.

命题 16.4 设 $\boldsymbol{F}:D\to\mathbb{R}^2$ 二次连续可微，$\boldsymbol{F}(a,b)=\boldsymbol{0}$ 且 $\det\boldsymbol{F}'(a,b)\neq 0$. 如果初始值 (x_0,y_0) 充分接近解 (a,b)，则牛顿法二阶收敛.

上述事实通常总结为术语**局部二阶收敛牛顿法**（local quadratic convergence of Newton's method）.

例 16.5 上例中的圆与双曲线的交点也可解析地计算. 因为

$$xy=1 \;\Leftrightarrow\; x=\frac{1}{y}$$

将 $x=1/y$ 代入方程 $x^2+y^2=4$ 得双二次方程

$$y^4-4y^2+1=0$$

用代换 $y^2=u$ 容易求解这个方程. 具有最大 x 分量的交点的坐标为

$$x=\sqrt{2+\sqrt{3}}=1.93185165257813657\cdots$$

$$y=\sqrt{2-\sqrt{3}}=0.51763809020504152\cdots$$

对初始值 $x_0=2$ 和 $y_0=1$ 用牛顿法 5 步后得到上述解的 16 位精度. 从每步数字准确度是前一步的二倍可以观察到二阶收敛性.

x	y	Error
2.000000000000000	1.000000000000000	4.871521418175E-001
2.000000000000000	5.000000000000000E-001	7.039388810410E-002
1.933333333333333	5.166666666666667E-001	1.771734052060E-003
1.931852741096439	5.176370548219287E-001	1.502295005704E-006
1.931851652578934	5.176380902042443E-001	1.127875985998E-012
1.931851652578136	5.176380902050416E-001	2.220446049250E-016

235

实验 16.6 用 MATLAB 程序 `mat16_1.m` 和 `mat16_2.m` 计算例 16.3 的交点. 实验不同的初始值，并尝试以此方法确定这个问题的所有四个解. 如果选取初始值为 $(x_0, y_0) = (1, 1)$ 会发生什么?

16.3 参数曲面

在 15.1 节中将曲面作为函数 $f\ :\ D \subset \mathbb{R}^2 \to \mathbb{R}$ 的图像做了研究. 但类似于曲线的情况，作为函数的图像这一概念过于狭隘而不能表示更为复杂的曲面. 弥补的方法是用类似前面处理曲线的方法参数化.

构造参数曲面的出发点是参数区域 $D \subset \mathbb{R}^2$ 到 $\mathbb{R}^3$ 的（按分量的）连续映射

$$(u, v) \mapsto \boldsymbol{x}(u, v) = \begin{bmatrix} x(u,v) \\ y(u,v) \\ z(u,v) \end{bmatrix}$$

通过一次固定一个参数 $u = u_0$ 或 $v = v_0$ 得空间中的坐标曲线

$$u \mapsto \boldsymbol{x}(u, v_0) \cdots\ u\text{曲线}$$

$$v \mapsto \boldsymbol{x}(u_0, v) \cdots\ v\text{曲线}$$

定义 16.7 正则参数曲面是 $D \subset \mathbb{R}^2 \to \mathbb{R}^3\ :\ (u, v) \mapsto \boldsymbol{x}(u, v)$ 的映射满足如下条件:

(a) 映射 $(u, v) \mapsto \boldsymbol{x}(u, v)$ 是单射;

(b) u 曲线和 v 曲线连续可微;

(c) u 曲线的切向量和 v 曲线的切向量在每一点都线性无关（因此总是张成平面）.

以上条件保证参数曲面的确是 $\mathbb{R}^3$ 的光滑二维子集.

对正则曲面，切向量

$$\frac{\partial \boldsymbol{x}}{\partial u}(u, v) = \begin{bmatrix} \dfrac{\partial x}{\partial u}(u,v) \\ \dfrac{\partial y}{\partial u}(u,v) \\ \dfrac{\partial z}{\partial u}(u,v) \end{bmatrix}, \quad \frac{\partial \boldsymbol{x}}{\partial v}(u, v) = \begin{bmatrix} \dfrac{\partial x}{\partial v}(u,v) \\ \dfrac{\partial y}{\partial v}(u,v) \\ \dfrac{\partial z}{\partial v}(u,v) \end{bmatrix}$$

236

在 $\boldsymbol{x}(u,v)$ 张成**切平面**（tangent plane）. 此切平面有参数表示

$$\boldsymbol{p}(\lambda,\mu)=\boldsymbol{x}(u,v)+\lambda\frac{\partial\boldsymbol{x}}{\partial u}(u,v)+\mu\frac{\partial\boldsymbol{x}}{\partial v}(u,v),\ \lambda,\ \mu\in\mathbb{R}$$

正则条件（c）等价于

$$\frac{\partial\boldsymbol{x}}{\partial u}\times\frac{\partial\boldsymbol{x}}{\partial v}\neq\mathbf{0}$$

此叉积构成上述曲面（切平面）的一个法向量.

例 16.8（旋转曲面） 通过绕 z 轴旋转连续可微正函数 $z\mapsto h(z)$，$a<z<b$ 的图像得到一个旋转曲面，其参数化为

$$D=(a,b)\times(0,2\pi),\ \boldsymbol{x}(u,v)=\begin{bmatrix}h(u)\cos v\\ h(u)\sin v\\ u\end{bmatrix}$$

这里 v 曲线是水平圆周，u 曲线是母线. 注意对应角 $v=0$ 的母线已被移除以满足条件（a）. 为了验证条件（c），计算 u 曲线和 v 曲线的切向量的叉积

$$\frac{\partial\boldsymbol{x}}{\partial u}\times\frac{\partial\boldsymbol{x}}{\partial v}=\begin{bmatrix}h'(u)\cos v\\ h'(u)\sin v\\ 1\end{bmatrix}\times\begin{bmatrix}-h(u)\sin v\\ h(u)\cos v\\ 0\end{bmatrix}=\begin{bmatrix}-h(u)\cos v\\ -h(u)\sin v\\ h(u)h'(u)\end{bmatrix}\neq\mathbf{0}$$

由于 $h(u)>0$，此向量非零；因此这两个切向量不共线.

图 16.2 显示了由 $h(u)=0.4+\cos(4\pi u)/3$，$u\in(0,1)$ 生成的旋转曲面. 在 MATLAB 中利用命令 `cyliner` 并结合命令 `mesh` 可以方便地表示这样的曲面.

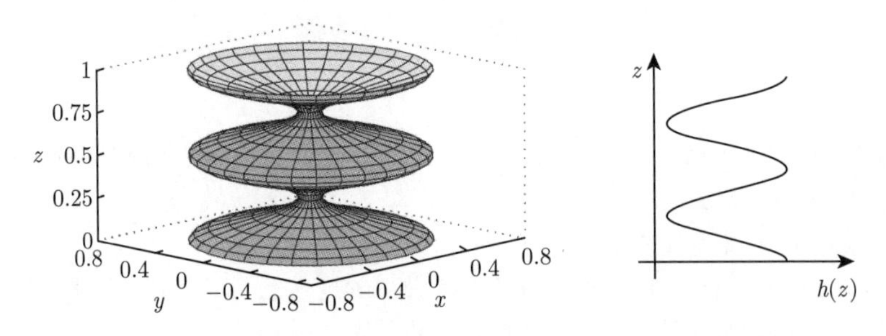

图 16.2　由 $h(z)$ 绕 z 轴生成的旋转曲面. 右图是 $h(z)$ 的图像

例 16.9（球面） 半径为 R 的球面可参数化为

237

$$D=(0,\pi)\times(0,2\pi),\ \boldsymbol{x}(u,v)=\begin{bmatrix}R\sin u\cos v\\ R\sin u\sin v\\ R\cos u\end{bmatrix}$$

这里 v 曲线是纬线，u 曲线是经线. 参数 u，v 为夹角，参见图 16.3.

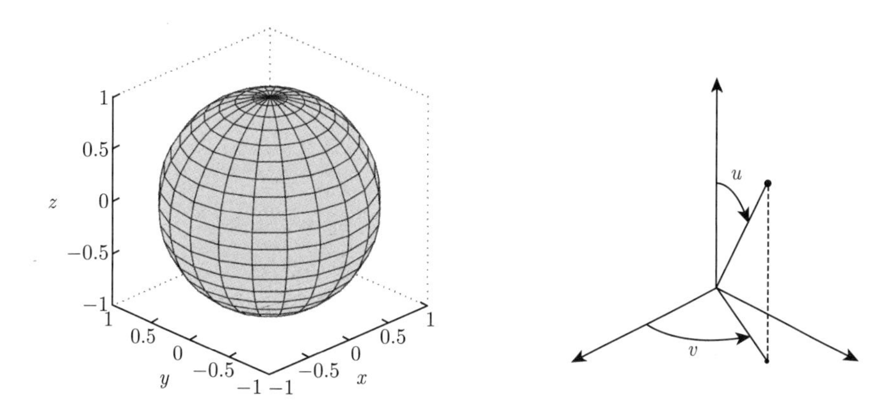

图 16.3　作为参数曲面的单位球面. 右图将参数 u，v 作为角解释

16.4　练习

1. 计算映射

$$\begin{bmatrix} u \\ v \end{bmatrix} = \boldsymbol{F}(x,y) = \begin{bmatrix} x^2+y^2 \\ x^2-y^2 \end{bmatrix}$$

   的雅可比矩阵. x 与 y 为何值时此雅可比矩阵可逆?

238

2. 编写多变量牛顿法的程序并用问题

$$\begin{aligned} x^2+\sin y &= 4 \\ xy &= 1 \end{aligned}$$

   初始值为 $x=2$，$y=1$ 测试程序. 如果使用 MATLAB，可以通过修改 `mat16_2.m` 处理本题.

3. 计算半径为 R 的球面（例 16.9）的切向量 $\dfrac{\partial \boldsymbol{x}}{\partial u}$，$\dfrac{\partial \boldsymbol{x}}{\partial v}$ 和法向量 $\dfrac{\partial \boldsymbol{x}}{\partial u} \times \dfrac{\partial \boldsymbol{x}}{\partial v}$. 从法向量的方向可以观察到什么?

4. 画旋转曲面

$$\boldsymbol{x}(u,v) = \begin{bmatrix} \cos u \cos v \\ \cos u \sin v \\ u \end{bmatrix},\ -1 < u < 1,\ 0 < v < 2\pi$$

   的图像，并计算切向量 $\dfrac{\partial \boldsymbol{x}}{\partial u}$，$\dfrac{\partial \boldsymbol{x}}{\partial v}$ 和法向量 $\dfrac{\partial \boldsymbol{x}}{\partial u} \times \dfrac{\partial \boldsymbol{x}}{\partial v}$. 确定点 $(1/\sqrt{2}, 1/\sqrt{2}, 0)$ 处的切平面方程.

5. 画抛物面

$$\boldsymbol{x}(u,v)=\begin{bmatrix}u\cos v\\ u\sin v\\ 1-u^2\end{bmatrix},\ 0<u<1,\ 0<v<2\pi$$

的图像和 u 曲线及 v 曲线. 计算切向量 $\dfrac{\partial \boldsymbol{x}}{\partial u}$, $\dfrac{\partial \boldsymbol{x}}{\partial v}$ 和法向量 $\dfrac{\partial \boldsymbol{x}}{\partial u}\times\dfrac{\partial \boldsymbol{x}}{\partial v}$.

6. 画数条螺旋面

$$\boldsymbol{x}(u,v)=\begin{bmatrix}u\cos v\\ u\sin v\\ v\end{bmatrix},\ 0<u<1,\ 0<v<2\pi$$

的 u 曲线及 v 曲线. 这些曲线是什么? 试画出曲面的图像.

7. 平面向量场（参见 20.1 节）

$$(x,y)\mapsto \boldsymbol{F}(x,y)=\begin{bmatrix}f(x,y)\\ g(x,y)\end{bmatrix}$$

可以通过在平面画每一点 (x_i,y_j) 的网格并对每一点附加一个向量 $\boldsymbol{F}(x_i,y_j)$ 进行可视化. 以此方式作向量场

239 ~ 240

$$\boldsymbol{F}(x,y)=\frac{1}{\sqrt{x^2+y^2}}\begin{bmatrix}x\\ y\end{bmatrix}\ \text{和}\ \boldsymbol{G}(x,y)=\frac{1}{\sqrt{x^2+y^2}}\begin{bmatrix}-y\\ x\end{bmatrix}$$

第 17 章　二元函数的积分

在 11.3 节介绍了如何计算旋转体的体积. 但是如果没有旋转对称性则需要将积分学扩展到二元函数. 例如，如果希望计算 (x,y) 平面中区域 D 与非负函数 $z=f(x,y)$ 的图像之间的立体的体积则产生这一概念. 本章将拓展第 11 章中黎曼积分的概念到二元函数的二重积分. 计算二重积分的重要工具是将其表示为累次积分和变换公式（坐标变换）. 本章也将讨论一些出现应用中的多元函数积分.

17.1　二重积分

本节先介绍定义在矩形 $R=[a,b]\times[c,d]$ 上的实值函数 $z=f(x,y)$ 的积分. 更一般的积分区域 $D\subset\mathbb{R}^2$ 将会在后面讨论. 因为由 11.1 节知，黎曼可积函数必然有界，所以本章中总假设 f 有界. 如果 f 是非负的，则积分解释为以 R 为底，f 的图像为顶曲面的立体的体积（参见图 17.2）. 这一要求激发了以下方法，用长方体的体积和逼近所求立体的体积.

类似 11.1 节划分区间 $[a,b]$ 和 $[c,d]$：

$$Z_x\ :\ a=x_0<x_1<x_2<\cdots<x_{n-1}<x_n=b$$

$$Z_y\ :\ c=y_0<y_1<y_2<\cdots<y_{m-1}<y_m=d$$

在区域 R 上建立矩形网格 G. 矩形网格由小矩形

$$[x_{i-1},x_i]\times[y_{j-1},y_j],\ i=1,\cdots,n,\ j=1,\cdots,m$$

构成. 网格中最长子区间的长度为**网格步长**（mesh size）$\varPhi(G)$：

$$\varPhi(G)=\max(|x_i-x_{i-1}|,|y_j-y_{j-1}|\ ;\ i=1,\cdots,n,\ j=1,\cdots,m)$$

最后在网格的每一个矩形中任意取一中间点 $\boldsymbol{p}_{ij}=(\xi_{ij},\eta_{ij})$，参见图 17.1.

二重和

$$S=\sum_{i=1}^{n}\sum_{j=1}^{m}f(\xi_{ij},\eta_{ij})(x_i-x_{i-1})(y_j-y_{j-1})$$

称为**黎曼和**. 因为以 $[x_i,x_{i-1}]\times[y_j,y_{j-1}]$ 为底，$f(\xi_{ij},\eta_{ij})$ 为高的长方体的体积为

$$f(\xi_{ij},\eta_{ij})(x_i-x_{i-1})(y_j-y_{j-1})$$

所以上面的黎曼和是 f 图像的下方体积的逼近（参见图 17.2）.

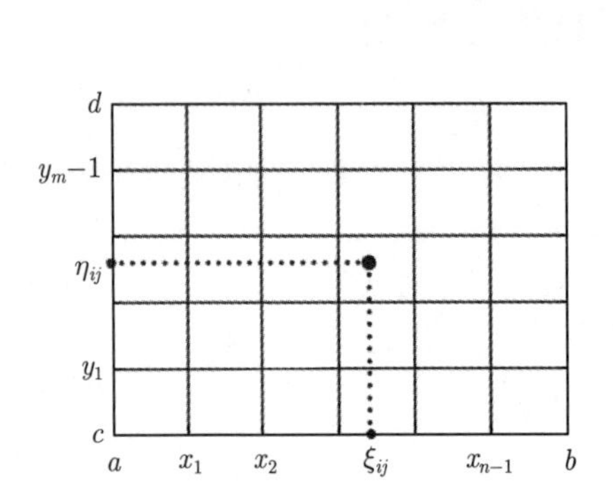

图 17.1　划分矩形 R

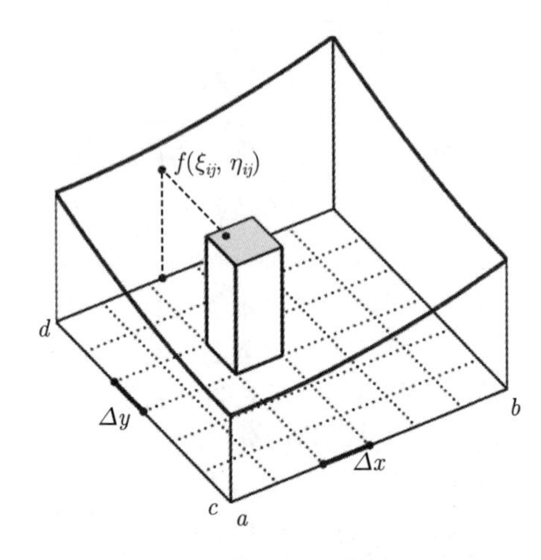

图 17.2　体积和长方体逼近

242

类似 11.1 节，积分定义为黎曼和的极限. 考虑一个网格序列 G_1，G_2，$G_3, \cdots$，其网格步长 $\Phi(G_N)$ 当 $N \to \infty$ 时趋于零. 对应的黎曼和为 S_N.

定义 17.1　设 $z = f(x, y)$ 为有界函数，$R = [a, b] \times [c, d]$. 如果对任意的网格序列 $(G_N)_{N \geqslant 1}$ 满足 $\Phi(G_N) \to 0$ 有对应的黎曼和 $(S_N)_{N \geqslant 1}$ 趋于相同的极限 $I(f)$ 且极限不依赖中间点的选取，则称 f 在 R **黎曼可积**. 极限

$$I(f) = \iint_R f(x, y) \mathrm{d}(x, y)$$

称为 f 在 R 上的**二重积分**.

实验 17.2　研究 M 文件 `mat17_1.m`. 对函数 $z = x^2 + y^2$ 在矩形 $[0, 1] \times [0, 1]$ 上不同的随机选取网格求黎曼和. 当选取网格越来越细时会发生什么?

和一个变量的情况一样，可以用二重积分的定义数值逼近这个积分. 但是这种方法对积分的解析值几乎没有用. 在 11.1 节中，微积分基本定理被证明是有用的，此处将积分表示为**累次积分**（iterated integral）是有用的. 这种方法将二重积分的计算转化为一元函数的积分.

命题 17.3（二重积分作为累次积分）　如果有界函数 f 和部分函数 $x \mapsto f(x, y)$，$y \mapsto f(x, y)$ 在 $R = [a, b] \times [c, d]$ 黎曼可积，则映射 $x \mapsto \int_c^d f(x, y) \mathrm{d}y$ 和 $y \mapsto \int_a^b f(x, y) \mathrm{d}x$ 黎曼可积且

$$\iint_R f(x, y) \mathrm{d}(x, y) = \int_a^b \left(\int_c^d f(x, y) \mathrm{d}y \right) \mathrm{d}x = \int_c^d \left(\int_a^b f(x, y) \mathrm{d}x \right) \mathrm{d}y$$

证明概要. 在黎曼和中取中间点为 $\boldsymbol{p}_{ij} = (\xi_i, \eta_j)$，其中 $\xi_i \in [x_{i-1}, x_i]$，$\eta_j \in [y_{j-1}, y_j]$，则

$$\iint_R f(x,y)\mathrm{d}(x,y) \approx \sum_{i=1}^{n}\left(\sum_{j=1}^{m} f(\xi_i,\eta_j)(y_j - y_{j-1})\right)(x_i - x_{i-1})$$
$$\approx \sum_{i=1}^{n}\left(\int_c^d f(\xi_j, y)\mathrm{d}y\right)(x_i - x_{i-1}) \approx \int_a^b\left(\int_c^d f(x,y)\mathrm{d}y\right)\mathrm{d}x$$

类似地得第二个等式. 关于严格的证明见相关文献，如文献 [4] 中的定理 8.13 及其推论. □

图 17.3 展示了命题 17.3. 通过平行于坐标轴的细薄切片代替小的长方体求和逼近体积. 命题 17.3 说明立体的体积由横截面（垂直于 x 轴或 y 轴）面积的积分得到. 命题 17.3 这种形式称为 **卡瓦列里**[一]**原理**（Cavalieri principle）. 在一般的积分理论中也称为**富比尼**[二]**定理**（Fubini's theorem）. 因为在可积性的条件下积分顺序是无关的，所以通常省略括号而记为

$$\iint_R f(x,y)\mathrm{d}(x,y) = \iint_R f(x,y)\mathrm{d}x\mathrm{d}y = \int_a^b\int_c^d f(x,y)\mathrm{d}y\mathrm{d}x$$

例 17.4 设 $R = [0,1]\times[0,1]$,

$$B = \{(x,y,z)\in\mathbb{R}^3 \;:\; (x,y)\in R, 0 \leqslant z \leqslant x^2+y^2\}$$

的体积可用命题 17.3 以如下方式得到，参见图 17.4.

$$\iint_R (x^2+y^2)\mathrm{d}(x,y) = \int_0^1\left(\int_0^1 (x^2+y^2)\mathrm{d}y\right)\mathrm{d}x$$
$$= \int_0^1\left(x^2 y + \frac{y^3}{3}\right)\Bigg|_{y=0}^{y=1}\mathrm{d}x = \int_0^1\left(x^2+\frac{1}{3}\right)\mathrm{d}x = \left(\frac{x^3}{3}+\frac{x}{3}\right)\Bigg|_{x=0}^{x=1} = \frac{2}{3}$$

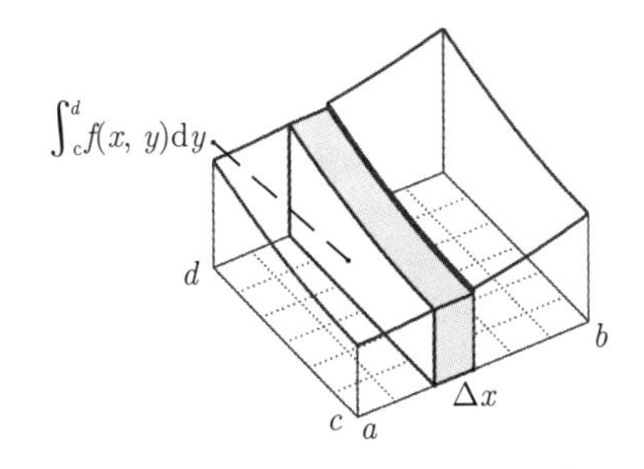

图 17.3　二重积分作为累次积分

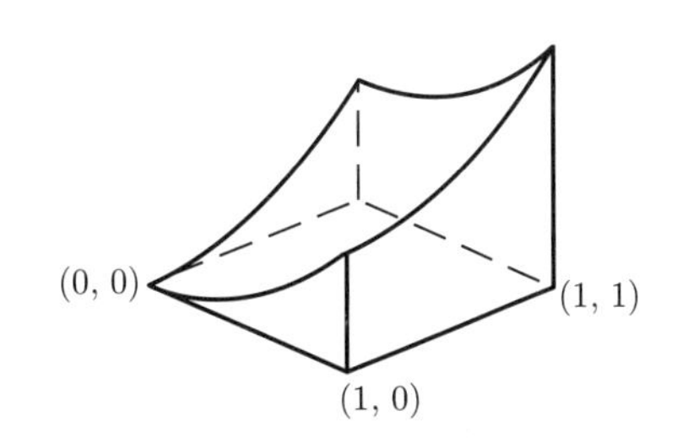

图 17.4　图形 B

[一] 卡瓦列里，1598—1647.
[二] 富比尼，1879—1943.

现在介绍一般的（有界）区域 $D \subset \mathbb{R}^2$ 上的积分. 区域 D 的**示性函数**（indicator function）为

$$\mathbb{I}_D = \begin{cases} 1, & (x,y) \in D \\ 0, & (x,y) \notin D \end{cases}$$

将有界区域 D 包含于一个矩形 R 中 $(D \subset R)$. 如果 D 的示性函数的黎曼积分存在，则它表示以 D 为底，高为 1 的柱体的体积，因此也表示 D 的面积（参见图 17.5）. 因为示性函数在区域 D 外的取值为零，所以显然积分结果不依赖于包含矩形的选取.

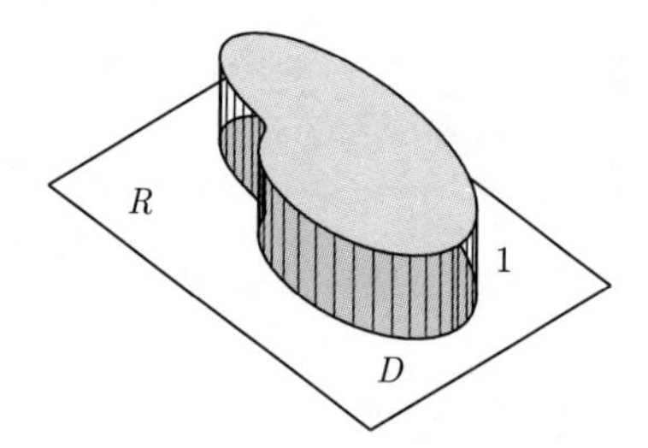

图 17.5　高为 1 的柱体的体积

定义 17.5　设 D 为有界区域，R 是包含 D 的矩形.

(a) 如果 D 的示性函数黎曼可积，则区域 D 称为**可测的**（measurable）并令

$$\iint_D \mathrm{d}(x,y) = \iint_R \mathbb{I}_D(x,y)\mathrm{d}(x,y)$$

(b) 设 $N \subset \mathbb{R}^2$ 满足 $\iint_N \mathrm{d}(x,y) = 0$，则称子集 N 为**零测集**（set of measure zero）.

(c) 设 $z = f(x,y)$ 为有界函数. 当 $f(x,y)\mathbb{I}_D(x,y)$ 黎曼可积时，函数 f 在可测区域 D 上的积分定义为

$$\iint_D f(x,y)\mathrm{d}(x,y) = \iint_R f(x,y)\mathbb{I}_D(x,y)\mathrm{d}(x,y)$$

一些例子，零测集是单点集、直线段或平面可微曲线段. 定义 17.5 中（c）指出函数 f 在区域 D 上的积分是通过将 f 延拓到一个更大的矩形 R 上并指定在 D 外的取值为零来确定的.

245

注 17.6　(a) 设 D 为可测区域，N 为零测集且 f 在这两个区域上都可积，则

$$\iint_D f(x,y)\mathrm{d}(x,y) = \iint_{D\setminus N} f(x,y)\mathrm{d}(x,y)$$

(b) 设 $D = D_1 \cup D_2$. 如果 $D_1 \cap D_2$ 为零测集，则

$$\iint_D f(x,y)\mathrm{d}(x,y) = \iint_{D_1} f(x,y)\mathrm{d}(x,y) + \iint_{D_2} f(x,y)\mathrm{d}(x,y)$$

因此在整个区域 D 上的积分是子区域上积分的和. 上述论断的证明通过处理黎曼和很容易得到. 在一类重要的区域 D 上积分是简单的. 这类区域称为**正规区域**（normal domain）.

定义 17.7 (a) 设

$$D = \{(x,y) \in \mathbb{R}^2\ ;\ a \leqslant x \leqslant b,\ v(x) \leqslant y \leqslant w(x)\}$$

其中 $x \mapsto v(x)$，$x \mapsto w(x)$ 是连续可微的上、下有界函数，则子集 $D \subset \mathbb{R}^2$ 称为 **I 型正规区域**（normal domain of type I）.

(b) 设

$$D = \{(x,y) \in \mathbb{R}^2\ ;\ c \leqslant y \leqslant d,\ l(y) \leqslant x \leqslant r(y)\}$$

其中 $y \mapsto l(y)$，$y \mapsto r(y)$ 是连续可微的左、右有界函数，则子集 $D \subset \mathbb{R}^2$ 称为 **Ⅱ 型正规区域**（normal domain of type Ⅱ）.

图 17.6 给出了正规区域的例子.

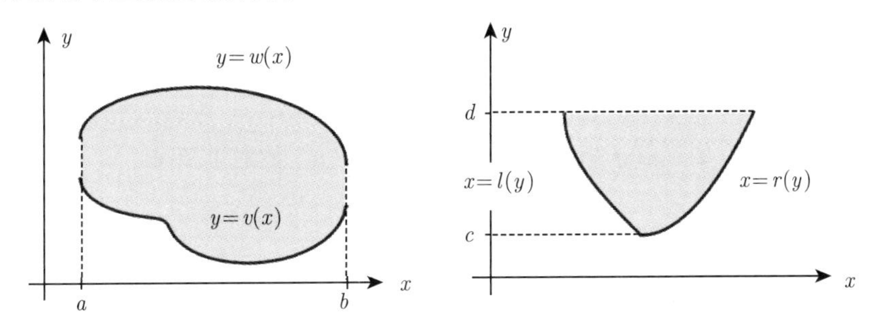

图 17.6 I 型和 Ⅱ 型正规区域

246

命题 17.8（正规区域上的积分） 设 D 为正规区域，$f : D \mapsto \mathbb{R}$ 是连续的. 对 I 型正规区域有

$$\iint_D f(x,y)\mathrm{d}(x,y) = \int_a^b \left(\int_{v(x)}^{w(x)} f(x,y)\mathrm{d}y \right) \mathrm{d}x$$

而对 Ⅱ 型正规区域有

$$\iint_D f(x,y)\mathrm{d}(x,y) = \int_c^d \left(\int_{l(y)}^{r(y)} f(x,y)\mathrm{d}x \right) \mathrm{d}y$$

证明　注意 f 在 D 外延拓的值是零，由命题 17.3 可证. 证明细节参看文献 [4] 的 8.3 节最后的注. □

例 17.9　计算三角形 $D=\{(x,y)\ ;\ 0\leqslant x\leqslant 1,\ 0\leqslant y\leqslant 1-x\}$ 和 $z=x^2+y^2$ 的图像之间的图形的体积. 将 D 视为 I 型正规区域其边界为 $v(x)=0$，$w(x)=1-x$，得

$$\iint_D (x^2+y^2)\mathrm{d}(x,y)=\int_0^1\left(\int_0^{1-x}(x^2+y^2)\mathrm{d}y\right)\mathrm{d}x$$

$$=\int_0^1\left(x^2y+\frac{y^3}{3}\right)\Bigg|_{y=0}^{y=1-x}\mathrm{d}x=\int_0^1\left(x^2(1-x)+\frac{(1-x)^3}{3}\right)\mathrm{d}x=\frac{1}{6}$$

上式最后一个等号由乘法展开和逐项积分得到.

17.2　二重积分的应用

为了建模的需要使用简化的黎曼和记号. 在等距划分 Z_x 和 Z_y 中，所有的子区间有相同的长度，记

$$\Delta x=x_i-x_{i-1},\ \Delta y=y_j-y_{j-1}$$

并称

$$\Delta A=\Delta x\Delta y$$

为**网格 G 的面积元素**. 如果取子矩形 $[x_{i-1},x_i]\times[y_{j-1},y_j]$ 的右上角 $\boldsymbol{p}_{ij}=(x_i,y_j)$ 为中间点，对应的黎曼和是

$$S=\sum_{i=1}^{n}\sum_{j=1}^{m}f(x_i,y_j)\Delta A=\sum_{i=1}^{n}\sum_{j=1}^{m}f(x_i,y_j)\Delta x\Delta y$$

应用 17.10（质量作为密度的积分）　一个薄的平面物体 D 在点 (x,y) 的密度为 $\rho(x,y)$（质量/单位面积）. 如果密度 ρ 为常数则其总质量是密度与面积的乘积. 在密度变化的情况下（如由于材料性质的逐点改变），将 D 划分为更小的边长为 Δx 和 Δy 的小矩形. 包含 (x,y) 的小矩形的质量近似等于 $\rho(x,y)\Delta x\Delta y$. 因此物体总的质量近似等于

247

$$\sum_{i=1}^{n}\sum_{j=1}^{m}\rho(x_i,y_j)\Delta x\Delta y$$

但这正是

$$M=\iint_D \rho(x,y)\mathrm{d}x\mathrm{d}y$$

的一个黎曼和. 这样的考虑表明密度函数的积分表示二维物体的总质量是可行的模型.

应用 17.11（重心） 如应用 17.10 一样，考虑一个平的二维物体 D. 在 (x,y) 附近的小矩形关于点 (x^*,y^*) 的两个静力矩是

$$(x-x^*)\rho(x,y)\Delta x\Delta y,\ (y-y^*)\rho(x,y)\Delta x\Delta y$$

参见图 17.7.

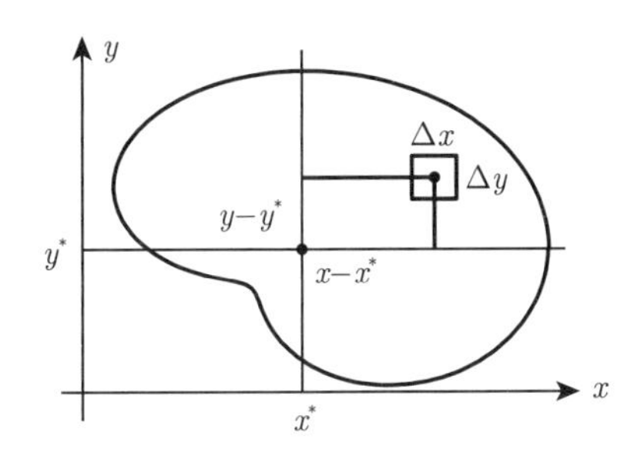

图 17.7 静力矩

如果在重力的影响下考虑物体，则可以看见这两个静力矩的相关性. 通过乘以重力加速度 g，得到关于过 (x^*,y^*) 的坐标系方向的力矩（力乘以杠杆臂）. 二维物体 D 的**重心**（centre of gravity）$(x_{\mathrm{S}},y_{\mathrm{S}})$ 是总静力矩相对于其消失的点：

$$\sum_{i=1}^{n}\sum_{j=1}^{m}(x_i-x_{\mathrm{S}})\rho(x_i,y_j)\Delta x\Delta y\approx 0,\ \sum_{i=1}^{n}\sum_{j=1}^{m}(y_i-y_{\mathrm{S}})\rho(x_i,y_j)\Delta x\Delta y\approx 0$$

在求极限时，因为网格步长趋于零，所以

$$\iint_D (x-x_{\mathrm{S}})\rho(x,y)\mathrm{d}x\mathrm{d}y=0,\ \iint_D (y-y_{\mathrm{S}})\rho(x,y)\mathrm{d}x\mathrm{d}y=0$$

248

将上述方程作为重心的定义，即

$$x_{\mathrm{S}}=\frac{1}{M}\iint_D x\rho(x,y)\mathrm{d}x\mathrm{d}y,\ y_{\mathrm{S}}=\frac{1}{M}\iint_D y\rho(x,y)\mathrm{d}x\mathrm{d}y$$

其中 M 表示应用 17.10 中的总质量.

对常值密度 $\rho(x,y)\equiv 1$ 的特殊情况，则得到区域 D 的**几何重心**（geometric centre of gravity）.

例 17.12（四分之一圆的几何重心） 设 D 是位于第一象限以 $(0,0)$ 为圆心 r 为半径的圆的四分之一，即 $D=\{(x,y)\ ;\ 0\leqslant x\leqslant r,\ 0\leqslant y\leqslant\sqrt{r^2-x^2}\}$（参见图 17.8）. 设密度 $\rho(x,y)\equiv 1$，则面积 M 为 $r^2\pi/4$. 计算一阶静力矩得

$$\iint_D x\mathrm{d}x\mathrm{d}y=\int_0^r\left(\int_0^{\sqrt{r^2-x^2}}x\mathrm{d}y\right)\mathrm{d}x=\int_0^r\left(xy\big|_{y=0}^{y=\sqrt{r^2-x^2}}\right)\mathrm{d}x$$

$$= \int_0^r x\sqrt{r^2 - x^2}\mathrm{d}x = -\frac{1}{3}(r^2 - x^2)^{3/2}\Big|_{x=0}^{x=r} = \frac{1}{3}r^3$$

因此重心的 x 坐标为 $x_\mathrm{S} = \dfrac{4}{r^2\pi} \cdot \dfrac{1}{3}r^3 = \dfrac{4r}{3\pi}$. 由对称性知，$y_\mathrm{S} = x_\mathrm{S}$.

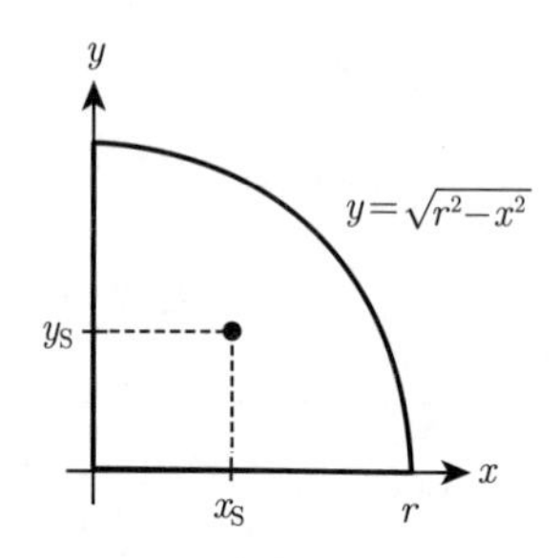

图 17.8　四分之一圆的重心

17.3　变换公式

类似一维积分的换元规则，二重积分的变换公式使积分区域 D 上的坐标变换成为可能. 为了方便，本节假设 D 为 $\mathbb{R}^2$ 的开子集（见定义 9.1）.

定义 17.13　设 $\boldsymbol{F}: D \to B = \boldsymbol{F}(D)$ 为两个开子集 D, $B \subset \mathbb{R}^2$ 之间的双射且可微. 如果其逆映射 $\boldsymbol{F}^{-1}$ 也可微，则称 $\boldsymbol{F}$ 为**微分同胚**（diffeomorphism）.

249

对变量用如下记号

$$\boldsymbol{F} : D \to B : \begin{bmatrix} u \\ v \end{bmatrix} \mapsto \begin{bmatrix} x \\ y \end{bmatrix} = \begin{bmatrix} x(u,v) \\ y(u,v) \end{bmatrix}$$

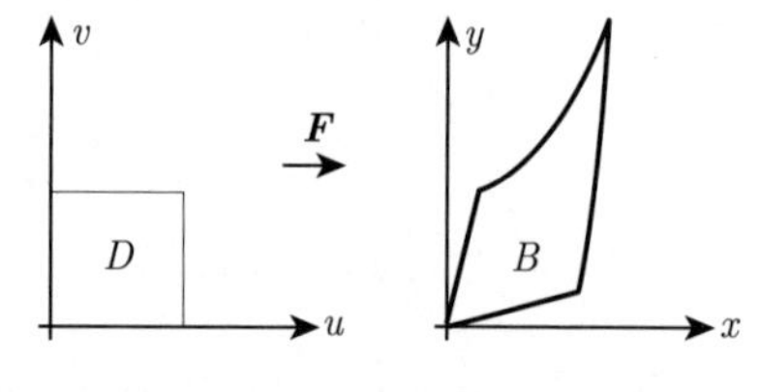

图 17.9　平面区域上的变换

图 17.9 显示了区域 $D = (0,1) \times (0,1)$ 在变换

$$\boldsymbol{F} : \begin{bmatrix} u \\ v \end{bmatrix} \mapsto \begin{bmatrix} x \\ y \end{bmatrix} = \begin{bmatrix} u + v/4 \\ u/4 + v + u^2v^2 \end{bmatrix}$$

下的像. 变换的目的是将区域 B 上实值函数 f 的积分变换到 D 上的积分.

为此在 (u,v) 平面上的区域 D 建立网格 G 并选取一个矩形，假设其左下角为 (u,v) 且边由向量

$$\begin{bmatrix} \Delta u \\ 0 \end{bmatrix}, \begin{bmatrix} 0 \\ \Delta v \end{bmatrix}$$

张成. 这个矩形在变换 $\boldsymbol{F}$ 下的像通常是曲边的，在首次逼近时用平行四边形代替. 由线性逼近（见 15.4 节）有：

$$\boldsymbol{F}(u+\Delta u, v) \approx \boldsymbol{F}(u, v) + \boldsymbol{F}'(u, v)\begin{bmatrix}\Delta u\\ 0\end{bmatrix},$$

$$\boldsymbol{F}(u, v+\Delta v) \approx \boldsymbol{F}(u, v) + \boldsymbol{F}'(u, v)\begin{bmatrix}0\\ \Delta v\end{bmatrix}$$

因此，近似的平行四边形由向量

$$\begin{bmatrix}\dfrac{\partial x}{\partial u}(u,v)\\ \dfrac{\partial y}{\partial u}(u,v)\end{bmatrix}\Delta u,\ \begin{bmatrix}\dfrac{\partial x}{\partial v}(u,v)\\ \dfrac{\partial y}{\partial v}(u,v)\end{bmatrix}\Delta v$$

张成且面积为

$$|\det\begin{bmatrix}\dfrac{\partial x}{\partial u}(u,v) & \dfrac{\partial x}{\partial v}(u,v)\\ \dfrac{\partial y}{\partial u}(u,v) & \dfrac{\partial y}{\partial v}(u,v)\end{bmatrix}\Delta u\Delta v| = |\det \boldsymbol{F}'(u,v)|\Delta u\Delta v$$

250

简而言之，面积元 $\Delta A = \Delta u\Delta v$ 在变换 F 下变为面积元 $\Delta\boldsymbol{F}(A) = |\det F'(u,v)|\Delta u\Delta v$（参见图 17.10）.

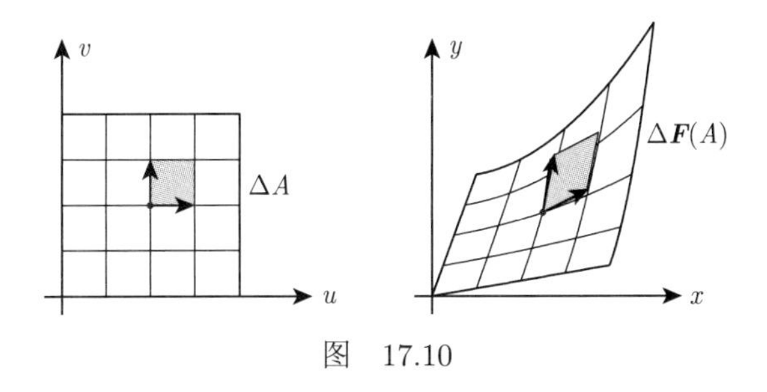

图　17.10

命题 17.14（二重积分变换公式）　设 D, B 为 $\mathbb{R}^2$ 上的有界开集，$\boldsymbol{F}: D\to B$ 为微分同胚且 $f: B\to\mathbb{R}$ 是有界映射，只要函数 f 和 $f(\boldsymbol{F})|\det\boldsymbol{F}'|$ 是黎曼可积的，则

$$\iint_B f(x,y)\mathrm{d}x\mathrm{d}y = \iint_D f\big(\boldsymbol{F}(u,v)\big)|\det\boldsymbol{F}'(u,v)|\mathrm{d}u\mathrm{d}v$$

证明　在变换后的网格上用黎曼和得

$$\iint_B f(x,y)\mathrm{d}x\mathrm{d}y \approx \sum_{i=1}^{n}\sum_{j=1}^{m} f(x_i, y_j)\Delta\boldsymbol{F}(A)$$

$$\approx \sum_{i=1}^{n}\sum_{j=1}^{m} f\big(x(u_i,v_j),y(u_i,v_j)\big)|\det \boldsymbol{F}'(u_i,v_j)|\Delta u\Delta v$$

$$\approx \iint_D f\big(\boldsymbol{x}(u,v),y(u,v)\big)|\det \boldsymbol{F}'(u,v)|\mathrm{d}u\mathrm{d}v$$

严格的证明是冗繁的，需要仔细研究区域 D 的边界和变换 $\boldsymbol{F}$ 在边界附近的性质（参见文献 [3] 的第 19 章中的定理 4.7）.

例 17.15　图 17.9 中的区域 B 的面积可取 $f(x,y)=1$ 用变换公式按如下方式得到. 由

$$\boldsymbol{F}'(u,v)=\begin{bmatrix}1 & 1/4\\ 1/4+2uv^2 & 1+2u^2v\end{bmatrix}$$

251

$$|\det \boldsymbol{F}'(u,v)|=\left|\frac{15}{16}+2u^2v-\frac{1}{2}uv^2\right|$$

因此

$$\iint_B \mathrm{d}x\mathrm{d}y=\iint_D |\det \boldsymbol{F}'(u,v)|\mathrm{d}u\mathrm{d}v$$

$$=\int_0^1\left(\int_0^1\left(\frac{15}{16}+2u^2v-\frac{1}{2}uv^2\right)\mathrm{d}v\right)\mathrm{d}u$$

$$=\int_0^1\left(\frac{15}{16}+u^2-\frac{1}{6}u\right)\mathrm{d}u=\frac{15}{16}+\frac{1}{3}-\frac{1}{12}=\frac{19}{16}$$

例 17.16（极坐标下半球的体积）　半径为 R 的半球表示为三维区域

$$\{(x,y,z)\ ;\ 0\leqslant x^2+y^2\leqslant R^2,\ 0\leqslant z\leqslant \sqrt{R^2-x^2-y^2}\}$$

此半球的体积可以通过函数 $f=\sqrt{R^2-x^2-y^2}$ 在底 $B=\{(x,y)\ ;\ 0\leqslant x^2+y^2\leqslant R^2\}$ 上的积分得到. 在极坐标

$$\boldsymbol{F}\ :\ \mathbb{R}^2\to\mathbb{R}^2\ :\ \begin{bmatrix}r\\ \phi\end{bmatrix}\mapsto\begin{bmatrix}x\\ y\end{bmatrix}=\begin{bmatrix}r\cos\phi\\ r\sin\phi\end{bmatrix}$$

下，B 可表示为矩形 $D=[0,R]\times[0,2\pi]$ 的像 $\boldsymbol{F}(D)$. 但为了满足命题 17.14 的假设，需要取开区域使 $\boldsymbol{F}$ 在其上为微分同胚. 例如，移除圆 B 的边界和射线 $\{(x,y)\ ;\ 0\leqslant x\leqslant R,\ y=0\}$ 以及矩形 D 的边界，在由此得到的更小的区域 D' 和 B' 上，$\boldsymbol{F}$ 是微分同胚. 但是因为 B 和 B' 及 D 和 D' 相差都是零测集，所以用 B' 代替 B 及 D' 代替 D 不改变积分的值，见注 17.6. 注意

$$\boldsymbol{F}'(r,\phi)=\begin{bmatrix}\cos\phi & -r\sin\phi\\ \sin\phi & r\cos\phi\end{bmatrix},|\det \boldsymbol{F}'(r,\phi)|=r$$

用 $x=r\sin\phi$，$y=r\sin\phi$ 代换有 $x^2+y^2=r^2$. 由变换公式得

$$\begin{aligned}\iint_B \sqrt{R^2-x^2-y^2}\mathrm{d}x\mathrm{d}y &= \int_0^R\int_0^{2\pi}\sqrt{R^2-r^2}r\mathrm{d}\phi\mathrm{d}r\\ &= \int_0^R 2\pi r\sqrt{R^2-r^2}\mathrm{d}r\\ &= -\frac{2\pi}{3}(R^2-r^2)^{3/2}\Big|_{r=0}^{r=R}=\frac{2\pi}{3}R^3\end{aligned}$$

这与初等几何中已知的结果一致.

252

17.4 练习

1. 计算区域 D : $-1\leqslant x\leqslant 1$, $-1\leqslant y\leqslant 1$ 上抛物穹顶 $z=2-x^2-y^2$ 的体积.
2. (静力学) 计算矩形截面 D : $0\leqslant x\leqslant b$, $-h/2\leqslant y\leqslant h/2$ 的轴向惯性矩 $\iint_D y^2\mathrm{d}x\mathrm{d}y$，其中 $b>0$, $h>0$.
3. 计算区域 D : $0\leqslant x\leqslant 1$, $0\leqslant y\leqslant\sqrt{1-x^2}$ 上由平面 $z=x+y$ 界围的图形的体积.
4. 计算区域 D 上由平面 $z=6-x-y$ 界围的图形的体积，其中 D 由 y 轴和直线 $x+y=6$ 及 $x+3y=6(x\geqslant 0,\ y\geqslant 0)$ 围成.
5. 计算区域 D : $0\leqslant x\leqslant 1$, $0\leqslant y\leqslant 1-x^2$ 的几何重心.
6. 计算半椭圆

$$\frac{x^2}{a^2}+\frac{y^2}{b^2}\leqslant 1,\ y\geqslant 0$$

   的面积和几何重心.

   提示：引入椭圆坐标 $x=ar\cos\phi$，$y=br\sin\phi$，$0\leqslant r\leqslant 1$，$0\leqslant\phi\leqslant\pi$，计算雅可比矩阵并利用变换公式.
7. (静力学)计算内径为 R_1,外径为 R_2 的环域关于中心轴的轴向惯性矩,即积分 $\iint_D(x^2+y^2)\mathrm{d}x\mathrm{d}y$，其中 D : $R_1\leqslant\sqrt{x^2+y^2}\leqslant R_2$.
8. 修改 M 文件 `mat17_1.m` 使其可以计算当 $\Delta x\neq\Delta y$ 时等距划分上的黎曼和.
9. 设区域 D 由曲线

$$y=x\ \text{和}\ y=x^2,\ 0\leqslant x\leqslant 1$$

   围成.

   (a) 画出 D 的图像.

   (b) 用二重积分 $\iint_D\mathrm{d}(x,y)$ 计算 D 的面积.

（c）计算静力矩 $\iint_D x\mathrm{d}(x,y)$ 和 $\iint_D y\mathrm{d}(x,y)$.

10. 按下述方式计算半圆

$$D=\{(x,y)\in\mathbb{R}^2:\ -1\leqslant x\leqslant 1,\ 0\leqslant y\leqslant\sqrt{1-x^2}\}$$

的静力矩 $\iint_D y\mathrm{d}(x,y)$,

（a）作为二重积分将 D 写为 I 型正规区域;

（b）变换为极坐标.

11. 如下积分是用 II 型正规区域表示：

253～254

$$\int_0^1\int_y^{y^2+1}x^2y\mathrm{d}x\mathrm{d}y$$

（a）计算积分.

（b）画出区域并将其表示为 I 型正规区域.

（c）交换积分次序并再次计算积分.

提示：在（c）中需要写为两项和.

第 18 章　线性回归

线性回归是数据分析最重要的方法之一. 线性回归在人类、自然和经济科学的所有领域中用于决定模型参数、模型拟合、评估影响因子的重要性以及预测. 工作与这些领域接近的计算机科学家必然会遇到回归模型.

本章的目的是介绍这一主题. 用最小二乘法推导回归模型的系数使得误差最小化. 本章将仅使用描述性数据分析方法，不涉及更为高等的概率方法. 概率方法是统计学的主题. 关于这类方法和非线性回归请参见相关的文献.

本章从简单（或一元）线性回归——具有一个输入和一个输出的模型——开始并解释模型评价的方差分析的基本思想. 然后转入多个输入的多重（或多元）线性回归. 本章最后介绍确定个体系数影响的描述性方法.

18.1　简单线性回归

在 8.3 节已经给出了线性回归基本思想. 作为扩展，本章将允许更一般的模型，特别是具有非零截距的回归线.

考虑观测或测量得到的数据对 (x_1, y_1), $\cdots$, (x_n, y_n). 在几何上，这组数据形成平面上的一个散点图. 数值 x_i 和 y_i 可能重复出现在这组数据中. 特别地，对给定的 x_i 可能有不同的值 y_{i1}, $\cdots$, y_{ip}. **线性回归**（linear regression）通常的任务是使函数

$$y = \beta_0\phi_0(x) + \beta_1\phi_1(x) + \cdots + \beta_m\phi_m(x)$$

与这 n 个数据点 (x_1, y_1), $\cdots$, (x_n, y_n) 相拟合. 这里形状函数 $\phi_j(x)$ 是给定的,（未知的）系数 β_j 待定以使误差的平方和最小（**最小二乘法**（method of least squares））:

$$\sum_{i=1}^{n}(y_i - \beta_0\phi_0(x_i) - \beta_1\phi_1(x_i) - \cdots - \beta_m\phi_m(x_i))^2 \to \min$$

这个回归称为**线性**（linear）是因为函数 y 线性依赖未知系数 β_j. 形状函数的选取来自可能的理论模型或经验，这里不同的可能性受统计检验的约束. 例如，根据由回归解释的数据变异性的比例做出选取，详见 18.4 节.（简单或一元）线性回归的标准问题是将**线性模型**（linear model）

$$y = \beta_0 + \beta_1 x$$

与数据拟合，即通过散点图找出**最佳拟合直线**（line of best fit）或**回归线**（regression line）.

例 18.1 图 18.1 是根据 2002 年因斯布鲁克大学计算机科学专业的 $n = 70$ 名学生的样本得出的数据. 这里 x 是学生的身高（厘米），y 是学生的体重（千克）. 图 18.1 的左图显示了回归线 $y = \beta_0 + \beta_1 x$，右图是形式为

$$y = \beta_0 + \beta_1 x + \beta_2 x^2$$

的二次抛物拟合线. 注意与图 8.8 的差异，图 8.8 用的是**过原点的最佳拟合直线**，即在线性模型中截距 β_0 是 0.

256

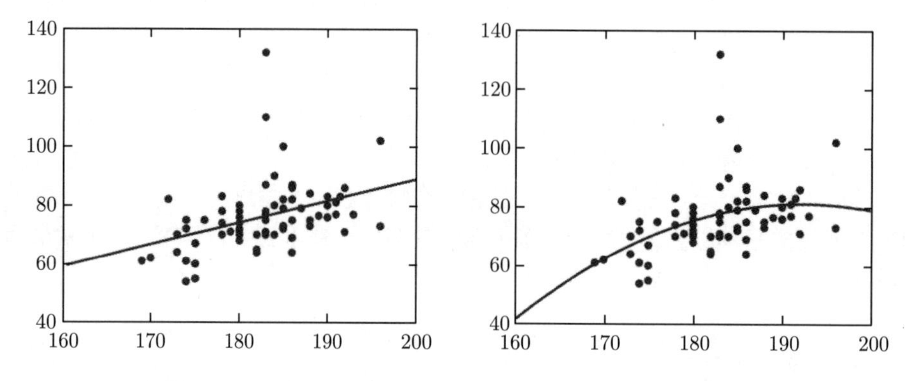

图 18.1　身高/体重散点图、最佳拟合直线、最佳抛物线

这个标准问题的一个变体是对变换的变量

$$\xi = \phi(x),\ \eta = \psi(y)$$

考虑线性模型

$$\eta = \beta_0 + \beta_1 \xi$$

形式上，这个问题等同于标准的线性回归问题，但是具有变换的数据

$$(\xi_i, \eta_i) = \big(\phi(x_i), \psi(y_i)\big)$$

一个典型的例子是**对数线性回归**（loglinear regression）. 取 $\xi = \log x$，$\eta = \log y$

$$\log y = \beta_0 + \beta_1 \log x$$

用原始的变量是**指数模型**（exponential model）

$$y = \mathrm{e}^{\beta_0} x^{\beta_1}$$

如果变量 x 本身有多个分量在模型中是线性的，则称为**多重线性回归**（multiple linear regression）. 本章将在 18.3 节处理这类问题.

回归（regression）的概念是由 Galton[⊖] 引进的. Galton 在调查儿子/父亲的身高时发现了

⊖ Galton，1822—1911.

身高**回归**（regressing）到平均值的趋势. 来自文献 [15] 的数据清楚地显示了这一效果，参见图 18.2. 最小二乘法可回溯至高斯.

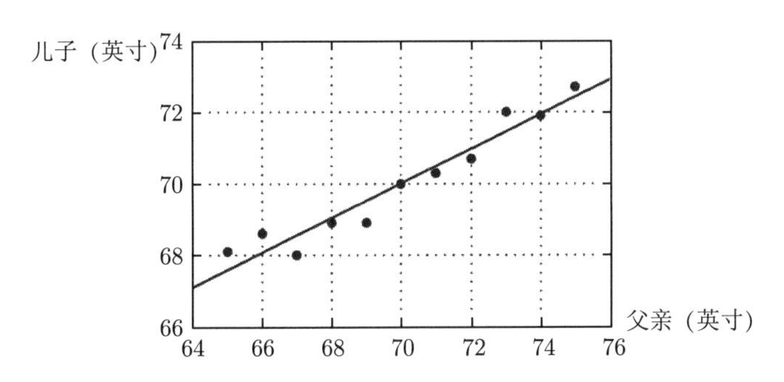

图 18.2 父亲身高/儿子身高散点图、回归线

上面介绍了线性回归的一些一般注记，下面转入**简单线性回归**（simple linear regression）. 现在先建立模型. 假设 x 与 y 之间的关系是线性的

$$y = \beta_0 + \beta_1 x$$

257

其中 β_0 和 β_1 为未知系数. 一般地，给定的数据不会恰好在一条直线上，而是有 ε_i 的偏离，即

$$y_i = \beta_0 + \beta_1 x_i + \varepsilon_i$$

如图 18.3 所示.

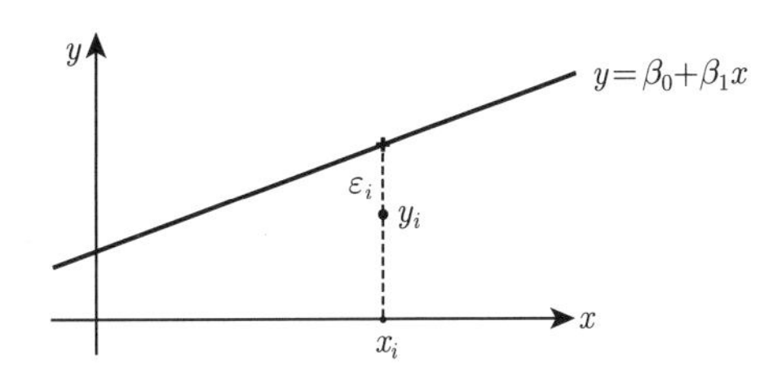

图 18.3 线性模型与误差 ε_i

希望通过给定的数据得到 β_0 和 β_1 的估计值 $\hat{\beta_1}$，$\hat{\beta_2}$. 这一目标通过最小化误差平方和

$$L(\beta_0, \beta_1) = \sum_{i=1}^{n} \varepsilon_i^2 = \sum_{i=1}^{n} (y_i - \beta_0 - \beta_1 x_i)^2$$

来实现，因此 $\hat{\beta_0}$，$\hat{\beta_1}$ 解决这一极小值问题

$$L(\hat{\beta_0}, \hat{\beta_1}) = \min \big(L(\beta_0, \beta_1)\ ;\ \beta_0 \in \mathbb{R}, \beta_1 \in \mathbb{R} \big)$$

为得到 $\hat{\beta}_0$，$\hat{\beta}_1$，令 L 关于 β_0 和 β_1 的偏导数为零：

$$\frac{\partial L}{\partial \beta_0}(\hat{\beta}_0,\hat{\beta}_1)=-2\sum_{i=1}^{n}(y_i-\hat{\beta}_0-\hat{\beta}_1 x_i)=0$$

$$\frac{\partial L}{\partial \beta_1}(\hat{\beta}_0,\hat{\beta}_1)=-2\sum_{i=1}^{n}x_i(y_i-\hat{\beta}_0-\hat{\beta}_1 x_i)=0$$

由此得 $\hat{\beta}_0$，$\hat{\beta}_1$ 的线性方程组，即所谓的**法方程**（normal equation）

$$n\hat{\beta}_0+\left(\sum x_i\right)\hat{\beta}_1=\sum y_i$$

$$\left(\sum x_i\right)\hat{\beta}_0+\left(\sum x_i^2\right)\hat{\beta}_1=\sum x_i y_i$$

命题 18.2　假设数据集 (x_i, y_i), $i=1,\cdots,n$ 至少含两个不同的 x 值，则法方程有唯一的解

$$\hat{\beta}_0=\left(\frac{1}{n}\sum y_i\right)-\left(\frac{1}{n}\sum x_i\right)\hat{\beta}_1,\ \hat{\beta}_1=\frac{\sum x_i y_i-\frac{1}{n}\sum x_i\sum y_i}{\sum x_i^2-\frac{1}{n}\left(\sum x_i\right)^2}$$

258　且 $\hat{\beta}_0$，$\hat{\beta}_1$ 最小化误差的平方的和 $L(\beta_0,\beta_1)$.

证明　利用记号 $\boldsymbol{x}=(x_1,\cdots,x_n)$ 和 $\mathbf{1}=(1,\cdots,1)$，法方程的行列式为 $n\sum x_i^2-\left(\sum x_i\right)^2=||\boldsymbol{x}||^2||\mathbf{1}||^2-\langle\boldsymbol{x},\mathbf{1}\rangle^2$. 当 $n=2$ 和 $n=3$ 时知 $\langle\boldsymbol{x},\mathbf{1}\rangle=||\boldsymbol{x}||\ ||\mathbf{1}||\cdot\cos\measuredangle(\boldsymbol{x},\mathbf{1})$，见附录 A.4. 因此 $||\boldsymbol{x}||\ ||\mathbf{1}||\geqslant|\langle\boldsymbol{x},\mathbf{1}\rangle|$. 但上述关系对任意维数 n 都成立（例如文献 [2] 的第 6 章定理 1.1）且等号成立仅当 $\boldsymbol{x}$ 平行于 $\mathbf{1}$ 时，因此所有的分量 x_i 是相等的. 因为这种可能性已被排除，所以法方程的行列式大于零且通过简单的计算即得解的表达式.

为了证明解使 $L(\beta_0,\beta_1)$ 最小，计算黑塞矩阵

$$H_L=\begin{bmatrix}\dfrac{\partial^2 L}{\partial\beta_0^2} & \dfrac{\partial^2 L}{\partial\beta_0\partial\beta_1}\\ \dfrac{\partial^2 L}{\partial\beta_1\partial\beta_0} & \dfrac{\partial^2 L}{\partial\beta_1^2}\end{bmatrix}=2\begin{bmatrix}n & \sum x_i\\ \sum x_i & \sum x_i^2\end{bmatrix}=2\begin{bmatrix}||\mathbf{1}||^2 & \langle\boldsymbol{x},\mathbf{1}\rangle\\ \langle\boldsymbol{x},\mathbf{1}\rangle & ||\boldsymbol{x}||^2\end{bmatrix}$$

元素 $\partial^2 L/\partial\beta_0^2=2n$ 和 $\det H_L=4\left(||\boldsymbol{x}||^2||\mathbf{1}||^2-\langle\boldsymbol{x},\mathbf{1}\rangle^2\right)$ 都是正数. 根据命题 15.28 知，L 在 $(\hat{\beta}_0,\hat{\beta}_1)$ 有一个孤立的局部极小值. 由解的唯一性，$(\hat{\beta}_0,\hat{\beta}_1)$ 是 L 的唯一的极小值. □

假设数据集中至少存在两个不同的 x_i 值并没有增加限制，因为若不存在，则回归问题无意义. 回归的结果是**预测回归线**（predicted regression line）

$$y=\hat{\beta}_0+\hat{\beta}_1 x$$

因此**模型预测值**（values predicted by the model）为

$$\hat{y}_i = \hat{\beta}_0 + \hat{\beta}_1 x_i,\ i = 1, \cdots, n$$

预测值与数据值 y_i 的偏差称为**残差**（residual）

$$e_i = y_i - \hat{y}_i = y_i - \hat{\beta}_0 - \hat{\beta}_1 x_i,\ i = 1, \cdots, n$$

这些量的意义可参见图 18.4.

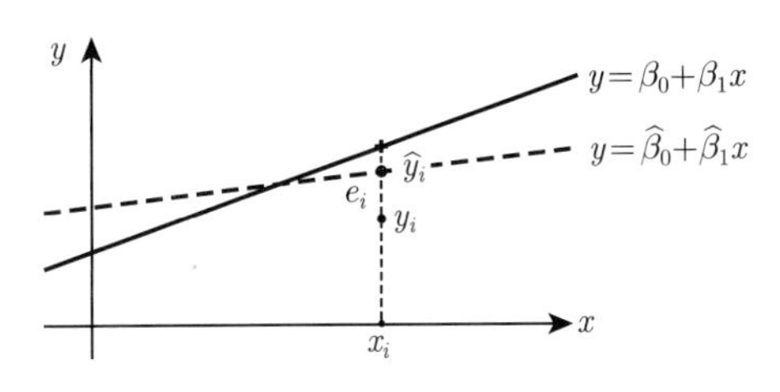

图 18.4 线性模型、预测、残差

上面完成了 **确定回归模型**（deterministic regression model）. 在**统计回归模型**（statistical regression model）中误差 ε_i 解释为均值为零的随机变量. 在进一步的概率假设下，模型可以用统计检验和诊断处理. 如引言所述，本书不沿此方向继续讨论而限制在描述性数据分析的框架内.

259

为了得到更为清晰的表示，重写法方程. 引入下述向量和矩阵：

$$\boldsymbol{y} = \begin{bmatrix} y_1 \\ y_2 \\ \vdots \\ y_n \end{bmatrix},\ \boldsymbol{X} = \begin{bmatrix} 1 & x_1 \\ 1 & x_2 \\ \vdots & \vdots \\ 1 & x_n \end{bmatrix},\ \boldsymbol{\beta} = \begin{bmatrix} \beta_0 \\ \beta_1 \end{bmatrix},\ \boldsymbol{\varepsilon} = \begin{bmatrix} \varepsilon_1 \\ \varepsilon_2 \\ \vdots \\ \varepsilon_n \end{bmatrix}$$

由此，关系

$$y_i = \beta_0 + \beta_1 x_i + \varepsilon_i,\ i = 1, \cdots, n$$

可简写为

$$\boldsymbol{y} = \boldsymbol{X}\boldsymbol{\beta} + \boldsymbol{\varepsilon}$$

进一步

$$\boldsymbol{X}^{\mathrm{T}}\boldsymbol{X} = \begin{bmatrix} 1 & 1 & \cdots & 1 \\ x_1 & x_2 & \cdots & x_n \end{bmatrix} \begin{bmatrix} 1 & x_1 \\ 1 & x_2 \\ \vdots & \vdots \\ 1 & x_n \end{bmatrix} = \begin{bmatrix} n & \sum x_i \\ \sum x_i & \sum x_i^2 \end{bmatrix}$$

$$\boldsymbol{X}^{\mathrm{T}}\boldsymbol{y}=\begin{bmatrix}1 & 1 & \cdots & 1\\ x_1 & x_2 & \cdots & x_n\end{bmatrix}\begin{bmatrix}y_1\\ y_2\\ \vdots\\ y_n\end{bmatrix}=\begin{bmatrix}\sum y_i\\ \sum x_i y_i\end{bmatrix}$$

因此法方程的形式为

$$\boldsymbol{X}^{\mathrm{T}}\boldsymbol{X}\hat{\boldsymbol{\beta}}=\boldsymbol{X}^{\mathrm{T}}\boldsymbol{y}$$

其解是

$$\hat{\boldsymbol{\beta}}=(\boldsymbol{X}^{\mathrm{T}}\boldsymbol{X})^{-1}\boldsymbol{X}^{\mathrm{T}}\boldsymbol{y}$$

预测值和残差为

$$\hat{\boldsymbol{y}}=\boldsymbol{X}\hat{\boldsymbol{\beta}},\ \boldsymbol{e}=\boldsymbol{y}-\hat{\boldsymbol{y}}$$

例 18.3（继续例 18.1） 数据 $x=$ 身高和 $y=$ 体重可在 M 文件 `mat08_3.m` 中找到；矩阵 $\boldsymbol{X}$ 由 MATLAB 程序

260

```
X = [ones(size(x)), x];
```

生成，回归系数由

```
beta = inv(X' * X) * X' * Y;
```

得到. 在 MATLAB 中命令`beta = X\Y` 可以有一个更稳定的计算. 本例中的结果为

$$\hat{\beta}_0=-85.02$$

$$\hat{\beta}_1=0.8787$$

由此给出的回归线参见图 18.1.

18.2 方差分析初步

线性模型的拟合质量的首要指标可以由**方差分析**（analysis of variance，ANOVA）得到，方差分析也构成了更为高级的统计检验程序的基础.

y 值 $y_1,\cdots,y_n$ 的算术平均值为

$$\bar{y}=\frac{1}{n}\sum_{i=1}^{n}y_i$$

测量值 y_i 与均值 $\bar{y}$ 的偏差为 $y_i-\bar{y}$. 数据的**总平方和**（total sum of squares）或**总变异性**（total variability）为

$$S_{yy}=\sum_{i=1}^{n}(y_i-\bar{y})^2$$

以如下方式将总变异性拆分为两项：

$$\sum_{i=1}^{n}(y_i-\bar{y})^2=\sum_{i=1}^{n}(\hat{y}_i-\bar{y})^2+\sum_{i=1}^{n}(y_i-\hat{y}_i)^2$$

此等式的合理性将会在命题 18.4 中证明. 等式的解释如下：$\hat{y}_i-\bar{y}$ 是预测值到平均值的偏差，

$$SS_{\mathrm{R}}=\sum_{i=1}^{n}(\hat{y}_i-\bar{y})^2$$

为**回归平方和**（regression sum of squares）. 回归平方和解释为模型可解释的数据变异性的一部分. 另一方面，$e_i=y_i-\hat{y}_i$ 是残差，

$$SS_{\mathrm{E}}=\sum_{i=1}^{n}(y_i-\hat{y}_i)^2$$

261

为**误差平方和**（error sum of squares）. 误差平方和解释为线性模型无法解释的变异性的一部分. 通过考虑两个极端的情况来解释这些概念.

（a）数据值 y_i 本身已经在一条直线上. 则所有的 $\hat{y}_i=y_i$ 进而 $S_{yy}=SS_{\mathrm{R}}$，$SS_{\mathrm{E}}=0$，则回归模型准确地描述了记录的数据.

（b）数据值没有线性关系. 则最佳拟合直线是过平均值的水平直线（见第 8 章练习 13）. 因此对所有 i 有 $\hat{y}_i=\bar{y}$ 进而 $S_{yy}=SS_{\mathrm{E}}$，$SS_{\mathrm{R}}=0$. 这说明回归模型不提供任何值之间线性关系的指示.

上述这些考虑的基础是下述公式的合理性.

命题 18.4（总变异性的拆分） $S_{yy}=SS_{\mathrm{R}}+SS_{\mathrm{E}}$.

证明 以下将采用矩阵和向量的记号. 特别地，对向量 $\boldsymbol{a}$，$\boldsymbol{b}$ 利用公式

$$\boldsymbol{a}^{\mathrm{T}}\boldsymbol{b}=\boldsymbol{b}^{\mathrm{T}}\boldsymbol{a}=\sum a_ib_i,\ \mathbf{1}^{\mathrm{T}}\boldsymbol{a}=\boldsymbol{a}^{\mathrm{T}}\mathbf{1}=\sum a_i=n\bar{a},\ \boldsymbol{a}^{\mathrm{T}}\boldsymbol{a}=\sum a_i^2$$

和矩阵恒等式 $(\boldsymbol{AB})^{\mathrm{T}}=\boldsymbol{B}^{\mathrm{T}}\boldsymbol{A}^{\mathrm{T}}$. 由此有

$$\begin{aligned}S_{yy}&=(\boldsymbol{y}-\bar{y}\mathbf{1})^{\mathrm{T}}(\boldsymbol{y}-\bar{y}\mathbf{1})=\boldsymbol{y}^{\mathrm{T}}\boldsymbol{y}-\bar{y}(\mathbf{1}^{\mathrm{T}}\boldsymbol{y})-(\boldsymbol{y}^{\mathrm{T}}\mathbf{1})\bar{y}+n\bar{y}^2\\&=\boldsymbol{y}^{\mathrm{T}}\boldsymbol{y}-n\bar{y}^2-n\bar{y}^2+n\bar{y}^2=\boldsymbol{y}^{\mathrm{T}}\boldsymbol{y}-n\bar{y}^2\end{aligned}$$

$$SS_{\mathrm{E}} = \boldsymbol{e}^{\mathrm{T}}\boldsymbol{e} = (\boldsymbol{y}-\hat{\boldsymbol{y}})^{\mathrm{T}}(\boldsymbol{y}-\hat{\boldsymbol{y}}) = (\boldsymbol{y}-\boldsymbol{X}\hat{\boldsymbol{\beta}})^{\mathrm{T}}(\boldsymbol{y}-\boldsymbol{X}\hat{\boldsymbol{\beta}})$$
$$= \boldsymbol{y}^{\mathrm{T}}\boldsymbol{y} - \hat{\boldsymbol{\beta}}^{\mathrm{T}}\boldsymbol{X}^{\mathrm{T}}\boldsymbol{y} - \boldsymbol{y}^{\mathrm{T}}\boldsymbol{X}\hat{\boldsymbol{\beta}} + \hat{\boldsymbol{\beta}}^{\mathrm{T}}\boldsymbol{X}^{\mathrm{T}}\boldsymbol{X}\hat{\boldsymbol{\beta}} = \boldsymbol{y}^{\mathrm{T}}\boldsymbol{y} - \hat{\boldsymbol{\beta}}^{\mathrm{T}}\boldsymbol{X}^{\mathrm{T}}\boldsymbol{y}$$

上式最后一个等号成立用到法方程 $\boldsymbol{X}^{\mathrm{T}}\boldsymbol{X}\hat{\boldsymbol{\beta}} = \boldsymbol{X}^{\mathrm{T}}\boldsymbol{y}$ 和转置公式 $\hat{\boldsymbol{\beta}}^{\mathrm{T}}\boldsymbol{X}^{\mathrm{T}}\boldsymbol{y} = (\boldsymbol{y}^{\mathrm{T}}\boldsymbol{X}\hat{\boldsymbol{\beta}})^{\mathrm{T}} = \boldsymbol{y}^{\mathrm{T}}\boldsymbol{X}\hat{\boldsymbol{\beta}}$. 特别地，关系 $\hat{\boldsymbol{y}} = \boldsymbol{X}\hat{\boldsymbol{\beta}}$ 蕴含 $\boldsymbol{X}^{\mathrm{T}}\hat{\boldsymbol{y}} = \boldsymbol{X}^{\mathrm{T}}\boldsymbol{y}$. 因为 $\boldsymbol{X}^{\mathrm{T}}$ 的第一行仅由 1 构成. 所以 $\mathbf{1}^{\mathrm{T}}\hat{\boldsymbol{y}} = \mathbf{1}^{\mathrm{T}}\boldsymbol{y}$ 成立且

$$SS_{\mathrm{R}} = (\hat{\boldsymbol{y}} - \bar{y}\mathbf{1})^{\mathrm{T}}(\hat{\boldsymbol{y}} - \bar{y}\mathbf{1}) = \hat{\boldsymbol{y}}^{\mathrm{T}}\hat{\boldsymbol{y}} - \bar{y}(\mathbf{1}^{\mathrm{T}}\hat{\boldsymbol{y}}) - (\hat{\boldsymbol{y}}^{\mathrm{T}}\mathbf{1})\bar{y} + n\bar{y}^2$$
$$= \hat{\boldsymbol{y}}^{\mathrm{T}}\hat{\boldsymbol{y}} - n\bar{y}^2 - n\bar{y}^2 + n\bar{y}^2 = \hat{\boldsymbol{\beta}}^{\mathrm{T}}(\boldsymbol{X}^{\mathrm{T}}\boldsymbol{X}\hat{\boldsymbol{\beta}}) - n\bar{y}^2 = \hat{\boldsymbol{\beta}}^{\mathrm{T}}\boldsymbol{X}^{\mathrm{T}}\boldsymbol{y} - n\bar{y}^2$$

将得到的 SS_{E} 与 SS_{R} 的表达式加起来即得所求公式. □

总变异性的拆分

262

$$S_{yy} = SS_{\mathrm{R}} + SS_{\mathrm{E}}$$

和上面对其的解释建议用量

$$R^2 = \frac{SS_{\mathrm{R}}}{S_{yy}}$$

来评价拟合的良好性. R^2 称为**决定系数**（coefficient of determination）且 R^2 度量了由回归解释的变异性的分数. 在完全拟合的极端情况下，回归线穿过所有的数据点，此时有 $SS_{\mathrm{E}} = 0$ 因而 $R^2 = 1$. 而 R^2 值小表明线性模型不适合数据.

注 18.5 *命题 18.4 的证明的本质是 $\boldsymbol{X}^{\mathrm{T}}$ 的第一行仅由 1 构成. 这是因为 β_0 是模型的参数. 用到直线过原点的回归（见 8.3 节）与这里情况不同. 对没有 β_0 作为参数的回归方差的拆分不成立，决定系数也没有意义.*

例 18.6 本例继续研究例 18.1 中身高和体重的关系. 利用 MATLAB 程序 `mat18_1.m` 和 `mat08_3.m` 中的数据得

$$S_{yy} = 9584.9,\ SS_{\mathrm{E}} = 8094.4,\ SS_{\mathrm{R}} = 1490.5$$

且

$$R^2 = 0.1555,\ R = 0.3943$$

R^2 的值小是身高和体重不是线性关系的一个明显指示.

例 18.7 在 9.1 节中，$\mathbb{R}^2$ 中的有界子集 A 的分形维数 $d = d(A)$ 定义为极限

$$d = d(A) = -\lim_{\varepsilon \to 0^+} \log N(A, \varepsilon) / \log \varepsilon$$

其中 $N(A,\varepsilon)$ 为覆盖 A 所需的边长为 ε 的正方形的个数. 为了确定集合 A 的分形维数，对平面作不同网格步长 ε 的栅格化并确定与分形相交非空的正方形的个数 $N(A,\varepsilon)$. 如 9.1 节的一样，对近似

$$N(A,\varepsilon) \approx C \cdot \varepsilon^{-d}$$

取对数得

$$\log N(A,\varepsilon) \approx \log C + d \log \frac{1}{\varepsilon}$$

这是一个线性模型

263

$$y \approx \beta_0 + \beta_1 x$$

其中 $x = \log \frac{1}{\varepsilon}$，$y = \log N(A,\varepsilon)$. 回归系数 $\hat{\beta}_1$ 可作为分形维数 d 的一个估计.

在 9.6 节的练习 1 中，上述过程被应用到英国海岸线. 假设有下列数据

$1/\varepsilon$	4	8	12	16	24	32
$N(A,\varepsilon)$	16	48	90	120	192	283

通过取对数 $x = \log \frac{1}{\varepsilon}$，$y = \log N(A,\varepsilon)$，由线性回归得系数

$$\hat{\beta}_0 = 0.9849,\ d \approx \hat{\beta}_1 = 1.3616$$

决定系数为

$$R^2 = 0.9930$$

这是一个很好的拟合. 图 18.5 也可以确定这一点. 因此给定的数据表明英国海岸线的分形维数为 $d = 1.36$.

请注意，数据分析只能提供一些迹象，但绝不能证明模型是正确的. 即使在大量错误的模型中选取 R^2 最大的，这个模型也不会是正确的. 对于纯粹凭经验推断的关系，有相当的怀疑是可取的；模型应该总是受到严格的质疑. 科学的进步来自模型的发明与通过数据进行实验验证的相互作用.

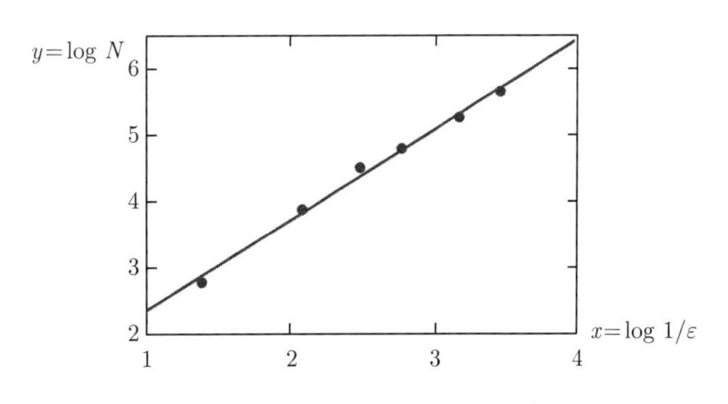

图 18.5 英国海岸线的分形维数

264

18.3　多重线性回归

在多重(多元)线性回归中,变量 y 不是只依赖一个回归量 x 而是多个,例如 x_1, x_2, $\cdots$ x_k. 此处需要强调 18.1 节中的记号意义已经变了；在 18.1 节中 x_i 表示第 i 个数据的值，而在此 x_i 是第 i 个回归量. 现在第 i 个回归量的测量值用双指标表示，即 x_{i1}, x_{i2}, $\cdots$ x_{in}. 总计有 $k\times n$ 个数据值，回顾线性模型

$$y=\beta_0+\beta_1x_1+\beta_2x_2+\cdots+\beta_kx_k$$

其中 β_0, $\beta_1,\cdots,\beta_k$ 为未知系数.

例 18.8　一个自动售货机公司分析交货时间,即司机重新填满机器需要的时间 y. 这里最重要的参数是重新填满的产品数量 x_1 和司机行驶的距离 x_2. 对 25 次服务的观察结果见 M 文件 mat18_3.m. 这些数据值来自文献 [19]. 观测值 (x_{11},x_{21}), (x_{12},x_{22}), (x_{13},x_{23}), $\cdots$, $(x_{1,25}, x_{2,25})$ 与对应的服务时间 y_1, y_2, y_3, $\cdots$, y_{25} 产生一个空间散点图. 与这个散点图相拟合的是形式为 $y=\beta_0+\beta_1x_1+\beta_2x_2$ 的平面（参见图 18.6；用 M 文件 mat18.4 可视化）.

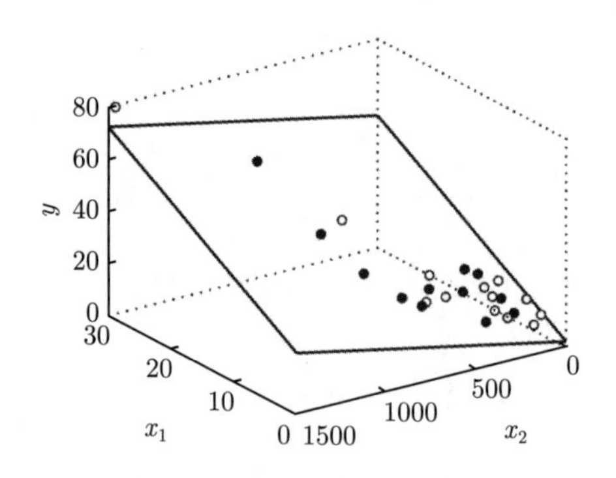

图 18.6　过空间散点图的多重线性回归

注 18.9　一般的多重线性回归模型 $y=\beta_0+\beta_1x_1+\beta_2x_2+\cdots+\beta_kx_k$ 的一种特殊情况是具有多个非线性函数的简单线性回归（如 18.1 节），即

$$y=\beta_0+\beta_1\phi_1(x)+\beta_2\phi_2(x)+\cdots+\beta_k\phi_k(x)$$

这里 $x_1=\phi_1(x)$, $x_2=\phi_2(x)$, $\cdots$, $x_k=\phi_k(x)$ 为回归量. 特别地, 可以取多项式模型

265

$$y=\beta_0+\beta_1x+\beta_2x^2+\cdots+\beta_kx^k$$

或更一般的几个变量之间的相互作用，例如

$$y=\beta_0+\beta_1x_1+\beta_2x_2+\beta_3x_1x_2$$

所有这些情况在重命名变量后，可以像标准的多重线性回归问题一样处理.

各回归量的数据值如下：

变量	y	x_1	x_2	$\cdots$	x_k
观测值 1	y_1	x_{11}	x_{21}	$\cdots$	x_{k1}
观测值 2	y_2	x_{12}	x_{22}	$\cdots$	x_{k2}
$\vdots$	$\vdots$	$\vdots$	$\vdots$		$\vdots$
观测值 n	y_n	x_{1n}	x_{2n}	$\cdots$	x_{kn}

每个值 y_i 由

$$y_i = \beta_0 + \beta_1 x_{1i} + \beta_2 x_{2i} + \cdots + \beta_k x_{ki} + \varepsilon_i,\ i = 1, \cdots, n$$

近似，误差为 ε_i. 被估计的系数 $\hat{\beta}_0$，$\hat{\beta}_1, \cdots, \hat{\beta}_k$ 也通过最小值问题

$$L(\beta_0, \beta_1, \cdots, \beta_k) = \sum_{i=1}^{n} \varepsilon_i^2 \to \min$$

的解得到. 用向量和矩阵的记号

$$\boldsymbol{y} = \begin{bmatrix} y_1 \\ y_2 \\ \vdots \\ y_n \end{bmatrix},\ \boldsymbol{X} = \begin{bmatrix} 1 & x_{11} & x_{21} & \cdots & x_{k1} \\ 1 & x_{12} & x_{22} & \cdots & x_{k2} \\ \vdots & \vdots & \vdots & & \vdots \\ 1 & x_{1n} & x_{2n} & \cdots & x_{kn} \end{bmatrix},\ \boldsymbol{\beta} = \begin{bmatrix} \beta_0 \\ \beta_1 \\ \vdots \\ \beta_k \end{bmatrix},\ \boldsymbol{\varepsilon} = \begin{bmatrix} \varepsilon_1 \\ \varepsilon_2 \\ \vdots \\ \varepsilon_n \end{bmatrix}$$

上述线性模型可重新简记为

$$\boldsymbol{y} = \boldsymbol{X}\boldsymbol{\beta} + \boldsymbol{\varepsilon}$$

如 18.1 节一样由公式

$$\hat{\boldsymbol{\beta}} = (\boldsymbol{X}^{\mathrm{T}}\boldsymbol{X})^{-1}\boldsymbol{X}^{\mathrm{T}}\boldsymbol{y}$$

得最佳拟合系数，其预测值和残差为

$$\hat{\boldsymbol{y}} = \boldsymbol{X}\hat{\boldsymbol{\beta}},\ \boldsymbol{e} = \boldsymbol{y} - \hat{\boldsymbol{y}}$$

266

总变异性的拆分

$$S_{yy} = SS_{\mathrm{R}} + SS_{\mathrm{E}}$$

仍然成立；**多重决定系数**（multiple coefficient of determination）

$$R^2 = SS_{\mathrm{R}}/S_{yy}$$

是模型拟合良好程度的指标.

例 18.10 本例继续分析例 18.8 的交货时间. 用 MATLAB 程序 mat18_2.m 和 mat18_3.m 中的数据得

$$\hat{\boldsymbol{\beta}} = \begin{bmatrix} 2.3412 \\ 1.6159 \\ 0.0144 \end{bmatrix}$$

由此得模型

$$\hat{y} = 2.3412 + 1.6159x_1 + 0.0144x_2$$

其多重决定系数为

$$R^2 = 0.9596$$

总变异性拆分为

$$S_{yy} = 5784.5,\ SS_{\mathrm{R}} = 5550.8,\ SS_{\mathrm{E}} = 233.7$$

在本例中，仅仅 $(1 - R^2) \cdot 100\% \approx 4\%$ 的数据变异性没有由回归解释，拟合的良好性非常令人满意.

18.4 模型拟合和变量选择

一个反复出现的问题是决定哪些变量应该包含在模型中. 模型是否包含 $x_3 = x_2^2$ 和 $x_4 = x_1x_2$，即模型

$$y = \beta_0 + \beta_1x_1 + \beta_2x_2 + \beta_3x_2^2 + \beta_4x_1x_2$$

有更好的结果，还是像 β_2x_2 这样的项可以在后面的结果中被剔除？在一个模型中通常不希望有太多的变量. 如果变量个数和数据点一样，则可以使拟合回归恰好穿过每一个数据，而模型将失去预测能力. 一个确定的标准是使 R^2 的值尽可能大. 另一个目标是消除本质上对总变异性没有贡献的变量. 识别这些变量的一个算法是顺序拆分总变异性.

267

顺序拆分总变异性. 在模型中逐步添加变量，考虑增加变量的模型序列相应的 SS_{R}：

$$\begin{aligned}
y = \beta_0 &\quad SS_{\mathrm{R}}(\beta_0) \\
y = \beta_0 + \beta_1x_1 &\quad SS_{\mathrm{R}}(\beta_0, \beta_1) \\
y = \beta_0 + \beta_1x_1 + \beta_2x_2 &\quad SS_{\mathrm{R}}(\beta_0, \beta_1, \beta_2) \\
\vdots &\quad \vdots \\
y = \beta_0 + \beta_1x_1 + \beta_2x_2 + \cdots + \beta_kx_k &\quad SS_{\mathrm{R}}(\beta_0, \beta_1, \beta_2, \cdots, \beta_k) = SS_{\mathrm{R}}
\end{aligned}$$

注意 $SS_{\rm R}(\beta_0)=0$，因为在初始模型中 $\beta_0=\bar{y}$. 变量 x_1 的额外解释力为

$$SS_{\rm R}(\beta_1|\beta_0)=SS_{\rm R}(\beta_0,\beta_1)-0$$

变量 x_2 的解释力（假设 x_1 已在模型中）为

$$SS_{\rm R}(\beta_2|\beta_0,\beta_1)=SS_{\rm R}(\beta_0,\beta_1,\beta_2)-SS_{\rm R}(\beta_0,\beta_1)$$

变量 x_k 的解释力（假设 x_1，x_2，$\cdots$，x_{k-1} 已在模型中）为

$$SS_{\rm R}(\beta_k|\beta_0,\beta_1,\cdots,\beta_{k-1})=SS_{\rm R}(\beta_0,\beta_1,\cdots,\beta_k)-SS_{\rm R}(\beta_0,\beta_1,\cdots,\beta_{k-1})$$

显然，

$$SS_{\rm R}(\beta_1|\beta_0)+SS_{\rm R}(\beta_2|\beta_0,\beta_1)+SS_{\rm R}(\beta_3|\beta_0,\beta_1,\beta_2)+\cdots$$
$$+SS_{\rm R}(\beta_k|\beta_0,\beta_1,\cdots,\beta_{k-1})=SS_{\rm R}$$

这表明可以将**顺序部分决定系数**（sequential，partial coefficient of determination）

$$\frac{SS_{\rm R}(\beta_j|\beta_0,\beta_1,\cdots,\beta_{j-1})}{S_{yy}}$$

解释为当变量 x_1，x_2，$\cdots$，x_{j-1} 已在模型中的条件下，变量 x_j 的解释力. 这个部分决定系数依赖于变量添加的顺序. 这种依赖性可以通过取所有可能的变量序列的平均来消除.

个体系数的平均解释力. 首先通过添加变量 x_j 到所有已有变量的组合，计算所有可能的顺序和部分决定系数. 将这些系数求和并除以总计的可能性的个数，则得到一个变量 x_j 对模型解释力的贡献的度量.

取顺序数的平均由文献 [16] 提出，进一步的细节和更深入的考虑可在文献 [8,10] 中找到. 这个概念没有使用概率动机的指标，而是基于数据和组合，因此属于描述性数据分析. 与通常使用的统计假设检验相比，这样的描述方法不需要额外的可能难于验证的假设. 268

例 18.11 计算例 18.8 的送货时间问题中系数的解释力. 首先拟合两个一元模型

$$y=\beta_0+\beta_1x_1,\ y=\beta_0+\beta_2x_2$$

由此得

$$SS_{\rm R}(\beta_0,\beta_1)=5382.4,\ SS_{\rm R}(\beta_0,\beta_2)=4599.1$$

在第一个回归模型中系数为 $\hat{\beta}_0=3.3208$, $\hat{\beta}_1=2.1762$，在第二个中 $\hat{\beta}_0=4.9612$, $\hat{\beta}_1=0.0426$. 由例 18.8 中已计算得到的二元模型的值

$$SS_{\rm R}(\beta_0,\beta_1,\beta_2)=SS_{\rm R}=5550.8,\ S_{yy}=5784.5$$

得两个序列

$$SS_{\mathrm{R}}(\beta_1|\beta_0) = 5382.4 \approx 93.05\% S_{yy}$$

$$SS_{\mathrm{R}}(\beta_2|\beta_0, \beta_1) = 168.4 \approx 2.91\% S_{yy}$$

和

$$SS_{\mathrm{R}}(\beta_2|\beta_0) = 4599.1 \approx 79.51\% S_{yy}$$

$$SS_{\mathrm{R}}(\beta_1|\beta_0, \beta_2) = 951.7 \approx 16.45\% S_{yy}$$

变量 x_1（或系数 β_1）的平均解释力为

$$\frac{1}{2}(93.05 + 16.45)\% = 54.75\%$$

变量 x_2 的为

$$\frac{1}{2}(2.91 + 79.51)\% = 41.21\%$$

269 剩余的 4.04% 仍然没有被解释. 最终的结果显示在图 18.7 中.

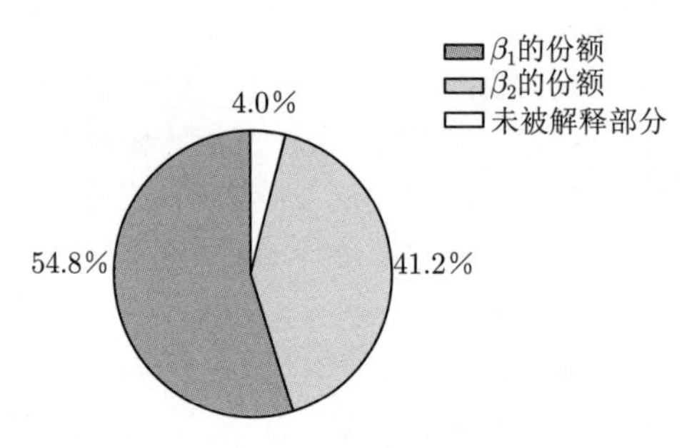

图 18.7　个体变量的平均解释力

平均解释力的数值计算. 在多于两个独立变量的情况下必须处理所有的可能序列（表现为变量的置换）. 这一点将会通过三个变量 x_1，x_2，x_3 的例子说明. 下面表格中左栏是 $\{1,2,3\}$ 的 $3! = 6$ 个置换其他列是所得的 SS_{R} 值.

1 2 3	$SS_{\mathrm{R}}(\beta_1\|\beta_0)$	$SS_{\mathrm{R}}(\beta_2\|\beta_0, \beta_1)$	$SS_{\mathrm{R}}(\beta_3\|\beta_0, \beta_1, \beta_2)$
1 3 2	$SS_{\mathrm{R}}(\beta_1\|\beta_0)$	$SS_{\mathrm{R}}(\beta_3\|\beta_0, \beta_1)$	$SS_{\mathrm{R}}(\beta_2\|\beta_0, \beta_1, \beta_3)$
2 1 3	$SS_{\mathrm{R}}(\beta_2\|\beta_0)$	$SS_{\mathrm{R}}(\beta_1\|\beta_0, \beta_2)$	$SS_{\mathrm{R}}(\beta_3\|\beta_0, \beta_2, \beta_1)$
2 3 1	$SS_{\mathrm{R}}(\beta_2\|\beta_0)$	$SS_{\mathrm{R}}(\beta_3\|\beta_0, \beta_2)$	$SS_{\mathrm{R}}(\beta_1\|\beta_0, \beta_2, \beta_3)$
3 1 2	$SS_{\mathrm{R}}(\beta_3\|\beta_0)$	$SS_{\mathrm{R}}(\beta_1\|\beta_0, \beta_3)$	$SS_{\mathrm{R}}(\beta_2\|\beta_0, \beta_3, \beta_1)$
3 2 1	$SS_{\mathrm{R}}(\beta_3\|\beta_0)$	$SS_{\mathrm{R}}(\beta_2\|\beta_0, \beta_3)$	$SS_{\mathrm{R}}(\beta_1\|\beta_0, \beta_3, \beta_2)$

显然每一行的和总是等于 SS_{R}，所以所有元素的和是 $6 \cdot SS_{\mathrm{R}}$. 注意在 18 个 SS_{R} 值中实际只有 12 个不同的.

变量 x_1 的平均解释力定义为 M_1/S_{yy}，其中

$$M_1 = \frac{1}{6}\big(SS_{\mathrm{R}}(\beta_1|\beta_0) + SS_{\mathrm{R}}(\beta_1|\beta_0) + SS_{\mathrm{R}}(\beta_1|\beta_0,\beta_2) + SS_{\mathrm{R}}(\beta_1|\beta_0,\beta_3) + SS_{\mathrm{R}}(\beta_1|\beta_0,\beta_2,\beta_3) + SS_{\mathrm{R}}(\beta_1|\beta_0,\beta_3,\beta_2)\big)$$

其余的变量是类似的. 如上面的注记有

$$M_1 + M_2 + M_3 = SS_{\mathrm{R}}$$

所以总的拆分的和为 1

$$\frac{M_1}{S_{yy}} + \frac{M_2}{S_{yy}} + \frac{M_3}{S_{yy}} + \frac{SS_{\mathrm{E}}}{S_{yy}} = 1$$

对组合的更为详尽的分析，在数据共线时的必要修改（矩阵 $\boldsymbol{X}$ 的列是线性无关的）以及对平均解释力意义的讨论，请参见上面引用的文献［8, 10, 16］. 上述算法是小程序中的 Linear regression. 270

实验 18.12 打开小程序中的 Linear regression 并下载 9 号数据集. 数据集是量化不同集料对混凝土混合物影响的实验数据. 程序的在线描述中解释了输出量 x_1 到 x_4 和输入量 x_5 到 x_{13} 的意义. 选择模型的不同变量进行实验. 例如，选择 x_6，x_8，x_9，x_{10}，x_{11}，x_{12}，x_{13} 作为自变量，x_1 作为因变量，可以得到一个有趣的初始模型；然后移除解释力低的变量并画出饼图.

18.5 练习

1. 表 18.1 是 1970—2015 年奥地利每年电能消耗总量（来自文献［26］中的表 22.13）. 通过数据做线性回归 $y = \beta_0 + \beta_1 x$.
   (a) 记下矩阵 $\boldsymbol{X}$ 并用 MATLAB 命令 `beta=X\Y` 计算系数 $\hat{\boldsymbol{\beta}} = [\hat{\beta_0}, \hat{\beta_1}]^{\mathrm{T}}$.
   (b) 通过计算 R^2 检查拟合的良好程度. 画出具有散点图的拟合直线. 计算 2020 年的预报值 $\hat{y}$.

表 18.1 奥地利的电能消耗，年 $= x_i$，消耗 $= y_i$（千兆瓦时）

x_i	1970	1980	1990	2000	2005	2010	2013	2014	2015
y_i	23.908	37.473	48.529	58.512	66.083	68.931	69.934	68.918	69.747

2. M 文件 `mat18_ex2.m` 中列出了 1998 年因斯布鲁克大学土木工程专业的 $n = 44$ 名学生的身高和体重的样本，其中 $x =$ 身高（厘米），$y =$ 体重（千克）. 计算回归直线 $y = \beta_0 + \beta_1 x$，画出散点图并计算决定系数 R^2.

3. 用 `Excel` 求解练习 1.
4. 用统计软件包 `SPSS` 求解练习 1.
   提示：在工作框 Data View 输入数据；变量的名字和属性可以在工作框 Variable View 中定义. 运行 Analyze → Regression → Linear.
5. M 文件 `mat18_ex5.m`（数据来自文献 [26] 中的表 12.01）中给出了 1869—2011 年奥地利的建筑物存量. 通过数据计算回归直线 $y = \beta_0 + \beta_1 x$ 和回归抛物线 $y = \alpha_0 + \alpha_1 (x - 1860)^2$，并用决定系数 R^2 比较哪个模型拟合得更好.
6. M 文件 `mat18_ex6.m`（1999 年 11 月 =100%，来自奥地利杂志 *Profil46/2000*）1999 年 11 月至 2000 年 11 月四家酿酒厂的月股指数. 对四个数据集 ($x \cdots$ 日期, $y \cdots$ 股指) 的每一个用一元线性模型 $y = \beta_0 + \beta_1 x$ 拟合. 将结果画到四个相同比例的窗口中，通过计算 R^2 评估结果并检验是否数据证明 Profil 提供的标题是正确的. 可以使用 MATLAB 程序 `mat18_1.m` 计算.
   提示：在 M 文件 `mat18_exsol6.m` 有一个建议的解答.

271

7. 继续练习 5 的奥地利建筑物存量. 拟合模型

$$y = \beta_0 + \beta_1 x + \beta_2 (x - 1860)^2$$

   并计算 $SS_R = SS_R(\beta_0, \beta_1, \beta_2)$ 和 S_{yy}. 进一步，通过在练习 5 的模型中添加相应的缺失变量，即计算 $SS_R(\beta_2|\beta_0, \beta_1)$ 和 $SS_R(\beta_1|\beta_0, \beta_2)$ 以及个体系数的平均解释力，来分析解释力的增加. 与小程序 Linear regression 中 5 号数据集的结果做比较.
8. M 文件 `mat18_ex8.m` 包含 30 辆汽车每加仑汽油行驶里程 y，行驶里程依赖发动机排量 x_1、马力 x_2、车长 x_3 和重量 x_4（来自：Motor Trend 1975，文献 [19]）. 拟合线性模型

$$y = \beta_0 + \beta_1 x_1 + \beta_2 x_2 + \beta_3 x_3 + \beta_4 x_4$$

   并通过简单顺序分析

$$SS_R(\beta_1|\beta_0),\ SS_R(\beta_2|\beta_0, \beta_1),\ SS_R(\beta_3|\beta_0, \beta_1, \beta_2),\ SS_R(\beta_4|\beta_0, \beta_1, \beta_2, \beta_3)$$

   估计个体系数的解释力. 比较所得结果和小程序 Linear regression 中 2 号数据集的平均解释力.
   提示：在 M 文件 `mat18_exsol8.m` 有一个建议的解答.
9. 用小程序 Linear regression（数据集 1 和 4）检查练习 2 和练习 6 的结果；类似地用数据集 8 和数据集 3 检查例 18.1 和例 18.8. 特别地，在数据集 8 中研究身高、体重和摔断腿的风险是否有线性关系.
10. 计算 8.4 节的练习 14. 通过库仑模型 $\tau = c + k\sigma$ 给出了剪切强度 τ 与法向应力 σ 之间关系的更精确线性近似，其中 $k = \tan\phi$，c（千帕）解释为内聚力. 重新计算 8.4 节中练习 14 的非零截距回归模型. 检查所得内聚力与施加的应力相比是否确实很小，并比较所得的摩擦角.
11. （改变点分析）例 8.21 的消费者指数数据表明回归线的斜率在 2013 年左右可能发生变化，参见图 8.9. 给定具有有序数据 $x_1 < x_2 < \cdots < x_n$ 的数据 $(x_1, y_1), \cdots, (x_n, y_n)$. 这种类型的现象可以用分段线性回归建立模型

$$y = \begin{cases} \alpha_0 + \alpha_1 x, & x \leqslant x_* \\ \beta_0 + \beta_1 x, & x \geqslant x_* \end{cases}$$

272

如果斜率 α_1 和 α_2 不同，则 x_* 称为改变点（change point）. 通过拟合模型

$$y_i = \begin{cases} \alpha_0 + \alpha_1 x_i, & i = 1, \cdots, m, \\ \beta_0 + \beta_1 x_i, & i = m+1, \cdots, n \end{cases}$$

检测改变点，并且将指标 m 在 2 与 $n-1$ 之间变化，直到找到具有最小总残差平方和 $SS_{\mathrm{R}}(\alpha_0, \alpha_1) + SS_{\mathrm{R}}(\beta_0, \beta_1)$ 的两直线模型. 改变点 x_* 是两条预测线的交点. （如果总的单直线模型有最小的 SS_{R} 则没有改变点.）

检查例 8.21 的数据是否存在改变点. 若存在，请标出位置并用二直线模型预测 2017 年的消费者物价指数.

12. 夏威夷的 Mauna Loa 自 1958 年开始记录大气中二氧化碳浓度. 以毫克/升为单位的年平均浓度（1959—2008）可以在 MATLAB 程序 `mat18_ex12.m` 中找到；数据来自文献 [14].

(a) 将指数模型 $y = \alpha_0 \mathrm{e}^{\alpha_1 x}$ 与数据拟合并比较预测与实际数据（2017：406.53 毫克/升）.

提示：取对数得线性模型 $z = \beta_0 + \beta_1 x$，其中 $z = \log y$，$\beta_0 = \log \alpha_0$，$\beta_1 = \alpha_1$. 估计系数 $\hat{\beta_0}$，$\hat{\beta_1}$ 并计算 $\hat{\alpha_0}$，$\hat{\alpha_1}$，同时预测 y.

273 ~ 274

(b) 将二次指数模型 $y = \alpha_0 \mathrm{e}^{\alpha_1 x + \alpha_2 x^2}$ 与数据拟合并检查这个模型是否有更好的拟合和预测.

第 19 章　微 分 方 程

本章将讨论常微分方程的初值问题. 这里只关注标量方程，在下一章将讨论方程组.

在给出一般的微分方程的定义和方向场的几何意义后，本章将详细地讨论一阶线性方程. 作为一个重要的应用，我们将讨论增长和衰减过程的建模. 然后，研究一般微分方程解的存在性和（局部）唯一性问题并讨论幂级数方法. 本章也将研究解在平衡点附近的性态. 最后，讨论常系数二阶线性问题的解.

19.1　初值问题

微分方程是含有一个（寻求的）函数及其导数的方程. 微分方程在模拟依赖时间的过程中扮演决定性的角色.

定义 19.1　设 $D \subset \mathbb{R}^2$ 为开集，$f: D \subset \mathbb{R}^2 \to \mathbb{R}$ 连续. 方程

$$y'(x) = f(x, y(x))$$

称为**一阶（常）微分方程**（(ordinary) first-order differential equation）. 一个可微函数 $y: I \to D$ 在所有 $x \in I$ 满足上述方程则称为一个**解**（solution）.

275

通常在记号上会压缩**自变量**（independent varialbe）x 而将上述问题简记为

$$y' = f(x, y)$$

在这个方程中寻求的函数 y 也称为**因变量**（dependent variable）（依赖于 x）

在建模依赖时间的过程中，通常将自变量记为 t（表示时间）而将因变量记为 $x = x(t)$. 在此情况下一阶微分方程写为

$$\dot{x}(t) = f(t, x(t))$$

或简记为 $\dot{x} = f(t, x)$.

例 19.2（分离变量）　希望寻找所有满足方程 $y'(x) = x \cdot y(x)^2$ 的函数. 本例可以通过**分离变量**（separating the variables）得到解. 当 $y \neq 0$ 时，微分方程两端同除以 y^2 得

$$\frac{1}{y^2} \cdot y' = x$$

等式左端的形式为 $g(y)\cdot y'$. 令 $G(y)$ 为 $g(y)$ 的一个原函数. 由链式法则及 y 是 x 的函数得

$$\frac{\mathrm{d}}{\mathrm{d}x}G(y)=\frac{\mathrm{d}}{\mathrm{d}y}G(y)\cdot\frac{\mathrm{d}y}{\mathrm{d}x}=g(y)\cdot y'$$

在本例中有 $g(y)=y^{-2}$ 和 $G(y)=-y^{-1}$，因此

$$\frac{\mathrm{d}}{\mathrm{d}x}\Big(-\frac{1}{y}\Big)=\frac{1}{y^2}\cdot y'=x$$

上式两端关于 x 积分得

$$-\frac{1}{y}=\frac{x^2}{2}+C$$

其中 C 为任意积分常数. 通过初等计算得

$$y=\frac{1}{-x^2/2-C}=\frac{2}{K-x^2}$$

其中常数 $K=-2C$.

函数 $y=0$ 也是此微分方程的解，可以在上面的解中令 $K=\infty$ 得到. 本例说明微分方程一般有无穷多个解. 通过要求附加的条件，可以选出唯一的解. 例如，令 $y(0)=1$ 的 $y(x)=2/(2-x^2)$.

276

定义 19.3 微分方程 $y'(x)=f\big(x,y(x)\big)$ 和附加条件 $y(x_0)=y_0$，即

$$y'(x)=f(x,y(x)),\ y(x_0)=y_0$$

一起称为**初值问题**（initial value problem）. 一个满足微分方程和**初始条件**（initial condition）$y(x_0)=y_0$ 的（连续）可微的函数 $y(x)$ 是初值问题的一个解.

微分方程的几何解释. 对给定的一阶微分方程

$$y'=f(x,y),\ (x,y)\in D\subset\mathbb{R}^2$$

寻找一个可微函数 $y=y(x)$ 满足函数图像在 D 中且在每一点 x 处的切线的斜率都是 $\tan\phi=y'(x)=f\big(x,y(x)\big)$. 通过在点 $(x,y)\in D$ 画斜率为 $\tan\phi=f(x,y)$ 的短箭头得这个微分方程的**方向场**（direction field）. 方向场与解曲线是**相切的**（tangential），由此给出解曲线的形状的一个好的视觉刻画. 图 19.1 给出了微分方程

$$y'=-\frac{2xy}{x^2+2y}$$

的方向场. 方程右端有沿曲线 $y=-x^2/2$ 的奇点，这一点反映在图形下部箭头的行为中.

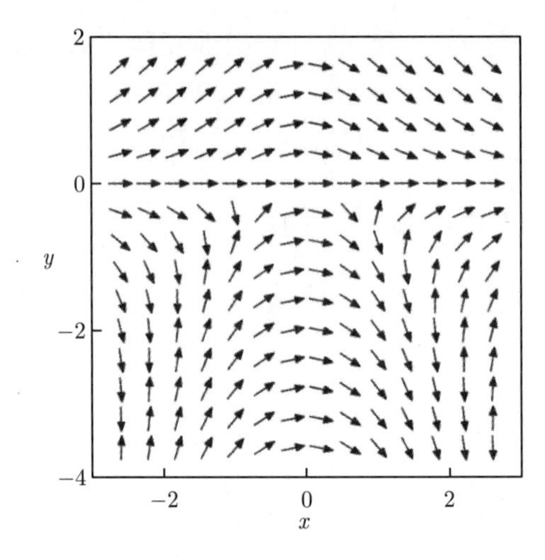

图 19.1　$y' = -2xy/(x^2+2y)$ 的方向场

277

实验 19.4 用小程序 Dynamical systems in the plane 可视化上述微分方程的方向场.

19.2　一阶线性微分方程

设 $a(x)$ 和 $b(x)$ 是定义在某个区间上的函数. 方程

$$y' + a(x)y = g(x)$$

称为**一阶线性微分方程**（first-order linear differential equation）. 函数 a 是**系数**（coefficent），右端的 g 为**非齐性**（inhomogeneity）. 如果 $g = 0$，则微分方程为**齐次的**（homogeneous），否则为**非齐次的**（inhomogeneous）. 本节首先叙述如下重要的结果.

命题 19.5（叠加原理）　如果 y 和 z 是非齐性可能不同的线性微分方程

$$y'(x) + a(x)y(x) = g(x)$$

$$z'(x) + a(x)z(x) = h(x)$$

的解，则线性组合

$$w(x) = \alpha y(x) + \beta z(x),\ \alpha,\ \beta \in \mathbb{R}$$

是线性微分方程

$$w'(x) + a(x)w(x) = \alpha g(x) + \beta h(x)$$

的解.

证明　这是所谓的叠加原理，其成立的依据来自导数的线性和方程的线性. □

第一步计算齐次方程的所有解. 后面再利于叠加原理找出非齐次方程的所有解.

命题 19.6 齐次微分方程

$$y' + a(x)y = 0$$

的通解为

$$y_h(x) = K\mathrm{e}^{-A(x)}$$

其中 $K \in \mathbb{R}$，$A(x)$ 为 $a(x)$ 的任意一个原函数.

证明 当 $y \neq 0$ 时，分离变量

$$\frac{1}{y} \cdot y' = -a(x)$$

278

并用

$$\frac{\mathrm{d}}{\mathrm{d}y} \log |y| = \frac{1}{y}$$

由积分得

$$\log |y| = -A(x) + C$$

由此可知

$$|y(x)| = \mathrm{e}^{-A(x)}\mathrm{e}^{C}$$

这个公式表明 $y(x)$ 不能改变符号, 因为等式右端总不为零. 因此 $K = \mathrm{e}^C \cdot \operatorname{sign} y(x)$ 也是一个常数. 由公式

$$y(x) = \operatorname{sign} y(x) \cdot |y(x)| = K\mathrm{e}^{-A(x)}, \ K \in \mathbb{R}$$

得齐次方程的所有解. □

例 19.7 含常系数 a 的线性微分方程

$$\dot{x} = ax$$

的通解为

$$x(t) = K\mathrm{e}^{at}, \ K \in \mathbb{R}$$

K 为常数，例如可以通过 $x(0)$ 确定.

图 19.2 展示了微分方程 $y' = ay$ 的方向场（依赖系数 a 的符号）.

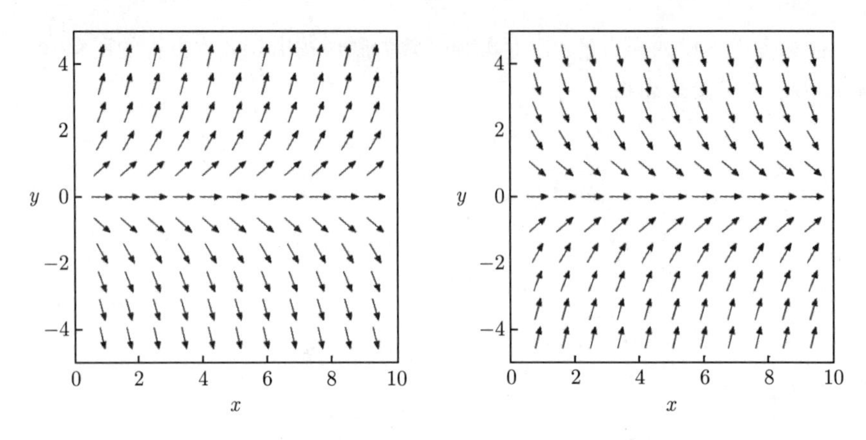

图 19.2　$y' = y$ 的方向场（左）和 $y' = -y$ 的方向场（右）

279

解释. 设 $x(t)$ 为描述增长或衰减（人口的增加/减少，质量改变，等等）依赖时间的函数. 考虑一个时间区间 $[t, t+h]$，其中 $h > 0$. 当 $x(t) \neq 0$ 时，x 在此区间的相对变化为

$$\frac{x(t+h) - x(t)}{x(t)} = \frac{x(t+h)}{x(t)} - 1$$

因此相对**变化率**（rate of change）（单位时间的改变量）为

$$\frac{x(t+h) - x(t)}{t+h-t} \cdot \frac{1}{x(t)} = \frac{x(t+h) - x(t)}{h \cdot x(t)}$$

对一个**理想**（ideal）增长过程其变化率仅依赖于时间 t. 当 $h \to 0$ 时，得**瞬时相对变化率**（instantaneous relative rate of change）

$$a(t) = \lim_{h \to 0} \frac{x(t+h) - x(t)}{h \cdot x(t)} = \frac{\dot{x}(t)}{x(t)}$$

因此理想的增长过程可以由线性微分方程

$$\dot{x}(t) = a(t)x(t)$$

建模.

例 19.8（放射性衰减）　设 $x(t)$ 是一种放射性物质在 t 时刻的浓度. 在放射性衰减中，变化率不依赖时间且是负的，

$$a(t) \equiv a < 0$$

初始值 $x(0) = x_0$ 的方程 $\dot{x} = ax$ 的解为

$$x(t) = \mathrm{e}^{at} x_0$$

这个解是指数衰减的且 $\lim_{t\to\infty} x(t) = 0$，参见图 19.3. 该物质衰减到一半的衰减时间**半衰期**（half life）T 可由如下方式得到：

$$\frac{x_0}{2} = \mathrm{e}^{aT}x_0 \text{ 即 } T = -\frac{\log 2}{a}$$

当 $a = -2$ 时的半衰期参见图 19.3.

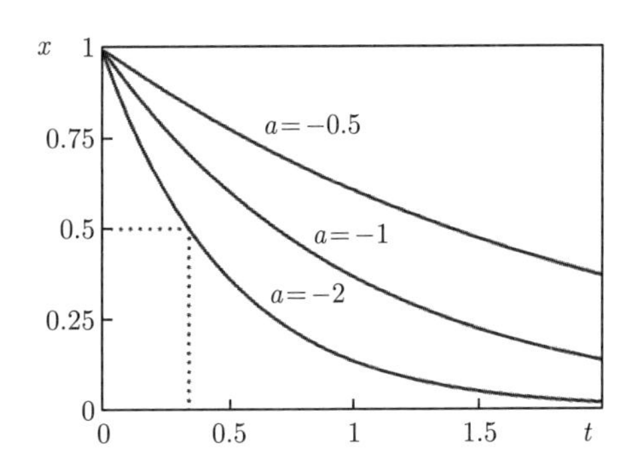

图 19.3 常数 $a = -0.5$，-1，-2 的放射性衰减（从上到下）

280

例 19.9（人口模型） 设 $x(t)$ 为 t 时刻人口的规模并通过 $\dot{x} = ax$ 建模. 如果假设增长率是正常数 $a > 0$，则人口指数性增长

$$x(t) = \mathrm{e}^{at}x_0, \ \lim_{t\to\infty} |x(t)| = \infty$$

这一性态称为**马尔萨斯**㊀**法则**（Malthusian law）. 在 1839 年，韦吕勒（Verhulst）建议了一个改进的模型，这个模型同时考虑了资源的限制

$$\dot{x}(t) = (\alpha - \beta x(t)) \cdot x(t), \ \alpha, \beta > 0$$

相应的离散模型已在例 5.3 中讨论过，在例 5.3 中 L 表示 α/β.

韦吕勒模型中增长率是依赖人口的，即为 $\alpha - \beta x(t)$，并且随人口的增加而**线性地**减少. 韦吕勒模型可以通过分离变量（或用 maple）求解. 求得

$$x(t) = \frac{\alpha}{\beta + C\alpha \mathrm{e}^{-\alpha t}}$$

且与初值无关，有

$$\lim_{t\to\infty} x(t) = \frac{\alpha}{\beta}$$

㊀ 马尔萨斯，1766—1834.

参见图 19.4. **稳定**（stationary）解 $x(t) = \alpha/\beta$ 是韦吕勒模型的**渐近稳定平衡点**（asymptotically stable equilibrium point），参见 19.5 节.

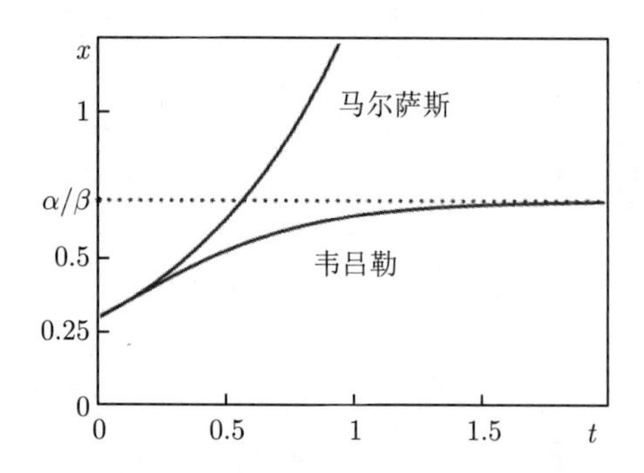

图 19.4　马尔萨斯和韦吕勒模型的人口增加

常数变易. 现在转到**非齐次**方程

$$y' + a(x)y = g(x)$$

已经知道对应齐次方程的解

281

$$y_{\mathrm{h}}(x) = c \cdot \mathrm{e}^{-A(x)},\ c \in \mathbb{R}$$

其中

$$A(x) = \int_{x_0}^{x} a(\xi)\mathrm{d}\xi$$

下面寻找上述非齐次方程形如

$$y_{\mathrm{p}}(x) = c(x) \cdot y_{\mathrm{h}}(x) = c(x) \cdot \mathrm{e}^{-A(x)}$$

的特解，这里允许常数 $c = c(x)$ 是 x 的函数（常数变易）. 将这个表达式代入非齐次方程中，利用乘法的微分规则得

$$\begin{aligned} y_{\mathrm{p}}'(x) + a(x)y_{\mathrm{p}}(x) &= c'(x)y_{\mathrm{h}}(x) + c(x)y_{\mathrm{h}}'(x) + a(x)y_{\mathrm{p}}(x) \\ &= c'(x)y_{\mathrm{h}}(x) - a(x)c(x)y_{\mathrm{h}}(x) + a(x)y_{\mathrm{p}}(x) \\ &= c'(x)y_{\mathrm{h}}(x) \end{aligned}$$

如果让上式等于含有非齐性 $g(x)$ 的表达式，则知 $c(x)$ 满足微分方程

$$c'(x) = \mathrm{e}^{A(x)}g(x)$$

此方程可以由积分解得

$$c(x)=\int_{x_0}^{x}\mathrm{e}^{A(\xi)}g(\xi)\mathrm{d}\xi$$

因此有如下命题.

命题 19.10 微分方程

$$y'+a(x)y=g(x)$$

的通解为

$$y(x)=\mathrm{e}^{-A(x)}\Big(\int_{x_0}^{x}\mathrm{e}^{A(\xi)}g(\xi)\mathrm{d}\xi+K\Big)$$

其中 $A(x)=\displaystyle\int_{x_0}^{x}a(\xi)\mathrm{d}\xi$ 且 $K\in\mathbb{R}$ 为任意常数.

证明 由前面的讨论知，函数 $y(x)$ 是微分方程 $y'+a(x)y=g(x)$ 的解. 反过来，设 $z(x)$ 是另一个解，则由**叠加原理**知，差 $z(x)-y(x)$ 是对应齐次方程的解. 所以

$$z(x)=y(x)+c\,\mathrm{e}^{-A(x)}$$

因此，z 仍然具有命题中所述的形式. □ 282

推论 19.11 设 y_{p} 是非齐次线性微分方程

$$y'+a(x)y=g(x)$$

的一个解，则其通解可写为

$$y(x)=y_{\mathrm{p}}(x)+y_{\mathrm{h}}(x)=y_{\mathrm{p}}(x)+K\mathrm{e}^{-A(x)},\ K\in\mathbb{R}$$

证明 此论断由命题 19.10 的证明或直接用叠加原理即得. □

例 19.12 求解 $y'+2y=\mathrm{e}^{4x}+1$，对应齐次方程的解为 $y_{\mathrm{h}}(x)=c\,\mathrm{e}^{-2x}$. 通过常数变易可以得到一个特解. 由

$$c(x)=\int_{0}^{x}\mathrm{e}^{2\xi}\big(\mathrm{e}^{4\xi}+1\big)\mathrm{d}\xi=\frac{1}{6}\mathrm{e}^{6x}+\frac{1}{2}\mathrm{e}^{2x}-\frac{2}{3}$$

得

$$y_{\mathrm{p}}(x)=\frac{1}{6}\mathrm{e}^{4x}-\frac{2}{3}\mathrm{e}^{-2x}+\frac{1}{2}$$

因此通解为

$$y(x)=y_{\mathrm{p}}(x)+y_{\mathrm{h}}(x)=K\mathrm{e}^{-2x}+\frac{1}{6}\mathrm{e}^{4x}+\frac{1}{2}$$

上式中合并了两个含有 e^{-2x} 的项. 新的常数 K 可由附加的初始条件 $y(0)=\alpha$ 确定，即

$$K=\alpha-\frac{2}{3}$$

19.3　解的存在性与唯一性

找出微分方程的解析解可能是一个困难，而且通常是不可能的. 除了一些特定类型的微分方程（例如线性问题或可以分离变量的方程）外，是没有一般的求解显式解的方法的. 因此数值方法经常被用到（见第 21 章）. 下面讨论一般初值问题解的存在性与唯一性.

283

命题 19.13（佩亚诺 Peano[㊀]定理）　*如果函数 f 在 (x_0,y_0) 的一个邻域内连续，则初值问题*

$$y'=f(x,y),\ y(x_0)=y_0$$

在 x_0 附近有一个解 $y(x)$.

代替证明（见文献 [1] 的 I 部分中的定理 7.6)，此处讨论命题的限制. 首先命题只是保证在初值的邻域内存在一个局部解. 下面的例子表明一般不能期望更多.

例 19.14　求解微分方程 $\dot{x}=x^2$, $x(0)=1$. 变量分离得

$$\int\frac{\mathrm{d}x}{x^2}=\int\mathrm{d}t=t+C$$

因此

$$x(t)=\frac{1}{1-t}$$

此函数在 $t=1$ 有一个奇点, 在这个点解不存在. 这个性态称为**爆破**（blow up）.

进一步，佩亚诺定理没有给出初值问题解的个数的任何信息. 一般地，如下面的例子所示，解不必是唯一的.

例 19.15　$a,b\geqslant 0$ 为任意实数，初值问题 $y'=2\sqrt{|y|}$, $y(0)=0$ 有无穷多个解

$$y(x)=\begin{cases}(x-b)^2, & b<x,\\ 0, & -a\leqslant x\leqslant b,\\ -(x-a)^2, & x<-a,\end{cases}$$

㊀ 佩亚诺，1858—1932.

例如，当 $x<-a$ 时，可得

$$y'(x)=-2(x-a)=2(a-x)=2|x-a|=2\sqrt{(x-a)^2}=2\sqrt{|y|}$$

因此 f 的连续性不足以保证初值问题解的唯一性. 为此需要一些稍微强的正则性，即关于第二个变量的**利普希茨**[㊀]**连续性**（Lipschitz continuity）（参见定义 C.14）.

284

定义 19.16 设 $D\subset\mathbb{R}^2$，$f:D\to\mathbb{R}$. 如果不等式 $|f(x,y)-f(x,z)|\leqslant L|y-z|$ 对所有点 $(x,y),(x,z)\in D$ 成立，则称 f 在 D 上满足**利普希茨常数**为 L 的**利普希茨条件**.

对可微函数，根据中值定理（命题 8.4），对可微函数有

$$f(x,y)-f(x,z)=\frac{\partial f}{\partial y}(x,\xi)(y-z)$$

如果导数有界，则函数满足利普希茨条件. 此时可以取

$$L=\sup\left|\frac{\partial f}{\partial y}(x,\xi)\right|$$

反例 19.17 函数 $g(x,y)=\sqrt{|y|}$ 在任意包含 $y=0$ 的 D 上不满足利普希茨条件，因为当 $y\to 0$ 时，

$$\frac{|g(x,y)-g(x,0)|}{|y-0|}=\frac{\sqrt{|y|}}{|y|}=\frac{1}{\sqrt{|y|}}\to\infty$$

命题 19.18 如果函数 f 在 (x_0,y_0) 的邻域上满足利普希茨条件，则初值问题

$$y'=f(x,y),\ y(x_0)=y_0$$

在 x_0 的附近有唯一的解 $y(x)$.

证明 只需证明唯一性. 由佩亚诺定理得在区间 $[x_0,x_0+H]$（H 充分小）上解 $y(x)$ 存在. 唯一性用反证法证明. 假设 z 是在区间 $[x_0,x_0+H]$ 上与 y 不同的解且 $z(x_0)=y_0$. 数

$$x_1=\inf\{x\in\mathbb{R}:x_0\leqslant x\leqslant x_0+H,\ 且\ y(x)\neq z(x)\}$$

是定义明确的. 由 y 和 z 的连续性知 $y(x_1)=z(x_1)$. 现在取充分小的 $h>0$ 使得 $x_1+h\leqslant x_0+H$ 并对微分方程

$$y'=f\big(x,y(x)\big)$$

从 x_1 到 x_1+h 积分. 由此得

$$y(x_1+h)-y(x_1)=\int_{x_1}^{x_1+h}y'(x)\mathrm{d}x=\int_{x_1}^{x_1+h}f\big(x,y(x)\big)\mathrm{d}x$$

285

㊀ 利普希茨，1832—1903.

和

$$z(x_1+h)-y(x_1)=\int_{x_1}^{x_1+h} f\big(x,z(x)\big)\mathrm{d}x$$

用上面第二式减去第一式得

$$z(x_1+h)-y(x_1+h)=\int_{x_1}^{x_1+h}\Big(f\big(x,z(x)\big)-f\big(x,y(x)\big)\Big)\mathrm{d}x$$

由 f 的利普希茨条件得

$$\begin{aligned}|z(x_1+h)-y(x_1+h)| &\leqslant \int_{x_1}^{x_1+h}\Big|f\big(x,z(x)\big)-f\big(x,y(x)\big)\Big|\mathrm{d}x\\ &\leqslant L\int_{x_1}^{x_1+h}|z(x)-y(x)|\mathrm{d}x\end{aligned}$$

设

$$M=\max\big\{|z(x)-y(x)|\ ;\ x_1\leqslant x\leqslant x_1+h\big\}$$

由于 y 和 z 的连续性，这个最大值存在（见命题 6.15 后的讨论）. 如果需要，可以适当减少 h 使得最大值在 x_1+h 达到且

$$M=|z(x_1+h)-y(x_1+h)|\leqslant L\int_{x_1}^{x_1+h} M\mathrm{d}x\leqslant LhM$$

当 h 充分小，即 $Lh<1$ 时，不等式

$$M\leqslant LhM$$

意味着 $M=0$. 因为 h 是任意小的，所以 $y(x)=z(x)$ 在 $x_1\leqslant x\leqslant x_1+h$ 成立，这与 x_1 的定义矛盾. 因此假设的不同的解 z 不存在. □

19.4 幂级数法

在多个例子中已经遇到可以表示为级数的函数，如在第 12 章. 基于此，本小节试图用级数

$$y=\sum_{n=0}^{\infty}a_n(x-x_0)^n$$

求解初值问题

$$y' = f(x,y),\ y(x_0) = y_0$$

286

下面将要用到**收敛的幂级数**可以逐项微分和重排的性质，参见文献 [3] 的第 9 章中的推论 7.4.

例 19.19 再次求解线性初值问题

$$y' = y,\ y(0) = 1$$

为此，关于 x 逐项微分，设

$$y(x) = \sum_{n=0}^{\infty} a_n x^n = a_0 + a_1 x + a_2 x^2 + a_3 x^3 + \cdots$$

得

$$y'(x) = \sum_{n=1}^{\infty} n a_n x^{n-1} = a_1 + 2a_2 x + 3a_3 x^2 + 4a_4 x^3 + \cdots$$

将上述结果代入原微分方程有

$$a_1 + 2a_2 x + 3a_3 x^2 + 4a_4 x^3 + \cdots = a_0 + a_1 x + a_2 x^2 + a_3 x^3 + \cdots$$

因为这个等式对所有的 x 成立，所以未知量 a_n 可以由相同幂的 x 的系数相等确定. 由此得

$$a_1 = a_0,\ 2a_2 = a_1,$$

$$3a_3 = a_2,\ 4a_4 = a_3$$

等等. 由于 $a_0 = y(0) = 1$ 这个无限线性方程组可以通过递归求解，得

$$a_0 = 1,\ a_1 = 1,\ a_2 = \frac{1}{2!},\ a_3 = \frac{1}{3!},\ \cdots,\ a_n = \frac{1}{n!}$$

且由此得（预期的）解

$$y(x) = \sum_{n=0}^{\infty} \frac{x^n}{n!} = \mathrm{e}^x$$

例 19.20（特殊的 Riccati[㊀] 微分方程） 为了求解初值问题

$$y' = y^2 + x^2,\ y(0) = 1$$

287

㊀ Riccati，1676—1754.

设

$$y(x) = \sum_{n=0}^{\infty} a_n x^n = a_0 + a_1 x + a_2 x^2 + a_3 x^3 + \cdots$$

由初始条件 $y(0) = 1$ 得 $a_0 = 1$. 首先，计算乘积（见命题 C.10）

$$\begin{aligned} y(x)^2 &= (1 + a_1 x + a_2 x^2 + a_3 x^3 + \cdots)^2 \\ &= 1 + 2a_1 x + (a_1^2 + 2a_2)x^2 + (2a_3 + 2a_2 a_1)x^3 + \cdots \end{aligned}$$

并将其代入微分方程得

$$\begin{aligned} &a_1 + 2a_2 x + 3a_3 x^2 + 4a_4 x^3 + \cdots \\ &\qquad = 1 + 2a_1 x + (1 + a_1^2 + 2a_2)x^2 + (2a_3 + 2a_2 a_1)x^3 + \cdots \end{aligned}$$

由系数相等得

$$\begin{aligned} a_1 &= 1, & & \\ 2a_2 &= 2a_1, & a_2 &= 1 \\ 3a_3 &= 1 + a_1^2 + 2a_2, & a_3 &= 4/3 \\ 4a_4 &= 2a_3 + 2a_2 a_1, & a_4 &= 7/6, \cdots \end{aligned}$$

由此，在 x 很小时，得到解的一个好的近似

$$y(x) = 1 + x + x^2 + \frac{4}{3}x^3 + \frac{7}{6}x^4 + \mathcal{O}(x^5)$$

maple 的命令

```
dsolve({diff(y(x),x)=x^2+y(x)^2, y(0)=1}, y(x), series);
```

可以执行上面的计算.

19.5　定性理论

通常可以不用求解方程本身而描述微分方程解的定性性质. 作为最简单的例子，本节将讨论非线性微分方程在平衡点附近的稳定性. 如果微分方程的右端不显式依赖自变量，则称微分方程是**自治的**（autonomous）.

定义 19.21　*对自治微分方程 $y' = f(y)$. 如果 $y^* \in \mathbb{R}$ 满足 $f(y^*) = 0$，则 y^* 称为该自治微分方程的***平衡点**（equilibrium）.

288

平衡点是自治微分方程的特解，即所谓的稳定解.

为了研究平衡点附近的解，在平衡点处**线性化**微分方程. 令

$$w(x) = y(x) - y^*$$

为解 $y(x)$ 到平衡点的距离. 函数 f 的泰勒展开表明

$$w' = y' = f(y) = f(y) - f(y^*) = f'(y^*)w + \mathcal{O}(w^2)$$

因此

$$w'(x) = \big(a + \mathcal{O}(w)\big)w$$

其中 $a = f'(y^*)$. 当 w 很小时，问题的解是确定的. 显然，系数 $a + \mathcal{O}(w)$ 是至关重要的. 如果 $a < 0$，则当 w 充分小时，$a + \mathcal{O}(w) < 0$ 且函数 $|w(x)|$ 递减. 另一方面，如果 $a > 0$，则当 w 充分小时，函数 $|w(x)|$ 递增. 通过上述考虑证明了如下命题.

命题 19.22 *设 y^* 是微分方程 $y' = f(y)$ 的**平衡点**且 $f'(y^*) < 0$. 则对微分方程的所有初值 $w(0)$ 接近 y^* 的解满足估计*

$$|w(x)| \leqslant C \cdot \mathrm{e}^{bx} \cdot |w(0)|$$

其中常数 $C > 0$，$b < 0$.

在上述命题的条件下称平衡点是**渐近稳定的**（asymptotically stable）. 在充分小的邻域内渐近稳定平衡点（指数级）吸引所有的解，因为 $b < 0$，当 $x \to \infty$ 时，

$$|w(x)| \to 0.$$

例 19.23 韦吕勒模型

$$y' = (\alpha - \beta y)y, \ \alpha, \beta > 0$$

有两个平衡点，即 $y_1^* = 0$ 和 $y_2^* = \alpha/\beta$. 由于

$$f'(y_1^*) = \alpha - 2\beta y_1^* = \alpha, \ f'(y_2^*) = \alpha - 2\beta y_2^* = -\alpha$$

所以 $y_1^* = 0$ **不稳定**（unstable）而 $y_2^* = \alpha/\beta$ 是**渐近稳定的**.

289

19.6 二阶问题

方程

$$y''(x) + ay'(x) + by(x) = g(x)$$

称为含常系数 a, b 和非齐性 g 的二阶线性微分方程.

例 19.24（质点–弹簧–阻尼模型） 根据牛顿第二运动定律，一个质点–弹簧系统由二阶微分方程

$$y''(x) + ky(x) = 0$$

建模，其中 $y(x)$ 表示质点的位移，k 表示弹簧的弹性系数. 方程的解描述了无阻尼和自激的自由振动. 可以通过添加一个黏性阻尼$-cy'(x)$ 和外在的激励 $g(x)$ 得到一个更现实的模型. 由此得到的微分方程

$$my''(x) + cy'(x) + ky(x) = g(x)$$

具有上面的形式.

通过引入新的变量 $z(x) = y'(x)$，齐次微分方程

$$y'' + ay' + by = 0$$

可以重写为一阶线性方程组

$$y' = z$$
$$z' = -by - az$$

对此方法的详细讨论见第 20 章.

本节将遵从一个不同的思路. 设 α 和 β 为二次方程

$$\lambda^2 + a\lambda + b = 0$$

的根，该方程称为齐次微分方程的**特征方程**（characteristic equation）. 由此，二阶微分方程

$$y''(x) + ay'(x) + by(x) = g(x)$$

可以按如下方式分解为

290

$$\left(\frac{\mathrm{d}^2}{\mathrm{d}x^2} + a\frac{\mathrm{d}}{\mathrm{d}x} + b\right)y(x) = \left(\frac{\mathrm{d}}{\mathrm{d}x} - \beta\right)\left(\frac{\mathrm{d}}{\mathrm{d}x} - \alpha\right)y(x) = g(x)$$

令

$$w(x) = y'(x) - \alpha y(x)$$

得 w 的一阶线性微分方程如下：

$$w'(x) - \beta w(x) = g(x)$$

上面微分方程的通解为（见命题 19.10）

$$w(x)=K_2\mathrm{e}^{\beta(x-x_0)}+\int_{x_0}^{x}\mathrm{e}^{\beta(x-\xi)}g(\xi)\mathrm{d}\xi$$

其中 K_2 为常数. 将这个表达式代入 w 的定义知 y 是一阶微分方程

$$y'(x)-\alpha y(x)=K_2\mathrm{e}^{\beta(x-x_0)}+\int_{x_0}^{x}\mathrm{e}^{\beta(x-\xi)}g(\xi)\mathrm{d}\xi$$

的解. 这里假设 $\alpha\neq\beta$. 为求解这个微分方程，再次应用命题 19.10 得

$$\begin{aligned}y(x)&=K_1\mathrm{e}^{\alpha(x-x_0)}+\int_{x_0}^{x}\mathrm{e}^{\alpha(x-\eta)}w(\eta)\mathrm{d}\eta\\&=K_1\mathrm{e}^{\alpha(x-x_0)}+K_2\int_{x_0}^{x}\mathrm{e}^{\alpha(x-\eta)}\mathrm{e}^{\beta(\eta-x_0)}\mathrm{d}\eta\\&\quad+\int_{x_0}^{x}\mathrm{e}^{\alpha(x-\eta)}\int_{x_0}^{\eta}\mathrm{e}^{\beta(\eta-\xi)}g(\xi)\mathrm{d}\xi\mathrm{d}\eta\end{aligned}$$

因为

$$\begin{aligned}\int_{x_0}^{x}\mathrm{e}^{\alpha(x-\eta)}\mathrm{e}^{\beta(\eta-x_0)}\mathrm{d}\eta&=\mathrm{e}^{\alpha x-\beta x_0}\int_{x_0}^{x}\mathrm{e}^{\eta(\beta-\alpha)}\mathrm{d}\eta\\&=\frac{1}{\beta-\alpha}\left(\mathrm{e}^{\beta(x-x_0)}-\mathrm{e}^{\alpha(x-x_0)}\right)\end{aligned}$$

所以有

$$y(x)=c_1\mathrm{e}^{\alpha(x-x_0)}+c_2\mathrm{e}^{\beta(x-x_0)}+\int_{x_0}^{x}\mathrm{e}^{\alpha(x-\eta)}\int_{x_0}^{\eta}\mathrm{e}^{\beta(\eta-\xi)}g(\xi)\mathrm{d}\xi\mathrm{d}\eta$$

其中

$$c_1=K_1-\frac{K_2}{\beta-\alpha},\ c_2=\frac{K_2}{\beta-\alpha}$$

291

令 $g=0$，得对应齐次微分方程的通解

$$y_{\mathrm{h}}(x)=c_1\mathrm{e}^{\alpha(x-x_0)}+c_2\mathrm{e}^{\beta(x-x_0)}$$

二重积分

$$\int_{x_0}^{x}\mathrm{e}^{\alpha(x-\eta)}\int_{x_0}^{\eta}\mathrm{e}^{\beta(\eta-\xi)}g(\xi)\mathrm{d}\xi\mathrm{d}\eta$$

是非齐次微分方程的特解. 注意，由于微分方程的线性性质，叠加原理（见命题 19.5）仍然成立.

总结上面的计算得如下两个命题.

命题 19.25　考虑齐次微分方程

$$y''(x)+ay'(x)+by(x)=0$$

并设 α 和 β 为其特征方程

$$\lambda^2+a\lambda+b=0$$

的根. 则这个微分方程的通解（实的）如下：

$$y_{\mathrm{h}}(x)=\begin{cases} c_1\mathrm{e}^{\alpha x}+c_2\mathrm{e}^{\beta x} & \alpha\neq\beta\in\mathbb{R}, \\ (c_1+c_2x)\mathrm{e}^{\alpha x} & \alpha=\beta\in\mathbb{R}, \\ \mathrm{e}^{\rho x}\big(c_1\cos(\theta x)+c_2\sin(\theta x)\big) & \alpha=\rho+\mathrm{i}\theta,\rho,\theta\in\mathbb{R} \end{cases}$$

其中 c_1，c_2 为任意实数.

证明　因为特征方程是实系数，其根是两个实数或是共轭复数，即 $\alpha=\bar{\beta}$. 当 $\alpha\neq\beta$ 时，已在上面讨论过. 当 $\alpha=\rho+\mathrm{i}\theta$ 是复数时，利用欧拉公式

$$\mathrm{e}^{\alpha x}=\mathrm{e}^{\rho x}\big(\cos(\theta x)+\mathrm{i}\sin(\theta x)\big)$$

由此知 $c_1\mathrm{e}^{\rho x}\cos(\theta x)$ 和 $c_2\mathrm{e}^{\rho x}\sin(\theta x)$ 是所寻找的解. 最后，当 $\alpha=\beta$ 时，上面的计算表明

$$\begin{aligned} y_{\mathrm{h}}(x)&=K_1\mathrm{e}^{\alpha(x-x_0)}+K_2\int_{x_0}^{x}\mathrm{e}^{\alpha(x-\eta)}\mathrm{e}^{\alpha(\eta-x_0)}\mathrm{d}\eta \\ &=(c_1+c_2x)\mathrm{e}^{\alpha x} \end{aligned}$$

292　其中 $c_1=(K_1-K_2x_0)\mathrm{e}^{-\alpha x_0}$，$c_2=K_2\mathrm{e}^{-\alpha x_0}$. □

命题 19.26　设 y_{p} 为非齐次微分方程

$$y''(x)+ay'(x)+by(x)=g(x)$$

的一个特解. 则通解可以写为

$$y(x)=y_{\mathrm{h}}(x)+y_{\mathrm{p}}(x)$$

其中 y_{h} 是对应的齐次微分方程的通解.

证明　叠加原理. □

例 19.27　为了求非齐次微分方程

$$y''(x)-4y(x)=\mathrm{e}^x$$

的解. 考虑其齐次部分. 齐次部分的特征方程 $\lambda^2-4=0$ 有根 $\lambda_1=2$ 和 $\lambda_2=-2$. 因此

$$y_{\mathrm{h}}(x)=c_1\mathrm{e}^{2x}+c_2\mathrm{e}^{-2x}$$

非齐次微分方程的一个特解可以通过公式得到：

$$\begin{aligned}y_{\mathrm{p}}(x)&=\int_0^x \mathrm{e}^{2(x-\eta)}\int_0^\eta \mathrm{e}^{-2(\eta-\xi)}\mathrm{e}^{\xi}\mathrm{d}\xi\mathrm{d}\eta\\&=\mathrm{e}^{2x}\int_0^x \mathrm{e}^{-4\eta}\frac{1}{3}(\mathrm{e}^{3\eta}-1)\mathrm{d}\eta\\&=\frac{1}{3}\mathrm{e}^{2x}\Big((1-\mathrm{e}^{-x})+\frac{1}{4}(\mathrm{e}^{-4x}-1)\Big)\end{aligned}$$

将上式与 y_{h} 比较知，选取 $y_{\mathrm{p}}=-\dfrac{1}{3}\mathrm{e}^x$ 也可行，因为其他项是齐次方程的解.

但是，一般地，用非齐性及其导数的线性组合作为 y_{p} 的拟设更简单. 在本例中，拟设 $y_{\mathrm{p}}(x)=a\mathrm{e}^x$. 将这个拟设代入非齐次微分方程得 $a-4a=1$，由此得 $y_{\mathrm{p}}=-\dfrac{1}{3}\mathrm{e}^x$.

例 19.28 齐次微分方程

$$y''(x)-10y'(x)+25y(x)=0$$

的特征方程有重根 $\lambda_1=\lambda_2=5$. 因此方程的通解为

$$y(x)=c_1\mathrm{e}^{5x}+c_2x\mathrm{e}^{5x}$$

293

例 19.29 齐次微分方程

$$y''(x)+2y'(x)+2y(x)=0$$

的特征方程有共轭复根 $\lambda_1=-1+\mathrm{i}$ 和 $\lambda_2=-1-\mathrm{i}$. 方程的复形式的通解为

$$y(x)=c_1\mathrm{e}^{-(1+\mathrm{i})x}+c_2\mathrm{e}^{-(1-\mathrm{i})x}$$

其中 c_1 和 c_2 为复系数.

实形式的通解为

$$y(x)=\mathrm{e}^{-x}\big(d_1\cos x+d_2\sin x\big)$$

其中 d_1 和 d_2 为实系数.

19.7 练习

1. 求下列微分方程的通解并画出解曲线

$$(a)\ \dot{x}=\frac{x}{t},\ (b)\ \dot{x}=\frac{t}{x},\ (c)\ \dot{x}=\frac{-t}{x}$$

方向场可以很容易用 maple 画出，例如用 `DEplot`.

2. 通过添加 $\dot{t}=1$ 将练习 1 中的微分方程重写为等价的自治系统，并用小程序 Dynamical systems in the plane 求解.

提示：在小程序中变量记为 x 和 y. 例如，练习 1（a）应该写为 $x'=x/y$ 和 $y'=1$.

3. 根据牛顿冷却定律，一个物体的温度 x 的变化率与其温度和周围环境温度 a 的差成正比. 这一定律可用微分方程

$$\dot{x}=k(a-x)$$

建模，其中 k 为比率常数. 求这个微分方程的通解.

假设一个物体在 20℃ 的环境中从 100℃ 冷却到 80℃ 需要 5 分钟，那么物体从 $x(0)=100$℃ 冷却到 40℃ 需要多少分钟?

294

4. 求解例 19.9 中韦吕勒的微分方程，并计算解在 $t\to\infty$ 时的极限.

5. 一个容器装有 100L 的液体 A. 以 5L/s 的速率添加液体 B，与此同时混合液体以 10L/s 的速率抽出. 现关心容器中 t 时刻液体 B 的量 $x(t)$. 由平衡方程 $\dot{x}(t)=$ 速率（入）$-$ 速率（出）$=$ 速率（入）$-10\cdot x(t)/$总量(t) 得微分方程

$$\dot{x}=5-\frac{10x}{100-5t},\ x(0)=0$$

详细解释这个方程的推导，通过 maple（用`dsolve`）求解初值问题. 容器什么时候为空?

6. 用幂级数方法求解微分方程

$$(a)\ y'=ay,\ (b)\ y'=ay+2$$

7. 求解初值问题

$$\dot{x}(t)=1+x^2(t)$$

其初值 $x(0)=0$. 在什么区间解不存在?

8. 求解初值问题

$$\dot{x}(t)+2x(t)=\mathrm{e}^{4t}+1$$

其初值 $x(0)=0$.

9. 求下列微分方程的通解：

$$\text{(a) } \ddot{x}+4\dot{x}-5x=0,\ \text{(b) } \ddot{x}+4\dot{x}+5x=0,\ \text{(c) } \ddot{x}+4\dot{x}=0$$

10. 求下列微分方程的一个特解：

$$\ddot{x}(t)+\dot{x}(t)-6x(t)=t^2+2t-1$$

提示：利用拟设 $y_{\mathrm{p}}=at^2+bt+c$.

11. 求微分方程

$$y''(x)+4y'(x)=\cos x$$

的通解和满足初值 $y(0)=1$，$y'(0)=0$ 的特解.

提示：考虑拟设 $y_{\mathrm{p}}=k_1\cos x+k_2\sin x$.

12. 求微分方程

$$y''(x)+4y'(x)+5y(x)=\cos 2x$$

的通解和满足初值 $y(0)=1$，$y'(0)=0$ 的特解.

提示：考虑拟设 $y_{\mathrm{p}}=k_1\cos 2x+k_2\sin 2x$.

13. 求齐次方程

$$y''(x)+2y'(x)+y(x)=0$$

的通解.

295 ~ 296

第 20 章　微分方程组

微分方程组通常称为微分动力系统，在模拟力学、气象学、生物学、医学、经济学及其他科学中的依赖时间的过程中扮演至关重要的角色. 本章仅讨论二维系统. 二维系统的解（轨线）可以用平面的曲线表示. 20.1 节介绍线性方程组，将会证明线性方程组可以解析地求解. 但是在许多应用中需要非线性方程组. 一般地，非线性方程组的解不能显式给出. 本章关注解的定性性质. 20.2 节涉及丰富的动力系统定性理论. 20.3 节用不同的方式分析数学摆. 数值解法将会在第 21 章讨论.

20.1　线性微分方程组

本节从描述不同的微分方程组开始. 在第 19 章给出了马尔萨斯人口模型，在这个模型中，假设人口 $x(t)$ 的变化率与现有人口成比例：

$$\dot{x}(t) = ax(t)$$

第二种群体 $y(t)$ 可能引起 $x(t)$ 的变化率减少或增加. 相反，人口 $x(t)$ 也可能影响 $y(t)$ 的变化率. 因此得一个耦合方程组

$$\begin{aligned}\dot{x}(t) &= ax(t) + by(t) \\ \dot{y}(t) &= cx(t) + dy(t)\end{aligned}$$

其中 b 和 c 为正或负的系数，用来描述群体的相互作用. 这是二元**线性微分方程组**的一般形式，简记为

$$\begin{aligned}\dot{x} &= ax + by \\ \dot{y} &= cx + dy\end{aligned}$$

模型可以进一步细化. 例如，考虑到增长率对食物供应的依赖. 对一个物种这将导致方程形式为

$$\dot{x} = (v - n)x$$

其中 v 表示可以获得的食物，而 n 为一个阈值. 因此，如果获得的食物数量大于 n，则群体数量增加，否则减少. 如果 x 与 y 是捕食者–猎物关系，其中 y 是 x 的食物，则相对变化率不是

常数. 一个通常的假设是变化率中包含一个线性依赖另一个物种的项. 在这样的假设下得非线性方程组

$$\dot{x} = (ay - n)x$$
$$\dot{y} = (d - cx)y$$

这是 Lotka[㊀] 和 Volterra[㊁] 著名的捕食者–猎物模型（详细的推导参见文献 [13] 的 12.2 节）.

非线性微分方程组的一般形式是

$$\dot{x} = f(x, y)$$
$$\dot{y} = g(x, y)$$

在几何上，上式可以按如下方式解释. 上式右端定义了 $\mathbb{R}^2$ 上向量场

$$(x, y) \mapsto \begin{bmatrix} f(x, y) \\ g(x, y) \end{bmatrix}$$

左端是一条平面曲线的速度向量

$$t \mapsto \begin{bmatrix} x(t) \\ y(t) \end{bmatrix}$$

因此方程组的解是由向量场给定的速度向量形成的平面曲线. 298

例 20.1（平面的旋转） 向量场

$$(x, y) \mapsto \begin{bmatrix} -y \\ x \end{bmatrix}$$

垂直于对应的位置向量 $[x, y]^{\mathrm{T}}$，参见图 20.1. 微分方程组

$$\dot{x} = -y$$
$$\dot{y} = x$$

的解是圆

$$x(t) = R\cos t$$
$$y(t) = R\sin t$$

㊀ Lotka，1880—1949.

㊁ Volterra，1860—1940.

其中半径 R 由初始值给定，例如，$x(0)=R$ 和 $y(0)=0$.

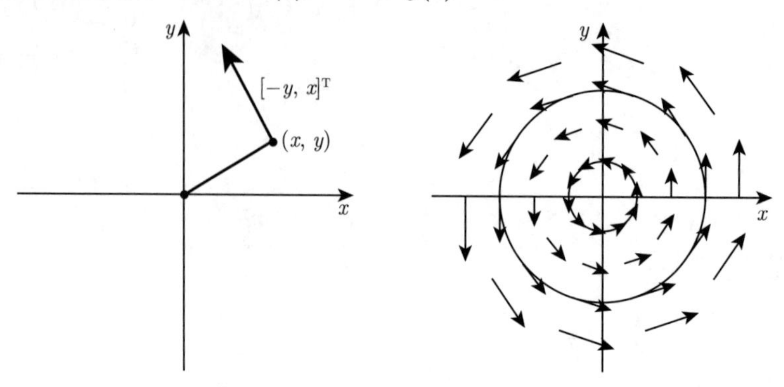

图 20.1　向量场与解曲线

注 20.2　几何的二维表示可以实现是因为方程组的右端不显式地依赖时间 t. 这样的方程组称为**自治的**. 一个包含时间轴的表示需要具有三维方向场

$$(x,y,t)\mapsto\begin{bmatrix}f(x,y)\\g(x,y)\\1\end{bmatrix}$$

的三维图形. 相应的解表示为空间曲线

$$t\mapsto\begin{bmatrix}x(t)\\y(t)\\t\end{bmatrix}$$

299

时空图参见图 20.2.

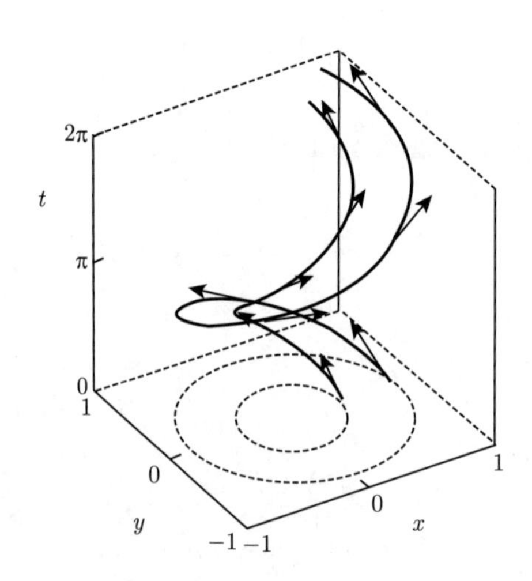

图 20.2　方向场和 $\dot{x}=-y,\ \dot{y}=x$ 的时空图

例 20.3　理想流体的流是另一种展现向量场与解曲线意义的例子. 例如

$$\dot{x} = 1 - \frac{x^2 - y^2}{(x^2 + y^2)^2}$$

$$\dot{y} = \frac{-2xy}{(x^2 + y^2)^2}$$

描述了一个绕圆柱 $x^2 + y^2 \leqslant 1$ 的平面稳定位势流（参见图 20.3）. 方程组右端描述在点 (x, y) 流的速度. 解曲线是流线

$$y\left(1 - \frac{1}{x^2 + y^2}\right) = C$$

这里 C 表示常数. 通过对上式关于 t 微分并将 $\dot{x}$ 和 $\dot{y}$ 代入微分方程的右端来检验解曲线.

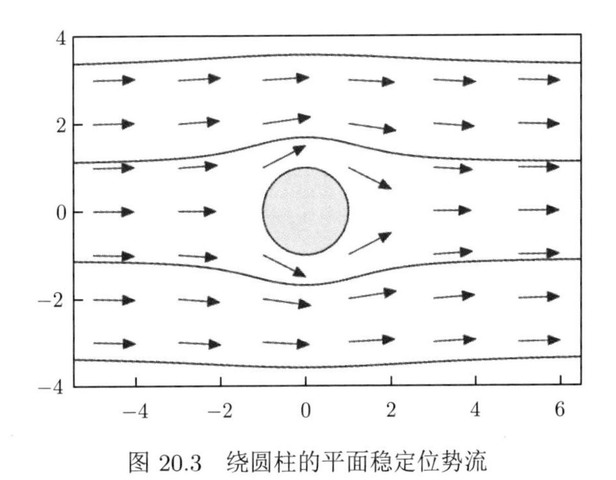

图 20.3　绕圆柱的平面稳定位势流

300

实验 20.4　用小程序 Dynamical systems in the plane 研究例 20.1 和例 20.3 中微分方程组的向量场与解曲线. 类似地研究线性微分方程组

$$\dot{x} = y, \quad \dot{y} = -x, \qquad \dot{x} = y, \quad \dot{y} = x, \qquad \dot{x} = -y, \quad \dot{y} = -x, \qquad \dot{x} = x, \quad \dot{y} = x, \qquad \dot{x} = y, \quad \dot{y} = y$$

并尝试理解解曲线的性态.

在转向平面线性微分方程组的解理论之前，先介绍一些定性描述解曲线的术语. 微分方程组

$$\dot{x}(t) = f\big(x(t), y(t)\big)$$

$$\dot{y}(t) = g\big(x(t), y(t)\big)$$

与在 $t = 0$ 指定的值

$$x(0) = x_0,\ y(0) = y_0$$

一起称为**初值问题**. 在本章中，假设函数 f 和 g 至少是连续的. **解曲线**（solution curve）或**轨线**（trajectory）是指分量满足微分方程组的连续可微曲线 $t \mapsto [x(t), y(t)]^{\mathrm{T}}$.

对单变量微分方程的情形，定义 19.21 中给出了平衡点的概念. 对于微分方程组有类似的概念.

定义 20.5（平衡点）　一个点 (x^*, y^*) 如果满足 $f(x^*, y^*) = 0$ 和 $g(x^*, y^*) = 0$, 则称为微分方程组的**平衡点**.

平衡点的名字来自这样一个事实. 满足初值 $x_0 = x^*$, $y_0 = y^*$ 的解始终保持在 (x^*, y^*)；换句话说，如果 (x^*, y^*) 是平衡点，则 $x(t) = x^*$, $y(t) = y^*$ 是微分方程组的解，因为方程组左右两端都为零.

从第 19 章可知，微分方程的解不一定是大范围存在的. 但是如果满足初值的解在一个平衡点附近对所有的时间都存在，则下面的概念有意义.

301

定义 20.6　设 (x^*, y^*) 为平衡点. 如果存在 (x^*, y^*) 的邻域 U 使得所有初值为 $(x_0, y_0) \in U$ 的轨线在 $t \to \infty$ 时都收敛到平衡点 (x^*, y^*), 则称这个平衡点是**渐近稳定的**. 如果对 (x^*, y^*) 的每一个邻域 V，存在 (x^*, y^*) 的邻域 W，使得所有初值为 $(x_0, y_0) \in W$ 的轨线完全含在 V 中, 则称平衡点 (x^*, y^*) 是**稳定的**. 一个平衡点如果不是稳定的，称为**不稳定**的.

简言之，稳定性意味着起点接近平衡点的轨线始终接近平衡点，渐近稳定性意味着轨线被吸引到平衡点. 在不稳定平衡点的情况下，存在轨线是离开平衡点的；在线性方程组中，这些轨线是无界的，而在非线性的情形下也可以收敛到另一个平衡点或者周期解（例如，参见 20.3 节数学摆的讨论或者文献［13］）.

下面求解初值问题

$$\dot{x} = ax + by,\ x(0) = x_0$$

$$\dot{y} = cx + dy,\ y(0) = y_0$$

这是一个二维一阶线性微分方程组. 为了求解，先讨论这类方程组的三个基本类型，然后证明一般的情况可以变换为三种基本情况之一.

记系数矩阵为

$$\boldsymbol{A} = \begin{bmatrix} a & b \\ c & d \end{bmatrix}$$

关键问题是 $\boldsymbol{A}$ 是否如附录 B.2 所述一样与 I、Ⅱ 或 Ⅲ 型之一相似. I 型的矩阵的特征值是实数且相似于对角矩阵. Ⅱ 型的矩阵是二重实特征值，但其典型形式有幂零部分. 含有两个复共轭特征值的情形为 Ⅲ 型.

I 型——实特征值，可对角化矩阵． 此种情形时，方程组的标准形式是

$$\dot{x} = \alpha x,\ x(0) = x_0$$

$$\dot{y} = \beta y,\ y(0) = y_0$$

从例 19.7 可知，解是

$$x(t) = x_0 \mathrm{e}^{\alpha t},\ y(t) = y_0 \mathrm{e}^{\beta t}$$

且特别地，解对所有的时间 $t \in \mathbb{R}$ 都存在．显然，$(x^*, y^*) = (0,0)$ 是一个平衡点．如果 $\alpha < 0$ 且 $\beta < 0$，则当 $t \to \infty$ 时，所有的解曲线趋近稳定点 $(0,0)$；这个平衡点是渐近稳定的．如果 $\alpha \geqslant 0$，$\beta \geqslant 0$（不同时为零），则解曲线离开 $(0,0)$ 的每一个邻域，平衡点是不稳定的．类似地，不稳定性出现在 $\alpha > 0$，$\beta < 0$ 的情况（或相反的情况）．这时的平衡点称为**鞍点**． 302

如果 $\alpha \neq 0$ 且 $x_0 \neq 0$，则关于 t 可求解且解曲线表示为函数

$$\mathrm{e}^t = \left(\frac{x}{x_0}\right)^{1/\alpha},\ y = y_0 \left(\frac{x}{x_0}\right)^{\beta/\alpha}$$

的图像．

例 20.7 三个方程组

$$\dot{x} = x, \qquad \dot{x} = -x, \qquad \dot{x} = x$$

$$\dot{y} = 2y, \qquad \dot{y} = -2y, \qquad \dot{y} = -2y$$

的解分别为

$$x(t) = x_0 \mathrm{e}^t, \qquad x(t) = x_0 \mathrm{e}^{-t}, \qquad x(t) = x_0 \mathrm{e}^t,$$

$$y(t) = y_0 \mathrm{e}^{2t}, \qquad y(t) = y_0 \mathrm{e}^{-2t}, \qquad y(t) = y_0 \mathrm{e}^{-2t}$$

图 20.4、图 20.5 和图 20.6 显示了向量场和一些解曲线．所有的半坐标轴都是解曲线．

II 型——二重实特征值，不可对角化． 如果系数矩阵可以对角化，则二重实特征值 $\alpha = \beta$ 是类型 I 的特殊情况．但是存在二重特征根和幂零部分的特殊情况．则方程组的标准形式是

$$\begin{aligned} \dot{x} &= \alpha x + y, \quad & x(0) &= x_0 \\ \dot{y} &= \alpha y, & y(0) &= y_0 \end{aligned}$$

计算得解的一个分量

$$y(t) = y_0 \mathrm{e}^{\alpha t}$$

303

将其代入第一个方程得

$$\dot{x}(t) = \alpha x(t) + y_0 e^{\alpha t},\ x(0) = x_0$$

应用第 19 章的变易常数公式得

$$x(t) = e^{\alpha t}\left(x_0 + \int_0^t e^{-\alpha s} y_0 e^{\alpha s} ds\right) = e^{\alpha t}(x_0 + t y_0)$$

304 图 20.7 显示了 $\alpha = -1$ 时的向量场和一些解曲线.

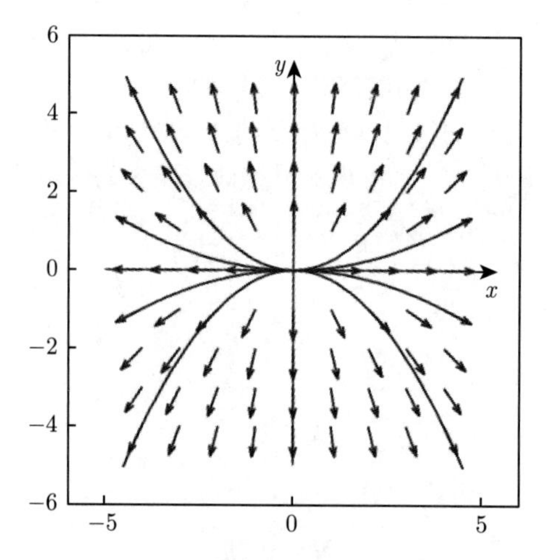

图 20.4　实特征值，不稳定平衡点

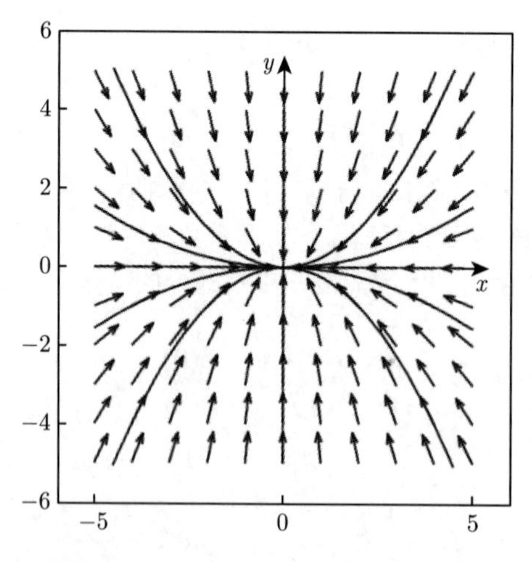

图 20.5　实特征值，渐近稳定平衡点

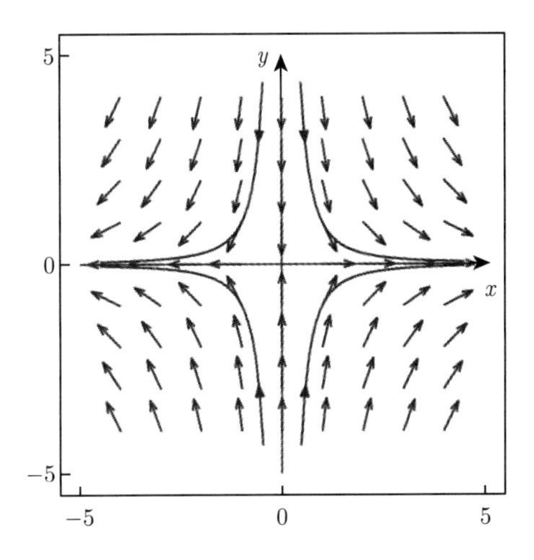

图 20.6 实特征值，鞍点

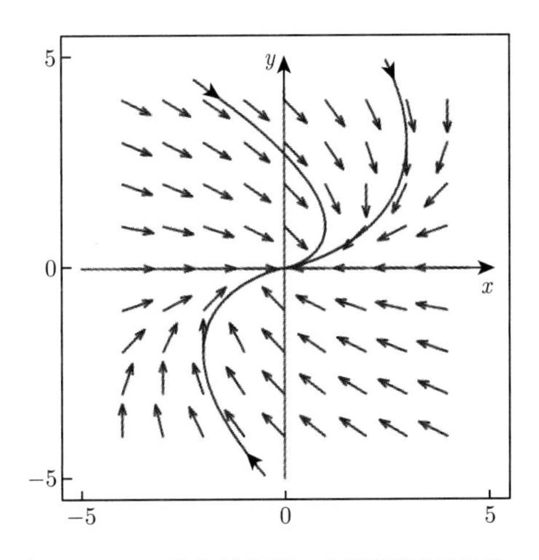

图 20.7 二重实特征值，矩阵不可对角化

III 型——复共轭特征值. 此时方程组的标准形式是

$$\dot{x} = \alpha x - \beta y,\ x(0) = x_0$$

$$\dot{y} = \beta x + \alpha y,\ y(0) = y_0$$

通过引入复变量 z 和复系数 γ，z_0，

$$z = x + \mathrm{i}y,\ \gamma = \alpha + \mathrm{i}\beta,\ z_0 = x_0 + \mathrm{i}y_0$$

上述方程组是方程

$$(\dot{x} + \mathrm{i}\dot{y}) = (\alpha + \mathrm{i}\beta)(x + \mathrm{i}y), \quad x(0) + \mathrm{i}y(0) = x_0 + \mathrm{i}y_0$$

的实部和虚部. 由复数公式得

$$\dot{z} = \gamma z,\ z(0) = z_0$$

即得解

$$\dot{z}(t) = z_0 \mathrm{e}^{\gamma t}$$

将左、右两端展开为实部和虚部得

$$\begin{aligned} x(t) + \mathrm{i}y(t) &= (x_0 + \mathrm{i}y_0)\mathrm{e}^{(\alpha+\mathrm{i}\beta)t} \\ &= (x_0 + \mathrm{i}y_0)\mathrm{e}^{\alpha t}(\cos\beta t + \mathrm{i}\sin\beta t) \end{aligned}$$

由此得（见 4.2 节）

$$\begin{aligned} x(t) &= x_0\mathrm{e}^{\alpha t}\cos\beta t - y_0\mathrm{e}^{\alpha t}\sin\beta t \\ y(t) &= x_0\mathrm{e}^{\alpha t}\sin\beta t + y_0\mathrm{e}^{\alpha t}\cos\beta t \end{aligned}$$

点 $(x^*, y^*) = (0,0)$ 仍然是平衡点，当 $\alpha < 0$ 时是渐近稳定的；当 $\alpha > 0$ 时是不稳定的；当 $\alpha = 0$ 时是稳定但非渐近稳定的. 事实上，此时解曲线是圆，因此是有界的，但在 $t \to \infty$ 时不吸引到原点.

例 20.8　在图 20.8 和图 20.9 中给出了两个方程组

$$\dot{x} = \frac{1}{10}x - y, \qquad \dot{x} = -\frac{1}{10}x - y$$

305

$$\dot{y} = x + \frac{1}{10}y, \qquad \dot{y} = x - \frac{1}{10}y$$

的向量场和解曲线. 对稳定的情况 $\dot{x} = -y,\ \dot{y} = x$ 参见图 20.1.

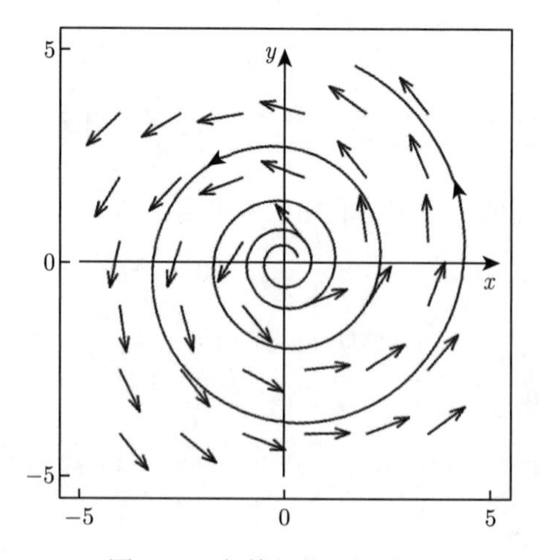

图 20.8　复特征值，不稳定

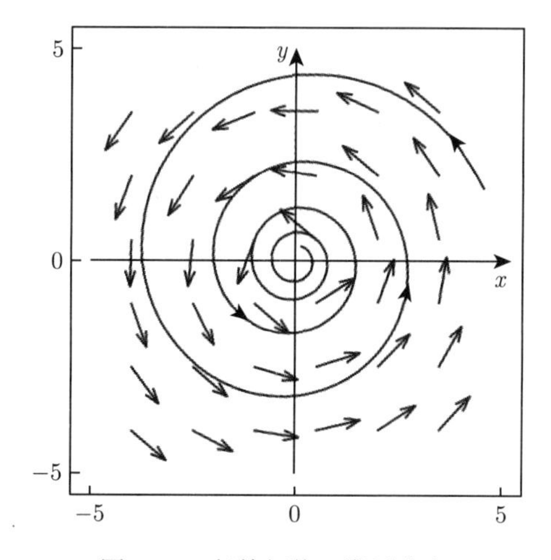

图 20.9 复特征值，渐近稳定

线性微分方程组的通解. 附录 B 中的相似变换可用于将任意的线性微分方程组转化为三种标准形式从而求解.

命题 20.9 对任意的 2×2 矩阵 $\boldsymbol{A}$，初值问题

$$\begin{bmatrix}\dot{x}(t)\\\dot{y}(t)\end{bmatrix}=\boldsymbol{A}\begin{bmatrix}x(t)\\y(t)\end{bmatrix},\ \begin{bmatrix}x(0)\\y(0)\end{bmatrix}=\begin{bmatrix}x_0\\y_0\end{bmatrix}$$

有唯一的解对所有的时间 $t\in\mathbb{R}$ 成立. 这个解可以通过将矩阵 $\boldsymbol{A}$ 变换为 I、II 或 III 型之一而显式计算得到.

证明 根据附录 B.2，存在一个可逆矩阵 $\boldsymbol{T}$ 使得

$$\boldsymbol{T}^{-1}\boldsymbol{A}\boldsymbol{T}=\boldsymbol{B}$$

其中 $\boldsymbol{B}$ 是标准类 I、II 或 III 型中的一种. 令

$$\begin{bmatrix}u\\v\end{bmatrix}=\boldsymbol{T}^{-1}\begin{bmatrix}x\\y\end{bmatrix}$$

306

得变换后的方程组

$$\begin{bmatrix}\dot{u}\\\dot{v}\end{bmatrix}=\boldsymbol{T}^{-1}\begin{bmatrix}\dot{x}\\\dot{y}\end{bmatrix}=\boldsymbol{T}^{-1}\boldsymbol{A}\begin{bmatrix}x\\y\end{bmatrix}=\boldsymbol{T}^{-1}\boldsymbol{A}\boldsymbol{T}\begin{bmatrix}u\\v\end{bmatrix}=\boldsymbol{B}\begin{bmatrix}u\\v\end{bmatrix},\ \begin{bmatrix}u(0)\\v(0)\end{bmatrix}=\boldsymbol{T}^{-1}\begin{bmatrix}x_0\\y_0\end{bmatrix}$$

如前所述，这个微分方程组的求解依赖于其类型. 方程组的标准形式有唯一的解对所有的时间成立. 由逆变换

$$\begin{bmatrix}x\\y\end{bmatrix}=\boldsymbol{T}\begin{bmatrix}u\\v\end{bmatrix}$$

得原方程组的解. □

因此，通过一个线性变换，I、II、III 型实际包含了所有可能发生的情况.

例 20.10 研究方程组

$$\dot{x} = x + 2y$$

$$\dot{y} = 2x + y$$

的解曲线. 对应的系数矩阵

$$\boldsymbol{A} = \begin{bmatrix} 1 & 2 \\ 2 & 1 \end{bmatrix}$$

有特征值 $\lambda_1 = 3$ 和 $\lambda_2 = -1$，向量 $\boldsymbol{e}_1 = [1\ 1]^{\mathrm{T}}$，$\boldsymbol{e}_2 = [-1\ 1]^{\mathrm{T}}$ 为相应的特征向量. 方程组是 I

307 型，原点是鞍点. 向量场和解曲线参见图 20.10.

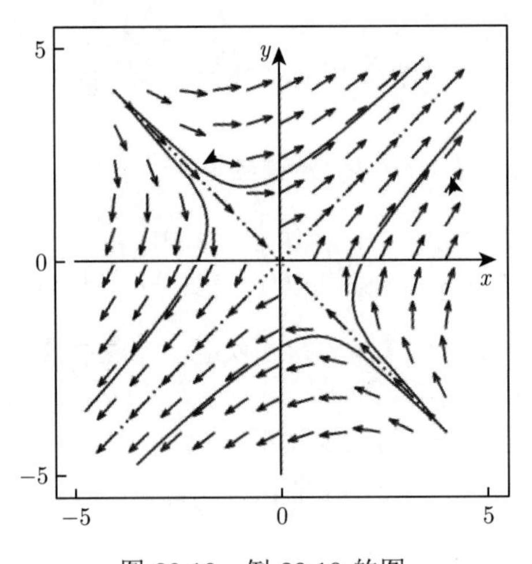

图 20.10 例 20.10 的图

注 20.11 命题 20.9 的证明显示了一般线性方程组的通解的结构. 例如，假设系数矩阵的特征多项式的根 λ_1，λ_2 是实数且相异，则方程组是 I 型. 在变换后的坐标下解为

$$u(t) = C_1 \mathrm{e}^{\lambda_1 t},\ v(t) = C_2 \mathrm{e}^{\lambda_2 t}$$

如果记变换矩阵的列为 $\boldsymbol{t}_1, \boldsymbol{t}_2$，则在原坐标下的解为

$$\begin{bmatrix} x(t) \\ y(t) \end{bmatrix} = \boldsymbol{t}_1 u(t) + \boldsymbol{t}_2 v(t) = \begin{bmatrix} t_{11} C_1 \mathrm{e}^{\lambda_1 t} + t_{12} C_2 \mathrm{e}^{\lambda_2 t} \\ t_{21} C_1 \mathrm{e}^{\lambda_1 t} + t_{22} C_2 \mathrm{e}^{\lambda_2 t} \end{bmatrix}$$

每一个分量都是线性变换后的解 $u(t)$，$v(t)$ 的特定的线性组合. 在复共轭根 $\mu \pm \mathrm{i}\nu$ 的情形时 (III 型)，通解的分量是函数 $\mathrm{e}^{\mu t} \cos \nu t$ 和 $\mathrm{e}^{\mu t} \sin \nu t$ 特定的线性组合. 在二重根 α 的情形时 (II 型)，分量是函数 $\mathrm{e}^{\alpha t}$ 和 $t\mathrm{e}^{\alpha t}$ 的线性组合.

20.2 非线性微分方程组

相比于线性微分方程组，非线性方程组的解一般不能用显式的公式表出. 除了数值计算方法（第 21 章）外，定性理论是有趣的. 定性理论描述了解的性态而不需要知道显式的解. 本节将借助种群动力系统的例子展示定性理论.

Lotka-Volterra 模型. 在 20.1 节中，介绍了 Lotka 和 Volterra 的捕食者–猎物模型. 为了简化表示，取所有的系数为 1. 因此方程组为

$$\dot{x} = x(y-1)$$

$$\dot{y} = y(1-x)$$

方程组的平衡点为 $(x^*, y^*) = (1,1)$ 和 $(x^{**}, y^{**}) = (0,0)$. 显然半坐标轴是下面方程组的解曲线：

$$x(t) = x_0\mathrm{e}^{-t}, \qquad x(t) = 0,$$

$$y(t) = 0, \qquad y(t) = y_0\mathrm{e}^{t}$$

因此平衡点 $(0,0)$ 是鞍点（不稳定）；平衡点 $(1,1)$ 的类型将会在后面分析. 下面只考虑第一象限 $x \geqslant 0$, $y \geqslant 0$，这是因为讨论的是生物模型. 沿直线 $x=1$ 的向量场是水平的，沿直线 $y=1$ 的向量场是竖直的. 看上去好像解曲线围绕平衡点 $(1,1)$ 旋转. 参见图 20.11. 308

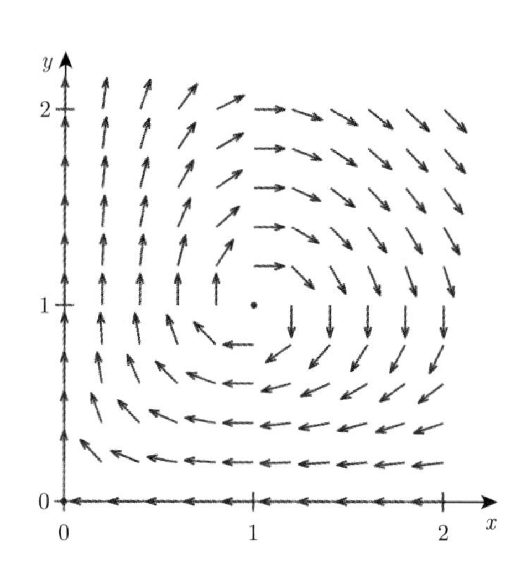

图 20.11 Lotka-Volterra 模型的向量场

为了验证这一猜测，寻找函数 $H(x,y)$ 使得其在解曲线上是常数：

$$H\big(x(t), y(t)\big) = C$$

这样的函数称为微分方程组的**第一积分、不变量或守恒量**. 因此有

$$\frac{\mathrm{d}}{\mathrm{d}t}H\big(x(t),y(t)\big)=0$$

或由二元函数的链式法则（参见命题 15.16）得

$$\frac{\partial H}{\partial x}\dot{x}+\frac{\partial H}{\partial y}\dot{y}=0$$

用拟设

$$H(x,y)=F(x)+G(y)$$

则有

$$F'(x)\dot{x}+G'(y)\dot{y}=0$$

代入微分方程得

$$F'(x)x(y-1)+G'(y)y(1-x)=0$$

再由分离变量法得

309

$$\frac{xF'(x)}{x-1}=\frac{yG'(y)}{y-1}$$

因为变量 x 和 y 是相互独立的，所以等号成立的唯一条件是两端都是常数：

$$\frac{xF'(x)}{x-1}=C,\ \frac{yG'(y)}{y-1}=C$$

由此知

$$F'(x)=C\Big(1-\frac{1}{x}\Big),\ G'(y)=C\Big(1-\frac{1}{y}\Big)$$

因此

$$H(x,y)=C(x-\log x+y-\log y)+D$$

这个函数在 $(x^*,y^*)=(1,1)$ 有全局极小值. 参见图 20.12.

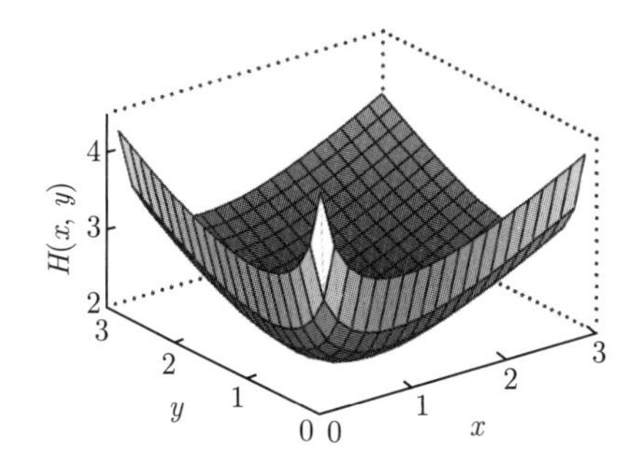

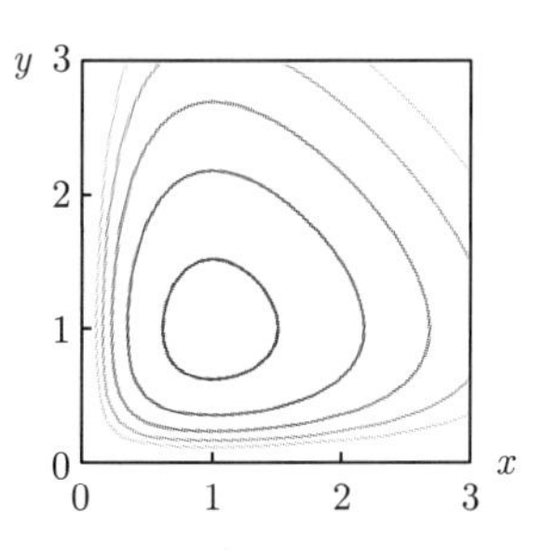

图 20.12 第一积分和水平集

Lotka-Volterra 方程组的解曲线在水平集上

$$x - \log x + y - \log y = \text{常数}$$

这些水平集显然是闭曲线. 问题是解曲线是否也是闭的，并因此解是周期性的. 下面的命题将会给这个问题一个肯定的回答. 闭的周期的解曲线称为**周期轨道**（periodic orbit）.

命题 20.12 对初值 $x_0 > 0$，$y_0 > 0$，Lotka－Volterra 方程组的解曲线是周期轨道且 $(x^*, y^*) = (1, 1)$ 是稳定平衡点.

证明 证明对所有的初值 $x_0 > 0$，$y_0 > 0$ 和所有的时间 $t \in \mathbb{R}$ 解

$$t \mapsto \begin{bmatrix} x(t) \\ y(t) \end{bmatrix}, \ \begin{bmatrix} x(0) \\ y(0) \end{bmatrix} = \begin{bmatrix} x_0 \\ y_0 \end{bmatrix}$$

310

存在（且唯一）需要的方法已超出本书的范围. 有兴趣的读者参见文献 [13] 的第 8 章. 为了证明周期性，取初值 $(x_0, y_0) \neq (1, 1)$ 并证明对应的解曲线在有限的时间 $\tau > 0$ 后回到初值. 为此将第一象限 $x > 0$, $y > 0$ 拆分为四个区域

$$Q_1 \ : \ x > 1, y > 1; \ Q_2 : x < 1, y > 1$$

$$Q_3 \ : \ x < 1, y < 1; \ Q_4 : x > 1, y < 1$$

并证明每一条解曲线在有限长时间（顺时针）穿过所有四个区域. 例如，考虑情况 $(x_0, y_0) \in Q_3$，所以 $0 < x_0 < 1$，$0 < y_0 < 1$. 现证明解曲线在有限的时间内到达 Q_2，即 $y(t)$ 到达值 1. 在区域 Q_3 中由微分方程得

$$\dot{x} = x(y-1) < 0, \ \dot{y} = y(1-x) > 0$$

因此只要 $\big(x(t), y(t)\big)$ 在区域 Q_3 中，则

$$x(t) < x_0, \ y(t) > y_0, \ \dot{y}(t) > y_0(1-x_0)$$

如果对所有的 $t > 0$，$y(t)$ 小于 1，则有如下不等式成立：

$$1 > y(t) = y_0 + \int_0^t \dot{y}(s)\mathrm{d}s > y_0 + \int_0^t y_0(1-x_0)\mathrm{d}s = y_0 + ty_0(1-x_0)$$

这与后一个表达式在 $t \to \infty$ 时发散矛盾. 因此，$y(t)$ 必然到达值 1，所以在有限的时间到达区域 Q_2. 类似理由也适合其他的区域. 因此存在时间 $\tau > 0$ 使得 $\big(x(\tau), y(\tau)\big) = (x_0, y_0)$.

由此轨道的周期性成立. 因为这个微分方程组是自治的，$t \mapsto \big(x(t+\tau), y(t+\tau)\big)$ 也是一个解. 如刚才所示，两个解在 $t = 0$ 有相同的初值. 初值问题解的唯一性表明两个解是相同的，所以

$$x(t) = x(t+\tau),\ y(t) = y(t+\tau)$$

对所有的时间 $t \in \mathbb{R}$ 成立. 这证明了解 $t \mapsto \big(x(t), y(t)\big)$ 是周期的，其周期为 τ.

因此除平衡点外，在第一象限的所有的解曲线都是周期轨道. 从 $(x^*, y^*) = (1, 1)$ 附近开始的解曲线保持在接近，参见图 20.12. 点 $(1, 1)$ 是稳定平衡点. □

311

图 20.13 显示了一些解曲线. 捕食者和猎物的种群在相反的方向周期地增加和减少. 进一步的种群模型参见文献 [6].

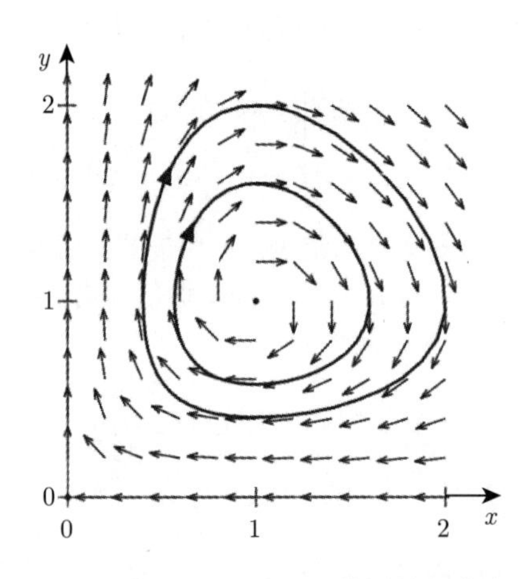

图 20.13　Lotka-Volterra 模型的解曲线

20.3　摆方程

作为非线性方程组的第二个例子，本节考虑**数学摆**（mathematical pendulum）. 其模型是一个质量为 m 的质点用长度为 l 的（无质量）线连接到原点，并在重力 $-mg$ 作用下移动，参见图 20.14. 变量 $x(t)$ 表示质点以逆时针方向偏离竖直方向的角度. 质点的切向加速度为 $l\ddot{x}(t)$，

而重力的切向分量为 $-mg\sin x(t)$. 根据牛顿定律，力 = 质量 × 加速度，得

$$-mg\sin x = ml\ddot{x}$$

或

$$ml\ddot{x} + mg\sin x = 0$$

这是一个二阶非线性微分方程. 本节在后面将把这个方程转化为一阶方程组，下面先介绍一个守恒的量.

能量守恒. 在摆方程的两端乘以 $l\dot{x}$ 得

$$ml^2\dot{x}\ddot{x} + mgl\dot{x}\sin x = 0$$

$\dot{x}\ddot{x}$ 为 $\frac{1}{2}\dot{x}^2$ 的导数，并将 $\dot{x}\sin x$ 作为 $1-\cos x$ 的导数，则得到一个守恒量. 将其记为 $H(x,\dot{x})$:

$$\frac{\mathrm{d}}{\mathrm{d}t}H(x,\dot{x}) = \frac{\mathrm{d}}{\mathrm{d}t}\left(\frac{1}{2}ml^2\dot{x}^2 + mgl\big(1-\cos x\big)\right) = 0$$

即当 $x(t)$ 为摆方程的解时，$H(x(t),\dot{x}(t))$ 为常数.

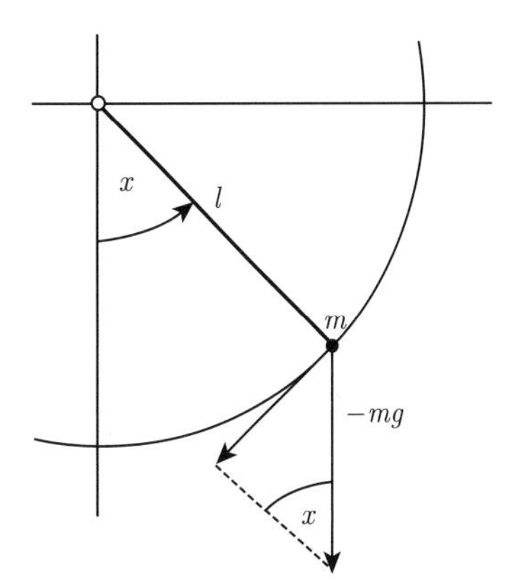

图 20.14 Lotka-Volterra 摆方程的推导

312

在力学中，移动质点的**动能**（kinetic energy）为

$$T(\dot{x}) = \frac{1}{2}ml^2\dot{x}^2$$

势能（potential energy）是质点从其静止的高度 $-l$ 运动到位置 $-l\cos x$ 所做的功，即

$$U(x) = \int_{-l}^{-l\cos x} mg\mathrm{d}\xi = mgl(1-\cos x)$$

因此守恒量等同于**总能量**（total energy）

$$H(x,\dot{x}) = T(\dot{x}) + U(x)$$

这与力学中的能量守恒一致.

注意当角度 x 很小时，线性化

$$\sin x = x + \mathcal{O}(x^3) \approx x$$

由此得近似方程

$$ml\ddot{x} + mgx = 0$$

为了方便，在方程中消掉 m 并令 $g/l=1$. 则摆方程为

$$\ddot{x} = -\sin x$$

其守恒量为

313

$$H(x,\dot{x}) = \frac{1}{2}\dot{x}^2 + 1 - \cos x$$

线性化这个摆方程得

$$\ddot{x} = -x$$

化简为一阶线性方程组.　每一个显式的二阶微分方程 $\ddot{x} = f(x,\dot{x})$ 通过引进新的变量 $y=\dot{x}$ 可以化简为一阶方程组

$$\dot{x} = y$$

$$\dot{y} = f(x,y)$$

对摆方程应用这个步骤并添加初始数据得数学摆的方程组

$$\dot{x} = y, \qquad x(0) = x_0,$$

$$\dot{y} = -\sin x, \qquad y(0) = y_0$$

这里 x 表示偏角，y 是质点的角速度.

线性化的摆方程可以写为方程组

$$\dot{x} = y, \qquad x(0) = x_0,$$

$$\dot{y} = -x, \qquad y(0) = y_0$$

除去符号的改变，这个微分方程组与例 20.1 中的方程组一样，这是类型 III 的方程组，因此其解为

$$x(t) = x_0\cos t + y_0\sin t,$$

$$y(t) = -x_0\sin t + y_0\cos t$$

上式的第一行是二阶线性化方程 $\ddot{x}=-x$ 在初值为 $x(0)=x_0$，$\dot{x}(0)=y_0$ 时的解. 相同的结果可以直接由 19.6 节中的方法得到.

非线性摆的解轨线. 在 (x,y) 坐标下，总能量为

$$H(x,y) = \frac{1}{2}y^2 + 1 - \cos x$$

如前所示，这是一个守恒量，因此指定初值 (x_0, y_0) 的解曲线在水平集 $H(x,y)=C$ 上，即

$$\frac{1}{2}y^2+1-\cos x=\frac{1}{2}y_0^2+1-\cos x_0$$

$$y=\pm\sqrt{y_0^2-2\cos x_0+2\cos x}$$

314

图 20.15 给出了一些解曲线. 此时有不稳定平衡点 $y=0$，$x=\cdots,-3\pi,-\pi,\pi\ 3\pi,\cdots$，这些点由极限曲线相连接. 两条极限曲线中的一条过点 $x_0=0$，$y_0=2$. 满足这些初值的解在这条极限曲线上且在 $t\to\infty$ 时趋近于平衡点 $(\pi,0)$，而 $t\to-\infty$ 时趋近于 $(-\pi,0)$. 当初值位于这些极限曲线之间时（如 $x_0=0$, $|y_0|<2$），产生小振幅（小于 π）的周期解. 外部的解表示摆振荡很大. 需要指出，在这个模型中没有考虑摩擦的影响.

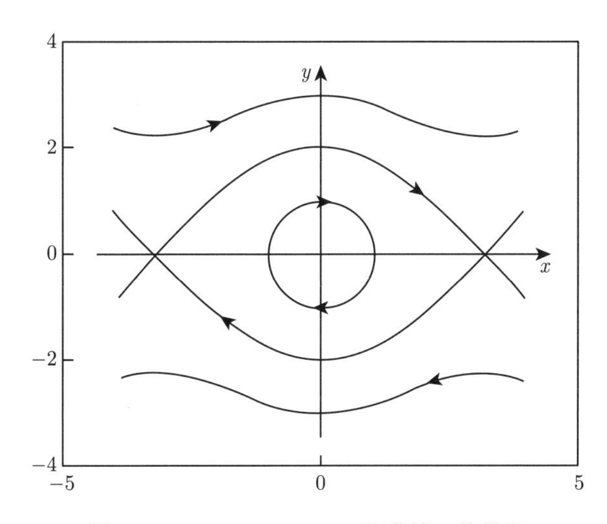

图 20.15 Lotka-Volterra 解曲线，数学摆

幂级数解. 在第 19 章中已经介绍了用幂级数法求解微分方程. 线性化的摆方程 $\ddot{x}=-x$ 可以通过 19.6 节和 20.1 节的解法显式求解. 同样，借助一些高等超越的函数，即雅可比椭圆函数，也可以显式求解非线性摆方程. 虽然如此，通过幂级数方法分析这些方程的解是有意义的，尤其是考虑到这些解很容易在 maple 中得到.

例 20.13（线性摆的幂级数解） 作为一个例子，求解初值问题

$$\ddot{x}=-x,\ x(0)=a,\ \dot{x}(0)=0$$

由幂级数方法拟设

$$x(t)=\sum_{n=0}^{\infty}c_nt^n=c_0+c_1t+c_2t^2+c_3t^3+c_4t^4+\cdots$$

有

$$\dot{x}(t)=\sum_{n=1}^{\infty}nc_nt^{n-1}=c_1+2c_2t+3c_3t^2+4c_4t^3+\cdots$$

315

$$\ddot{x}(t)=\sum_{n=2}^{\infty}n(n-1)c_nt^{n-2}=2c_2+6c_3t+12c_4t^2+\cdots$$

已知 $c_0=a$，$c_1=0$. 由 $\ddot{x}(t)$ 与 $-x(t)$ 相等，有

$$2c_2+6c_3t+12c_4t^2+\cdots=-a-c_2t^2-\cdots$$

因此

$$c_2=-\frac{a}{2},\ c_3=0,\ c_4=-\frac{c_2}{12}=\frac{a}{24},\cdots$$

解的幂级数展开为

$$x(t)=a\Big(1-\frac{1}{2}t^2+\frac{1}{24}t^4\mp\cdots\Big)$$

这看起来和已知的解 $x(t)=a\cos t$ 的泰勒级数是相同的.

例 20.14（非线性摆幂级数解） 本例转向非线性摆方程的初值问题

$$\ddot{x}=-\sin x,\ x(0)=a,\ \dot{x}(0)=0$$

用例 20.13 相同的幂级数拟设. 将正弦函数展开为泰勒级数，代入 $x(t)$ 的幂级数的最低次项并注意到 $c_0=a$，$c_1=0$ 得

$$\begin{aligned}-\sin x(t)&=-\Big(x(t)-\frac{1}{3!}x(t)^3+\frac{1}{5!}x(t)^5+\cdots\Big)\\&=-(a+c_2t^2+\cdots)+\frac{1}{3!}(a+c_2t^2+\cdots)^3-\frac{1}{5!}(a+c_2t^2+\cdots)^5\\&=-(a+c_2t^2+\cdots)+\frac{1}{6}(a^3+3a^2c_2t^2+\cdots)\\&\quad-\frac{1}{120}(a^5+5a^4c_2t^2+\cdots)\end{aligned}$$

其中使用了二项式定理. 由上式最后一行有

$$\ddot{x}(t)=2c_2+6c_3t+12c_4t^2+\cdots$$

得

$$2c_2=-a+\frac{1}{6}a^3-\frac{1}{120}a^5\pm\cdots$$

$$
\begin{aligned}
6c_3 &= 0 \\
12c_4 &= c_2\Big(-1+\frac{3}{6}a^2-\frac{5}{120}a^4\pm\cdots\Big)
\end{aligned}
$$

由此得

$$c_2=-\frac{1}{2}\sin a,\ c_4=\frac{1}{24}\sin a\cos a$$

316

合并同类项并提出因子 a 得

$$x(t)=a\Big(1-\frac{1}{2}\frac{\sin a}{a}t^2+\frac{1}{24}\frac{\sin a\cos a}{a}t^4\pm\cdots\Big)$$

上述展开式可以用 maple 命令

```
ode:=diff(x(t),[t$2])=-sin(x(t))
ics:=x(0)=a,D(x)(0)=0
dsolve({ode,ics}, x(t), series);
```

检查. 如果初始偏离 $x_0=a$ 充分小，则

$$\frac{\sin a}{a}\approx 1,\ \cos a\approx 1$$

参见命题 6.10. 所以解 $x(t)$ 接近于预期的线性化摆方程的解 $a\cos t$.

20.4 练习

1. 二维线性微分方程组的时空图（注 20.2）可以通过引入时间作为第三个变量 $z(t)=t$ 转化为三维方程组

$$\begin{bmatrix}\dot{x}\\ \dot{t}\\ \dot{z}\end{bmatrix}=\begin{bmatrix}f(x,y)\\ g(x,y)\\ 1\end{bmatrix}$$

得到. 用这个方法可视化例 20.1 和例 20.3 中的方程组. 用小程序 Dynamical systems in space 研究依赖时间的解曲线.

2. 通过变换为标准形式比较下列三组微分方程组的通解：

$$
\begin{aligned}
\dot{x}&=\frac{3}{5}x-\frac{4}{5}y, & \dot{x}&=-3y, & \dot{x}&=\frac{7}{4}x-\frac{5}{4}y,\\
\dot{y}&=-\frac{4}{5}x-\frac{3}{5}y, & \dot{y}&=x, & \dot{y}&=\frac{5}{4}x+\frac{1}{4}y
\end{aligned}
$$

用小程序 Dynamical systems in space 研究依赖时间的解曲线.

3. 微分方程 $m\ddot{x} + kx = 0$ 描述了系在弹簧上的质量为 m 的物体的微小的无阻尼振荡. 这里 $x = x(t)$ 表示到静止位置的位移，k 为弹性系数. 引入变量 $y = \dot{x}$ 并将这个二阶微分方程重写为线性微分方程组并求通解.

317

4. 一家公司将其利润存入一个连续利率为 $a\%$ 的账户. 余额用 $x(t)$ 表示. 同时，不断从账户中提取的提款额为 $y(t)$，其中提款额的速度等于账户余额的 $b\%$. 用 $r = a/100$，$s = b/100$ 导出线性微分方程组

$$\dot{x}(t) = r(x(t) - y(t))$$

$$\dot{y}(t) = sx(t)$$

求解 $(x(t), y(t))$ 使其初值为 $x(0) = 1$，$y(0) = 0$，并分析与 r 相比 s 可以多大使得账户余额 $x(t)$ 没有振荡一直增加.

5. 国民经济有两个部门（如工业和农业）在 t 时刻的生产量为 $x_1(t)$, $x_2(t)$. 如果假设投资与增长率成比例，则经典的 Leontief[㊀]模型（文献［24］的 9.5 节）叙述为

$$x_1(t) = a_{11}x_1(t) + a_{12}x_2(t) + b_1\dot{x}_1(t) + c_1(t)$$

$$x_2(t) = a_{21}x_1(t) + a_{22}x_2(t) + b_2\dot{x}_2(t) + c_2(t)$$

其中 a_{ij} 表示部门 j 生产一个单位的商品需要部门 i 提供的货物量. 进一步，$b_i\dot{x}_i(t)$ 为投资量，$c_i(t)$ 是部门 i 的消费. 在简单的假设 $a_{11} = a_{22} = 0$，$a_{12} = a_{21} = a(0 < a < 1)$，$b_1 = b_2 = 1$，$c_1(t) = c_2(t) = 0$（无消费）下，得微分方程组

$$\dot{x}_1(t) = x_1(t) - ax_2(t)$$

$$\dot{x}_2(t) = -ax_1(t) + x_2(t)$$

求通解并讨论结果.

6. 用小程序 Dynamical systems in the plane 分析数学摆微分方程的解曲线，并将数学结果转换为解释力学性态.

7. 如 Lotka-Volterra 方程组的讨论一样通过拟设 $H(x, y) = F(x) + G(y)$，导出摆方程的守恒量 $H(x, y) = \frac{1}{2}y^2 + 1 - \cos x$.

8. 利用 maple 求非线性摆方程 $\ddot{x} = -\sin x$ 的幂级数解，其初值为

$$x(0) = a,\ \dot{x}(0) = 0 \text{ 和 } x(0) = 0,\ \dot{x}(0) = b$$

对 0 和 1 之间不同的 a, b，检查解的系数与对应的线性化摆方程 $\ddot{x} = -x$ 的幂级数解的系数相差多少.

318

㊀ Leontief，1906—1999.

9. 微分方程 $m\ddot{x}(t)+kx(t)+2cx^3(t)=0$ 描述了非线性质点–弹簧系统，其中 $x(t)$ 是质量为 m 的质点的位移，k 为弹簧的弹性系数，cx^3 模拟非线性影响（$c>0\cdots$ 变硬，$c<0\cdots$ 变软）.

（a）证明

$$H(x,\dot{x})=\frac{1}{2}(m\dot{x}^2+kx^2+cx^4)$$

是守恒量.

（b）假设 $m=1$，$k=1$ 和 $x(0)=0$，$\dot{x}(0)=1$. 将这个二阶方程简化为一阶方程组. 利用守恒量画出 $c=0$，$c=-0.2$，$c=0.2$ 和 $c=5$ 的解曲线.

提示：maple 中一个典型的命令是

```
with(plots,implicitplot); c:=5;
implicitplot(y^2+x^2+c*x^4=1,x=-1.5..1.5,y=-1.5..1.5);
```

10. 利用 maple 求非线性微分方程 $\ddot{x}+x(t)+2cx^3(t)=0$ 的幂级数解，其初值为 $x(0)=a$，$\dot{x}(0)=b$. 并与 $c=0$ 时的解作比较.

319～320

第 21 章　微分方程数值解

如前两章所介绍的，只有特殊类型的微分方程可以解析地求解. 特别地，对非线性问题只能依靠数值计算的方法.

本章将讨论几种以欧拉方法为原型的变形. 受解析解的泰勒展开的驱动，本章推导欧拉逼近并研究其稳定性. 以此方式，本章将介绍微分方程数值解的几个重要方面. 但是需要指出，对于大多数现实生活中的应用，必须使用更复杂的数值方法.

21.1　显式欧拉方法

微分方程

$$y'(x) = f\big(x, y(x)\big)$$

定义了解曲线 $y(x)$ 的切线的斜率. 将解在点 $x+h$ 展开为泰勒级数

$$y(x+h) = y(x) + hy'(x) + \mathcal{O}(h^2)$$

将上面 $y'(x)$ 的函数代入，得

321

$$y(x+h) = y(x) + hf\big(x, y(x)\big) + \mathcal{O}(h^2)$$

当 h 很小时有近似

$$y(x+h) \approx y(x) + hf\big(x, y(x)\big)$$

这个结果引出了（显式）**欧拉方法**.

欧拉方法. 为了用数值计算求解初值问题

$$y'(x) = f\big(x, y(x)\big),\ y(a) = y_0$$

在区间 $[a, b]$ 上的解. 首先，将区间分为长度为 $h = (b-a)/N$ 的 N 份，并定义网格点 $x_j = x_0 + jh, 0 \leqslant j \leqslant N$，参见图 21.1.

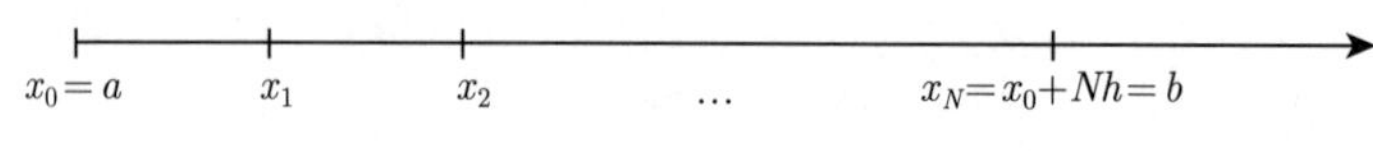

图 21.1　等距网格点 $x_j = x_0 + jh$

两个网格点的距离 h 称为**步长**（step size）. 在 x_n 处寻找精确解 $y(x_n)$ 的一个近似 y_n，即 $y_n \approx y(x_n)$. 根据上面的考虑有

$$y(x_{n+1}) \approx y(x_n) + hf\big(x_n, y(x_n)\big)$$

如果用数值逼近代替精确解并用 = 代替 ≈，则得到显式欧拉方法

$$y_{n+1} = y_n + hf(x_n, y_n)$$

这个等式定义近似 y_{n+1} 为 y_n 的一个函数.

从初值 y_0 开始，用这个递归式可以计算近似 y_1，y_2，$\cdots$，$y_N \approx y(b)$. 点 (x_i, y_i) 是逼近精确解 $y(x)$ 的图像的多边形的顶点. 图 21.2 显示了微分方程 $y' = y$，$y(0) = 1$ 的精确解和三种不同步长的欧拉方法得到的多边形.

欧拉方法是一阶收敛的，见文献 [11] 的 Chp.II.3. 因此，在有界区间 $[a, b]$ 上有一致的误差估计

$$|y(x_n) - y_n| \leqslant Ch$$

对所有 $n \geqslant 1$ 和充分小且满足 $0 \leqslant nh \leqslant b - a$ 的 h 成立. 常数 C 依赖于区间的长度和解 $y(x)$，但不依赖于 n 和 h.

322

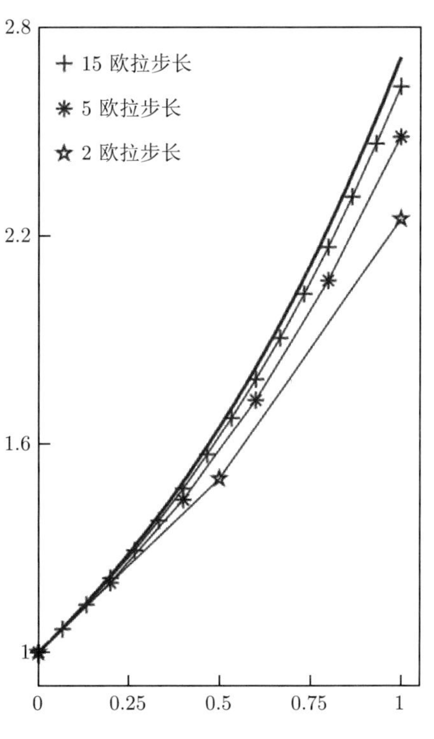

图 21.2 欧拉逼近 $y' = y, y(0) = 1$

例 21.1 初值问题 $y'=y$，$y(0)=1$ 的解是 $y(x)=\mathrm{e}^x$. 对 $nh=1$，数值解 y_n 在 $x=1$ 处逼近精确解. 因为

$$y_n = y_{n-1} + hy_{n-1} = (1+h)y_{n-1} = \cdots = (1+h)^n y_0$$

有

$$y_n = (1+h)^n = \left(1+\frac{1}{n}\right)^n \approx \mathrm{e}$$

因此欧拉方法的收敛性表明

$$\mathrm{e} = \lim_{n\to\infty}\left(1+\frac{1}{n}\right)^n$$

关于 e 的公式已在例 7.11 中导出.

在商业软件包中，数值积分采用高阶的方法，如龙格–库塔（Runge-Kutta）法或多步法. 所有这些方法都是欧拉方法的改进. 在这些算法的现代实现中, 误差是自动估计的并且根据问题自适应步长. 更多细节请参阅文献 [11，12].

实验 21.2 在 MATLAB 中，通过使用`help funfun`可以找到微分方程数值解的信息. 例如在区间 $[0,1]$ 上求解初值问题

323

$$y'=y^2,\ y(0)=0.9$$

其命令为

```
[x,y] = ode23('qfun', [0,1], 0.9);
```

文档 `qfun.m` 必须包含函数的定义

```
function yp = f(x,y)
         yp = y.^2;
```

为了画出解的曲线，设置选项

```
myopt = odeset('OutputFcn','odeplot')
```

并用

```
[x,y] = ode23('qfun', [0,1], 0.9, myopt);
```

求解. 用不同的初值启动程序并观察 $y(0)\geqslant 1$ 时解的**爆破**.

21.2　稳定性与刚性问题

线性微分方程

$$y' = ay,\ y(0) = 1$$

有解

$$y(x) = \mathrm{e}^{ax}$$

当 $a \leqslant 0$ 时，这个解有如下不依赖于 a 的大小的定性性质：

$$|y(x)| \leqslant 1,\ \text{对所有}\ x \geqslant 0$$

现在研究数值解是否保持这个性质. 为此用显式欧拉方法求解这个微分方程，得

$$y_n = y_{n-1} + hay_{n-1} = (1+ha)y_{n-1} = \cdots = (1+ha)^n y_0 = (1+ha)^n$$

当 $-2 \leqslant ha \leqslant 0$ 时，数值解和精确解一样服从相同的界

$$|y_n| = |(1+ha)^n| = |1+ha|^n \leqslant 1$$

324

但当 $ha < -2$ 时，虽然精确解不受影响，但数值解发生剧烈的不稳定性. 事实上，所有显式的方法在这种情形下都有相同的困难：数值解只有在步长受到严格限制的条件下才稳定. 对显式欧拉方法，稳定性的条件是

$$-2 \leqslant ha \leqslant 0$$

当 $a \ll 0$ 时，上式对步长有很强的限制，这使得此方法对这种情形的效率很低.

在这种情况下，一个补救的方法是用隐式方法. 例如**隐式欧拉法**

$$y_{n+1} = y_n + hf(x_{n+1}, y_{n+1})$$

此方法不同于显式方法，因为现在所取的切线的斜率是终点的. 为了确定数值解，一般必须求解一个非线性方程. 因此，这些方法称为隐式的. 隐式欧拉法与显式的有相同的精度，但其稳定性远远好于显式的. 这一点的分析如下. 如果应用隐式欧拉法求解初值问题

$$y' = ay,\ y(0) = 1,\ \text{其中}\ a \leqslant 0$$

得

$$y_n = y_{n-1} + hf(x_n, y_n) = y_{n-1} + hay_n$$

因此

$$y_n = \frac{1}{1-ha}y_{n-1} = \cdots = \frac{1}{(1-ha)^n}y_0 = \frac{1}{(1-ha)^n}$$

如果

$$|(1-ha)^n| \geqslant 1$$

则过程是稳定的，即 $|y_n| \leqslant 1$. 而对 $a \leqslant 0$，上述性质对所有 $h \geqslant 0$ 成立. 所以过程对任意大的步长稳定.

注 21.3 一个微分方程如果其解用隐式欧拉方法比显式方法更有效（通常显著地更有效），则称为是**刚性的**（stiff）.

325

例 21.4（来自文献 [12] 的 Chap. IV.1） 积分初值问题

$$y' = -50(y - \cos x),\ y(0) = 0.997$$

其精确解为

$$\begin{aligned} y(x) &= \frac{2500}{2501}\cos x + \frac{50}{2501}\sin x - \frac{6503}{250100}\mathrm{e}^{-50x} \\ &\approx \cos(x-0.02) - 0.0026\mathrm{e}^{-50x} \end{aligned}$$

这个解看起来是无害的且集中在 $\cos x$，但是这个方程在 $a=-50$ 时是刚性的. 通过上面的分析，预计显式方法会遇到困难.

取步长为 $h = 10/n$,$n = 250,\ 248,\ 246$, 在区间 $[0,10]$ 上用显式欧拉方法数值积分这个微分方程. 当 $n < 250$ 即 $h > 1/25$ 时，出现指数级不稳定性，参见图 21.3. 这与上面的考虑一致, 因为乘积 ah 在 $h > 1/25$ 时，满足 $ah \leqslant -2$.

但是如果用隐式欧拉方法积分这个微分方程，即使步长很大也不会出现不稳定性，参见图 21.4. 因为 y_{n+1} 的计算

$$y_{n+1} = y_n + hf(x_{n+1}, y_{n+1})$$

326

一般需要解非线性方程，所以隐式欧拉方法比显式的代价要高.

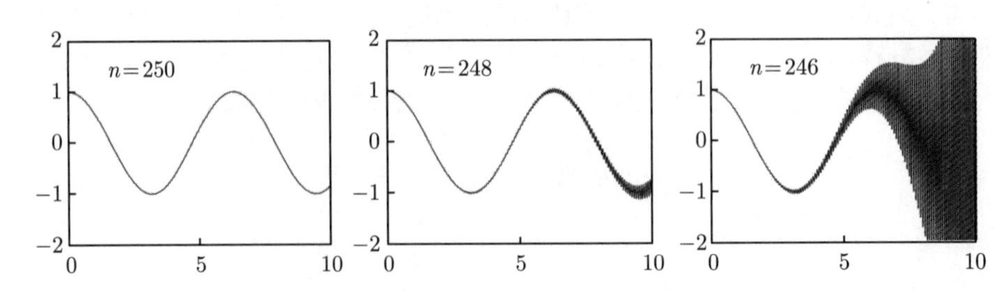

图 21.3 显式欧拉方法的不稳定性. 图中显示了每种情况下的精确解和欧拉方法的 n 步逼近多边形

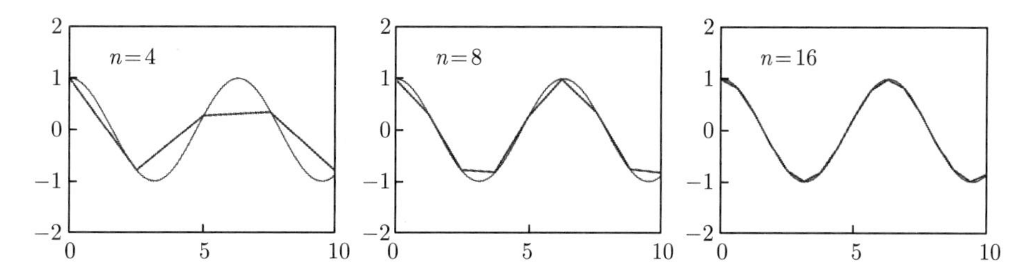

图 21.4 隐式欧拉方法的稳定性. 图中显示了每种情况下的精确解和欧拉方法的 n 步逼近多边形

21.3 微分方程组

为了导出一个简单的求解微分方程组

$$\dot{x}(t) = f\big(t, x(t), y(t)\big), \qquad x(t_0) = x_0$$

$$\dot{y}(t) = g\big(t, x(t), y(t)\big), \qquad y(t_0) = y_0$$

的数值方法，再次从解析解的泰勒展开式

$$x(t+h) = x(t) + h\dot{x}(t) + \mathcal{O}(h^2),$$

$$y(t+h) = y(t) + h\dot{y}(t) + \mathcal{O}(h^2)$$

开始，并用微分方程的右端代替导数. 当步长 h 很小时，这诱导了显式欧拉方法

$$x_{n+1} = x_n + hf(t_n, x_n, y_n),$$

$$y_{n+1} = y_n + hg(t_n, x_n, y_n)$$

这里 x_n，y_n 为精确解 $x(t_n)$ 和 $y(t_n)$ 在时间 $t_n = t_0 + nh$ 的数值逼近.

例 21.5 在 20.2 节中研究了 Lotka-Volterra 模型

$$\dot{x} = x(y-1)$$

$$\dot{y} = y(1-x)$$

为了数值计算过点 $(x_0, y_0) = (2, 2)$ 的周期轨道，应用显式欧拉方法得递归式

$$x_{n+1} = x_n + hx_n(y_n - 1)$$

$$y_{n+1} = y_n + hy_n(1 - x_n)$$

从初值 $x_0 = 2$，$y_0 = 2$ 开始，这个递归式确定了 $n \geqslant 0$ 的数值解. 图 21.5 画出了三种不同步长的结果图. 注意当 $h \to 0$ 时，数值解是线性收敛的.

这个数值实验表明，为了在数值解中获得真的轨道的周期，必须选择很小的步长. 等价地，可以用更高阶的数值方法或在本例中也可以用如下修正的欧拉方法

$$x_{n+1} = x_n + hx_n(y_n - 1)$$

327

$$y_{n+1} = y_n + hy_n(1 - x_{n+1})$$

这种方法中用更新的值 x_{n+1} 代替 x_n 来计算 y_{n+1}. 用修正的欧拉方法计算的结果见图 21.6. 与原始方法相比，可以清楚地看见修正的方法的优越性. 显然，这个解的几何结果更容易捕捉.

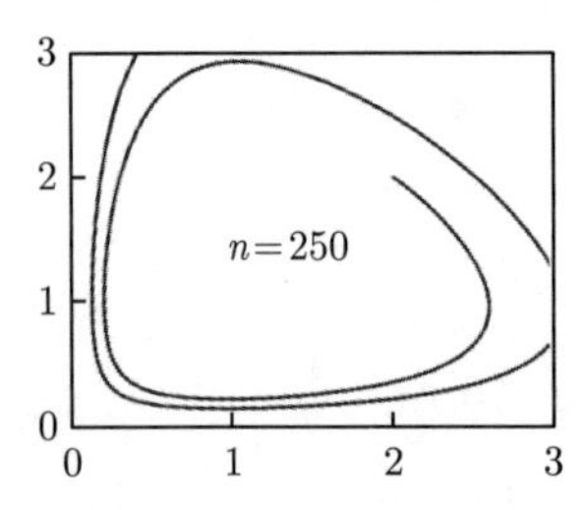

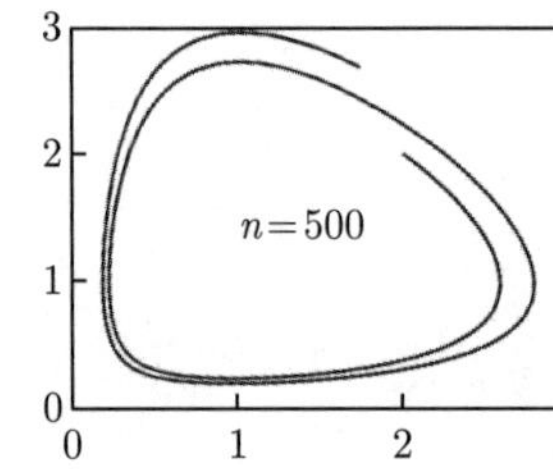

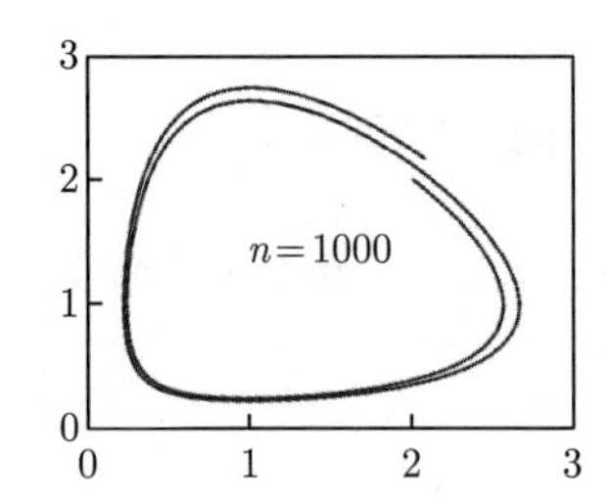

图 21.5　数值计算 Lotka-Volterra 模型的周期轨道. 取常值步长 $h = 14/n$，$n = 250$, 500, 1000，用欧拉方法将方程在区间 $0 \leqslant t \leqslant 14$ 上积分

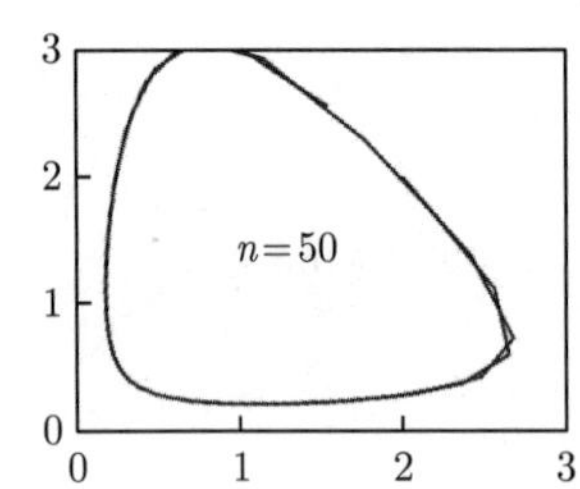

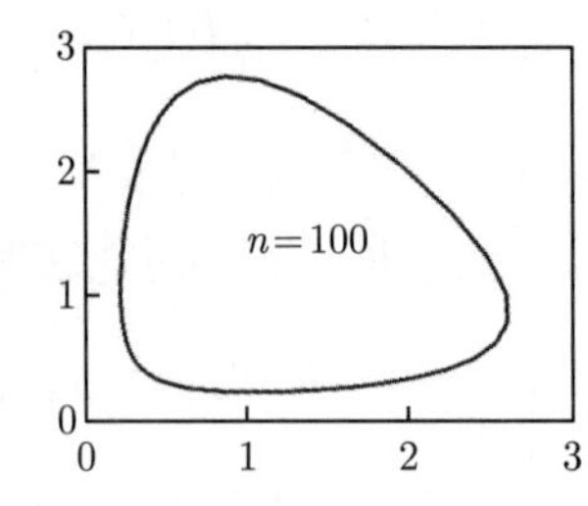

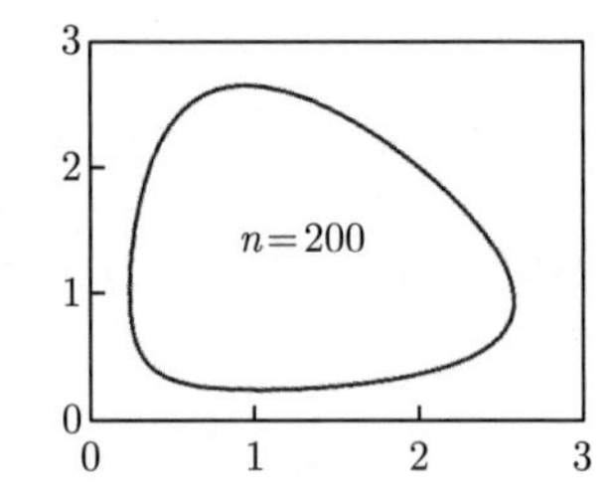

图 21.6　数值计算 Lotka-Volterra 模型的周期轨道. 取常值步长 $h = 14/n$，$n = 50$, 100, 200，用修正的欧拉方法将方程在区间 $0 \leqslant t \leqslant 14$ 上积分

21.4　练习

1. 对 $0 \leqslant x \leqslant 2$，用 MATLAB 求解特殊的 Riccati 方程 $y' = x^2 + y^2$，$y(0) = -4$.
2. 在区间 $[0, b]$ 上，对 $b = 2\pi$，10π，200π 用 MATLAB 求解线性微分方程组

$$\dot{x} = y,\ \dot{y} = -x$$

其初值为 $x(0) = 1$，$y(0) = 0$.

提示：在 MATLAB 中用命令 `ode23('mat21_1',[0 2*pi],[0 1])`，`mat21_1.m` 定义了微分方程的右端.

328

3. 当 $0 \leqslant t \leqslant 14$ 时，用 MATLAB 求 Lotka-Volterra 方程组

$$\dot{x} = x(y-1),\ \dot{y} = y(1-x)$$

的解，其初值为 $x(0) = 2$，$y(0) = 2$. 将结果与图 21.5 和图 21.6 比较.

4. 设 $y'(x) = f(x, y(x))$. 用泰勒展开证明

$$y(x+h) = y(x) + hf\Big(x + \frac{h}{2}, y(x) + \frac{h}{2}f\big(x, y(x)\big)\Big) + \mathcal{O}(h^3)$$

并由此推导数值计算格式

$$y_{n+1} = y_n + hf\Big(x_n + \frac{h}{2}, y_n + \frac{h}{2}f(x_n, y_n)\Big)$$

与应用于练习 1 的显式欧拉方法比较精度.

5. 应用数值计算格式

$$y_{n+1} = y_n + hf\Big(x_n + \frac{h}{2}, y_n + \frac{h}{2}f(x_n, y_n)\Big)$$

解微分方程

$$y' = y,\ y(0) = 1$$

并证明

$$y_n = \Big(1 + h + \frac{h^2}{2}\Big)^n$$

由此恒等式推导 e 的近似公式. 与相应的显式欧拉格式得到的公式相比，结果怎么样？

提示：对 $n = 10,\ 100,\ 1000,\ 10000$ 取 $h = 1/n$.

6. 设 $a \leqslant 0$. 应用数值计算格式

$$y_{n+1} = y_n + hf\Big(x_n + \frac{h}{2}, y_n + \frac{h}{2}f(x_n, y_n)\Big)$$

求解线性微分方程 $y' = ay,\ y(0) = 1$，并找出一个步长 h，使得 $|y_n| \leqslant 1$ 对所有 $n \in \mathbb{N}$ 成立.

329 ~ 330

附　　录

附录 A　向量代数

在本书前面的章节中使用到了向量的记号. 在本附录中，概述一些向量代数的基本记号，更多的细节请参考文献 [2].

A.1　笛卡儿坐标系

一个平面（空间）**笛卡儿坐标系** 包含两个（三个）在点 O（**原点**）相交为直角的实直线（**坐标轴**）. 总是假设坐标系统是正（右手）向的. 在一个平面右手系中，y 轴的正向在沿着 x 轴的正向观察时是落在左侧的（参见图 A.1）. 在一个正向三维坐标系中，z 轴的正向是在将 x 轴转向 y 轴正向时根据**右手规则**（right-hand rule）得到的，参见图 A.2.

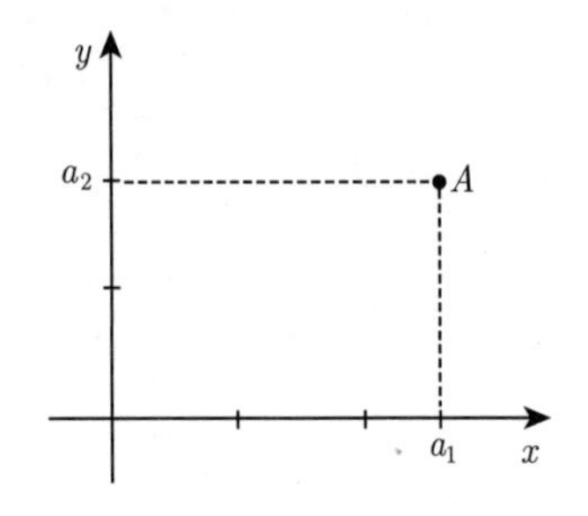

图 A.1　平面中的笛卡儿坐标系

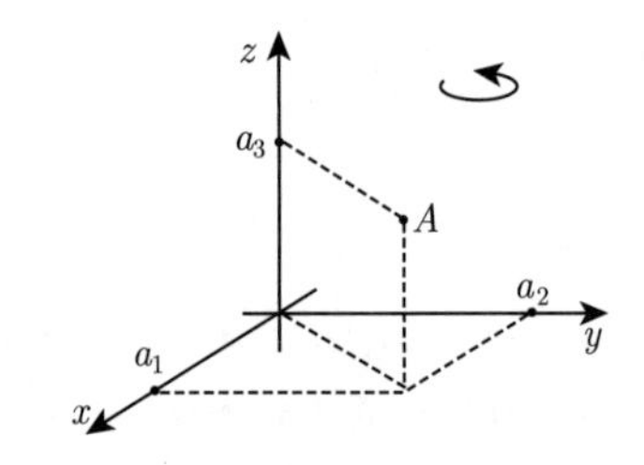

图 A.2　空间中的笛卡儿坐标系

一个点的**坐标**是通过将点向坐标轴进行平行投影得到的. 在平面内，点 A 的坐标有 a_1 和 a_2，并记

$$A = (a_1,\ a_2) \in \mathbb{R}^2$$

采用类似的方法，空间中一个坐标为 a_1，a_2，a_3 的点记为

$$A = (a_1,\ a_2,\ a_3) \in \mathbb{R}^3$$

331　因此，点可使用实数对或三元组唯一表示.

A.2 向量

对平面（空间）的两个点 P 和 Q，存在唯一的一个平移将 P 移动到 Q，这一变换称为**向量**（vector）. 因此向量用**方向**（direction）和**长度**（length）来衡量. 其方向是从 P 到 Q，长度为两个点之间的距离. 向量通常用于模型化力和速度. 用黑体书写向量.

对一个向量 $\boldsymbol{a}$，向量 $-\boldsymbol{a}$ 表示与 $\boldsymbol{a}$ 平行的移动，该移动抵消了 $\boldsymbol{a}$ 的作用；**零向量**（zero vector）$\mathbf{0}$ 不产生任何移动. 两个平移的复合仍然是一个平移. 其对应的向量运算称为**加法**（addition）并使用**平行四边形法则**（parallelogram rule）进行运算. 对一个实数 $\lambda \geqslant 0$，向量 $\lambda\boldsymbol{a}$ 是与 $\boldsymbol{a}$ 有相同方向的向量，但长度为 $\boldsymbol{a}$ 的 λ 倍. 这一运算称为**标量乘法**（scalar multiplication）. 对加法和标量乘法，通常的计算规则是可以使用的.

令 $\boldsymbol{a}$ 为从 P 到 Q 的平移，向量 $\boldsymbol{a}$ 的长度，即 P 和 Q 之间的距离，称为**范数**（norm）（或**大小**（magnitude）)，记为 $\|\boldsymbol{a}\|$. 一个满足 $\|\boldsymbol{e}\| = 1$ 的向量 $\boldsymbol{e}$ 称为**单位向量**（unit vector）.

A.3 笛卡儿坐标系中的向量

在原点为 O 的笛卡儿坐标系中，沿着三个坐标轴方向的三个单位向量记为 $\boldsymbol{e}_1$, $\boldsymbol{e}_2$, $\boldsymbol{e}_3$，参见图 A.3. 这三个向量称为 $\mathbb{R}^3$ 的**标准基**（standard basis）. 此处，$\boldsymbol{e}_1$ 表示将点 O 移动到 (1, 0, 0) 的平移，等等.

332

将 O 移动到 A 的向量 $\boldsymbol{a}$ 可唯一地分解为 $\boldsymbol{a} = a_1\boldsymbol{e}_1 + a_2\boldsymbol{e}_2 + a_3\boldsymbol{e}_3$ 的形式，记为

$$\boldsymbol{a} = \begin{bmatrix} a_1 \\ a_2 \\ a_3 \end{bmatrix}$$

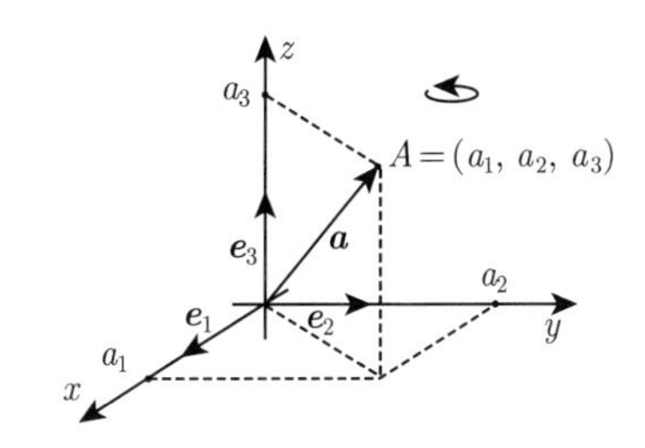

图 A.3 将 $\boldsymbol{a}$ 用分量进行表示

其中右边的列就称为 $\boldsymbol{a}$ 相应于标准基 $\boldsymbol{e}_1$, $\boldsymbol{e}_2$, $\boldsymbol{e}_3$ 的**坐标向量**（coordinate vector）. 向量 $\boldsymbol{a}$ 也称为点 A 的**位置向量**（position vector）. 由于总是使用标准基，一个向量可用其坐标向量进行**识别**（identify），即

$$\boldsymbol{e}_1 = \begin{bmatrix} 1 \\ 0 \\ 0 \end{bmatrix}, \quad \boldsymbol{e}_2 = \begin{bmatrix} 0 \\ 1 \\ 0 \end{bmatrix}, \quad \boldsymbol{e}_3 = \begin{bmatrix} 0 \\ 0 \\ 1 \end{bmatrix}$$

且

$$\boldsymbol{a} = a_1\boldsymbol{e}_1 + a_2\boldsymbol{e}_2 + a_3\boldsymbol{e}_3 = \begin{bmatrix} a_1 \\ 0 \\ 0 \end{bmatrix} + \begin{bmatrix} 0 \\ a_2 \\ 0 \end{bmatrix} + \begin{bmatrix} 0 \\ 0 \\ a_3 \end{bmatrix} = \begin{bmatrix} a_1 \\ a_2 \\ a_3 \end{bmatrix}$$

为区分点和向量，将点按行书写，向量使用列来标记.

对列向量，通常的计算规则是适用的：

$$\begin{bmatrix} a_1 \\ a_2 \\ a_3 \end{bmatrix} + \begin{bmatrix} b_1 \\ b_2 \\ b_3 \end{bmatrix} = \begin{bmatrix} a_1 + b_1 \\ a_2 + b_2 \\ a_3 + b_3 \end{bmatrix}, \quad \lambda \begin{bmatrix} a_1 \\ a_2 \\ a_3 \end{bmatrix} = \begin{bmatrix} \lambda a_1 \\ \lambda a_2 \\ \lambda a_3 \end{bmatrix}$$

333

因此加法和标量乘法是依分量定义的.

一个分量为 a_1 和 a_2 的向量 $\boldsymbol{a} \in \mathbb{R}^2$ 的范数可使用毕达哥拉斯定理计算 $\|\boldsymbol{a}\| = \sqrt{a_1^2 + a_2^2}$. 因此，向量 $\boldsymbol{a}$ 的分量可表示为

$$a_1 = \|\boldsymbol{a}\| \cdot \cos\alpha \quad 及 \quad a_2 = \|\boldsymbol{a}\| \cdot \sin\alpha$$

且可以得到

$$\boldsymbol{a} = \|\boldsymbol{a}\| \cdot \begin{bmatrix} \cos\alpha \\ \sin\alpha \end{bmatrix} = 长度 \cdot 方向$$

参见图 A.4. 对向量 $\boldsymbol{a} \in \mathbb{R}^3$ 的范数，有类似的公式 $\|\boldsymbol{a}\| = \sqrt{a_1^2 + a_2^2 + a_3^2}$ 成立.

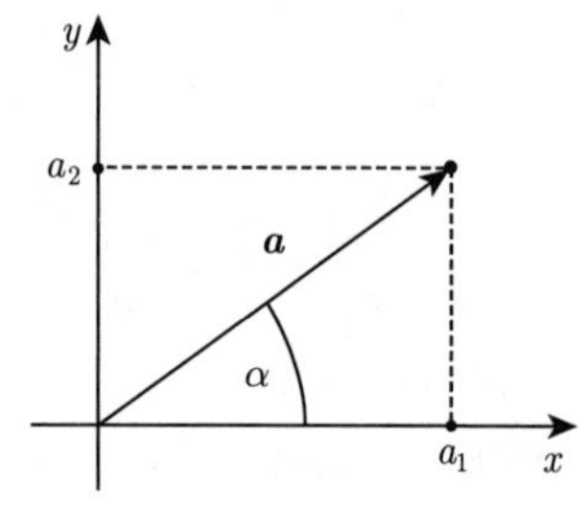

图 A.4 一个向量 $\boldsymbol{a}$ 及其分量 a_1 和 a_2

注 A.1 平面 $\mathbb{R}^2$（类似地有空间 $\mathbb{R}^3$）在两种情形下出现：一种是表示点的空间（其对象是不可加的点），另一种是向量空间（其对象是可加的向量）. 利用平移的观点，$\mathbb{R}^2$（作为向量空间）可关联于 $\mathbb{R}^2$（作为点的空间）中的每一个点，参见图 A.5. 但一般地，点空间与向量空间是不同的集合，如下面的例子所示.

例 A.2（圆上的粒子） 令 P 为圆上这个以速度 $\boldsymbol{v}$ 移动的粒子的位置. 则点空间为这个圆和在点 P 与圆相切的向量空间，参见图 A.6.

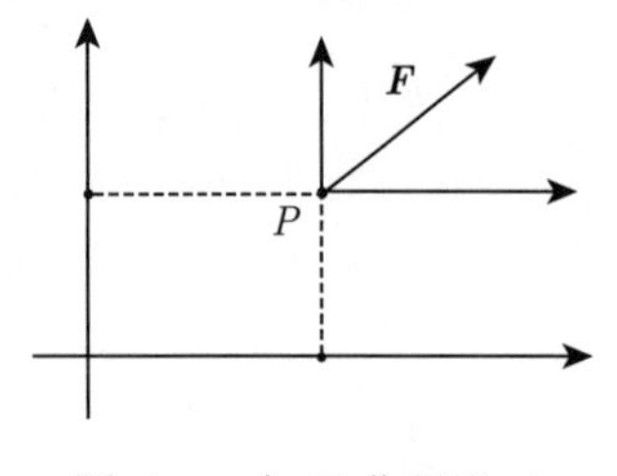

图 A.5 力 $\boldsymbol{F}$ 作用于 P

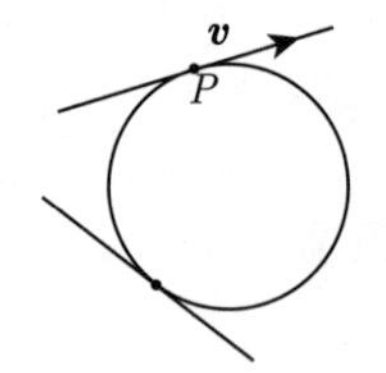

图 A.6 速度向量与圆相切

334

A.4 内积（点积）

两个向量 $\boldsymbol{a}$, $\boldsymbol{b}$ 之间的**夹角**（angle）在满足条件 $0 \leqslant \measuredangle(\boldsymbol{a}, \boldsymbol{b}) \leqslant \pi$ 时可被唯一确定. 向量 $\boldsymbol{a}$ **正交于**（orthogonal to）（**垂直于**（perpendicular to））向量 $\boldsymbol{b}$（用符号表示为 $\boldsymbol{a} \perp \boldsymbol{b}$）的条件

为 $\measuredangle(\boldsymbol{a},\boldsymbol{b})=\dfrac{\pi}{2}$. 根据定义，零向量 $\mathbf{0}$ 与所有向量都正交.

定义 A.3　令 $\boldsymbol{a}$, $\boldsymbol{b}$ 为平面（或空间）向量. 数

$$\langle \boldsymbol{a},\ \boldsymbol{b}\rangle=\begin{cases}\|\boldsymbol{a}\|\cdot\|\boldsymbol{b}\|\cdot\cos\measuredangle(\boldsymbol{a},\ \boldsymbol{b}), & \boldsymbol{a}\neq\mathbf{0},\ \boldsymbol{b}\neq\mathbf{0}\\ 0, & \text{其他情形}\end{cases}$$

称为 $\boldsymbol{a}$ 和 $\boldsymbol{b}$ 的**内积**（inner product）（**点积**（dot product））.

对平面向量 $\boldsymbol{a}$, $\boldsymbol{b}\in\mathbb{R}^2$, 内积可使用它们的分量进行计算

$$\langle \boldsymbol{a},\boldsymbol{b}\rangle=\left\langle\begin{bmatrix}a_1\\a_2\end{bmatrix},\begin{bmatrix}b_1\\b_2\end{bmatrix}\right\rangle=a_1b_1+a_2b_2$$

对向量 $\boldsymbol{a}$, $\boldsymbol{b}\in\mathbb{R}^3$, 类似的公式也成立:

$$\langle \boldsymbol{a},\boldsymbol{b}\rangle=\left\langle\begin{bmatrix}a_1\\a_2\\a_3\end{bmatrix},\begin{bmatrix}b_1\\b_2\\b_3\end{bmatrix}\right\rangle=a_1b_1+a_2b_2+a_3b_3$$

例 A.4　标准基向量 $\boldsymbol{e}_i$ 的长度为 1 且相互正交，即

$$\langle \boldsymbol{e}_i,\boldsymbol{e}_j\rangle=\begin{cases}1, & i=j\\ 0, & i\neq j\end{cases}$$

对向量 $\boldsymbol{a}$, $\boldsymbol{b}$, $\boldsymbol{c}$ 和一个标量 $\lambda\in\mathbb{R}$，内积服从如下法则

（a）$\langle \boldsymbol{a},\boldsymbol{b}\rangle=\langle \boldsymbol{b},\boldsymbol{a}\rangle$,

（b）$\langle \boldsymbol{a},\boldsymbol{a}\rangle=\|\boldsymbol{a}\|^2$,

（c）$\langle \boldsymbol{a},\boldsymbol{b}\rangle=0 \quad\Leftrightarrow\quad \boldsymbol{a}\perp\boldsymbol{b}$,

（d）$\langle \lambda\boldsymbol{a},\boldsymbol{b}\rangle=\langle \boldsymbol{a},\lambda\boldsymbol{b}\rangle=\lambda\langle \boldsymbol{a},\boldsymbol{b}\rangle$,

（e）$\langle \boldsymbol{a}+\boldsymbol{b},\boldsymbol{c}\rangle=\langle \boldsymbol{a},\boldsymbol{c}\rangle+\langle \boldsymbol{b},\boldsymbol{c}\rangle$.

335

例 A.5　对向量

$$\boldsymbol{a}=\begin{bmatrix}2\\-4\\0\end{bmatrix},\quad \boldsymbol{b}=\begin{bmatrix}6\\3\\4\end{bmatrix},\quad \boldsymbol{c}=\begin{bmatrix}1\\0\\-1\end{bmatrix}$$

有

$$\|\boldsymbol{a}\|^2=4+16=20,\quad \|\boldsymbol{b}\|^2=36+9+16=61,\quad \|\boldsymbol{c}\|^2=1+1=2$$

及

$$\langle \boldsymbol{a}, \boldsymbol{b} \rangle = 12 - 12 = 0, \quad \langle \boldsymbol{a}, \boldsymbol{c} \rangle = 2$$

由此可得，$\boldsymbol{a}$ 和 $\boldsymbol{b}$ 垂直且

$$\cos \measuredangle (\boldsymbol{a}, \boldsymbol{c}) = \frac{\langle \boldsymbol{a}, \boldsymbol{c} \rangle}{\|\boldsymbol{a}\| \cdot \|\boldsymbol{c}\|} = \frac{2}{\sqrt{20} \cdot \sqrt{2}} = \frac{1}{\sqrt{10}}$$

因此，$\boldsymbol{a}$ 和 $\boldsymbol{c}$ 之间的夹角为

$$\measuredangle (\boldsymbol{a}, \boldsymbol{c}) = \arccos \frac{1}{\sqrt{10}} = 1.249 \text{ rad}$$

A.5　外积（叉积）

对 $\mathbb{R}^2$ 中的向量 $\boldsymbol{a}$, $\boldsymbol{b}$ 定义

$$\boldsymbol{a} \times \boldsymbol{b} = \begin{bmatrix} a_1 \\ a_2 \end{bmatrix} \times \begin{bmatrix} b_1 \\ b_2 \end{bmatrix} = \det \begin{bmatrix} a_1 & b_1 \\ a_2 & b_2 \end{bmatrix} = a_1 b_2 - a_2 b_1 \in \mathbb{R}$$

为 $\boldsymbol{a}$ 和 $\boldsymbol{b}$ 的**叉积**（cross product）. 初等计算表明

$$|\boldsymbol{a} \times \boldsymbol{b}| = \|\boldsymbol{a}\| \cdot \|\boldsymbol{b}\| \cdot \sin \measuredangle (\boldsymbol{a}, \boldsymbol{b})$$

因此 $|\boldsymbol{a} \times \boldsymbol{b}|$ 为 $\boldsymbol{a}$ 和 $\boldsymbol{b}$ 张成的平行四边形的面积.

对向量 $\boldsymbol{a}$, $\boldsymbol{b} \in \mathbb{R}^3$，叉积定义为

$$\boldsymbol{a} \times \boldsymbol{b} = \begin{bmatrix} a_1 \\ a_2 \\ a_3 \end{bmatrix} \times \begin{bmatrix} b_1 \\ b_2 \\ b_3 \end{bmatrix} = \begin{bmatrix} a_2 b_3 - a_3 b_2 \\ a_3 b_1 - a_1 b_3 \\ a_1 b_2 - a_2 b_1 \end{bmatrix} \in \mathbb{R}^3$$

这一乘积有如下的几何解释：若 $\boldsymbol{a} = \boldsymbol{0}$ 或 $\boldsymbol{b} = \boldsymbol{0}$ 或 $\boldsymbol{a} = \lambda \boldsymbol{b}$，则 $\boldsymbol{a} \times \boldsymbol{b} = \boldsymbol{0}$. 否则 $\boldsymbol{a} \times \boldsymbol{b}$ 是满足以下条件的向量. 336

（a）垂直于$\boldsymbol{a}$ 和 $\boldsymbol{b}$：$\langle \boldsymbol{a} \times \boldsymbol{b}, \boldsymbol{a} \rangle = \langle \boldsymbol{a} \times \boldsymbol{b}, \boldsymbol{b} \rangle = \boldsymbol{0}$;

（b）按照 $\boldsymbol{a}$, $\boldsymbol{b}, \boldsymbol{a} \times \boldsymbol{b}$ 的顺序构成系统;

（c）长度等于由 $\boldsymbol{a}$, $\boldsymbol{b}$ 张成的平行四边形面积 F：$F = \|\boldsymbol{a} \times \boldsymbol{b}\| = \|\boldsymbol{a}\| \cdot \|\boldsymbol{b}\| \cdot \sin \measuredangle (\boldsymbol{a}, \boldsymbol{b})$.

例 A.6　令 E 为两个向量

$$\boldsymbol{a} = \begin{bmatrix} 1 \\ -1 \\ 2 \end{bmatrix} \quad 及 \quad \boldsymbol{b} = \begin{bmatrix} 1 \\ 0 \\ 1 \end{bmatrix}$$

张成的平面，则

$$\boldsymbol{a}\times\boldsymbol{b}=\begin{bmatrix}1\\-1\\2\end{bmatrix}\times\begin{bmatrix}1\\0\\1\end{bmatrix}=\begin{bmatrix}-1\\1\\1\end{bmatrix}$$

为垂直于这一平面的向量.

对 $\boldsymbol{a}$，$\boldsymbol{b}$，$\boldsymbol{c}\in\mathbb{R}^3$ 及 $\lambda\in\mathbb{R}$ 下列法则成立：

（a）$\boldsymbol{a}\times\boldsymbol{a}=\boldsymbol{0}$，　$\boldsymbol{a}\times\boldsymbol{b}=-(\boldsymbol{b}\times\boldsymbol{a})$；

（b）$\lambda(\boldsymbol{a}\times\boldsymbol{b})=(\lambda\boldsymbol{a})\times\boldsymbol{b}=\boldsymbol{a}\times(\lambda\boldsymbol{b})$；

（c）$(\boldsymbol{a}+\boldsymbol{b})\times\boldsymbol{c}=\boldsymbol{a}\times\boldsymbol{c}+\boldsymbol{b}\times\boldsymbol{c}$.

但叉积不满足结合性即对一般的 $\boldsymbol{a}$，$\boldsymbol{b}$，$\boldsymbol{c}$ 有

$$\boldsymbol{a}\times(\boldsymbol{b}\times\boldsymbol{c})\neq(\boldsymbol{a}\times\boldsymbol{b})\times\boldsymbol{c}$$

例如，$\mathbb{R}^3$ 中的标准基向量满足如下的等式

$$\boldsymbol{e}_1\times(\boldsymbol{e}_1\times\boldsymbol{e}_2)=\boldsymbol{e}_1\times\boldsymbol{e}_3=-\boldsymbol{e}_2$$

$$(\boldsymbol{e}_1\times\boldsymbol{e}_1)\times\boldsymbol{e}_2=\boldsymbol{0}\times\boldsymbol{e}_2=\boldsymbol{0}$$

A.6　平面内的直线

在 (x,y) 平面内的一般直线方程为

337

$$ax+by=c$$

在系数 a 和 b 中至少有一个不是零. 直线包含了所有满足上述方程的点 (x,y)，

$$g=\left\{(x,y)\in\mathbb{R}^2;ax+by=c\right\}$$

若 $b=0$（因此 $a\neq0$），有

$$x=\frac{c}{a}$$

因此直线平行于 y 轴. 若 $b\neq0$，可以求出 y 并得到直线的标准形式

$$y=-\frac{a}{b}x+\frac{c}{b}=kx+d$$

其中 k 为**斜率**（slope），d 为**截距**（intercept）.

直线的**参数表示**（parametric representation）可由直线的一般方程

$$ax+by=c$$

得到. 因为这一方程是欠定的，将其中一个变量替换为参数就解出了其他变量.

例 A.7 在方程

$$y = kx + d$$

中，x 是自变量. 令 $x = \lambda$ 可得 $y = k\lambda + d$，因此，参数表示为

$$\begin{bmatrix} x \\ y \end{bmatrix} = \begin{bmatrix} 0 \\ d \end{bmatrix} + \lambda \begin{bmatrix} 1 \\ k \end{bmatrix}, \quad \lambda \in \mathbb{R}$$

例 A.8 在方程

$$x = 4$$

中，y 是自变量（它甚至都没有出现）. 这一直线的参数表示为

$$\begin{bmatrix} x \\ y \end{bmatrix} = \begin{bmatrix} 4 \\ 0 \end{bmatrix} + \lambda \begin{bmatrix} 0 \\ 1 \end{bmatrix}$$

一般地，直线的参数表示形如

338

$$\begin{bmatrix} x \\ y \end{bmatrix} = \begin{bmatrix} p \\ q \end{bmatrix} + \lambda \begin{bmatrix} u \\ v \end{bmatrix}, \quad \lambda \in \mathbb{R}$$

（点的位置向量加上方向向量的倍数）. 垂直于这一直线的向量称为**法向量**（normal vector）. 它是

$$\begin{bmatrix} v \\ -u \end{bmatrix}$$

的倍数，因为

$$\left\langle \begin{bmatrix} u \\ v \end{bmatrix}, \begin{bmatrix} v \\ -u \end{bmatrix} \right\rangle = 0$$

可通过将参数形式的方程乘以一个法向量得到非参数形式的方程. 这样，就消去了参数. 在上面的例子中可得

$$vx - uy = pv - qu$$

特别地，在非参数形式中 x 和 y 的系数就是直线的法向量分量.

A.7　空间中的平面

在 $\mathbb{R}^3$ 中，平面的一般形式为

$$ax + by + cz = d$$

其中系数 a, b, c 中至少有一个不是零. 平面包含了所有满足上述方程的点，即

$$E = \{(x,\ y,\ z) \in \mathbb{R}^3;\ ax + by + cz = d\}$$

由于至少一个系数非零，可以使用与其对应的未知量求解方程.

例如，若 $c \neq 0$，可求解 z 得到

$$z = -\frac{a}{c}x - \frac{b}{c}y + \frac{d}{c} = kx + ly + e$$

此处 k 为在 x 方向上的斜率，l 为在 y 方向上的斜率，e 为在 z 轴上的截距（因为当 $x = y = 0$ 时，$z = e$）. 通过对自变量 x 和 y 引入参数，有

$$x = \lambda, \quad y = \mu, \quad z = k\lambda + l\mu + e$$

于是得到了平面的参数表示：

$$\begin{bmatrix} x \\ y \\ z \end{bmatrix} = \begin{bmatrix} 0 \\ 0 \\ e \end{bmatrix} + \lambda \begin{bmatrix} 1 \\ 0 \\ k \end{bmatrix} + \mu \begin{bmatrix} 0 \\ 1 \\ l \end{bmatrix}, \quad \lambda,\ \mu \in \mathbb{R}$$

339

一般地，在 $\mathbb{R}^3$ 中平面的参数表示为

$$\begin{bmatrix} x \\ y \\ z \end{bmatrix} = \begin{bmatrix} p \\ q \\ r \end{bmatrix} + \lambda \begin{bmatrix} v_1 \\ v_2 \\ v_3 \end{bmatrix} + \mu \begin{bmatrix} w_1 \\ w_2 \\ w_3 \end{bmatrix}$$

其中 $\boldsymbol{v} \times \boldsymbol{w} \neq \boldsymbol{0}$. 如果将这一方程乘以 $\boldsymbol{v} \times \boldsymbol{w}$ 并利用

$$\langle \boldsymbol{v}, \boldsymbol{v} \times \boldsymbol{w} \rangle = \langle \boldsymbol{w}, \boldsymbol{v} \times \boldsymbol{w} \rangle = 0$$

就可以得到非参数形式

$$\left\langle \begin{bmatrix} x \\ y \\ z \end{bmatrix}, \boldsymbol{v} \times \boldsymbol{w} \right\rangle = \left\langle \begin{bmatrix} p \\ q \\ r \end{bmatrix}, \boldsymbol{v} \times \boldsymbol{w} \right\rangle$$

例 A.9　计算平面

$$\begin{bmatrix} x \\ y \\ z \end{bmatrix} = \begin{bmatrix} 3 \\ 1 \\ 1 \end{bmatrix} + \lambda \begin{bmatrix} 1 \\ -1 \\ 2 \end{bmatrix} + \mu \begin{bmatrix} 1 \\ 0 \\ 1 \end{bmatrix}$$

的非参数形式. 该平面的法向量为

$$\boldsymbol{v}\times\boldsymbol{w}=\begin{bmatrix}1\\-1\\2\end{bmatrix}\times\begin{bmatrix}1\\0\\1\end{bmatrix}=\begin{bmatrix}-1\\1\\1\end{bmatrix}$$

因此平面的方程是

$$-x+y+z=-1$$

A.8 空间直线

$\mathbb{R}^3$ 中的直线可看作两个平面的相交：

$$g:\begin{cases}ax+by+cz=d\\ex+fy+gz=h\end{cases}$$

直线就是所有满足这一方程组的点 $(x,\ y,\ z)$ 的集合（有三个未知量的两个方程）. 一般地，上述方程组的解可使用参数进行参数化（这就是直线的情形）. 但也存在两个平面平行的情形. 340 此时，它们要么重合，要么不相交.

利用点的位置向量和方向向量的任意倍数，可将直线用参数形式表示为

$$\begin{bmatrix}x\\y\\z\end{bmatrix}=\begin{bmatrix}p\\q\\r\end{bmatrix}+\lambda\begin{bmatrix}u\\v\\w\end{bmatrix},\quad \lambda\in\mathbb{R}$$

方向向量可通过对直线上的两个点的位置向量做减法得到.

例 A.10 确定通过点 $P=(1,\ 2,\ 0)$ 和 $Q=(3,\ 1,\ 2)$ 的直线. 该直线的方向向量为

$$\boldsymbol{a}=\begin{bmatrix}3\\1\\2\end{bmatrix}-\begin{bmatrix}1\\2\\0\end{bmatrix}=\begin{bmatrix}2\\-1\\2\end{bmatrix}$$

因此，直线的参数形式为

$$g:\begin{bmatrix}x\\y\\z\end{bmatrix}=\begin{bmatrix}1\\2\\0\end{bmatrix}+\lambda\begin{bmatrix}2\\-1\\2\end{bmatrix},\quad \lambda\in\mathbb{R}$$

从参数形式到非参数形式及相反的变换可通过消去或引入一个参数 λ 实现. 在上面的例子中，从最后一个方程中求得 $z=2\lambda$，并将其代入前面两个方程. 这样就得到了非参数形式

341 ~ 342

$$x-z=1$$

$$2y+z=4$$

附录 B　矩阵

本书中，在多元微分方程和线性回归部分用到了矩阵代数的知识. 本附录给出了有关这些知识的基本概念. 更为详细的说明可在文献 [2] 中找到.

B.1　矩阵代数

$m \times n$ 矩阵 $\boldsymbol{A}$ 是这种形式的矩形

$$\boldsymbol{A} = \begin{bmatrix} a_{11} & a_{12} & \cdots & a_{1n} \\ a_{21} & a_{22} & \cdots & a_{2n} \\ \vdots & \vdots & & \vdots \\ a_{m1} & a_{m2} & \cdots & a_{nm} \end{bmatrix}$$

矩阵 $\boldsymbol{A}$ 的元（系数，元素）a_{ij}，$i=1,\cdots,m$，$j=1,\cdots,n$ 是实数或者复数. 在本节仅讨论实数，矩阵 $\boldsymbol{A}$ 有 m 行 n 列；如果 $m=n$ 则这个矩阵称为方阵. 长度为 m 的向量可以理解为只有 1 列的矩阵，即 $m \times 1$ 矩阵. 特别地，“1” 指的是矩阵 $\boldsymbol{A}$ 的列数.

$$\boldsymbol{a}_j = \begin{bmatrix} a_{1j} \\ a_{2j} \\ \vdots \\ a_{mj} \end{bmatrix}, (j=1,2,\cdots,n)$$

记为矩阵 $\boldsymbol{A}$ 的列向量则

$$\boldsymbol{A} = \begin{bmatrix} \boldsymbol{a}_1 & \boldsymbol{a}_2 & \cdots & \boldsymbol{a}_n \end{bmatrix}$$

$m \times n$ 矩阵 $\boldsymbol{A}$ 与长度为 n 的列向量 $\boldsymbol{x}$ 的乘积定义为

$$\boldsymbol{y} = \boldsymbol{A}\boldsymbol{x}, \begin{bmatrix} y_1 \\ y_2 \\ \vdots \\ y_m \end{bmatrix} = \begin{bmatrix} a_{11}x_1 + a_{12}x_2 + \cdots + a_{1n}x_n \\ a_{21}x_1 + a_{22}x_2 + \cdots + a_{2n}x_n \\ \vdots \\ a_{m1}x_1 + a_{m2}x_2 + \cdots + a_{mn}x_n \end{bmatrix}$$

得到一个长度为 m 的向量 $\boldsymbol{y}$. $\boldsymbol{y}$ 的第 k 项是由矩阵 $\boldsymbol{A}$ 的第 k 行向量与向量 $\boldsymbol{x}$ 的内积得到的.

例 B.1 例如，一个 2×3 矩阵与长度为 3 的向量的乘积的计算如下：

$$\boldsymbol{A} = \begin{bmatrix} a & b & c \\ d & e & f \end{bmatrix}, \quad \boldsymbol{x} = \begin{bmatrix} 3 \\ -1 \\ 2 \end{bmatrix}, \quad \boldsymbol{Ax} = \begin{bmatrix} 3a - b + 2c \\ 3d - e + 2f \end{bmatrix}$$

赋值 $\boldsymbol{x} \mapsto \boldsymbol{y} = \boldsymbol{Ax}$ 定义了从 $\mathbb{R}^n$ 到 $\mathbb{R}^m$ 的线性映射. 线性特征由关系式

$$\boldsymbol{A}(\boldsymbol{u} + \boldsymbol{v}) = \boldsymbol{Au} + \boldsymbol{Av}, \boldsymbol{A}(\lambda \boldsymbol{u}) = \lambda \boldsymbol{Au}$$

的有效性刻画，对于所有的 $\boldsymbol{u}, \boldsymbol{v} \in \mathbb{R}^n, \lambda \in \mathbb{R}$，这些关系式可以直接从阵乘法的定义得出. 如果 $\boldsymbol{e}_j$ 是 $\mathbb{R}^n$ 的第 j 个标准基向量，那么显然

$$\boldsymbol{a}_j = \boldsymbol{Ae}_j$$

这意味着矩阵 $\boldsymbol{A}$ 的列向量就是由 $\boldsymbol{A}$ 定义的线性映射下的标准基向量的像.

矩阵运算. 相同大小的矩阵可以对其元素做加减. 对于一个常数 $\lambda \in \mathbb{R}$ 的乘法也是类似的. $\boldsymbol{A}$ 的转置 $\boldsymbol{A}^{\mathrm{T}}$ 是把其行列对换：

$$\boldsymbol{A} = \begin{bmatrix} a_{11} & a_{12} & \cdots & a_{1n} \\ a_{21} & a_{22} & \cdots & a_{2n} \\ \vdots & \vdots & & \vdots \\ a_{m1} & a_{m2} & \cdots & a_{mn} \end{bmatrix}, \boldsymbol{A}^{\mathrm{T}} = \begin{bmatrix} a_{11} & a_{21} & \cdots & a_{m1} \\ a_{12} & a_{22} & \cdots & a_{m2} \\ \vdots & \vdots & & \vdots \\ a_{1n} & a_{2n} & \cdots & a_{mn} \end{bmatrix}$$

344 经过转置，$m \times n$ 矩阵变成了 $n \times m$ 矩阵. 特别地，转置把行向量变成了列向量，反之亦然.

例 B.2 对于例 B.1 中的矩阵 $\boldsymbol{A}$ 和向量 $\boldsymbol{x}$，有

$$\boldsymbol{A}^{\mathrm{T}} = \begin{bmatrix} a & d \\ b & e \\ c & f \end{bmatrix}, \boldsymbol{x}^{\mathrm{T}} = \begin{bmatrix} 3 & -1 & 2 \end{bmatrix}, \boldsymbol{x} = \begin{bmatrix} 3 & -1 & 2 \end{bmatrix}^{\mathrm{T}}$$

如果 $\boldsymbol{a}$ 和 $\boldsymbol{b}$ 是长度为 n 的向量，那么 $\boldsymbol{a}^{\mathrm{T}}$ 是 $1 \times n$ 的矩阵. 它与 $\boldsymbol{b}$ 的乘积是内积：

$$\boldsymbol{a}^{\mathrm{T}}\boldsymbol{b} = \sum_{i=1}^{n} a_i b_i = \langle \boldsymbol{a}, \boldsymbol{b} \rangle$$

更普遍地，$m \times n$ 矩阵 $\boldsymbol{A}$ 和 $n \times l$ 矩阵 $\boldsymbol{B}$ 可以看作 $\boldsymbol{A}$ 的行向量和 $\boldsymbol{B}$ 的列向量的内积. 这就意味着 $\boldsymbol{C} = \boldsymbol{AB}$ 中的 c_{ij} 是 $\boldsymbol{A}$ 的第 i 行与 $\boldsymbol{B}$ 的第 j 列的内积：

$$c_{ij} = \sum_{k=1}^{n} a_{ik} b_{kj}$$

得到一个 $m \times l$ 矩阵，这只有在矩阵的维度合适的时候成立. 即 $\boldsymbol{A}$ 的列数 n 等于 $\boldsymbol{B}$ 的行数，矩阵的乘积相当于线性映射，如果 $\boldsymbol{B}$ 是 $\mathbb{R}^l \to \mathbb{R}^n$ 的线性映射，$\boldsymbol{A}$ 是 $\mathbb{R}^n \to \mathbb{R}^m$ 的线性映射，那么 $\boldsymbol{AB}$ 是 $\mathbb{R}^l \to \mathbb{R}^n \to \mathbb{R}^m$ 的映射. 对于转置，由定义我们很容易得到

$$(\boldsymbol{AB})^{\mathrm{T}} = \boldsymbol{B}^{\mathrm{T}}\boldsymbol{A}^{\mathrm{T}}$$

方形矩阵. $n \times n$ 矩阵 $\boldsymbol{A}$ 中的 $a_{11}, a_{22}, \cdots, a_{nn}$ 称为对角元素，如果除了对角元素的元素都为 0，则 $\boldsymbol{D}$ 称为对角矩阵. 特别地，零矩阵和单位矩阵为

$$\boldsymbol{O} = \begin{bmatrix} 0 & 0 & \cdots & 0 \\ 0 & 0 & \cdots & 0 \\ \vdots & \vdots & & \vdots \\ 0 & 0 & \cdots & 0 \end{bmatrix}, \quad \boldsymbol{I} = \begin{bmatrix} 1 & 0 & \cdots & 0 \\ 0 & 1 & \cdots & 0 \\ \vdots & \vdots & & \vdots \\ 0 & 0 & \cdots & 1 \end{bmatrix}$$

其中单位矩阵与矩阵相乘结果是一样的，对所有的 $n \times n$ 矩阵 $\boldsymbol{A}$，$\boldsymbol{AI} = \boldsymbol{IA} = \boldsymbol{A}$. 如果对于给定的矩阵 $\boldsymbol{A}$，存在矩阵 $\boldsymbol{B}$，使得

$$\boldsymbol{AB} = \boldsymbol{BA} = \boldsymbol{I}$$

345

则称 $\boldsymbol{A}$ 是**可逆的或正则的**（invertible or regular），$\boldsymbol{B}$ 为 $\boldsymbol{A}$ 的**逆**（inverse），表示为

$$\boldsymbol{B} = \boldsymbol{A}^{-1}$$

令 $\boldsymbol{x} \in \mathbb{R}^n$，$\boldsymbol{A}$ 是可逆的 $n \times n$ 矩阵并且 $\boldsymbol{y} = \boldsymbol{Ax}$，那么 $\boldsymbol{x}$ 可以由 $\boldsymbol{x} = \boldsymbol{A}^{-1}\boldsymbol{y}$ 计算得到. 特别地，$\boldsymbol{A}^{-1}\boldsymbol{Ax} = \boldsymbol{x}$ 以及 $\boldsymbol{AA}^{-1}\boldsymbol{y} = \boldsymbol{y}$. 这表明矩阵 $\boldsymbol{A}$ 的线性映射 $\mathbb{R}^n \to \mathbb{R}^n$ 是双射，而 $\boldsymbol{A}^{-1}$ 表示逆映射. $\boldsymbol{A}$ 的双射性可以用另一种方式表达. 对每个 $\boldsymbol{y} \in \mathbb{R}^n$，存在一个 $\boldsymbol{x} \in \mathbb{R}^n$，使得

$$\boldsymbol{Ax} = \boldsymbol{y}, \quad 或 \quad \begin{array}{ccccc} a_{11}x_1 & +a_{12}x_2 + \cdots + & a_{1n}x_n & = & y_1 \\ a_{21}x_1 & +a_{22}x_2 + \cdots + & a_{2n}x_n & = & y_2 \\ \vdots & \vdots & \vdots & & \vdots \\ a_{m1}x_1 & +a_{m2}x_2 + \cdots + & a_{mn}x_n & = & y_n \end{array}$$

后者可以看作 $\boldsymbol{y}$ 和解 $\boldsymbol{x} = [x_1 \quad x_2 \quad \cdots \quad x_n]^{\mathrm{T}}$ 的线性方程组. 换句话说，矩阵 $\boldsymbol{A}$ 的可逆性等价于相应线性映射的双射性，并且等效于相应线性方程组的唯一可解性（对于任意等式右侧）.

在本附录的其余部分中，我们将重点介绍 2×2 矩阵. 令 $\boldsymbol{A}$ 为具有相应方程式的 2×2 矩阵：

$$\boldsymbol{A} = \begin{bmatrix} \boldsymbol{a}_1 & \boldsymbol{a}_2 \end{bmatrix} = \begin{bmatrix} a_{11} & a_{12} \\ a_{21} & a_{22} \end{bmatrix}, \quad \begin{array}{c} a_{11}x_1 + a_{12}x_2 = y_1 \\ a_{21}x_1 + a_{22}x_2 = y_2 \end{array}$$

矩阵 $\boldsymbol{A}$ 的行列式起着重要作用. 在 2×2 情况下，它定义为列向量叉积：

$$\det \boldsymbol{A} = \boldsymbol{a}_1 \times \boldsymbol{a}_2 = a_{11}a_{22} - a_{21}a_{12}$$

由于 $\boldsymbol{a}_1 \times \boldsymbol{a}_2 = \| \boldsymbol{a}_1 \| \| \boldsymbol{a}_2 \| \sin \measuredangle(\boldsymbol{a}_1, \boldsymbol{a}_2)$，当且仅当 $\det \boldsymbol{A} = 0$ 时，列向量 $\boldsymbol{a}_1$，$\boldsymbol{a}_2$ 才是线性相关的（因此在 $\mathbb{R}^2$ 中为彼此的倍数）. 以下定理完全描述了 2×2 矩阵的可逆性.

命题 B.3　对 2×2 矩阵 $\boldsymbol{A}$，以下语句等价：

(a) $\boldsymbol{A}$ 是可逆的；

(b) 由 $\boldsymbol{A}$ 定义的线性映射 $\mathbb{R}^2 \to \mathbb{R}^2$ 是双射；

(c) 对于任意右侧 $\boldsymbol{y} \in \mathbb{R}^2$，方程式 $\boldsymbol{A}\boldsymbol{x} = \boldsymbol{y}$ 的线性系统具有唯一解 $\boldsymbol{x} \in \mathbb{R}^2$；

(d) $\boldsymbol{A}$ 的列向量是线性独立的；

346

(e) $\boldsymbol{A}$ 定义的线性映射 $\mathbb{R}^2 \to \mathbb{R}^2$ 是内射；

(f) 线性方程组 $\boldsymbol{A}\boldsymbol{x} = \boldsymbol{0}$ 的唯一解是零解 $\boldsymbol{x} = \boldsymbol{0}$；

(g) $\det \boldsymbol{A} \neq 0$.

证明　(a)、(b)、(c) 的等价性已经在上面看到了. (d)、(e)、(f) 的等价性很容易通过否定来看出. 事实上，如果列向量是线性相关的，那么就存在 $\boldsymbol{x} = [x_1, x_2]^{\mathrm{T}} \neq 0$ 且 $x_1\boldsymbol{a}_1 + x_1\boldsymbol{a}_2 = \boldsymbol{0}$. 一方面，这意味着向量 $\boldsymbol{x}$ 被 $\boldsymbol{A}$ 映射到 $\boldsymbol{0}$，因此此映射不是单射. 另一方面，$\boldsymbol{x}$ 是线性方程组 $\boldsymbol{A}\boldsymbol{x} = \boldsymbol{0}$ 的非平凡解. 相反的含义也以同样的方式表现出来. 因此（d）、（e）、（f）是等价的. 从行列式的几何意义上看，（g）和（d）的等价性是显而易见的，如果行列式不为零，那么

$$\boldsymbol{A}^{-1} = \frac{1}{a_{11}a_{22} - a_{21}a_{12}} \begin{bmatrix} a_{22} & -a_{12} \\ -a_{21} & a_{11} \end{bmatrix}$$

是 $\boldsymbol{A}$ 的逆矩阵，可以马上验证. 因此（g）等价于（a）. 最后，（e）显然是从（b）中衍生出来的. 因此，所有（a）～（g）都是等价的. □

命题 B.3 适用于任意 $n \times n$ 维的矩阵. 对于 $n = 3$，我们仍然可以使用几何方法. 然而，这个叉积必须被三个列向量的三重积 $\langle \boldsymbol{a}_1 \times \boldsymbol{a}_2, \boldsymbol{a}_3 \rangle$ 所取代，这也定义了 3×3 矩阵 $\boldsymbol{A}$ 的行列式. 高维中的证明需要组合学的工具，我们可以参考相关文献.

B.2　矩阵的典范形式

在这一小节中，我们将证明每个 2×2 矩阵 $\boldsymbol{A}$ 都类似于一个标准型矩阵，这意味着它可以通过基变换转化为标准形式. 在 20.1 节中，我们用了这个事实来分类和解微分方程组. 下面解释的变换是 $n \times n$ 矩阵的**若尔当**[1]**典范形式**（Jordan canonical form）的一种特殊情况.

如果 $\boldsymbol{T}$ 是一个可逆 2×2 矩阵，那么列 $\boldsymbol{t}_1, \boldsymbol{t}_2$ 构成 $\mathbb{R}^2$ 的一组基. 这意味着每个元素 $\boldsymbol{x} \in \mathbb{R}^2$ 都可以写成 $c_1\boldsymbol{t}_1 + c_2\boldsymbol{t}_2$ 的**线性组合**（linear combination），系数 $c_1, c_2 \in \mathbb{R}$ 是 $\boldsymbol{x}$ 关于 $\boldsymbol{t}_1$ 和 $\boldsymbol{t}_2$ 的坐标. 我们可以把 $\boldsymbol{T}$ 看作 $\mathbb{R}^2$ 的一个线性变换，它将标准基 $\{[1\ 0]^{\mathrm{T}}, [0\ 1]^{\mathrm{T}}\}$ 映射到基 $\{\boldsymbol{t}_1, \boldsymbol{t}_2\}$.

347

命题 B.4　如果存在一个可逆矩阵 $\boldsymbol{T}$ 使 $\boldsymbol{T}^{-1}\boldsymbol{A}\boldsymbol{T} = \boldsymbol{B}$，则矩阵 $\boldsymbol{A}$ 和 $\boldsymbol{B}$ 为相似矩阵.

---

[1] 若尔当，1838—1922.

定义相似于以下三种形式的标准 2×2 矩阵：

I 型	II 型	III 型
$\begin{bmatrix}\lambda_1 & 0\\ 0 & \lambda_2\end{bmatrix}$	$\begin{bmatrix}\lambda & 1\\ 0 & \lambda\end{bmatrix}$	$\begin{bmatrix}\mu & -\nu\\ \nu & \mu\end{bmatrix}$

在这里，系数 λ_1，λ_2，λ，μ，ν 是实数.

接下来，介绍特征值和特征向量的概念. 如果等式

$$\boldsymbol{A}\boldsymbol{v}=\lambda\boldsymbol{v}$$

关于某个 $\lambda\in\mathbb{R}$ 有解 $\boldsymbol{v}\neq 0\in\mathbb{R}^2$，则 λ 称为 $\boldsymbol{A}$ 的特征值，$\boldsymbol{v}$ 称为 $\boldsymbol{A}$ 的特征向量. 换句话说，$\boldsymbol{v}$ 是方程

$$(\boldsymbol{A}-\lambda\boldsymbol{I})\boldsymbol{v}=\boldsymbol{0}$$

的解，这里 $\boldsymbol{I}$ 表示单位矩阵. 非零解 $\boldsymbol{v}$ 存在的充要条件是矩阵 $\boldsymbol{A}-\lambda\boldsymbol{I}$ 不可逆，即

$$\det(\boldsymbol{A}-\lambda\boldsymbol{I})=0$$

令

$$\boldsymbol{A}=\begin{bmatrix}a & b\\ c & d\end{bmatrix}$$

我们看到 λ 是特征方程

$$\det\begin{bmatrix}a-\lambda & b\\ c & d-\lambda\end{bmatrix}=\lambda^2-(a+d)\lambda+ad-bc=0$$

的解. 如果该方程具有实解 λ，则方程组 $(\boldsymbol{A}-\lambda\boldsymbol{I})\boldsymbol{v}=\boldsymbol{0}$ 是欠定的，因此具有非零解 $\boldsymbol{v}=[v_1\quad v_2]^{\mathrm{T}}$. 因此，通过求解线性方程组

$$(a-\lambda)v_1+bv_2=0$$

$$cv_1+(d-\lambda)v_2=0$$

可以得到特征值 λ 的特征向量. 根据特征方程组具有两个实数解、一组相等实数解或者两个复共轭解，可得 $\boldsymbol{A}$ 的三个相似矩阵之一.

命题 B.5 任意 2×2 矩阵 $\boldsymbol{A}$ 都相似于 I、II 或 III 型矩阵.

348

证明 （1）两个不同的实特征值的情况 $\lambda_1\neq\lambda_2$.

$$\boldsymbol{v}_1=\begin{bmatrix}v_{11}\\ v_{21}\end{bmatrix},\boldsymbol{v}_2=\begin{bmatrix}v_{12}\\ v_{22}\end{bmatrix}$$

是对应的特征向量，它们是线性无关的，因此形成 $\mathbb{R}^2$ 的一个基. 否则，它们将是彼此的倍数，并且对某个非零的 $c \in \mathbb{R}$，$c\boldsymbol{v}_1 = \boldsymbol{v}_2$. 同乘以 $\boldsymbol{A}$ 得 $c\lambda_1\boldsymbol{v}_1 = \lambda_2\boldsymbol{v}_2 = \lambda_2 c\boldsymbol{v}_1$，因此 $\lambda_1 = \lambda_2$ 与假设相矛盾. 根据命题 B.3，矩阵

$$\boldsymbol{T} = [\boldsymbol{v}_1 \quad \boldsymbol{v}_2] = \begin{bmatrix} v_{11} & v_{12} \\ v_{21} & v_{22} \end{bmatrix}$$

是不可逆的. 由

$$\boldsymbol{A}\boldsymbol{v}_1 = \lambda_1\boldsymbol{v}_1, \boldsymbol{A}\boldsymbol{v}_2 = \lambda_2\boldsymbol{v}_2$$

我们可以得到

$$\boldsymbol{T}^{-1}\boldsymbol{A}\boldsymbol{T} = \boldsymbol{T}^{-1}\boldsymbol{A}[\boldsymbol{v}_1 \quad \boldsymbol{v}_2] = \boldsymbol{T}^{-1}[\lambda_1\boldsymbol{v}_1 \quad \lambda_2\boldsymbol{v}_2]$$

$$= \frac{1}{v_{11}v_{22} - v_{21}v_{12}} = \begin{bmatrix} v_{22} & -v_{12} \\ -v_{21} & v_{11} \end{bmatrix} \begin{bmatrix} \lambda_1 v_{11} & \lambda_2 v_{12} \\ \lambda_1 v_{21} & \lambda_2 v_{22} \end{bmatrix} = \begin{bmatrix} \lambda_1 & 0 \\ 0 & \lambda_2 \end{bmatrix}$$

矩阵 $\boldsymbol{A}$ 相似于对角矩阵，因此为 I 型矩阵.

（2）双重实特征值的情况 $\lambda = \lambda_1 = \lambda_2$. 当

$$(a-d)^2 = -4bc, \quad \lambda = \frac{1}{2}(a+d)$$

有

$$\lambda = \frac{1}{2}(a + d \pm \sqrt{(a-d)^2 + 4bc})$$

是特征方程的解. 如果 $b = 0$，$c = 0$，则 $a = d$ 且 $\boldsymbol{A}$ 具有如下对角矩阵形式

$$\boldsymbol{A} = \begin{bmatrix} a & 0 \\ 0 & a \end{bmatrix}$$

因此是 I 型矩阵. 如果 $b \neq 0$，由 $(a-d)^2 = -4bc$ 计算出 c，可得

$$\boldsymbol{A} - \lambda\boldsymbol{I} = \begin{bmatrix} a-\lambda & b \\ c & d-\lambda \end{bmatrix} = \begin{bmatrix} \frac{1}{2}(a-d) & b \\ -\frac{1}{4b}(a-d)^2 & -\frac{1}{2}(a-d) \end{bmatrix}$$

其中

349

$$\begin{bmatrix} \frac{1}{2}(a-d) & b \\ -\frac{1}{4b}(a-d)^2 & -\frac{1}{2}(a-d) \end{bmatrix} \begin{bmatrix} \frac{1}{2}(a-d) & b \\ -\frac{1}{4b}(a-d)^2 & -\frac{1}{2}(a-d) \end{bmatrix} = \begin{bmatrix} 0 & 0 \\ 0 & 0 \end{bmatrix}$$

即 $(\boldsymbol{A}-\lambda\boldsymbol{I})^2=\boldsymbol{O}$. 此时，称 $\boldsymbol{A}-\lambda\boldsymbol{I}$ 为幂零矩阵. 类似的计算表明，如果 $c\neq 0$，那么 $(\boldsymbol{A}-\lambda\boldsymbol{I})^2=\boldsymbol{O}$. 此时选择向量 $\boldsymbol{v}_2\in\mathbb{R}^2$，满足 $(\boldsymbol{A}-\lambda\boldsymbol{I})\boldsymbol{v}_2\neq\boldsymbol{0}$. 基于上述考虑，该向量满足

$$(\boldsymbol{A}-\lambda\boldsymbol{I})^2\boldsymbol{v}_2=\boldsymbol{0}$$

令

$$\boldsymbol{v}_1=(\boldsymbol{A}-\lambda\boldsymbol{I})\boldsymbol{v}_2$$

显然有

$$\boldsymbol{A}\boldsymbol{v}_1=\lambda\boldsymbol{v}_1,\quad \boldsymbol{A}\boldsymbol{v}_2=\boldsymbol{v}_1+\lambda\boldsymbol{v}_2$$

并且 $\boldsymbol{v}_1$，$\boldsymbol{v}_2$ 线性独立（因为如果 $\boldsymbol{v}_1$ 是 $\boldsymbol{v}_2$ 的倍数，根据 $\boldsymbol{v}_2$ 的构造有 $\boldsymbol{A}\boldsymbol{v}_2=\lambda\boldsymbol{v}_2$）. 令

$$\boldsymbol{T}=[\boldsymbol{v}_1\quad \boldsymbol{v}_2]$$

计算

$$\boldsymbol{T}^{-1}\boldsymbol{A}\boldsymbol{T}=\boldsymbol{T}^{-1}[\lambda\boldsymbol{v}_1\quad \boldsymbol{v}_1+\lambda\boldsymbol{v}_2]$$

$$=\frac{1}{v_{11}v_{22}-v_{21}v_{12}}\begin{bmatrix} v_{22} & -v_{12} \\ -v_{21} & v_{11} \end{bmatrix}\begin{bmatrix} \lambda v_{11} & v_{11}+\lambda v_{12} \\ \lambda v_{21} & v_{21}+\lambda v_{22} \end{bmatrix}=\begin{bmatrix} \lambda & 1 \\ 0 & \lambda \end{bmatrix}$$

表明 $\boldsymbol{A}$ 与 II 型的矩阵相似.

（3）复共轭解的情况 $\lambda_1=\mu+\mathrm{i}\nu,\lambda_2=\mu-\mathrm{i}\nu$. 当判别式 $(a-d)^2+4bc$ 为负时，这种情况就会发生. 处理这种情况最常用的方法就是在复数向量空间 $\mathbb{C}^2$ 中对复变量进行计算. 我们首先确定复向量 $\boldsymbol{v}_1,\boldsymbol{v}_2\in\mathbb{C}^2$，即

$$\boldsymbol{A}\boldsymbol{v}_1=\lambda_1\boldsymbol{v}_1,\quad \boldsymbol{A}\boldsymbol{v}_2=\lambda_2\boldsymbol{v}_2$$

再将 $\boldsymbol{v}_1=\boldsymbol{f}+\mathrm{i}\boldsymbol{g}$ 分解为 $\mathbb{C}^2$ 空间中的实部和虚部向量 $\boldsymbol{f}$，$\boldsymbol{g}$. 由于 $\lambda_1=\mu+\mathrm{i}\nu$，$\lambda_2=\mu-\mathrm{i}\nu$ 满足

$$\boldsymbol{v}_2=\boldsymbol{f}-\mathrm{i}\boldsymbol{g}$$

注意 $\{\boldsymbol{v}_1,\boldsymbol{v}_2\}$ 是 $\mathbb{C}^2$ 的一个基. 由于 $\{\boldsymbol{g},\boldsymbol{f}\}$ 是 $\mathbb{R}^2$ 的一个基，且

$$\boldsymbol{A}(\boldsymbol{f}+\mathrm{i}\boldsymbol{g})=(\mu+\mathrm{i}\nu)(\boldsymbol{f}+\mathrm{i}\boldsymbol{g})=\mu\boldsymbol{f}-\nu\boldsymbol{g}+\mathrm{i}(\nu\boldsymbol{f}+\mu\boldsymbol{g})$$

所以

$$\boldsymbol{A}\boldsymbol{g}=\nu\boldsymbol{f}+\mu\boldsymbol{g},\quad \boldsymbol{A}\boldsymbol{f}=\mu\boldsymbol{f}-\nu\boldsymbol{g}$$

令

$$\boldsymbol{T}=[\boldsymbol{g}\quad \boldsymbol{f}]=\begin{bmatrix} g_1 & f_1 \\ g_2 & f_2 \end{bmatrix}$$

350

可推出

$$T^{-1}AT = T^{-1}[\nu f + \mu g \quad \mu f - \nu g]$$

$$= \frac{1}{g_1 f_2 - g_2 f_1}\begin{bmatrix} f_2 & -f_1 \\ -g_2 & g_1 \end{bmatrix}\begin{bmatrix} \nu f_1 + \mu g_1 & \mu f_1 - \nu g_1 \\ \nu f_2 + \mu g_2 & \mu f_2 - \nu g_2 \end{bmatrix} = \begin{bmatrix} \mu & -\nu \\ \nu & \mu \end{bmatrix}$$

351 ~ 352

故 $\boldsymbol{A}$ 与 III 型矩阵相似.

附录 C 有关连续的进一步结果

此附录进一步介绍连续性. 这些结果不是本书的重点，但在一些证明中是需要的（如在关于曲线和微分方程的章中）. 本节包括反函数的连续性、函数序列一致收敛的概念、指数函数的幂级数展开和一致连续及利普希茨连续的概念.

C.1 反函数的连续性

考虑定义在区间 $I \subset \mathbb{R}$ 上的实值函数 f. 区间 I 可以是开、半开或闭的. 用 $J = f(I)$ 表示 f 的像. 本节首先证明一个连续函数 $f: I \to J$ 是双射的充要条件是 f 严格单调递增或单调递减. 单调性的概念引入在定义 8.5 中. 然后, 本节证明如果 f 是连续的，则反函数是连续的，并给出相应值域的描述.

命题 C.1 实值连续函数 $f: I \to J = f(I)$ 是双射当且仅当其是严格单调递增或单调递减的.

证明 已知函数 $f: I \to f(I)$ 是满射. 函数 f 是单射当且仅当

$$x_1 \neq x_2 \;\Rightarrow\; f(x_1) \neq f(x_2)$$

因此严格单调函数是单射的. 为了证明反命题，取两个点 $x_1 < x_2 \in I$. 不妨设 $f(x_1) < f(x_2)$，下面证明 f 在整个区间 I 严格单调递增. 首先，观察到对每一个 $x_3 \in (x_1, x_2)$ 必有 $f(x_1) < f(x_3) < f(x_2)$. 这一点可用反证法证明. 假设 $f(x_3) > f(x_2)$，命题 6.14 表明每一个中间点 $f(x_2) < \eta < f(x_3)$ 是 (x_1, x_3) 中一点 ξ_1 的像，且也是 (x_3, x_2) 中一点 ξ_2 的像，这与单射矛盾.

如果取 $x_4 \in I$ 使得 $x_2 < x_4$，则也有 $f(x_2) < f(x_4)$. 否则 $x_1 < x_2 < x_4$ 但 $f(x_2) > f(x_4)$，这种可能性已在前面的情况中排除. 最后，用类似的方式检查在 x_1 左侧的点. 因此，f 在整个区间上严格单调递增. 在 $f(x_1) > f(x_2)$ 的情况，可以类似地得到 f 单调递减. □

函数 $y = x \cdot \mathbb{I}_{(-1,0]}(x) + (1-x) \cdot \mathbb{I}_{(0,1)}(x)$ 表明不连续函数可以在一个区间上是双射但没有严格单调递增或单调递减，其中 $\mathbb{I}_I$ 表示区间 I 的示性函数（见 2.2 节）.

注 C.2 如果 I 为开区间，函数 $f: I \to J$ 连续且是双射，则 J 也是开区间. 事实上，如果 J 的形式为 $[a, b)$，则 a 是一个点 $x_1 \in I$ 的函数值，即 $a = f(x_1)$. 但是，因为 I 是开区间, 所以存在点 $x_2 \in I$ 使得 $x_2 < x_1$ 和 $x_3 \in I$ 使得 $x_3 > x_1$. 如果 f 严格单调递增，则有 $f(x_2) < f(x_1) = a$. 如果 f 严格单调递减，则有 $f(x_3) < f(x_1) = a$. 这两种情形都与 a 是像集 $J = f(I)$ 的下界的假设矛盾. 用类似的方式可以排除 $J = (a, b]$ 或 $J = [a, b]$ 的可能性.

命题 C.3 设 $I \subset \mathbb{R}$ 为开区间，$f: I \to J$ 连续且是双射. 则反函数 $f^{-1}: J \to I$ 也连续.

证明 取 $x \in I$, $y \in J$ 使得 $y = f(x)$, $x = f^{-1}(y)$. 对很小的 $\varepsilon > 0$，x 的 ε 邻域 $U_\varepsilon(x)$ 包含在 I 中. 由注 C.2，$f(U_\varepsilon(x))$ 为开区间. 因此存在 $\delta > 0$ 使得 $f(U_\varepsilon(x))$ 包含 y 的 δ 邻域 $U_\delta(y)$. 考虑序列 $y_n \in J$，其中当 $n \to \infty$ 时，y_n 收敛到 y. 则存在指标 $n(\delta) \in \mathbb{N}$ 使得序列 y_n 中所有 $n \geqslant n(\delta)$ 的元素落在 δ 邻域 $U_\delta(y)$ 中. 这意味着函数值 $f^{-1}(y_n)$ 从 $n(\delta)$ 以后落在 $x = f^{-1}(y)$ 的 ε 邻域 $U_\varepsilon(x)$ 中. 因此 $\lim_{n\to\infty} f^{-1}(y_n) = f^{-1}(y)$, 此即是 f^{-1} 在 y 处的连续性. □

C.2　函数序列的极限

本节考虑定义在区间 $I \subset \mathbb{R}$ 上的函数序列 $f_n: I \to \mathbb{R}$. 如果对每一个固定的 $x \in I$，函数值 $f_n(x)$ 收敛，则序列 $(f_n)_{n\geqslant 1}$ 称为**逐点收敛**（pointwise convergent）. 逐点收敛 $f(x) = \lim_{n\to\infty} f_n(x)$ 定义了一个函数 $f: I \to \mathbb{R}$，称为**极限函数**（limit function）.

354

例 C.4 设 $I = [0,1]$, $f_n(x) = x^n$. 当 $0 \leqslant x < 1$ 时, $\lim_{n\to\infty} f_n(x) = 0$ 且 $\lim_{n\to\infty} f_n(1) = 1$. 因此极限函数是函数

$$f(x) = \begin{cases} 0,\ 0 \leqslant x < 1 \\ 1,\ x = 1 \end{cases}$$

这个例子表明连续函数的逐点收敛的极限函数不一定连续.

定义 C.5（函数序列一致收敛（uniform convergence of sequences of functions））　如果定义在区间 I 上的函数序列 $(f_n)_{n\geqslant 1}$ 和其极限函数 f 满足

$$\forall\, \varepsilon > 0 \quad \exists\, n(\varepsilon) \in \mathbb{N} \quad \forall\, n \geqslant n(\varepsilon) \quad \forall x \in I : |f(x) - f_n(x)| < \varepsilon$$

则称 f_n 在 I **一致收敛于极限函数** f（uniformly convergent with limit function f）.

一致收敛意味着使得指标 $n(\varepsilon)$ 后函数值序列 $\big(f_n(x)\big)_{n\geqslant 1}$ 落在 ε 邻域 $U_\varepsilon\big(f(x)\big)$ 的指标选取可以不依赖 $x \in I$.

命题 C.6 一致收敛函数序列 $(f_n)_{n\geqslant 1}$ 的极限函数 f 是连续的.

证明 取 $x \in I$ 和当 $k \to \infty$ 时收敛到 x 的点列 x_k. 需要证明 $f(x) = \lim_{k\to\infty} f(x_k)$. 为此做如下拆分

$$f(x) - f(x_k) = \big(f(x) - f_n(x)\big) + \big(f_n(x) - f_n(x_k)\big) + \big(f_n(x_k) - f(x_k)\big)$$

并取 $\varepsilon > 0$. 由于一致收敛，所以可以找到指标 $n \in \mathbb{N}$ 使得

$$|f(x) - f_n(x)| < \frac{\varepsilon}{3} \text{ 和 } |f_n(x_k) - f(x_k)| < \frac{\varepsilon}{3}$$

对所以 $k \in \mathbb{N}$ 成立. 因为 f_n 连续，所以存在指标 $k(\varepsilon) \in \mathbb{N}$ 使得

$$|f_n(x) - f_n(x_k)| < \frac{\varepsilon}{3}$$

对所以 $k \geqslant k(\varepsilon)$ 成立. 对满足上述条件的 k 有

$$|f(x) - f(x_k)| < \frac{\varepsilon}{3} + \frac{\varepsilon}{3} + \frac{\varepsilon}{3} = \varepsilon$$

因此当 $k \to \infty$ 时,$f(x_k) \to f(x)$，这表明 f 连续. □ 355

应用 C.7 指数函数 $f(x) = a^x$ 在 $\mathbb{R}$ 上连续. 在应用 5.14 中已证明了底 $a > 0$ 的指数函数在每一点 $x \in \mathbb{R}$ 可以定义为一个极限. 设 $r_n(x)$ 为 x 的小数表示，是在第 n 小数位的截断，则

$$r_n(x) \leqslant x < r_n(x) + 10^{-n}$$

对所有到第 n 小数位都相同的实数 x, $r_n(x)$ 的值是相同的. 因此映射 $x \mapsto r_n(x)$ 是跳跃距离为 10^{-n} 的阶梯函数，用

$$\left(r_n(x), a^{r_n(x)}\right) \text{ 和 } \left(r_n(x) + 10^{-n}, a^{r_n(x)+10^{-n}}\right)$$

之间的线性插值定义函数 $f_n(x)$，即

$$f_n(x) = a^{r_n(x)} + \frac{x - r_n(x)}{10^{-n}}\left(a^{r_n(x)+10^{-n}} - a^{r_n(x)}\right)$$

函数 $f_n(x)$ 的图像是一个多边形链（结点之间的距离为 10^{-n}），因此 f_n 连续. 下面证明函数序列 $(f_n)_{n\geqslant 1}$ 在每一个区间 $[-T, T]$ 上一致收敛到 f，其中 $0 < T \in \mathbb{Q}$. 因为 $x - r_n(x) \leqslant 10^{-n}$，所以

$$|f(x) - f_n(x)| \leqslant |a^x - a^{r_n(x)}| + |a^{r_n(x)+10^{-n}} - a^{r_n(x)}|$$

成立. 对 $x \in [-T, T]$，有

$$a^x - a^{r_n(x)} = a^{r_n(x)}\left(a^{x-r_n(x)} - 1\right) \leqslant a^T\left(a^{10^{-n}} - 1\right)$$

且类似地

$$a^{r_n(x)+10^{-n}} - a^{r_n(x)} \leqslant a^T\left(a^{10^{-n}} - 1\right)$$

所以

$$|f(x) - f_n(x)| \leqslant 2a^T\left(\sqrt[10^n]{a} - 1\right)$$

且同应用 5.15 的证明一样，上式右端的项不依赖于 x 收敛到零.

实数指数的计算规则也可以用极限导出. 例如，取 $r, s \in \mathbb{R}$，其小数逼近为 $(r_n)_{n\geqslant 1}$，$(s_n)_{n\geqslant 1}$. 则命题 5.7 和指数函数的连续性表明

$$a^r a^s = \lim_{n\to\infty}(a^{r_n}a^{s_n}) = \lim_{n\to\infty}(a^{r_n+s_n}) = a^{r+s}$$

借助命题 C.3 可以证明对数函数的连续性也成立. 356

C.3　指数级数

本节的目的是通过仅使用收敛级数的理论，而不使用微分推导出指数函数的级数表示

$$\mathrm{e}^x=\sum_{m=0}^{\infty}\frac{x^m}{m!}$$

这对本书的阐述是很重要的，因为指数函数的可微性是在 7.2 节中借助级数表示证明的.

作为工具，本节需要补充两个级数理论：绝对收敛和两个级数乘积的柯西（Cauchy）[㊀] 公式.

定义 C.8　如果级数 $\sum_{k=0}^{\infty}a_k$ 满足 $\sum_{k=0}^{\infty}|a_k|$ 收敛，则称 $\sum_{k=0}^{\infty}a_k$ **绝对收敛**（absolutely convergent）.

命题 C.9　绝对收敛的级数必收敛.

证明　用下式定义 a_k 的正和负的部分

$$a_k^+=\begin{cases}a_k,\ a_k\geqslant 0,\\ 0,\ a_k<0,\end{cases}\quad a_k^-=\begin{cases}0,\ a_k\geqslant 0\\ |a_k|,\ a_k<0\end{cases}$$

显然有 $0\leqslant a_k^+\leqslant|a_k|$ 和 $0\leqslant a_k^-\leqslant|a_k|$. 因此由比较判别法知级数 $\sum_{k=0}^{\infty}a_k^+$ 和 $\sum_{k=0}^{\infty}a_k^-$ 收敛且极限

$$\lim_{n\to\infty}\sum_{k=0}^{n}a_k=\lim_{n\to\infty}\sum_{k=0}^{n}a_k^+-\lim_{n\to\infty}\sum_{k=0}^{n}a_k^-$$

存在. 所以级数 $\sum_{k=0}^{\infty}a_k$ 收敛. □

考虑两个绝对收敛级数 $\sum_{i=0}^{\infty}a_i$ 和 $\sum_{j=0}^{\infty}b_j$，如何计算两者的乘积. 两个级数 n 项部分和的逐项相乘建议考虑如下方式：

$$\begin{array}{ccccc}a_0b_0 & a_0b_1 & \cdots & a_0b_{n-1} & a_0b_n\\ a_1b_0 & a_1b_1 & \cdots & a_1b_{n-1} & a_1b_n\\ \vdots & \vdots & & \vdots & \vdots\\ a_{n-1}b_0 & a_{n-1}b_1 & \cdots & a_{n-1}b_{n-1} & a_{n-1}b_n\\ a_nb_0 & a_nb_1 & \cdots & a_nb_{n-1} & a_nb_n\end{array}$$

357

将这个正方形方式中所有元素加起来得到部分和的乘积

$$P_n=\sum_{i=0}^{n}a_i\sum_{j=0}^{n}b_j$$

㊀ 柯西，1789—1857.

与之相对，只将上三角部分的黑体元素求和（对角到对角），则得到**柯西乘积公式**（Cauchy product formula）

$$S_n = \sum_{m=0}^{n}\Big(\sum_{k=0}^{m} a_k b_{m-k}\Big)$$

本节将证明对绝对收敛级数，下述极限相等：

$$\lim_{n\to\infty} P_n = \lim_{n\to\infty} S_n$$

命题 C.10（柯西乘积）　*如果级数 $\sum_{i=0}^{\infty} a_i$ 和 $\sum_{j=0}^{\infty} b_j$ 绝对收敛，则*

$$\sum_{i=0}^{\infty} a_i \sum_{j=0}^{\infty} b_j = \sum_{m=0}^{\infty}\Big(\sum_{k=0}^{m} a_k b_{m-k}\Big)$$

由柯西乘积公式定义的级数也绝对收敛.

证明　令

$$c_m = \sum_{k=0}^{m} a_k b_{m-k}$$

则部分和

$$T_n = \sum_{m=0}^{n} |c_m| \leqslant \sum_{i=0}^{n} |a_i| \sum_{j=0}^{n} |b_j| \leqslant \sum_{i=0}^{\infty} |a_i| \sum_{j=0}^{\infty} |b_j|$$

仍然有界. 上述不等式成立是因为上述计算方式中三角形部分的元素少于正方形的元素且已知的级数绝对收敛. 显然序列 T_n 也是单调递增的，由命题 5.10 知其收敛. 这意味着序列 $\sum_{m=0}^{\infty} c_m$ 绝对收敛，所以柯西乘积存在. 下面证明柯西乘积与级数乘积相等. 对部分和有

$$|P_n - S_n| = \Big|\sum_{i=0}^{n} a_i \sum_{j=0}^{n} b_j - \sum_{m=0}^{n} c_m\Big| \leqslant \Big|\sum_{m=n+1}^{\infty} c_m\Big|$$

因为差可以用第 n 个对角线下方的元素和近似[1]. 而后一个和式恰是部分和 S_n 与级数 $\sum_{m=0}^{\infty} c_m$ 的差. 所以这个差是收敛于零的，故命题得证. □

358

令

$$E(x) = \sum_{m=0}^{\infty} \frac{x^m}{m!},\ E_n(x) = \sum_{m=0}^{n} \frac{x^m}{m!}$$

[1] 此处不等式及解释有误，关于此命题的严格证明可以参考标准的数学分析教材. ——译者注

当 $x=1$ 时，上述级数的收敛性在例 5.24 中已经证明；当 $x=2$ 时，在第 5 章的练习 14 中已经证明. 对任意的 $x\in\mathbb{R}$，级数的绝对收敛性可以类似证明或用比值判别法（参见第 5 章的练习 15）. 如果 x 在有界区间 $I=[-R,R]$ 中变化，因为一致估计

$$|E(x)-E_n(x)|=\Big|\sum_{m=n+1}^{\infty}\frac{x^m}{m!}\Big|\leqslant\sum_{m=n+1}^{\infty}\frac{R^m}{m!}\to 0$$

在区间 $[-R,R]$ 上成立，所以部分和 $E_n(x)$ 一致收敛于 $E(x)$. 命题 C.6 表明函数 $x\mapsto E(x)$ 连续.

为了推导出乘积公式 $E(x)E(y)=E(x+y)$，回顾**二项式公式**（binomial formula）：

$$(x+y)^m=\sum_{k=0}^{m}\binom{m}{k}x^k y^{m-k},\ \text{其中}\ \binom{m}{k}=\frac{m!}{k!(m-k)!}$$

对任意的 $x,y\in\mathbb{R}$ 和 $n\in\mathbb{N}$ 成立，例如见文献 [17] 的第 13 章的定理 7.2.

命题 C.11　对任意的 $x,y\in\mathbb{R}$，有

$$\sum_{i=0}^{\infty}\frac{x^i}{i!}\sum_{j=0}^{\infty}\frac{y^j}{j!}=\sum_{m=0}^{\infty}\frac{(x+y)^m}{m!}$$

证明　因为上面两个级数绝对收敛，由命题 C.10 得

$$\sum_{i=0}^{\infty}\frac{x^i}{i!}\sum_{j=0}^{\infty}\frac{y^j}{j!}=\sum_{m=0}^{\infty}\sum_{k=0}^{m}\frac{x^k}{k!}\frac{y^{m-k}}{(m-k)!}$$

应用二项式公式

$$\sum_{k=0}^{m}\frac{x^k}{k!}\frac{y^{m-k}}{(m-k)!}=\frac{1}{m!}\sum_{k=0}^{m}\binom{m}{k}x^k y^{m-k}=\frac{1}{m!}(x+y)^m$$

359　命题得证. □

命题 C.12（指数函数的幂级数表示）　指数函数的级数表示

$$\mathrm{e}^x=\sum_{m=0}^{\infty}\frac{x^m}{m!}$$

对任意的 $x\in\mathbb{R}$ 成立.

证明　由数 e 的定义（见例 5.24）显然有

$$\mathrm{e}^0=1=E(0),\ \mathrm{e}^1=\mathrm{e}=E(1)$$

特别地，由命题 C.11 得

$$\mathrm{e}^2 = \mathrm{e}^{1+1} = \mathrm{e}^1\mathrm{e}^1 = E(1)E(1) = E(1+1) = E(2)$$

并且递归地有

$$\mathrm{e}^m = E(m)$$

对 $m \in \mathbb{N}$ 成立. 由 $E(m)E(-m) = E(m-m) = E(0) = 1$ 知

$$\mathrm{e}^{-m} = \frac{1}{\mathrm{e}^m} = \frac{1}{E(m)} = E(-m)$$

类似地可以由 $\big(E(1/n)\big)^n = E(1)$ 推出

$$\mathrm{e}^{1/n} = \sqrt[n]{\mathrm{e}} = \sqrt[n]{E(1)} = E(1/n)$$

到目前为止已证明 $\mathrm{e}^x = E(x)$ 对所有有理数 $x = m/n$ 成立. 由应用 C.7 知指数函数 $x \mapsto \mathrm{e}^x$ 连续. 函数 $x \mapsto E(x)$ 的连续性已在上面证明. 而两个在所有有理数处相等的连续函数是相同的. 更精确地说，如果 $x \in \mathbb{R}$ 且 x_j 是 x 的小数表示在第 j 小数位的截断，则

$$\mathrm{e}^x = \lim_{j\to\infty} \mathrm{e}^{x_j} = \lim_{j\to\infty} E(x_j) = E(x)$$

由此命题得证. □

注 C.13 严格地引入指数是极为复杂的，且不同的作者处理方法也不同. 但是所有方法的总的工作量是接近的. 本书遵循的路线是：作为一个收敛级数的值引入欧拉数 e（例 5.24）；用实数的完备性对 $x \in \mathbb{R}$ 定义指数函数 $x \mapsto \mathrm{e}^x$（应用 5.14）；基于一致收敛性的指数函数的连续性（应用 C.7）；级数表示（命题 C.12）；可微性和导数的计算（7.2 节）. 最后在计算导数的过程中得出了著名的公式 $\mathrm{e} = \lim_{n\to\infty}(1+1/n)^n$，这是欧拉自己使用和定义的数 e.

360

C.4 利普希茨连续和一致连续

曲线和微分方程的一些结果需要更精细的连续性. 更准确地说，需要量化函数值依赖参数变化的方法.

定义 C.14 如果存在常数 $L > 0$ 使得不等式

$$|f(x_1) - f(x_2)| \leqslant L|x_1 - x_2|$$

对所有 $x_1, x_2 \in D$ 成立，则函数 $f : \mathbb{R} \to \mathbb{R}$ 是**利普希茨连续的**（Lipschitz continuous）. 此时 L 称为函数 f 的 **利普希茨常数**（Lipschitz constant）.

若 $x \in D$ 且 $(x_n)_{n\geqslant 1}$ 为 D 中收敛于 x 的点列，则不等式 $|f(x)-f(x_n)| \leqslant L|x-x_n|$ 表明当 $n\to\infty$ 时，$f(x_n)\to f(x)$. 因此任何利普希茨连续的函数是连续的. 对于利普希茨连续函数可以量化函数值改变至多 ε 时，x 值可以容许的改变量：

$$|x_1-x_2|<\varepsilon/L \;\Rightarrow\; |f(x_1)-f(x_2)|<\varepsilon$$

有时也要求如下更弱的量化.

定义 C.15 如果存在映射 $\omega:(0,1]\to(0,1]:\varepsilon\mapsto\omega(\varepsilon)$ 使得不等式

$$|x_1-x_2|<\omega(\varepsilon) \;\Rightarrow\; |f(x_1)-f(x_2)|<\varepsilon$$

对所有 $x_1,x_2\in D$ 成立，则函数 $f:DC\mathbb{R}\to\mathbb{R}$ 是**一致连续的**（uniformly continuous）. 此时映射 ω 称为函数 f 的 **连续模**（modulus of continuity）.

361

利普希茨连续的函数是一致连续的（$\omega(\varepsilon)=\varepsilon/L$）且任意一致连续的函数是连续的.

例 C.16 （a）二次函数 $f(x)=x^2$ 在有界闭区间 $[a,b]$ 上是利普希茨连续的. 对 $x_1\in[a,b]$ 有 $|x_1|\leqslant M=\max(|a|,|b|)$. 类似地对 x_2 也成立. 因此

$$|f(x_1)-f(x_2)|=|x_1^2-x_2^2|=|x_1+x_2||x_1-x_2|\leqslant 2M|x_1-x_2|$$

对所有 x_1，$x_2\in[a,b]$ 成立.

（b）绝对值函数 $f(x)=|x|$ 在 $D=\mathbb{R}$ 上是利普希茨连续的（利普希茨常数 $L=1$）. 这是因为不等式

$$\big||x_1|-|x_2|\big|\leqslant|x_1-x_2|$$

对于所有 $x_1,x_2\in\mathbb{R}$ 成立.

（c）平方根函数 $f(x)=\sqrt{x}$ 在区间 $[0,1]$ 上是一致连续但非利普希茨连续的. 这是因为由平方知如下不等式成立：

$$|\sqrt{x_1}-\sqrt{x_2}|\leqslant\sqrt{|x_1-x_2|}$$

因此 $\omega(\varepsilon)=\varepsilon^2$ 是平方根函数在区间 $[0,1]$ 上的连续模. 平方根函数是非利普希茨连续的，否则取 $x_2=0$，有

$$\sqrt{x_1}\leqslant L|x_1|,\ \frac{1}{\sqrt{x_1}}\leqslant L$$

但上述不等式不能对固定的 L 及所有的 $x_1\in(0,1]$ 成立.

（d）函数 $f(x)=1/x$ 在区间 $(0,1)$ 上连续但非一致连续. 假设可以找到区间 $(0,1)$ 上的连续模 $\varepsilon\mapsto\omega(\varepsilon)$，则对于 $x_1=2\varepsilon\omega(\varepsilon)$，$x_2=\varepsilon\omega(\varepsilon)$ 和 $\varepsilon<1$ 有 $|x_1-x_2|<\omega(\varepsilon)$，但当 $\varepsilon\to 0$ 时，

$$\left|\frac{1}{x_1}-\frac{1}{x_2}\right|=\left|\frac{x_2-x_1}{x_1x_2}\right|=\frac{\varepsilon\omega(\varepsilon)}{2\varepsilon^2\omega^2(\varepsilon)}=\frac{1}{2\varepsilon\omega(\varepsilon)}$$

是任意大的. 特别地，上式不能用 ε 控制上界.

由中值定理（命题 8.4）知有有界导函数的可微函数是利普希茨连续的. 进一步可以证明，有界闭区间 $[a,b]$ 上的连续函数是一致连续的. 这个证明需要进一步的分析工具，参见文献 [4] 的定理 3.13.

除了介值定理，**不动点定理**（fixed point theorem）是证明方程解存在的另一重要工具. 进一步可以得到逼近不动点的迭代算法.

362

定义 C.17 区间 I 到 $\mathbb{R}$ 的利普希茨连续映射 f，如果满足 $f(I) \subset I$ 且 f 的利普希茨常数 $L<1$，则 f 是**一个收缩**（contraction）. 满足 $x^*=f(x^*)$ 的点 $x^\star \in I$ 称为 f 的**不动点**（fixed point）.

命题 C.18（不动点定理） 闭区间 $[a,b]$ 上的收缩映射 f 有唯一的不动点. 由迭代定义的递归序列

$$x_{n+1}=f(x_n)$$

对任意的初值 $x_1 \in [a,b]$ 收敛到不动点 x^*.

证明 因为 $f([a,b]) \subset [a,b]$，所以有

$$a \leqslant f(a) \text{ 且} f(b) \leqslant b$$

若 $a=f(a)$ 或 $b=f(b)$，则命题得证. 若不然，对函数 $g(x)=x-f(x)$ 应用介值定理知，存在点 $x^* \in (a,b)$ 使得 $g(x^*)=0$，即 x^* 是 f 的不动点. 由收缩性知，如果存在另一个不动点 y^* 则

$$|x^*-y^*|=|f(x^*)-f(y^*)| \leqslant L|x^*-y^*|<|x^*-y^*|$$

这与 $x^* \neq y^*$ 矛盾. 因此不动点唯一.

因为 $|x^*-x_1| \leqslant b-a$ 且 $\lim_{n\to\infty} L^n=0$，由不等式

$$|x^*-x_{n+1}|=|f(x^*)-f(x_n)| \leqslant L|x^*-x_n| \leqslant \cdots \leqslant L^n|x^*-x_1|$$

得迭代的收敛性. □

363 ~ 364

附录 D　附加软件说明

在作者看来，使用并编写软件是计算机科学类分析课程的重要组成部分. 本书的软件已经开发完成并可通过如下网站下载：

`https://www.springer.com/book/9783319911540`

该网站包括了书中用到的 Java 小程序及用 maple、Python 及 MATLAB 给出的源程序.

为运行 maple 和 MATLAB 程序，需要额外的许可.

Java 小程序. 可用的小程序见表 D.1. 小程序是可执行的且仅需要安装当前版本的 Java 环境即可.

MATLAB 和 maple 源程序. 除 Java 小程序外，在该网站也可以找到 maple 和 MATLAB 程序. 这些程序按照各自的章节进行编号且主要用在实验和练习中. 为运行程序，需要使用相应的软件许可.

Python 源程序. 对每一个 MATLAB 程序，也给出了一个等价的 Python 应用程序. 为运行这些程序，需要安装当前版本的 Python. 正文中并不特别引用这些程序，它们的编号与 M 文件的编号相同.

365

表 D.1　可用的 Java 小程序列表

Sequences
2D-visualisation of complex functions
3D-visualisation of complex functions
Bisection method
Animation of the intermediate value theorem
Newton's method
Riemann sums
Integration
Parametric curves in the plane
Parametric curves in space
Surfaces in space
Dynamical systems in the plane
Dynamical systems in space
Linear regression

366

参考文献

教材

1. E. Hairer, G. Wanner, *Analysis by Its History* (Springer, New York, 1996)

2. S. Lang, *Introduction to Linear Algebra*, 2nd edn. (Springer, New York, 1986)

3. S. Lang, *Undergraduate Analysis* (Springer, New York, 1983)

4. M.H. Protter, C.B. Morrey, *A First Course in Real Analysis*, 2nd edn. (Springer, New York, 1991)

补充阅读

5. M. Barnsley, *Fractals Everywhere* (Academic Press, Boston, 1988)

6. M. Braun, C.C. Coleman, D.A. Drew (eds.), *Differential Equation Models* (Springer, Berlin, 1983)

7. M. Bronstein, *Symbolic Integration I: Transcendental Functions* (Springer, Berlin, 1997)

8. A. Chevan, M. Sutherland, Hierarchical partitioning. Am. Stat. **45**, 90–96 (1991)

9. J.P. Eckmann, Savez-vous résoudre $z^3 = 1$? La Recherche **14**, 260–262 (1983)

10. N. Fickel, Partition of the coefficient of determination in multiple regression, in *Operations Research Proceedings 1999*, ed. by K. Inderfurth (Springer, Berlin, 2000), pp. 154–159

11. E.Hairer,S.P.Nørsett,G.Wanner, *Solving Ordinary Differential Equations I. Nonstiff Problems*, 2nd edn. (Springer, Berlin, 1993)

12. E. Hairer, G. Wanner, *Solving Ordinary Differential Equations II. Stiff and Differential Algebraic Problems*, 2nd edn. (Springer, Berlin, 1996)

13. M. W. Hirsch, S.Smale, *Differential Equations, Dynamical Systems, and Linear Algebra* (Academic Press, New York, 1974)

14. R.F. Keeling, S.C. Piper, A.F. Bollenbacher, J.S. Walker, Atmospheric CO_2 records from sites in the SIO air sampling network, in *Trends: A Compendium of Data on Global Change. Carbon Dioxide Information Analysis Center, Oak Ridge National Laboratory, U.S. Department of Energy* (Oak Ridge, Tennessy, USA, 2009). https://doi.org/10.3334/ CDIAC/ atg.035

15. E. Kreyszig, *Statistische Methoden und ihre Anwendungen*,3rd edn. (Vandenhoeck & Ruprecht, Göttingen, 1968)

16. W. Kruskal, Relative importance by averaging over orderings. Am. Stat. **41**, 6–10 (1987)

17. S. Lang, *A First Course in Calculus*, 5th edn. (Springer, New York, 1986)

18. M. Lefebvre, *Basic Probability Theory with Applications* (Springer, New-York, 2009)

19. D.C. Montgomery, E.A. Peck, G.G. Vining, *Introduction to Linear Regression Analysis*, 3rd edn. (Wiley, New York, 2001)

20. M.L. Overton, *Numerical Computing with IEEE Floating Point Arithmetic* (SIAM, Philadelphia, 2001)

21. H.-O. Peitgen, H. Jürgens, D. Saupe, *Fractals for the Classroom. Part One: Introduction to Fractals and Chaos* (Springer, New York, 1992)

22. H.-O. Peitgen, H. Jürgens, D. Saupe, *Fractals for the Classroom. Part Two: Complex Systems and Mandelbrot Set* (Springer, New York, 1992)

23. A. Quarteroni, R. Sacco, F. Saleri, *Numerical Mathematics* (Springer, New York, 2000)

24. H. Rommelfanger, *Differenzen- und Differentialgleichungen* (Bibliographisches Institut, Mannheim, 1977)

25. B. Schuppener, Die Festlegung charakteristischer Bodenkennwerte –Empfehlungen des Eurocodes 7 Teil 1 und die Ergebnisse einer Umfrage. Geotechnik Sonderheft (1999), pp. 32–35

26. STATISTIK AUSTRIA, Statistisches Jahrbuch Österreich. Verlag Österreich GmbH, Wien 2018. http://www.statistik.at

368

27. M.A. Väth, *Nonstandard Analysis* (Birkhäuser, Basel, 2007)

索　引

D

N

O

P

Q

R

T

U

V

W

Z

概率与优化推荐阅读

最优化模型：线性代数模型、凸优化模型及应用

中文版：978-7-111-70405-8

凸优化：算法与复杂性

中文版：978-7-111-68351-3

凸优化教程（原书第2版）

中文版：978-7-111-65989-1

概率与计算：算法与数据分析中的随机化和概率技术（原书第2版）

中文版：978-7-111-64411-8

数学基础推荐阅读

数学分析（原书第2版·典藏版）

ISBN：978-7-111-70616-8

数学分析（英文版·原书第2版·典藏版）

ISBN：978-7-111-70610-6

复分析（英文版·原书第3版·典藏版）

ISBN：978-7-111-70102-6

复分析（原书第3版·典藏版）

ISBN：978-7-111-70336-5

实分析（英文版·原书第4版）

ISBN：978-7-111-64665-5

泛函分析（原书第2版·典藏版）

ISBN：978-7-111-65107-9